绿色食品理论与实践

◎ 于寒冰　郝建强　李　浩　主编

中国农业科学技术出版社

图书在版编目（CIP）数据

绿色食品理论与实践 / 于寒冰，郝建强，李浩主编 .-- 北京：中国农业科学技术出版社，2024.2

ISBN 978-7-5116-6576-8

Ⅰ. ①绿… Ⅱ. ①于… ②郝… ③李… Ⅲ. ①绿色食品-基本知识 Ⅳ. ① TS2

中国国家版本馆 CIP 数据核字（2023）第 241232 号

责任编辑 王惟萍
责任校对 王 彦
责任印制 姜义伟 王思文

出 版 者 中国农业科学技术出版社
北京市中关村南大街 12 号 邮编：100081
电 话 （010）82106643（编辑室）（010）82109702（发行部）
（010）82109709（读者服务部）
网 址 https://castp.caas.cn
经 销 者 各地新华书店
印 刷 者 北京科信印刷有限公司
开 本 185 mm × 260 mm 1/16
印 张 25 彩插 1 面
字 数 570 千字
版 次 2024 年 2 月第 1 版 2024 年 2 月第 1 次印刷
定 价 83.80 元

#《绿色食品理论与实践》

编 委 会

主　　编 于寒冰　郝建强　李　浩

副 主 编 周绪宝　孙　敏　祖　恒　宋　晓

参编人员（按姓氏笔画排序）

习佳林　王　芳　王玉民　王振雨　田福利
刘艳娇　李　艳　李　琳　李　鑫　李小凤
杨丽鹤　肖长坤　沙品杰　张　乐　张丽博
张金轶　周明源　赵一凡　姜春光

前言

经过近 30 年的发展，绿色食品已经成为代表安全优质食品的公共精品品牌。近年来，国家不断加大对绿色食品发展的支持力度。2022 年，中央一号文件首次将农业农村绿色发展放到了“聚焦产业促进乡村发展”的议题中，把农业绿色发展推上了一个新的高度。国家鼓励和支持农产品生产经营者采用绿色生产技术和全程质量控制技术，生产绿色优质农产品，实施分等分级，提高农产品品质，打造农产品品牌，并将相关内容写入了《中华人民共和国农产品质量安全法》。

北京市同样重视绿色有机农业发展，2021 年，《北京市“十四五”时期乡村振兴战略实施规划》中明确要求：到 2025 年底，全市绿色有机农产品总量要达到 46 万吨。同年，在北京市农村工作会议上，时任北京市市长陈吉宁强调，要着力推动农业高质量发展，抓好都市现代农业，发展智慧农业、生态农业、精品有机农业，实现农产品质量高、农业经营效益好、农民收入多，让农业有干头、农民有奔头。

截至 2022 年底，全国绿色食品获证单位已达 25 928 家，获证产品 55 482 个。发展绿色食品对推动农业标准化生产，增加绿色优质农产品供给，促进农民增收、农业增效发挥了积极的作用。

绿色食品发展契合我国生态文明建设，助力乡村振兴，是“质量兴农，品牌强农”战略的重要抓手，日益受到政府部门的重视。本书详细介绍了绿色食品背景、概念、发展历程、标准体系、申报流程、生产技术等内容，特别是涵盖了一些企业申报案例、现场检查案例、绿色食品企业发展案例等，容易被一线工作人员学习掌握。同时，本书还附录了 2022 年 9 月 2 日第十三届全国人民代表大会常务委员会第三十六次会议修订的《中华人民共和国农产品质量安全法》等法律法规以及绿色食品通用技术标准，便于工作人员、绿色食品内检员、技术员查阅使用，具有极强的实用性与指导性。

编者

2023 年 10 月

目 录

第一章
绿色食品导论

第一节 绿色食品产生的背景

一、绿色食品产生的国际背景

工业革命以来，科学技术的进步大大提升了人类改造自然界的能力，人们开始忽视自然规律，“人定胜天”的世界观逐渐占据了统治地位。尤其是第二次世界大战以来，人类干预自然、改造自然的能力进一步增强，人与自然的矛盾不断激化，臭氧层破坏、温室效应、酸雨危害、海洋污染、热带雨林减少、珍稀野生动植物濒临灭绝、土地沙漠化、有毒物质及有害废弃物扩散等现象日益加剧。人类对自然界的掠夺性开发利用最终受到了自然界的惩罚，许多发达国家发生了一系列环境污染公害事件。如1952年、1956年、1957年、1962年相继发生的“伦敦烟雾”事件；1956年和1964年在日本发生的“水俣病”；1967年在北爱尔兰发生的“海鸟死亡”（多氯联苯中毒）事件；1968年在日本富山县和北九州发生的“痛痛病”事件等。

1962年，美国海洋生物学家蕾切尔·卡森女士出版了一本轰动全球的书，名为《寂静的春天》。在书中，蕾切尔·卡森女士以美国密歇根州东兰辛市为消灭伤害榆树的甲虫所采取的措施为证据，披露了杀虫剂DDT危害健康的种种情况。该市用DDT遍洒树木，秋天树叶落到地上，蠕虫吃了落叶，大地回春后知更鸟吃蠕虫，一个星期之内全市的知更鸟几乎全部死掉。蕾切尔·卡森女士在书中写道：“全世界遭受治虫药物的污染，化学品已侵入万物赖以生存的水中，渗入土壤，并且在植物上布成一层有害的薄膜……已对人类造成严重危害。除此之外，还有可怕的后患，可能近几年内无法查出，甚至对遗传有影响，几个世代都无法觉察”。《寂静的春天》发表后，在美国和世界各地引起了强烈反响。自此，全球各国都开始留意本国的田地、河流、山川及近海的环境污染状况。

在无数次的生态灾难教训之后，人类开始反思，意识到必须重新思考人与自然的关系。1972年，在瑞典斯德哥尔摩召开的联合国人类会议上，发表了《联合国人类环境宣言》，保护生态环境的呼声越来越高。加上公众和消费者对环境、资源、食物安全、人体健康等问题的日益关注，以欧美等发达国家为首的许多国家兴起了一场“替代农业”的探索热潮，以取代高能耗、高投入的“石油农业”，相继开始寻求新的农业生产体系，如生态农业、有机农业、自然农业、生物农业、再生农业、低投入农业等。尽管各种替代农业生产方式的名称不同，但有一个基本共同点，那就是在农业生产过程中避免或尽量减少化学合成物质的使用，生产出无污染的安全食品，维护生态平衡，保障人体健康。在技术路线上，这些“替代农业”强调重视传统农业技术的应用，尽可能地依靠堆肥、作物轮作、种植豆科作物培肥地力，运用生物技术控制作物病虫害。在上述替代农业模式中，生态农业、有机农业和自然农业影响最大。

在这种背景下，美国学者莱斯特·布朗在1981年出版的《建设一个可持续发展的社会》中，首次提出了可持续发展的思想。

1981年，这种思想一是强调人类追求健康而富有生产成果和生活成果的权利应当坚持与自然和谐统一，不应该凭借技术和资金，采取耗竭资源、破坏生态和污染环境的方式来追求发展权利的实现；二是强调当代人在创造世界未来发展与消费的同时，努力做到当代人与后代人的权利相对平等，当代人不应以当今资源与环境大量消耗型的发展与消费，剥夺后代人发展的权利与机会。1987 年，在世界环境与发展委员会出版的《我们共同的未来》中，第一次提出了“可持续发展”的概念，将其定义为“既能满足当代人的需要，又不对后代人满足其需要的能力构成危害的发展”。1991 年，联合国粮食及农业组织在荷兰召开了“农业与环境国际会议”，会议通过了《关于可持续农业和农村发展的丹波宣言和行动纲领》，并提出了各国对持续农业和农村发展的要求，即实现粮食安全、乡村地区就业和创收、根除贫困及保护自然资源和环境。1992 年联合国在里约热内卢召开的“环境与发展大会”，通过了以可持续发展为核心的《里约环境与发展宣言》《21 世纪议程》等一系列重要文件，一致承诺把走可持续发展的道路作为未来全球经济和社会长期共同发展的战略。可持续发展逐渐成为国际社会的共识，可持续农业已不是一种选择，而是一种必然。

回顾 20 世纪以来社会和经济发展的历程，人类已清醒地认识到，工业化的推进和现代农业的发展为人类创造了大量的物质财富，但也给人类带来了诸如资源衰竭、环境污染等副产品，严重影响了人类自身的生存和发展，未来经济和社会必须走可持续发展的道路。农业是对自然依赖性和影响力最大的经济部门，尤其要走可持续发展的道路。尽管方式不同，但目标是一致的：建立节约资源的生产系统，保护资源和环境；实施清洁生产，提高食物质量，增强人体健康；实现经济效益、生态效益和社会效益同步增长。这就是在可持续发展潮流下中国发展绿色食品的国际背景。

二、绿色食品产生的国内背景

我国是发展中国家，人口众多，“吃饭”“喝水”“穿衣”是头等大事，因此，必须优先发展农业。我国国民经济和社会对农业提出的一个基本要求：要以占世界 6.8% 的耕地，生产占世界 20% 的粮食，养活占世界 22% 的人口。而我国自然资源总量虽大，但相对量小，人均资源占有量与世界平均水平相差较大，而且分布极不平衡。以水资源为例，长江流域及其以南地区人口和耕地分别占全国 54%、36%，而水资源却占全国的 81%；北方七省（区）（黑龙江、河南、山东、吉林、河北、内蒙古、辽宁）人口和耕地分别占全国 38%、45%，而水资源仅占全国的 9.7%。

随着经济的发展，人口进一步增长，我国资源和环境承载的压力越来越大，而且相对短缺的资源和脆弱的环境还受到日益严重的破坏和污染，对经济和社会持续发展带来的制约力也越来越大。概括起来，我国自然资源和生态环境面临的危机主要表现在以下方面：耕地数量减少，质量下降；水土流失严重；沙漠化面积扩大；草原退化严重；环境污染日益严重。作为一个资源相对短缺、人口压力大的发展中国家，不能走过去那种以牺牲环境和大量损耗资源为代价的发展的老路，而必须把国民经济和社会发展建立在资源和环境可持续发展的基础上。

经过改革开放10多年的发展，我国城乡人民生活水平有了显著提高。收入水平的提高是生活水平提高的前提。1979—1990年，我国农民人均纯收入由134元增长到710元，增加了近4.3倍；城镇居民人均纯收入由322元增长到1 562元，增加了近3.9倍。无论是农民还是城镇居民，对食物的要求从结构和质量上都发生了明显变化。尤其是1990年后，我国城乡人民生活在基本解决温饱问题的基础上加快向小康水平过渡，对食物质量的要求越来越高，一是对品质要求越来越高，包括品种要优良，营养要丰富，风味和口感要好；二是对加工质量要求越来越高；三是对卫生要求越来越高，关注食品是否有农药残留污染、重金属污染、细菌超标等。城乡人民生活水平的转型直接促进了农业发展战略的转变，由单一的数量型发展向数量、质量、效益并重发展的方向转变，即向高产优质高效农业发展。

我国的农垦系统具有组织化、规模化和产业化的先天优势，20世纪80年代末，农垦系统在思考如何做好环境保护工作时提出，不能走先污染后治理的老路，必须树立保护环境与治理污染并重且以保护环境为主的思想。在研究、制定农垦经济和社会发展“八五”计划和2000年工作设想时，提出了绿色食品的概念。1990年，农业部在全国范围内启动了绿色食品开发和管理工作。

综上所述，我国经济发展面临的资源和环境压力、城乡人民生活转型以及农业发展战略转变是绿色食品产生的国内背景。绿色食品在中国产生具有坚实的社会基础，是我国经济和社会现代化进程中的一种必然选择，也将对未来我国经济和社会发展产生深刻的影响。

第二节　绿色食品概念与特征

一、绿色食品的概念

绿色食品不是“绿颜色”的食品，而是对“环境友好、无污染”食品的一种形象的表述。绿色象征生命和活力，而食品是维系人类生命的物质基础。1989年绿色食品概念推出后，绿色代表“环境友好、无污染”的概念得到各行各业的认可，先后出现了绿色建材、绿色照明等一系列冠以绿色的词汇，可以说绿色食品创造了一个引领消费的新概念。

绿色食品准则类和产品类标准，推动绿色食品进入规范化发展阶段。2000年，为进一步加快绿色食品发展，农业部下发《农业部关于加快绿色食品发展的意见》。2012年，农业部常务会议审议通过修改后的《绿色食品标志管理办法》，并于当年10月1日起施行。

《绿色食品标志管理办法》中明确规定：绿色食品是指产自优良生态环境、按照规定的技术生产、实行全程质量控制并获得绿色食品标志使用权的安全、优质食用农产品及加工品。开发绿色食品遵循可持续发展的基本原则，促成环境、资源、经济和社会发展的良性循环。

绿色食品实行标志管理制度。绿色食品标志见图 1-1。绿色食品标志图形由 3 部分构成：上方的太阳、下方的叶片和中间的蓓蕾。标志图形为正圆形，意为保护、安全。整个图形描绘了一幅明媚阳光照耀下的和谐生机，告诉人们绿色食品是出自良好生态环境的安全、优质食品，给人们带来蓬勃的生命力。绿色食品标志还提醒人们要保护和改善环境，通过改善人与环境的关系，创造自然界新的和谐。

图 1-1　绿色食品标志图形

二、绿色食品的特征

绿色食品与普通食品相比有 3 个显著特征。

（1）强调产品出自最佳生态环境。绿色食品生产从原料产地的生态环境入手，通过对原料产地及其周边生态环境因子严格监测，判定其是否具备生产绿色食品的基础条件，而不是简单地禁止在生产过程中使用化学合成的物质。这样既可以保证绿色食品生产原料和初级产品的质量安全，又有利于强化企业和农业生产者的资源和环境保护意识，将农业和食品工业发展建立在资源和环境可持续发展的基础上。

（2）对产品实行全程质量控制。绿色食品生产实施“从土地到餐桌”的全程质量控制，而不是简单地对最终产品的有害成分含量和卫生指标进行测定。通过产前的环境监测和原料检测，产中具体生产、加工操作规程的落实，产后环节产品质量控制、卫生指标检测以及包装、保鲜、运输、储藏、销售各环节的控制，确保绿色食品的产品质量和安全。

（3）对产品依法实行标志管理。绿色食品标志是一个质量证明商标，属于知识产权范畴，受《中华人民共和国商标法》保护。政府授权专门机构管理绿色食品标志，这是一种将技术手段和法律手段有机结合起来的生产组织和管理行为，而不是一种自发的民间自我保护行为。对绿色食品产品实行统一、规范的标志管理，不仅将生产行为纳入了技术和法律监控的轨道，而且使生产者明确了自身和对他人的权益责任，同时也有利于企业争创名牌、树立名牌商标保护意识，提高企业和产品的社会知名度和影响力。

由此可见，绿色食品概念不仅表述了绿色食品产品的基本特性，而且蕴含了绿色食品特定的生产方式、独特的管理模式和全新的消费观念，同时也表明，开发绿色食品是一项利国利民、造福子孙的事业。

第三节　绿色食品发展概况

一、绿色食品发展的阶段

1990 年 5 月 15 日，我国正式宣布开始发展绿色食品。绿色食品事业发展经历了 5 个阶段。

（一）农垦系统启动与基础建设阶段（1990—1993 年）

1990 年，农垦系统正式启动绿色食品工程。之后 3 年完成了一系列基础建设工作。一是 1992 年，农业部组建成立中国绿色食品发展中心（简称国家绿中心），负责全国绿色食品开发和管理工作，在全国省级农垦管理部门成立了相应的机构，以农垦系统产品质量监测机构为依托，建立起产品质量监测系统。二是 1993 年，农业部颁布《绿色食品标志管理办法》，为绿色食品快速发展奠定了基础。三是推进绿色食品标志商标注册，加入了“有机农业运动国际联盟”。与此同时，绿色食品开发在一些农场快速起步，不断取得进展。1990 年绿色食品工程实施当年，就有 127 个产品获得绿色食品标志使用权，实物产量达到 60 万 t。

（二）全社会推进的加速发展阶段（1994—2001 年）

1994 年，国家绿中心根据全国绿色食品发展的新形势，提出了加速“三个推进”的发展方针，即产品开发从起步阶段的国有农场为主向广大农村推进；工作重点从抓生产环节为主向市场开拓推进；技术结构从传统技术为主向开发应用现代高新技术推进。加速“三个推进”的提出，标志着绿色食品发展方式的转变和开发领域的扩展。实施加速“三个推进”，特别是由农垦向全社会推进，使绿色食品开发得以在全社会拓展，获得了更充分的资源，发展基础更加坚实，发展条件更加有利，发展空间更加广阔，推动绿色食品事业实现了第一个新跨越。

（三）“三位一体　整体推进”阶段（2002—2005 年）

2002 年初，为了适应新阶段全面提高农产品质量安全水平的战略任务，农业部首次出台《关于加快绿色食品发展的意见》，明确了绿色食品“十五”发展目标；确立了加快绿色食品发展的“四项原则”——坚持把“质量与发展”作为工作主题、坚持“政府引导与市场运作”相结合、坚持技术进步和创新、坚持发挥区域比较优势；提出了加快产品开发步伐、抓紧建立和完善保障体系、加强监督管理、增加投入等推进措施。

2002 年 8 月，农业部第一次在哈尔滨召开全国绿色食品工作会议，在新形势下确立了绿色食品新的工作定位：发展绿色食品是农业结构战略性调整的一项有效措施，起着引导和促进作用；是农产品质量安全工作的重要组成部分，起着示范和带动作用；是积极应对入世挑战的一项重要工作，将成为扩大我国农产品出口的一支新兴的主导力量。会议确立了全面加快绿色食品发展，不断增强绿色食品的制度优势、品牌优势、产品优势，充分发挥在农业农村经济主流工作中的积极作用的“中心任务”，明确了加快产品开发，扩大总量规模和积极培育市场，提高品牌价值的“两个主攻方向”，以及实施“五项发展战略”的工作措施。同时提出了无公害农产品、绿色食品、有机食品“三位一体、整体推进”的发展战略。将发展绿色食品全面纳入农业结构调整、农产品质量安全管理等主流工作之中，强化了与“三农”工作的关系，促进了绿色食品全面加快发展。

（四）绿色食品品牌战略全面实施和推进阶段（2005—2017 年）

在农业结构战略性调整不断深化、农产品质量安全工作向纵深推进的形势下，为了发挥认证农产品在增强农产品市场竞争力、农业增效、促进农民增收中的积极作用，2005 年 8 月，农业部出台《关于发展无公害农产品绿色食品有机农产品的意见》，提出了“大力发展无公害农产品、加快发展绿色食品、因地制宜发展有机农产品”的指导思想，明确了“三品”各自发展的方向和重点，确立精品是绿色食品发展的方向。在“三品”发展的格局下，2005 年 8 月底，农业部在南京召开全国“三品”工作会议，确立了“三品”全面、协调、持续、健康、加快发展的“十字”工作指导方针，同时提出全面实施绿色食品品牌战略。

2009 年全国绿色食品工作会议和 2010 年全国“三品”工作会议上，各级绿色食品工作机构（简称工作机构）进一步深化了对绿色食品品牌战略的认识，确立了绿色食品品牌战略发展的目标和方向：用绿色食品品牌引领农业品牌化，推动农业标准化，促进农业生产方式转变，提高农产品质量安全水平，促进农业增效、农民增收。

在品牌战略全面推进时期，绿色食品立足不断提高品牌公信力和影响力，形成了“数量与质量并重、认证与监管并举”的指导思想。

（五）绿色食品事业进入高质量发展阶段（2018 年至今）

2018 年中央一号文件提出质量兴农之路，突出农业绿色化、优质化、特色化、品牌化，全面推进农业高质量发展。国家七部门联合印发了《国家质量兴农战略规划（2018—2022 年）》，在这种形势下，绿色食品立足安全优质、营养功能和全产业链优势，突出精品品牌，引领优质优价；既勇于担当、肩负重任，又要顺势而为、主动作为，积极引导众多龙头企业和农业新型经营主体发展绿色食品，为推进农业高质量发展贡献力量。

近两年特别是党的二十大以来，在全面推进乡村振兴、加快建设农业强国、促进农业高质量发展、深入推进农业生产和农产品“三品一标”以及增加绿色优质农产品供给的背景下，绿色食品事业确立了高质量创新发展的主攻方向和目标任务，提出要遵循“自然、生态、纯甄、优质”的绿色优质农产品创新发展新理念，坚持“守正创新铸机制、固本培元增总量、精益求精保质量、包容并蓄树品牌”的基本工作思路，积极培树国家绿中心和全国绿色食品工作系统“达观敬业、和美共铸”的文化价值观。

二、绿色食品发展取得的成效

我国绿色食品经过 30 多年的发展，取得了突破性进展，主要表现在以下 5 个方面。

（一）创立了一个新兴产业，产品结构日趋合理

绿色食品建立了以品牌为引领，以基地建设、产品生产、市场流通为链接的产业发展体系，产业发展规模稳步提高，水平不断提升。截至 2022 年底，全国绿色食品企业总数 25 928 家，产品总数 55 482 个，产地环境监测面积达到 1.56 亿亩（1 亩≈667 m^2），实物总量达到 1.04 亿 t，国内销售额为 5 397.57 亿元，出口额 31.41 亿美元。绿色食品分布全国各地，许多产品还是全国或各地的名牌产品，省级以上龙头企业 3 086 家。在数量稳步增长的同时，绿色食品产品结构也在逐步优化，粮油蔬菜、水

果、畜禽、蛋奶、水产品、饮料等品种日益丰富。

（二）形成了一套全程质量控制模式，构建了具有国际先进水平的标准体系

绿色食品在农业系统中最早提出“从土地到餐桌”的全程质量控制理念，立足精品定位，瞄准国际先进水平，经过30多年的探索和实践，从安全、优质和可持续发展的基本理念出发，按照“安全与优质并重、先进性与实用性相结合”的原则，建立了一套定位准确、结构合理、特色鲜明的标准体系，实现了环境有监测、生产有标准、操作有规程、产品有检测，包装有标识、产品可追溯。截至2022年底，绿色食品现行有效的标准共143项，包括14项准则类标准和129项产品标准。对标“四个最严”要求，国家绿中心组织制定了275项区域性绿色食品生产操作规程，结合绿色食品标准和生产规程宣贯工作，推进绿色食品标准化生产落实落地。

（三）促进了农业绿色发展，有效保护和改善了农业生态环境

增强农业可持续发展能力，是农业现代化的基本内涵，也是生态文明建设的必然要求。绿色食品始终注重产地环境保护，倡导减量化生产，科学合理控制农业投入品使用，追求以生态环境质量促产品质量提升的目标，是农业绿色发展的重要载体和有效途径。2020年首次发布的《绿色食品生态环境效应、经济效益和社会效应评价》报告表明，2009—2018年，绿色食品模式的推广，减氮量达到了39%，农药使用强度降低60%，节约成本约685亿元；通过绿色种植模式，土壤的有机质含量提高了18%；全国绿色食品生产减排二氧化碳量达到5 558万t，相当于北京市3～4年的汽车尾气的二氧化碳排放量。

（四）打造了良好的品牌形象，为发展中国家树立了榜样

改革开放以来，我国城乡人民收入水平的不断提高，高层次、多元化、个性化消费需求不断提升，人民对优质农产品的需求与供应之间的矛盾日益突出。国家绿中心通过组织全国范围的绿色食品宣传月活动和绿色食品博览会等活动，结合全国各地组织的各类展销会和绿色食品进社区、进学校、进超市等活动，宣传绿色食品、讲好品牌故事，让广大消费者直观地了解绿色食品，提升了绿色食品品牌的公信力和影响力。联合国粮食及农业组织驻华代表盛赞“中国的绿色食品事业是一项杰出的事业”；世界可持续农业协会（WASS）负责人称“中国的绿色食品创造了一个崭新的可持续发展模式”；国际有机农业运动联盟（IFOAM）主席认为“中国绿色食品的实践在许多方面已走在了世界同类食品发展的前列”；印度的同行认为“中国的绿色食品事业为发展中国家树立了榜样”。

（五）实现了农产品的优质优价，促进农业增效和农民增收

绿色食品的发展将一家一户的农业生产集中组织起来，促进了农业生产方式从粗放型、散户型、人力化向规范化、集约化和智能化转变，不仅保证了农产品的质量，

保护生态环境，还带动了农业增效、农民增收。在产业扶贫中，绿色食品发挥了重要作用，支持国家级贫困县及新疆维吾尔自治区、西藏自治区等地区发展绿色食品产业，引导贫困地区及边疆地区将资源环境优势转化为农产品的营养品质优势，同时减免绿色食品认证费和标志使用费等相关费用。在产品价格方面，据统计，绿色食品价格较普通产品价格高10%～50%，80%的企业通过发展绿色食品，实现了产品质量和经济效益的“双提升”。

第四节　绿色食品发展的意义与前景

一、绿色食品发展的意义

1991年，国务院在《关于开发“绿色食品”有关问题的批复》中明确指出：“开发‘绿色食品’对于保护生态环境，提高农产品质量，促进食品工业发展，增进人民身体健康，增加农产品出口创汇，都具有现实意义和深远影响。”经过30多年的实践，随着事业的不断发展，全社会进一步提高和深化了对发展这项事业重要意义的认识。

（一）绿色食品的开发创造了一个事关人类生存和发展的崇高产业

21世纪，全球将更加注重经济、社会、生态、环境、科技之间的协调发展。我国经济正处于高速增长时期，国民经济和社会能否持续发展，取决于资源和环境能否得到有效的保护和合理的利用。开发绿色食品将经济发展与环境保护有机地结合起来，较好地协调了环境—资源—食品—健康之间的关系，建立起了人和生物圈之间良好的共生关系，促进了经济、社会和生态之间的协调发展，为实现我国国民经济和社会可持续发展闯出了一条新路，从某种意义上讲，绿色食品是推动我国产业从单纯地追求经济效益向经济效益、社会效益及生态效益并重方向发展的先导之一。虽然它直接的目的是生产“安全优质”的食品，保障人体健康，但在它的生产过程中蕴含了对“环境洁净度”和“资源持续利用”的生态健康要求，它不是高额利润刺激下产生的冲动行为，而是一项创造“完美”的理性产业，是一项“净化”人类生存环境和优化经济活动的崇高产业。

（二）绿色食品的开发向世界表明了中国政府对人类前途负责的政治态度

地球是人类的家园，然而这个唯一的家园正面临环境污染的严重威胁，拯救地球的“绿色浪潮”席卷全世界。绿色食品工程的推出，标志着中国正式加入世界范围内的以开发无污染食品为突破口、保护生态环境的行列中来。绿色食品开发是我国政府针对环境和资源问题而采取的“组织行为”，这种“组织行为”是对全球经济和社会持续发展作出的贡献。在现代化进程中，我国政府已将保护环境列为一项基本国策，国民经济和社会走可持续发展道路作为一项基本方针。开发绿色食品将保护环境、发展经济、增进人民健康紧密地结合起来，受到了政府的重视和支持。1991 年，国务院明确指出："要采取措施，坚持不懈地抓好这项开创性的工作"。1994 年，在国务院通过的《中国 21 世纪议程》中发展绿色食品被列为其中一项重要行动方案，这再次表明中国政府坚持不懈地抓好这项开创性工作的决心，同时，也进一步向世界表明了中国政府对人类前途负责的政治态度。

（三）绿色食品的开发维护优化了我国农业基础生产条件

农业是让人类获取食物唯一的产业，因此，保护资源和环境既是食物生产的前提，也是实现农业可持续发展的基础。农业生产离不开大气、水体、土壤、生物等基本生产要素，通过一定的技术和管理手段合理地配置这些生产要素，获得农产品，构成了农业生产的基本过程。绿色食品生产，无论是初级产品的生产，还是加工产品原料的供给，均离不开一定的农业生产条件。开发绿色食品对维护和优化我国农业基础生产条件的作用主要表现在 2 个方面。

一是通过监测产地环境质量，保护农业资源和环境。绿色食品产地环境质量监测包括大气环境质量、农田灌溉水质量、渔业水质量、畜禽饮水质量、加工用水质量和土壤质量监测等主要方面，结合产地环境调查对监测结果进行综合评价，只有符合条件的产地环境才能开发绿色食品，这就要求从事绿色食品开发的企业和农户对环境条件比较好的产地要珍惜和保护，对环境条件暂时达不到标准的产地要积极采取措施加以改善和提高，使其逐步达到绿色食品产地环境质量标准的要求。

二是通过监控生产过程，保护农业资源和环境。在开发绿色食品的过程中，对于加工企业，除了要求其建立绿色食品原料生产基地，也对加工过程提出了相关的要求，要求加工过程中不能造成对环境的污染；对于农业生产企业来说，要求企业和农户严格遵循绿色食品生产操作规程，合理使用肥料、农药、兽药、水产养殖用药等生产资料，积极采用增施有机肥技术，提高土壤肥力，采用生物防治技术，保证环境和产品安全，保护生物多样性，等等，从而防止生产过程中不合理的经济行为对资源的破坏和对环境的污染，保证绿色食品最终产品的质量。

（四）开发绿色食品有助于建立一种新的食物生产方式，促进农业产业化发展

一是开发绿色食品有利于推动农业技术进步。开发绿色食品，不仅促进了对我国传统农业优秀农艺技术的继承和应用，而且推动了农业和食品工业中高新技术的研究和开发。围绕绿色食品开发而引起的技术创新和重组又诱导了农业和食品工业生产方式的变革。就质量管理而言，通过向生产者普及具有科技含量的生产操作规程，使质量控制贯穿于产前、产中、产后环节，并成为生产者的一种自觉行为，从而改变了仅以最终产品的检验结果判定质量优劣的传统观念，这是以质量控制为核心的生产方式的一个进步，是一个质的变化。就生产过程而言，绿色食品的推出，改变了以往食品生产只在产中环节强调技术投入的片面状况，使食品生产在产前（环境监测、原料检

测）和产后（包装、防伪、储运、销售）环节的技术含量大大增加，进一步提高了农业和食品工业的技术效益。就技术进步本身而言，一般成型产业是技术进步推动产业的发展，而对于绿色食品这项新兴产业，在发展的初期是产业发展推动了技术进步。

二是绿色食品的开发有效地推动了农业产业化发展。过去我国农业长期处于“弱质低效”的状况，一个根本原因是农工商分离、产加销脱节，导致农产品附加值低，这要求农业必须走产业化发展的道路。社会主义市场经济体制确立以后，如何将我国分散的农户和企业组织起来发展市场经济，共同推动农业和食品工业现代化进程，绿色食品在这方面做了有益的尝试，即通过技术和管理，围绕拳头产品和龙头企业将农工商、产加销有机地衔接起来。实践证明，这种发展市场经济的组织和管理方式是成功的，对推动农业产业化发展也是有效的。

（五）绿色食品的开发在哲学高度和文化层次上提高了人类经济活动的文明程度

人类过分强调运用自己的先进技术和生产技能主宰自然、征服自然、获取物质财富的能力，结果屡屡遭到人类、自然、经济、科技、社会关系不和谐的打击，深受自然对人类社会经济活动负向反馈的影响，也就是说，人类虽然具备了控制自然相当强大的能力，但这种能力极有可能因盲目性和自发性而被滥用，造成对人类自身文明的损害。严酷的现实使人类不得不重新审视自身与大自然的关系，这就是不仅自然是人类生存和发展的基础，人类生存和发展本身也是自然整体中不可分割的组成部分。绿色食品的开发向人们展示出了这样一种哲学观：即通过适度的技术、理性的经济行为生产安全优质食品，可以保持人类生命力、自然生命力、社会生命力和技术生命力和谐发展。绿色食品事业发展使人们进一步认识到，人类只有在遵循自然界内在规律前提下从事社会经济活动，才能更好地生存，才能更好地发展。

从文化层次上讲，绿色食品的推出显示出了饮食文化进步的特征。迄今为止，人类历史上经历了 5 次饮食文化的变革：第一次，旧石器时代火的利用，人类由生食变为熟食，改善了食物营养，使食物更易被人体吸收，从而提高了人的体力和智力；第二次，新石器农业起源时期，农业生产实现了从被动地采集植物、猎取动物到主动地栽培植物、饲养动物的转变，人类自己开始生产食物；第三次，16—17 世纪世界范围内作物与家禽品种交流，美洲的高产作物马铃薯、玉米传入欧洲和亚洲，中国从欧洲接受这些作物，提高了食物产量，丰富了食物营养；第四次，18 世纪发生了农业革命，随着农业的工业化发展，畜牧业比重超过种植业比重，食品中动物性食品提供的热量超过植物性食品提供的热量；第五次，从 20 世纪 50 年代开始，由于过度消费动物食品产生营养过剩，导致多种疾病发生，于是，动物食品消费下降。

目前，全球正在发生第六次饮食文化的变革，这就是由消费热量食品转向消费安全、卫生、营养、保健食品，更加注重食品的安全性、科学性和经济性，更加注重人和生物圈和谐共处关系。今后，随着生活水平的提高以及环境和资源保护意识的强化，人们将逐步理解和接受绿色食品，并把它当作一种美好的享受、美好的乐趣和美好的艺术来追求，进而引发饮食文化向绿色食品文化变革。

因此，推出绿色食品，不是简单地推出一项经济活动，而是推出一个新的饮食文化，推出一个新的消费观念，推出一个新的生产方式，推出一个新的与自然共处的依存关系，推出一个引导人类经济活动文明程度提高的哲学观，这些也构成了绿色食品事业文化的基本内涵。

二、绿色食品发展的前景

2020 年，我国全面建成小康社会，如期实现了第一个百年奋斗目标，又乘势而上开启全面建设社会主义现代化国家新征程，向第二个百年奋斗目标进军。我国社会发展进入新阶段，党中央、国务院制定了《中华人民共和国国民经济和社会发展第十四个五年规划和 2035 年远景目标纲要》，对新阶段发展进行了规划，提出了要求。根据上述纲要及“十四五”推进农业农村现代化有关要求，2021 年 9 月，农业农村部联合多部委印发《“十四五”全国农业绿色发展规划》，这是我国首部农业绿色发展专项规划，以高质量发展为主题，以深化农业供给侧结构性改革为主线，以构建绿色低碳循环发展的农业产业体系为重点，对“十四五”时期农业绿色发展作出了系统安排。到 2025 年，力争实现农业资源利用水平明显提高、产地环境质量明显好转、农业生态系统明显改善、绿色产品供给明显增加、减排固碳能力明显增强。绿色食品面临着广阔的发展前景，以下从全球背景、社会基础、市场容量和投资效益 4 个方面阐述绿色食品事业的发展前景。

（一）发展绿色食品符合世界潮流

21 世纪是一个“绿色”的世纪，面临日益严重的环境和资源问题，世界各国将在实施可持续发展战略承诺的基础上采取大规模的实质性行动，而作为第一产业部门的农业和食品工业将是采取行动的重点领域。美国政府已认识到过度依赖现代化商品投入物的常规农业对资源、环境、食品卫生、人体健康造成的潜伏性、累积性、扩散性的危害，日益重视可持续农业生产方式的研究、推广，其范围不仅局限于食品，而且扩展到棉花等经济作物。欧盟等发达国家对化学农药使用有严格的管理，推出了可持续发展的国家战略。

消费领域在未来的年代，绿色产品将成为消费的主导潮流。随着全球环保意识的增强，人们价值观念的转变，崇尚自然、注重安全、追求健康的思想将首先影响人们的消费行为。尽管目前绿色产品开发和消费的数量有限，但人们已经看到这类产品的市场潜力。据估计，在当今市场上，绿色产品已占 5%～10%，其中也包括类似“绿色食品”的产品，其今后的市场占有率将会越来越高。消费观念和消费行为的转变又直接影响国际贸易政策，使“绿色壁垒”成为新的主要贸易壁垒，实施环境标志而面临市场准入问题，在农产品贸易领域，由于农药残留量超标可导致我国部分粮油食品出口受阻。这一方面说明发展绿色食品意义重大，前景广阔；另一方面说明要在新的国际形势下进一步加快绿色食品的发展，紧跟时代发展的潮流。

（二）绿色食品事业已奠定了一个坚实的社会基础

绿色食品事业将发展经济、保护环境、增强人民健康紧密地结合了起来，符合政府的宏观产业政策，受到了政府的重视和支持。2005年以来，每年的中央一号文件都把发展绿色食品作为其中的重要内容。进入中国特色社会主义新时代，提升农产品质量安全水平成为我国农业高质量发展的客观要求。绿色食品事业作为一项国家战略，在促进农业转型升级、提升农业竞争力、带动农民增收和满足人民美好生活需要上具有重要意义。

绿色食品事业经过30多年的发展，标准体系和质量监督保障体系已经完善，并且纳入了法治化的管理轨道；产品开发已形成一定规模，产品类别覆盖了种植、养殖、加工及野生采集等，市场占有率也在稳步提高；人们对绿色食品事业从形象识别、概念理解到产品接受，认识程度不断在提高。据调查，在国内大中城市，绿色食品品牌的认知度超过80%；在所有认证产品中绿色食品的公信度排名第一。绿色食品品牌影响已从国内扩大到国际，其标志商标已在日本、美国、俄罗斯等10个国家和地区注册，丹麦、澳大利亚、加拿大等国家已开发了一批绿色食品产品。

（三）绿色食品具有巨大的市场容量和潜力

随着我国成为世界第二大经济体，人们在饮食结构上也正悄然发生着变化，从追求吃饱到追求吃好的变化可以看出，原来粗放式的农业结构生产出的农产品在口感和营养上已不能满足大众的需求，而此时，发展多年并茁壮成长的绿色食品产业开始发挥出举足轻重的作用。

如今，消费者不仅可以在实体店购买到绿色食品，在各大电商平台上，绿色食品也是随处可见。点开京东商城，搜索“绿色食品”4个关键字，立刻就会出现琳琅满目的绿色食品，绿色食品在国内的售价比普通食品平均高20%～50%。绿色食品在我国已经成为一个精品品牌，品牌影响力不断扩大。随着广大消费者对绿色食品科学性、安全性、经济性、优越性认识程度的提高，产品品种和数量的增加以及流通渠道的建立和完善，绿色食品将进一步由一种潜在需求变成现实需求，最终走进千家万户，并把它作为一种美好的享受来追求，进而引发饮食文化向绿色食品文化变革。

（四）绿色食品将成为品牌农业发展的主流

绿色食品始终注重产地环境保护，倡导减量化生产，科学合理控制农业投入品使用，追求以生态环境质量促产品质量提升的目标，是农业绿色发展的重要载体和有效途径。保护农业生态环境、推动农业绿色生产，需要绿色食品继续发挥领跑作用。农业产业化龙头企业、农民专业合作社、家庭农场是绿色食品发展的主体，要发展绿色农业，开展标准化生产，突出农产品加工、产品包装、市场营销等环节，进一步提升自身管理能力、市场竞争能力和服务带动能力。

绿色食品发展契合当前国家生态文明建设、农业绿色发展、质量兴农、乡村产业振兴等时代发展主题，是满足人民美好生活需要的重要保障，是农业增效、农民增收的重要途径，具有广阔的发展前景，未来必将成为农业绿色发展的标杆、品牌农业发展的主流。

第二章

绿色食品标准体系

第一节　绿色食品标准和标准体系

一、绿色食品标准

标准是通过标准化活动，按照规定的程序经协商一致制定，为各种活动或其结果提供规则、指南或特性，供共同使用和重复使用的文件。它以科学、技术和实践经验的综合成果为基础，经有关方面协商一致，由主管机构批准，以特定形式发布，作为既定范围内共同遵守的准则和依据。标准是衡量产品质量的依据，是指导生产实践和有关技术工作的重要规则。

绿色食品标准是应用科学技术原理、结合绿色食品生产实践、借鉴国内外相关标准所制定的，在绿色食品生产中必须遵守、绿色食品质量认证时必须依据的技术性文件。

从绿色食品标准的概念可以看出，它是整个绿色食品事业的重要技术支撑。绿色食品标准在绿色食品的标志许可审查、证后监管及指导企业和农户生产等方面，都是重要的技术准绳规范。在绿色食品标志许可审查方面，包括材料审查、现场检查和最终的专家评审等各个环节都是以绿色食品标准为准绳的。在绿色食品证后监管方面，企业年检、产品质量抽检、市场监察、质量安全预警和公告通报等5项监督管理制度也都是以绿色食品标准为依据的。同时，绿色食品企业和农户在进行生产时，制定适用于自己的生产操作规程时也要以绿色食品标准作为生产管理的技术导则。可以说，绿色食品标准既是绿色食品生产者的生产技术规范，帮助指导生产者进行生产，也是绿色食品认证把关的尺子和证后监管的依据，从根本上保障了绿色食品产品的质量。

从绿色食品标准的性质来看，它是由农业农村部发布的农业行业推荐性标准。对于普通的生产者来说，绿色食品标准是推荐使用的，而对于获得绿色食品标志使用证书（简称绿色食品证书）的绿色食品企业和生产者来说，就是必须强制使用的标准。

从绿色食品标准的分类方面，它主要分为2个技术等级，即AA级绿色食品标准和A级绿色食品标准。AA级绿色食品标准要求，产地环境质量符合NY/T 391—2021《绿色食品　产地环境质量》要求，生产过程中不使用化学合成的农药、肥料、食品添加剂、饲料添加剂、兽药和有害于环境和人体健康的生产资料，而是通过使用有机肥、种植绿肥、作物轮作、生物或物理方法等技术，培肥土壤、控制病虫草害、保护或提高产品品质，从而保证产品质量符合绿色食品产品标准要求。A级绿色食品标准要求，产地环境质量符合NY/T 391—2021《绿色食品　产地环境质量》要求，生产过程中严格按照绿色食品生产资料使用准则和生产操作规程要求，限量使用限定的化学合成生产资料，并积极采用生物学技术和物理方法，保证产品质量符合绿色食品产品标准要求。

二、绿色食品标准的特点

绿色食品标准具有五大突出特点。

一是协调一致。绿色食品标准与国家法律法规、国家标准等都是协调一致的，包括与《中华人民共和国食品安全法》《中华人民共和国农产品质量安全法》以及国务院颁布的《农药管理条例》《兽药管理条例》、农业农村部公告等，还有GB 2760—2014《食品安全国家标准　食品添加剂使用标准》、GB 2761—2017《食品安全国家标准　食品中真菌毒素限量》、GB 2762—2022《食品安全国家标准　食品中污染物限量》和GB 2763—2021《食品安全国家标准　食品中农药最大残留限量》等国家农业行业标准都相协调。

二是安全优质。安全体现在绿色食品产品标准的安全卫生指标严于国家标准和行业标准，部分安全卫生指标统筹采信国际食品法典委员会、欧盟、美国和日本等国际相关标准。在129项绿色食品产品标准中共有21 437项卫生指标，其中严于国家标准的指标共有1 482项，占61%。优质体现在绿色食品标准的产品质量指标突出优质品质和营养健康功能，其等级规格指标达到国家优级或一级品以上要求。

三是实施全程质量控制。绿色食品标准按照“从土地到餐桌”全程质量控制技术路线，制定了产地环境、生产过程（投入品使用）、产品质量、包装、仓储、运输等全链条的质量控制措施，每一个环节有相对应的标准。

四是绿色环保。绿色食品标准强调出自优良生态环境，同时又通过生物循环、合理配置节约资源、减少投入品使用等环境友好行为，减少生产过程对环境的影响，保护生态环境，提高产品质量，促进农业绿色发展。

五是与时俱进。随着认证产品范围拓展，新技术、新工艺、新检测检验方法不断产生，根据市场需求以及国标、行标的变化，绿色食品标准也及时进行修订调整，从而满足消费者对美好生活的需求。

三、绿色食品标准的作用

绿色食品标准对绿色食品产业发展所起的作用表现在以下5个方面。

第一，绿色食品标准是绿色食品认证工作的技术基础。绿色食品认证实行产前、产中、产后全过程质量控制，同时包含了质量认证和质量体系认证内容。因此，无论是绿色食品质量认证还是质量体系认证都必须有适宜的标准做依据，否则开展认证工作的基本条件就不充分。

第二，绿色食品标准是进行绿色食品生产活动的技术、行为规范。绿色食品标准不仅是对绿色食品产品质量、产地环境质量、生产资料的指标规定，更重要的是对绿色食品生产者、管理者的行为规范，是评定、监督和纠正绿色食品生产者、管理者技术行为的尺度，具有规范绿色食品生产活动的功能。

第三，绿色食品标准是指导农业及食品加工业提高生产水平的技术文件。绿色食品产品标准设置的质量安全指标比较严格，为企业如何生产出符合要求的产品提供了先进的生产方式、工艺和生产技术指导。例如，在农作物生产方面，为替代或减少化肥用量、保证产量，绿色食品标准提供了一套根据土壤肥力状况，将有机肥、微生物肥、无机（矿质）肥和其他肥料配合施用的方法；为减少喷施化学农药，绿色食品标准提供了一套从保护整体生态系统出发的病虫草害综合防治技术。在食品加工方面，为避免加工过程中的二次污染，绿色食品标准提出了一套非化学方式控制害虫的方法和食品添加剂使用准则，从而促使绿色食品生产者采用先进加工工艺、提高技术水平。

第四，绿色食品标准是维护绿色食品生产者和消费者利益的技术和法律依据。绿色食品标准作为认证和管理的依据，对接受认证的生产企业属强制执行标准，企业采用的生产技术及生产出的产品都必须符合绿色食品标准要求。国家有关行政主管部门对绿色食品实行监督抽查、打击假冒产品的行动时，绿色食品标准就是保护生产者和消费者利益的技术和法律依据。

第五，绿色食品标准是提高我国农产品和食品质量，促进出口创汇的技术手段。绿色食品标准是以我国国家标准为基础，参照国际先进标准制定的，既符合我国国情，又具有国际先进水平的标准。企业通过实施绿色食品标准，能够有效地促进技术改造，加强生产过程的质量控制，改善经营管理，提高员工素质。绿色食品标准也为我国加入世界贸易组织后开展可持续农产品及有机农产品平等贸易提供了技术保障，为我国农业，特别是生态农业、可持续发展农业在对外开放过程中提高自我保护、自我发展能力创造了条件。

四、绿色食品标准体系

绿色食品标准发展和完善到一定阶段，形成了绿色食品标准体系。绿色食品标准立足精品定位，瞄准国际先进水平，按照“安全与优质并重、先进性与实用性相结合”的原则，“从土地到餐桌”的全程质量控制理念，建立了一套定位准确、结构合理、特色鲜明的标准体系，包含了产地环境标准、生产技术标准、产品质量标准和产品包装储运标准等四大部分，详见图 2-1。现行绿色食品标准体系中，有效绿色食品标准总共有 143 项，其中包括 14 项准则类标准和 129 项产品标准。

14 项准则类标准包含了产地环境标准、生产技术标准和产品包装储运标准。其中产地环境标准包括产地环境质量和产地环境调查、监测与评价规范 2 项。生产技术标准共 10 项，包括了农药使用准则、肥料使用准则、兽药使用准则、渔药使用准则、饲料及饲料添加剂使用准则和食品添加剂使用准则等。产品包装储运标准共 2 项，分别是包装通用准则和储藏运输准则。

129 项产品标准划分为种植业产品、畜禽业产品、渔业产品和加工业产品四大类，基本覆盖了种植业、畜禽业、渔业和加工类产品。

另外，依据准则类标准，国家绿中心组织制定了共 275 项区域性绿色食品生产操作规程。规程依据不同地区不同产品的生长特点制定，当地的企业或者农户可以按照生产操作规程来进行绿色食品生产，具有很强的技术指导意义。

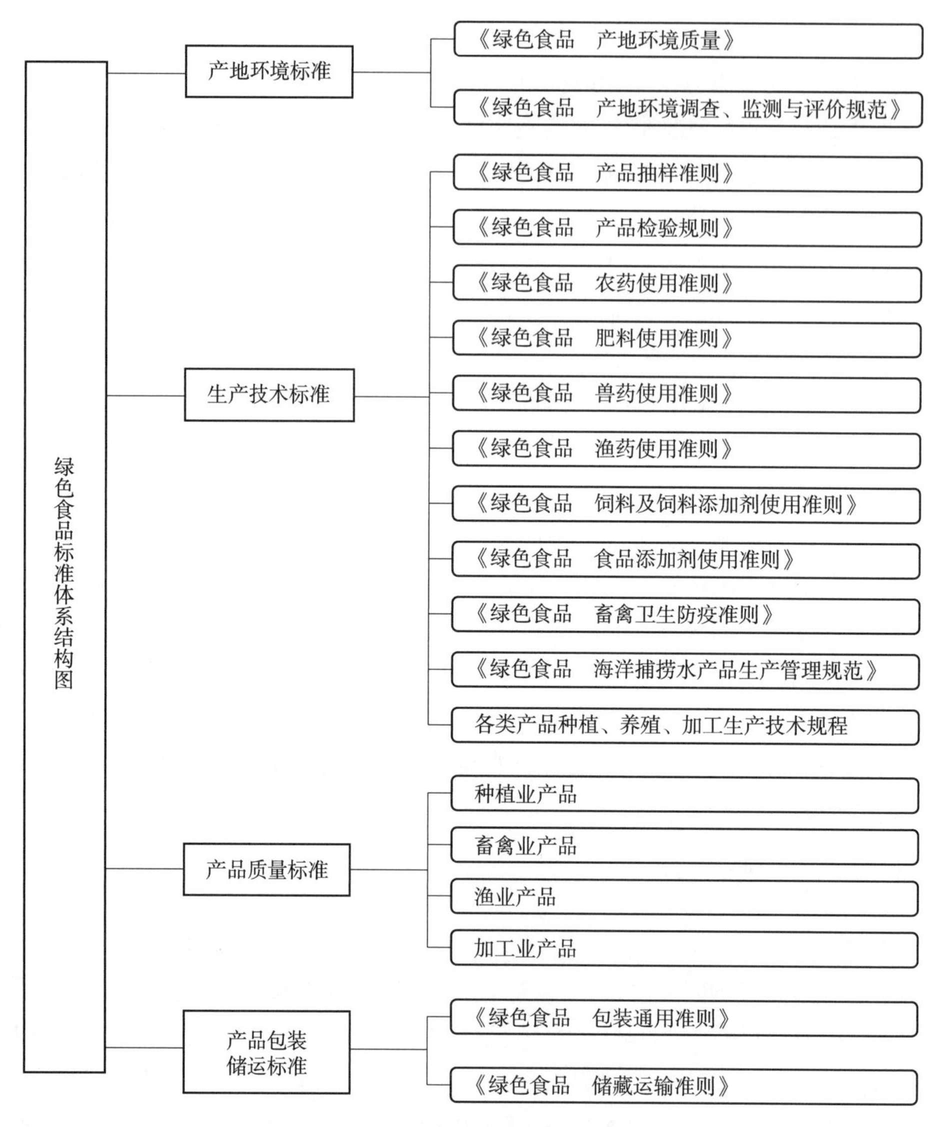

图 2-1 绿色食品标准体系结构图

第二节 绿色食品标准的制定

一、绿色食品标准制定的原则

绿色食品标准原则上是应用科学技术原理，结合生产实践，以我国国家标准为基础，参照国际标准和国外先进标准而制定的。绿色食品标准制定中，主要依据了欧盟关于有机农业及其有关农产品和食品条例（第 2092/91）、美国有机农业条例、日本有机食品和加工食品标准、IFOAM 有机农业和食品加工基础标准、国际食品法典委员会标准、国际有机农业运动联盟基础标准等国际标准和国外先进标准以及我国国家环境标准、食品质量标准以及绿色食品生产技术研究成果等。

AA级绿色食品标准的制定，等效采用了国际有机农业运动联盟的标准框架和基本要求，并充分考虑了国际地区水平（如欧盟2092/91有机农业条例）、国家水平上（如美国农业部制定的有机产品生产法和日本的JAC有机法则）和各国认证机构水平上标准的特点，使之更具体化和具有可操作性。

A级绿色食品标准制定的依据是以我国国家标准为基础，部分参照国际标准和国外先进标准，保证能被绿色食品生产企业普遍接受，综合技术水平优于或严于国内执行标准。

二、绿色食品标准制定的程序

绿色食品标准的制定程序与国家标准的制定程序是一致的，都要经过严格的立项、起草、审查、复审等程序。具体制定程序包括以下9个阶段。

（1）预备阶段。对计划制定的新标准的相关数据、资料收集分析，编写标准立项的可行性研究报告，向农业农村部主管司局提出新标准立项申请。这部分工作主要是通过市场分析调研、国内外相关标准资料的汇总对比分析并结合实际标准体系建设需要确定标准立项的必要性，预测标准制定成后可能带来的经济效益和社会效益等。

（2）立项阶段。农业农村部主管司局组织对申报立项标准的必要性和可行性进行评审，确定申请项目是否列入当年财政预算项目。经审议通过的标准项目由农业农村部统一下达《农业行业标准制修订项目任务书》和标准制定经费，制定标准单位根据前期工作确定标准项目的具体实施方案，填写《农业行业标准制修订项目任务书》。

（3）起草阶段。制定标准单位用大约半年时间搜集整理国内外有关法律、法规和标准资料，同时进行市场调研和企业实地考察，研究分析初步确定技术项目和指标，并进行实验验证。按照GB/T 1.1—2020《标准化工作导则　第1部分：标准化文件的结构和起草规则》要求完成标准征求意见稿的编写。

（4）征求意见阶段。制定标准单位通过网络和信函等方式广泛征求生产企业、经销商、绿色食品定点检测机构（简称检测机构）和有关管理机构意见，对回馈意见进行分析汇总、验证，并根据意见将标准征求意见稿修改完善形成标准送审稿。

（5）审查阶段。标准送审稿上报农业农村部，由农业农村部相关主管部门确定标准审定会及时间后，组织召开标准审定会，对标准内容进行逐字逐句地审议，制定标准单位要根据会上汇总意见完成标准报批稿，并由表决是否通过审定，通过后上报作为行业标准颁布。

（6）批准阶段。农业农村部对上报材料进行最终审核，发布农业农村部标准颁布公告，并将附有公告标准号的标准文本提供给相关标准出版社。

（7）出版阶段。出版社按标准格式出版发行。

（8）复审阶段。标准需要定期复审，复审周期一般不超过5年。根据情势变化对标准进行审核，不需要修改的继续有效，需要修改的列入修订计划，没有存在必要的标准予以废止。

（9）废止阶段。标准被修订或被其他标准涵盖而废止。

以上从标准项目准备阶段到出版发行一般需要一年半到两年时间。

第三节　绿色食品产地环境标准概述

一、绿色食品产地环境要求

绿色食品产地主要是指绿色食品初级农产品或加工产品原料的生长地。产地环境对农业生产和农产品质量产生直接和基础性的影响，是影响绿色食品产品质量最基础的因素之一。

绿色食品产地环境标准充分体现了绿色食品的促进可持续发展理念，标准的制定主要根据我国环境质量现状、污染水平和生产实际，进行检测项目设定，检测项目的指标设定有科学的研究基础和论证，同时兼顾我国国情，与国际标准和国外先进标准相协调并保持同步，持续更新和改进。核心要求就是产地环境要选择生态环境良好、无污染的地区，远离工矿区、公路铁路干线和生活区，应距离公路、铁路、生活区 50 m 以上，距离工矿企业 1 km 以上，避开污染源，不应受外来污染威胁。在绿色食品和常规生产区域之间设置缓冲区及物理屏障，建立生物栖息地，保护生态系统多样性，保持基地可持续生产，不对环境或周边生物产生污染，同时对产地的空气、水、土壤质量设定了具体参数及指标。

涉及绿色食品产地环境的标准有两项，即 NY/T 391—2021《绿色食品　产地环境质量》和 NY/T 1054—2021《绿色食品　产地环境调查、监测与评价规范》。

二、绿色食品产地环境质量标准要点

NY/T 391—2021《绿色食品　产地环境质量》主要根据农业生态的特点和绿色食品生产对生态环境的要求，规定了绿色食品产地环境空气、水、土壤各项指标及浓度限值、监测和评价方法。水、土、气是直接影响农产品质量的 3 个关键环境要素。空气、土壤和生产用水的污染不仅对动植物生长造成不利影响，导致品质下降，而且污染物可以通过食物链进入人体，危及人类健康。因此，在 NY/T 391—2021《绿色食品　产地环境质量》中，对于空气、土壤和生产用水分别设置了相关质量指标。

空气质量方面，标准在保护公共健康、自然生态前提下，借鉴世界卫生组织、美国、欧盟、GB 3095—2012《环境空气质量标准》，根据我国农业生产现状设置了空气质量指标，有代表性地选取了总悬浮颗粒物、二氧化硫、二氧化氮和氟化物 4 项常见的、对大气环境质量影响较多的污染物指标。另外，考虑到畜禽养殖场所空气质量差，

是造成病害、影响质量的重要因素。NY/T 391—2021《绿色食品　产地环境质量》还专门增加了畜禽养殖场空气质量要求，设置了总悬浮颗粒物、二氧化碳、硫化氢、氨气和恶臭5项指标。

水质方面，分别针对农田灌溉水、渔业用水、畜牧养殖用水、加工用水、食用盐原料水质设置了不同指标要求，其中畜牧养殖用水包含了畜禽养殖用水和养蜂用水，食用盐原料水包括了海水、湖盐或井矿盐天然卤水。

土壤质量指标包括土壤污染物和土壤肥力监测指标。土壤污染物方面，考虑到重金属在土壤中的积累，设置了总镉、总汞、总砷、总铅、总铬、总铜6项重金属指标，按土壤耕作方式的不同分为旱田、水田2类，每类土壤根据pH值的高低分为3种情况（pH值<6.5、6.5≤pH值≤7.5、pH值>7.5）分别设置了不同限量。另外，专门设置了食用菌栽培基质质量要求，适用于用食用菌栽培基质培养的食用菌。土壤肥力方面，考虑到实现生态平衡、资源利用和可持续发展的长远目标，设置了有机质、全氮、有效磷、速效钾4项指标，作为产地环境长期监测参考数据。

三、绿色食品产地环境调查、监测与评价规范

NY/T 1054—2021《绿色食品　产地环境调查、监测与评价规范》是与前者相配套的实施细则，规范了绿色食品产地环境质量现状调查、监测、评价的原则、内容和方法，为科学、正确地评价绿色食品产地环境质量提供科学依据。在调查方面，标准规定了调查的目的、原则、方法和内容，并对产地环境调查报告内容进行了规定。产地环境质量监测方面，规定了空气、水质、土壤布点原则、样点数量、采样方法、监测项目和分析方法。产地环境质量评价方面，规范了评价程序、标准、原则、评价方法及评价报告内容。

2021年版新标准调整了空气、水质、土壤监测采样点布设方法以及部分环境质量免测条件和采样布设点数，并且依据NY/T 391—2021《绿色食品　产地环境质量》修改了评价方法。

空气监测。主要依据产地环境调查分析结论和产品工艺特点，确定是否进行空气质量监测。进行产地环境空气质量监测的地区，可根据当年生物生长期内的主导风向，重点监测可能对产地环境造成污染的污染源的下风向。对于产地周围5 km，且主导风向的上风向20 km内无工矿污染源的种植业区、水产养殖业区、矿泉水等水源地和食用盐原料产区，空气质量可以免测。另外，对于设施种植业区，空气质量只测温室大棚外空气。空气点数布设按照不同产地类型分为4种情况，包括布局相对集中（≤80 hm^2、80～200 hm^2、>200 hm^2）和布局相对分散。

水质监测。坚持从水污染对产地环境质量的影响和危害出发，突出重点，照顾一般的原则，即优先布点监测代表性强，最有可能对产地环境造成污染的方位、水源（系）或产品生产过程中对其质量有直接影响的水源。对于灌溉水系天然降雨的作物、深海渔业、矿泉水水源以及生活饮用水、饮用水水源、深井水，水质免测。对于水资

源丰富，水质相对稳定的同一水源（系），样点布设 1～2 个，若不同水源（系）则依次叠加，具体布设点数按种植业（包括水培蔬菜和水生植物）、近海（包括滩涂）渔业、养殖业、食用盐原料用水和加工用水 5 种情况分别有不同的布设点数。

土壤监测。以能代表整个产地监测区域为原则，不同的功能区采取不同的布点原则，宜选择代表性强、可能造成污染的最不利的方位、地块。土壤监测布设样点数量按照大田种植区、蔬菜露地种植区、设施种植业区、食用菌种植区、野生产品生产区和其他生产区域分别划分了不同情况，可根据不同情况选择合适的布点数。土壤采样深度方面，一般农作物和水生作物和水产养殖底泥要求采样深度为 0～20 cm；果林类农作物要求采样深度 0～60 cm；特殊情况下农作物的根茎可食部位为地下 20 cm 以上的，考虑到根系较长，参照果林类农作物，采样深度为 0～60 cm。另外，土壤监测还需要注意：在环境因素分布比较均匀的监测区域，采取网格法或梅花法布点；在环境因素分布比较复杂的监测区域，采取随机布点法布点；在可能受污染的监测区域，可采用放射法布点。尤其需要注意的是，土壤样品原则上要求安排在作物生长期内采样对于基地区域内同时种植一年生和多年生作物，采样点数量按照申报品种，分别计算面积进行确定。

第四节　绿色食品生产技术要求

一、绿色食品生产资料使用准则

生产资料使用准则是对生产绿色食品过程中的投入品的基本原则性规定，也是绿色食品生产、认证以及监督管理的主要依据。农业农村部现已发布的绿色食品生产资料使用准则：农药、肥料、兽药、饲料及饲料添加剂、食品添加剂准则、畜禽卫生防疫准则和海洋捕捞水产品生产管理规范。这些准则对农业生产及食品加工过程中允许、限制和禁止使用的投入品及其使用方法、范围、剂量、次数、期限等作出了明确规定，确保了投入品的科学合理使用。

（一）种植业绿色食品生产资料使用准则

1. 绿色食品农药使用准则

NY/T 393—2020《绿色食品　农药使用准则》是在绿色食品生产过程中使用最多的，也是最核心的一项生产资料使用准则。该标准的制修订主要根据近年来国内外在农药开发、风险评估、标准法规、使用登记和生产实践等方面取得的新进展、新数据和新经验，从农药对健康和环境影响的综合风险控制出发，并兼顾了绿色食品生产对农药品种的实际需求。

NY/T 393—2020《绿色食品　农药使用准则》建立了比较完整有效的标准框架，

规定了绿色食品生产和储运中的有害生物防治原则、农药选用、农药使用规范和绿色食品农药残留要求，适用于绿色食品的生产和储运。

为进一步减缓农药使用的健康和环境影响，标准中规定了有害生物防治原则，核心就是尽量不使用农药，以保持和优化农业生态系统为基础，优先使用农业措施，尽量使用物理措施和生物措施，必要时合理使用低风险农药。

在农药选用方面，该准则采取了允许列表制，规定允许使用的农药清单，确保所用农药是经过系统评估和充分验证的低风险品种，还要求所选用的农药应符合相关的法律法规，并获得国家在相应作物上的使用登记或省级农业主管部门的临时用药措施。该标准附录 A 为绿色食品允许使用的农药清单，包含了 AA 级绿色食品允许使用的 70 种农药和 A 级绿色食品允许使用的 141 种化学农药。

AA 级绿色食品允许使用的农药清单参考部分有机植物生产中允许使用的投入品，同时按照低风险原则，对比研究国内农药登记使用情况豁免，制定食品中最大残留限量的农药名单后最终确定，包括了植物源、动物源、微生物源、矿物源、生物化学产物及其他一些无机农药。

A 级绿色食品允许使用的农药清单是对目前获得国家农药登记许可且有相关风险评估数据的 428 种有机合成农药进行逐一评估和综合分析，筛选确定了 141 种化学农药，包括杀虫杀螨剂 39 种、杀菌剂 57 种、除草剂 39 种和植物生长调节剂 6 种。

为规范农药使用，准则还规定了与农药使用要求相协调的残留要求，在确保绿色食品更高安全要求的同时，也作为追溯生产过程是否存在农药违规使用的验证措施。准则规定允许使用的农药，其残留量应符合 GB 2763—2021《食品安全国家标准　食品中农药最大残留限量》要求和绿色食品产品标准的要求；不允许使用的农药，其残留量不得超过 0.01 mg/kg，同时应符合 GB 2763—2021 的要求。其中，0.01 mg/kg 这一残留默认值主要是借鉴了欧盟和日本等发达国家的农药残留标准体系中的残留默认值，且兼顾了农药残留检测和违规农药使用监测的实际需要，严格规范了农药的使用。

2. 绿色食品肥料使用准则

NY/T 394—2021《绿色食品　肥料使用准则》按照促进农业绿色发展与养分循环、保证食品安全与优质的原则，要求优先使用有机肥料，充分减控化学肥料，禁止使用可能含有安全隐患的肥料，对绿色食品生产中肥料使用原则、肥料种类及使用进行了规定。该标准规定绿色食品生产中肥料使用要遵循土壤健康原则、化肥减控原则、合理增施有机肥原则、补充中微量养分原则、安全优质原则和生态绿色原则。核心要求是优先施用有机肥，以有机肥作为基础，在大量施用有机肥的基础上可以适当地使用化学肥料，按照化肥减控原则，无机氮素减半使用，在保障养分充足供给的基础上，无机氮素用量不得高于当季作物需求量的一半。考虑到安全隐患，该标准禁止使用未经发酵腐熟的人畜粪尿，禁止使用生活垃圾、未经处理的污泥和含有害物质（如重金属、有害气体等）的工业垃圾，禁止使用成分不明确或含有安全隐患成分的肥料，禁止使用添加有稀土元素的肥料以及国家法律法规规定禁用的肥料。该标准针对 AA 级绿色食品和 A 级绿色食品分别设置了肥料使用相关要求。

（二）养殖业绿色食品生产资料使用准则

1. 绿色食品兽药使用准则

NY/T 472—2022《绿色食品　兽药使用准则》以生产安全、优质的动物源性绿色食品为目标，确定了兽药使用的基本原则、生产 AA 级和 A 级绿色食品的兽药使用原则，对可使用的兽药种类和不应使用的兽药种类进行了严格规定，并以列表形式规范了不应使用的药物名录。

兽药使用的基本原则是动物福利原则，即要求提供良好的动物饲养环境；加强饲养管理，供给动物充足的营养；进行动物疫病的预防和控制，合理使用饲料、饲料添加剂和兽药等投入品；在养殖过程中不用或少用药物，确需用药时，应有执业兽医的指导。

兽药使用原则是遵循优先原则，即：优先使用 GB/T 19630—2019《有机产品　生产、加工、标识与管理体系要求》规定的兽药；优先使用 GB 31650—2019《食品安全国家标准　食品中兽药最大残留限量》规定的无最大残留限量的兽药；优先使用《中国兽药典》和农业部公告第 2513 号中无休药期要求的兽药。另外，准则规定国务院兽医行政管理部门批准的微生态制品、中药制剂和生物制品、中药类的促生长药物饲料添加剂以及国家兽医行政管理部门批准的高效、低毒和对环境污染低的消毒剂也可使用。

NY/T 472—2022《绿色食品　兽药使用准则》遵循安全原则，兽药的选用延续 2013 年版的否定列表形式，明确了禁用兽药名录，较 2013 版禁用品种更多、更严格。该标准严于国标和美国、欧盟、日本等相关国际标准。在必须用药的情况下，规定了禁止使用的兽药品种和禁止用途。该标准附录 A 的表 A.1 中规定了生产 A 级绿色食品不应使用的药物目录，包括了 β-受体激动剂类，激素类，催眠、镇静类，抗菌药类，抗寄生虫类，抗病毒类药物六大类共 159 种兽药。该标准附录 B 的表 B.1 和表 B.2 分别列出了产蛋期和泌乳期不应使用的药物目录。该准则还要求专门建立兽药使用记录和档案，要求兽药使用记录档案保存符合 NY/T 3445—2019《畜禽养殖场档案规范》要求。

2. 绿色食品渔药使用准则

NY/T 755—2022《绿色食品　渔药使用准则》在遵循现有兽药国家标准和食品安全国家标准的基础上，立足安全优质的要求，突出强调生态环保原则，对绿色食品水产养殖过程中渔药的使用和管理基本要求、生产绿色食品的渔药使用规定和渔药使用记录进行了规定。该标准提倡生态环保原则，要建立良好水产养殖环境，提倡绿色健康养殖，加强水产养殖动物疾病的预防，在养殖过程中尽量不用或者少用药物，通过增强水产动物的抗病力，减少疾病发生。

在水产动物病害防治过程中，确需使用渔药时，应保证水资源不遭受破坏，保护生物安全和生物多样性，保障生产水域质量免受污染。渔药使用方面，优先使用 GB/T 19630—2019《有机产品　生产、加工、标识与管理体系要求》规定的物质或投入品以及 GB 31650—2019《食品安全国家标准　食品中兽药最大残留限量》规定的无最大残留限量要求的渔药。

渔药的选用采取肯定列表形式，该标准附录 A 的表 A.1、表 A.2 和表 A.3 分别规定了 A 级绿色食品生产允许使用的 37 种中药成方制剂和单方制剂渔药、18 种化学渔药和 6 种渔用疫苗。与 GB 31650—2019《中国兽药典》及《兽药质量标准》中水产养殖可以使用的药物种类对比，该标准更加严格。该标准对标欧盟、美国等国际标准经再评估，考虑到部分鱼类对药物的敏感性及生态环保的要求，未选用过氧化钙、过硼酸钠、绒促性素、苯扎溴铵、盐酸氯苯胍、高碘酸钠和溴氯海因等 7 种渔药，与欧盟、美国等国际标准要求一致。

3. 绿色食品饲料及饲料添加剂使用准则

NY/T 471—2023《绿色食品　饲料及饲料添加剂使用准则》突出强调安全优质、绿色环保和以天然原料为主的原则，提倡优先使用微生物制剂、酶制剂、天然植物添加剂和有机矿物质，限制使用化学合成饲料和饲料添加剂，规定了绿色食品畜牧业、渔业养殖过程允许使用的饲料和饲料添加剂的使用原则、使用要求、使用规定以及加工、包装、储存和运输的相关要求。

该标准突出安全优质原则，要求生产过程中，饲料和饲料添加剂的使用应对养殖动物机体健康无不良影响，所生产的动物产品安全、优质、营养，有利于消费者健康且无不良影响；突出绿色环保原则，要求绿色食品生产中所使用的饲料和饲料添加剂及其代谢产物，应对环境无不良影响，且在畜牧业、渔业产品及排泄物中存留量对环境也无不良影响，有利于生态环境保护和养殖业可持续健康发展。要求以天然饲料原料为主，提倡优先使用天然饲料原料、微生物制剂、酶制剂、天然植物饲料添加剂和有机微量元素，限制使用通过化学合成的饲料和饲料添加剂。

该标准对于饲料和饲料添加剂有着严格要求，要求使用国务院农业农村主管部门公布的饲料原料目录、饲料添加剂品种目录中的品种；不在目录内的饲料原料和饲料添加剂应是国务院农业农村主管部门批准使用的品种，或是允许进口的饲料和饲料添加剂品种，且使用范围和用量应符合相关规定；使用的饲料原料、饲料添加剂、混合型饲料添加剂、配合饲料、浓缩饲料及添加剂预混合饲料应符合其产品质量标准的规定；饲料的卫生指标应符合 GB 13078—2017《饲料卫生标准》的规定，饲料添加剂应符合相应卫生标准要求。

为保证草食动物每天都能得到满足其营养需要的粗饲料，该标准要求在其日粮中，粗饲料、鲜草、青干草或青贮饲料等所占的比例不应低于 60%（以干物质计）；对于育肥期肉用畜和泌乳期的前 3 个月的乳用畜，此比例可降低为 50%（以干物质计）。

对于生产 A 级绿色食品的饲料原料，植物源性饲料原料 100% 要求是符合绿色食品标准的原料，包括通过认定的绿色食品及其副产品，来源于绿色食品原料标准化生产基地的产品及其副产品或是按照绿色食品生产方式生产、并经认定的原料基地生产的产品及其副产品。

动物源性饲料，要求只使用乳及乳制品、鱼粉和其他海洋水产动物产品及副产品，其他动物源性饲料不可使用，其中鱼粉和其他海洋水产动物产品及副产品，应来自经国务院农业农村行政主管部门认可的产地或加工厂，并有证据证明符合规定要求，其中鱼粉应符合 GB/T 19164—2021《饲料原料　鱼粉》的规定；进口鱼粉和其他海洋水产动物产品及副产品，应有国家检验检疫部门提供的相关证明和质量报告，并符合相关规定。

由于质量和来源尚无法监控，该标准规定绿色食品畜牧业、渔业养殖过程中畜禽及餐厨废弃物、畜禽屠宰场副产品及其加工产品不应使用。非蛋白氮属于化工合成产品，使用不当时，易造成动物氨中毒，对动物的健康存在安全隐患，因此不可使用。为预防疯牛病，对于反刍动物来说，鱼及其他海洋水产动物产品及副产品也不可使用。

饲料添加剂的使用采用准许清单制，在该标准附录 A 中规定了矿物元素及其络（螯）合物、维生素及类维生素、氨基酸、氨基酸盐及其类似物、酶制剂、微生物、多糖和寡糖、抗氧化剂、防腐剂、防霉剂和酸度调节剂、黏结剂、抗结块剂、稳定剂和乳化剂等 316 种绿色食品允许使用的饲料添加剂。

4. 绿色食品畜禽饲养防疫准则

NY/T 473—2016《绿色食品　畜禽卫生防疫准则》规定了绿色食品畜禽饲养场、屠宰场的动物卫生防疫要求，对畜禽饲养过程中的疫病预防、疫病监测、疫病控制和净化以及疫病档案记录等环节提出了具体的技术要求。

在场址选择、建设条件、规划布局方面，该标准要求畜禽饲养场选择生态条件良好，且应距离交通要道、城镇、居民区、医疗机构、公共场所、工矿企业 2 km 以上，距离垃圾处理场、垃圾填埋场、风景旅游区、点污染源 5 km 以上；保障动物福利，应有足够畜禽自由活动的场所、设施设备，以充分保障动物福利；生态、大气环境和畜禽饮用水水质应符合 NY/T 391—2021 的要求；还应配备满足生产需要的兽医场所，并具备常规的化验检验条件。畜禽屠宰场应选择水源充足、无污染和生态条件良好的地区，距离垃圾处理场、垃圾填埋场、点污染源等污染场所 5 km 以上，污染场所或地区应处于场址常年主导风向的下风向；畜禽待宰圈（区）、可疑病畜观察圈（区）应有充足的活动场所及相关的设施设备，以充分保障动物福利。

在饲养管理和防疫方面，要求加强畜禽饲养管理，建立“预防为主”的策略；同一饲养场所内不应混养不同种类的畜禽，畜禽的饲养密度、通风设施、采光等条件宜满足动物福利要求；建立无规定疫病区或生物安全隔离区；加强畜禽饲养管理水平，并确保畜禽不应患有该标准附录 A 所列的各种动物疾病；制定畜禽疾病定期监测及早期疫情预报预警制度，并定期对其进行监测；在产品申报绿色食品或绿色食品年度抽检时，应提供对该标准附录 A 所列疾病的病原学检测报告；还应具有 1 名以上执业兽医提供稳定的兽医技术服务。

畜禽繁育或引进提倡“自繁自养”，自养的种畜禽应定期检验检疫；引进畜禽应要求来自具有种畜禽生产经营许可证的种畜禽场，取得动物检疫合格证明或无特定动物疫病的证明；对新引进的畜禽，应进行隔离饲养观察，确认健康方可进场饲养。

畜禽屠宰过程中，对有绿色食品畜禽饲养基地的屠宰场，应对待宰畜禽进行查验并进行检验检疫；对实施代宰的畜禽屠宰场，应与绿色食品畜禽饲养场签订委托屠宰或购销合同，并应对绿色食品畜禽饲养场进行定期评估和监控，对来自绿色食品畜禽饲养场的畜禽在出栏前进行随机抽样检验，检验不合格批次的畜禽不能进场接收；畜禽屠宰应参照 GB/T 22569—2008《生猪人道屠宰技术规范》要求实施人道屠宰，宜满足动物福利要求。

畜禽宰前检验检疫要进行资料查验，查验内容包括相关检疫证明、饲料添加剂类型、兽药类型、施用期和休药期、疫苗种类和接种日期。生猪、肉牛、肉羊等进入屠宰场前，还应进行 β-受体激动剂自检；检测合格的方可进场；宰前检疫发现可疑病畜禽，应隔离观察；健康畜禽送宰前再进行一次群体检疫，剔除患病畜禽。畜禽屠宰后应立即进行宰后检验检疫，宰后检疫应在适宜的光照条件下进行。

5. 绿色食品海洋捕捞水产品生产管理规范

NY/T 1891—2010《绿色食品　海洋捕捞水产品生产管理规范》规定了海洋捕捞水产品渔业捕捞许可要求、人员要求、渔船卫生要求、捕捞作业要求、渔获物冷却处理、渔获物冻结操作、渔获物装卸操作、渔获物运输和储存等。

该标准要求绿色食品海洋捕捞水产品渔业捕捞渔船应向相关部门申请登记，取得船舶技术证书，方可从事渔业捕捞。捕捞应经主管机关批准并领取渔业捕捞许可证，在许可的捕捞区域进行作业。从事海洋捕捞的人员应培训合格，持证上岗；每年体检一次，必要时应进行临时性的健康检查，具备卫生部门的健康证书，建立健康档案；注意个人卫生，工作服、雨靴、手套应及时更换，清洗消毒；且凡患有活动性肺结核、传染性肝炎、肠道传染病以及其他有碍食品卫生的疾病之一者，应调离工作岗位。

渔船卫生要求要符合生产用水和用冰的要求，使用的海水应为清洁海水，经充分消毒后使用，并定期检测；化学品的使用要求清洗剂、消毒剂和杀虫剂等化学品应有标注成分、保存和使用方法等内容的标签，单独存放保管，并做好库存和使用记录。

基础设施方面要求存放及加工捕捞水产品的区域应与机房和人员住处有效隔离并确保不受污染；加工设施应不生锈、不发霉，其设计应确保融冰水不污染捕捞水产品；存放水产品的容器应由无毒害、防腐蚀的材料制作，并易于清洗和消毒，使用前后应彻底清洗和消毒等。渔获物冷却处理要严格按照冰鲜操作要求和冷却海水操作要求。渔获物冻结操作要按照冻结基本要求，严格控制冻结温度、冻结时间等。

（三）加工类绿色食品生产资料使用准则

NY/T 392—2023《绿色食品　食品添加剂使用准则》遵循绿色食品生产的源头可溯、过程绿色、产品安全的原则，根据国际食品法典委员会、美国、欧盟、日本及国家最新标准及相关法律法规制定，规定了绿色食品生产中食品添加剂的使用原则。该标准规定绿色食品生产过程中食品添加剂的使用遵循非必须不使用原则，确需使用的，提倡优先使用天然食品添加剂。

该标准要求食品添加剂使用时应符合以下基本要求：不应对人体产生任何健康危害；不应掩盖食品腐败变质；不应掩盖食品本身或加工过程中的质量缺陷或以掺杂、掺假、伪造为目的而使用食品添加剂；不应降低食品本身的营养价值；在达到预期效果的前提下尽可能降低在食品中的使用量。

食品添加剂的使用遵循带入原则，即在下列情况下食品添加剂可以通过食品配料（含食品添加剂）带入食品中：根据该标准，食品配料中允许使用该食品添加剂；食品配料中该添加剂的用量不应超过允许的最大使用量；应在正常生产工艺条件下使用这些配料，并且食品中该添加剂的含量不应超过由配料带入的水平；由配料带入食品中的该添加剂的含量应明显低于直接将其添加到该食品中通常所需要的水平。当某食品配料作为特定终产品的原料时，批准用于上述特定终产品的添加剂允许添加到这些食品配料中，同时该添加剂在终产品中的量应符合该标准的要求。在所述特定食品配料的标签上应明确标示该食品配料用于上述特定食品的生产。

食品添加剂使用规定要求生产 AA 级绿色食品的食品添加剂使用应符合 GB/T 19630—2019 的相关规定；生产 A 级绿色食品首选使用天然食品添加剂。在使用天然食品添加剂不能满足生产需要的情况下，可使用该标准 5.5 要求以外的人工合成食品添加剂，使用的食品添加剂应符合 GB 2760—2014 的规定；同一功能食品添加剂（相同色泽着色剂、甜味剂、防腐剂或抗氧化剂）混合使用时，各自用量占其最大使用量的比例之和不应超过 1；复配食品添加剂的使用应符合 GB 26687—2011《食品安全国家标准　复配食品添加剂通则》的规定；在任何情况下，绿色食品生产不应使用该标准附录 A 中的食品添加剂。

该标准为否定列表，对绿色食品生产过程中食品添加剂的使用规定采用禁用制，禁用酸度调节剂、抗结剂、抗氧化剂、漂白剂、膨松剂、着色剂等 16 大类 45 种食品添加剂。该标准相比于 2013 版标准，禁用的食品添加剂功能类别和品种更多、更严格，增加了 3 种不应使用的食品添加剂功能类别和 11 种不应使用的食品添加剂。

该标准与 GB 2760—2014《食品安全国家标准　食品添加剂使用标准》相比也更严格，GB 2760—2014 中共有 286 种准用食品添加剂，其中仅有 241 种属于该标准允许使用的。该标准与国际食品法典委员会、欧盟、美国、日本食品添加剂标准相比也更加严格，国际食品法典委员会标准中 17 种允许使用的食品添加剂、欧盟标准中 15 种允许使用的食品添加剂和美国标准中 19 种允许使用的食品添加剂在该标准中被禁用。

二、绿色食品生产操作规程

生产操作规程主要对具体产品的整个生产环节进行标准化规范，如种植业的规程应包括农作物的产地条件、品种选择、苗木和定植、土肥水管理、病虫害防治、采收与包装储运等生产环节中必须遵守的规定。绿色食品生产操作规程是全程质量控制的关键，它的最大优点是把食品生产以最终产品检验为主要基础的控制观念转变为从生产环境和生产规程的源头控制。

绿色食品生产操作规程是根据生产资料使用准则的要求，对生产过程的各个环节作出的技术规定，用以规范生产操作行为。2017 年，国家绿中心制定《绿色食品生产技术规程体系建设规划（2017—2020 年）》，并于 2018 年全面启动了区域性绿色食品生产操作规程制定工作。

绿色食品生产技术规程立足服务“三农”，以提高绿色食品标准的普及应用率为目标，设立了坚持配套衔接和协调一致、坚持突出重点和统筹兼顾、坚持因地制宜和区域协同、坚持地方主导和企业参与的四大原则。规程既突出了绿色食品粮食、蔬菜、果品、茶叶等重点大宗作物，肉牛、生猪、肉禽等重点畜牧产品，又兼顾了地方优势特色产品。

现已发布实施 275 项大宗品种的绿色食品生产操作规程，其中大田作物类 86 项、蔬菜类 86 项、水果类 51 项、养殖类 28 项、加工类 24 项。各地以中心制定的绿色食品生产操作规程为基础，将适合当地农作物使用的规程整理成册，以印刷版或电子文件形式发放到生产企业和农户手中。同时积极将中心制定的规程进一步转化、细化，精确匹配当地的产地环境和生产条件，目前已累计制定区域细化生产操作规程 158 个。例如，黑龙江省绥化市结合中心编制的规程，制定了 28 项绿色食品市级地方标准；河南省编制了 30 多种品类的绿色食品生产操作规程简化版；上海市崇明区结合辖区申报产品编制了适合崇明区 42 种产品的绿色食品生产操作规程，进一步增强了规程的适用性。

第五节　绿色食品产品标准

一、绿色食品抽样准则和检验规则

（一）绿色食品产品抽样准则

NY/T 896—2015《绿色食品　产品抽样准则》主要是对产品抽样环节的工作进行规范，规定了绿色食品样品抽取的术语和定义、一般要求、抽样程序和抽样方法。该标准的编制充分考虑到标准的完整性、先进性和实用性，特别是可操作性，确保通过该标准的实施能够提高绿色食品产品抽样水平，规范绿色食品产品抽样管理。在术语方面，该标准对“批”“组批”“层次抽样”和“同类多品种产品”的术语和定义作出了详细描述。一般要求中，对抽样单位、抽样人员、抽样器具和抽样前确认等方面进行了明确规定。

最为核心的要求是抽样原则上应由检测机构组织实施，当检测机构无法完成抽样任务时，可委托当地工作机构进行。这主要是考虑到绿色食品规模不断扩大，检测机构有可能无法在作物成熟期或生产合格产品的时间段内按时完成抽样任务，所以在特殊情况下检测机构可以委托地方绿办组织产品抽样，但必须严格履行书面委托手续，并对指定抽样人员进行专业技术培训。

抽样人员方面要求不应少于 2 人，并经过相关机构的培训，取得相应的资质。抽样程序方面，对于抽样记录、样品的分取、包装和加封、样品的运输、交接等方面进行了详细规定。其中，抽样人员应现场填写抽样单、携带标签以及封条等，并根据不同的产品准备相应的采样工具和包装容器，保证抽样的代表性和公正性。抽样方法方面，种植产品、畜禽产品、水产品、加工食品等不同产品均制定了相应的抽样方法细则，具有较强的操作性。

（二）绿色食品产品检验规则

NY/T 1055—2015《绿色食品　产品检验规则》主要是对认证检验环节的工作进行规范，规定了产品检验分类、抽样、检验依据和判定规则。

在检验分类方面，主要分为了交收（出厂）检验、型式检验、申报检验和监督检验 4 类。在检验依据方面，要求交收（出厂）检验应按该标准 3.1 部分的规定执行，型式检验和申报检验应按现行有效的绿色食品标准进行检验；对已获证的绿色食品进行监督检验时，应按当年绿色食品产品质量抽检计划项目和判定依据的规定执行；另外如绿色食品产品标准中引用的标准已废止，且无替代标准时，相关项目可不作检测，但需在检验报告备注栏中予以注明。

在判定规则方面，检测结果全部合格时则判该批产品合格。若包装、标志、标签、净含量等项目有 2 项（含 2 项）以上不合格时则判该批产品不合格，如有 1 项不符合要求，可重新抽样对以上项目复检，以复检结果为准；其他任何一项指标不合格则判该批产品不合格。此外，当更新的国家产品标准和限量标准严于现行绿色食品标准时，按更新的国家标准执行；现行绿色食品标准严于或等同于更新的国家标准，则仍按现行绿色食品标准执行。

在复检方面，该标准要求当受检方对产品检验结果发生异议时，可以自收到检验结果之日起 5 日内向绿色食品管理部门申请复检。但微生物学项目不合格的产品不接受复检，另外，不合格检测项目若性质不稳定也不接受复检。

二、绿色食品产品标准

目前经农业农村部发布的绿色食品产品标准共有 129 项，基本涵盖种植业、畜禽养殖业、渔业和加工业产品。由于绿色食品认证涵盖范围较广，种类多，产品标准分类存在很大难度。因此，绿色食品产品标准体系按照大类进行划分，将产品按照加工程度分为初级农产品和加工品，初级农产品按专业分成种植业产品、养殖业产品、渔业产品3类，每一专业领域又按大类、小类2个层次细分。如种植业产品包括粮食作物类、油料作物类、蔬菜类、果品类、茶叶类、特种作物类和糖料作物类等七大类。大类下面又细分小类，如蔬菜大类产品又分为根菜类蔬菜、绿叶类蔬菜、甘蓝类蔬菜和茄果类蔬菜等15个蔬菜小类。

绿色食品种植业产品标准包括41小类产品；养殖业产品标准包括7小类产品；渔业产品标准包括10个小类；加工产品标准包括69小类，产品标准按小类产品分别编写。每小类产品标准中也包含不同产品，如NY/T 750—2020《绿色食品　热带、亚热带水果》，包括荔枝、龙眼等22种水果；NY/T 2799—2023《绿色食品　畜肉》包括猪肉、牛肉、羊肉、马肉、驴肉、兔肉等的鲜肉、冷却肉及冷冻肉等。

绿色食品产品标准是衡量最终产品质量的依据，集中反映绿色食品生产技术及质量管理的水平。因此，绿色食品产品质量标准制定的依据是在国家标准的基础上参照国际标准和国外先进标准，在检测项目和技术指标上严于国家标准。

绿色食品产品标准的主要内容包括外观品质、营养品质、卫生品质3部分，有以下方面。

（1）原料要求。主要原料应来自绿色食品原料产地；进口原料要进行专门检测和认定。

（2）感官要求。对产品的外形、色泽、口感、质地等分别制定定性、半定量、定量指标，并要求严于同类非绿色食品。

（3）理化要求。各项指标不低于国家标准，农残、重金属等污染指标与国外先进标准或国际标准接轨。

（4）微生物学要求。产品的微生物学特性必须得到保证，微生物污染指标必须严于国家标准。标准规定了相关产品的术语和定义、分类、感官要求、理化要求、卫生要求、微生物要求、试验方法、检验规则、标志、标签、包装、储藏运输等。绿色食品产品标准的安全卫生指标定位严于相关国家和行业标准，质量规格要求达到国家一级品以上指标要求。

第六节　绿色食品产品包装储运标准

一、绿色食品包装通用准则

以农业行业标准发布的绿色食品包装、储藏运输标准包括2项，即NY/T 658—2015《绿色食品　包装通用准则》和NY/T 1056—2021《绿色食品　储藏运输准则》。

NY/T 658—2015《绿色食品　包装通用准则》充分考虑环境保护问题，以“3R”和“1D”（reduce减量化、reuse重复使用、recycle再循环和degradable再降解）为原则，要求产品包装从原料、产品制造、使用、回收和废弃的整个过程都应有利于食品安全和环境保护，包括包装材料的安全、牢固性，节省资源、能源，减少或避免废弃物产生易回收循环利用、可降解等具体要求和内容，规定了进行绿色食品产品包装时应遵循的原则、包装材料选用的范围、种类、包装上的标识内容等。

绿色食品的包装标签标准主要要求达到3个目的，一是防止最终产品遭受污染；二是避免过度包装造成资源浪费；三是保证绿色食品标志的正确使用，以便消费者识别。该标准对绿色食品各类包装材料的选择、尺寸等提出规范要求，原则上要求产品包装具有适合性、严密性，应根据不同绿色食品的类型、性质、形态和质量特性等，选用合适的包装材料和合理的包装形式来保证绿色食品的品质；需要进行密闭包装的应包装严密，无渗漏。

该标准还要求减量化且易回收降解，即包装的使用应实行减量化，包装的体积和重量应限制在最低水平，包装的设计、材料的选用及用量应符合GB 23350—2021《限制商品过度包装要求　食品和化妆品》的规定，同时宜使用可重复使用、可回收利用或生物降解的环保包装材料、容器及其辅助物。绿色食品的包装应符合相应的食品安全国家标准和包装材料卫生标准的规定，不应使用含有邻苯二甲酸酯、丙烯腈和双酚A类物质的包装材料，绿色食品的包装上印刷的油墨或贴标签的黏合剂不应对人体和环境造成危害，且不应直接接触绿色食品。针对纸类、塑料类、金属类、玻璃类及陶瓷包装，该标准也有相应的要求。

环保方面，绿色食品包装中4种重金属（铅、镉、汞、六价铬）和其他危险性物质含量应符合GB/T 16716.1—2018《包装与环境　第一部分：通则》的规定。相应产品标准有规定的，应符合其规定。在保护内装物完好无损的前提下，宜采用单一材质的材料、易分开的复合材料、方便回收或可生物降解材料。不应使用含氟氯烃（CFS）的发泡聚苯乙烯（EPS）、聚氨酯（PUR）等产品作为包装物。

标志与标签要求方面，现行标准除了要求产品包装必须符合食品包装的基本要求和GB 7718—2011《食品安全国家标准　预包装食品标签通则》外，还要求包装材料符合环境保护和节约资源的原则，同时要求包装标签应符合《中国绿色食品商标标志设计使用规范手册》的要求。绿色食品包装上应印有绿色食品商标标志，绿色食品产品标签除要求符合国家食品标签通用标准外，还要求符合中国绿色食品商标标志设计使用规范手册规定，该手册对绿色食品的标准图形、标准字形、图形和字体的规范组合、标准色、广告用语以及在产品包装标签上的规范应用均作了具体规定。

二、绿色食品储藏运输准则

NY/T 1056—2021《绿色食品　储藏运输准则》对绿色食品储运的条件、方法、时间作出规定，以保证绿色食品在储运过程中不遭受污染，不改变品质并有利于环保、节能。绿色食品对储藏运输的要求主要以全过程质量控制为出发点，对产后的储藏设施、堆放和储藏条件、储藏管理人员和记录，以及运输工具和运输过程的温度控制都提出了原则性要求，尤其强调记录要求，以保证产品的可追溯性。

储藏设施建设方面要求远离污染源，储藏设施的设计、建造、建筑材料等应符合GB 14881—2013《食品安全国家标准　食品生产通用卫生规范》的规定，具有防虫、防鼠、防鸟的功能。

储藏管理方面，应根据相应绿色食品的属性确定环境温度、湿度、光照和通风等储藏要求，优先使用物理的保质保鲜技术，在物理方法和措施不能满足需要时，可使用药剂，其剂量和使用方法应符合NY/T 392—2023、NY/T 393—2020和NY/T 755—2022的规定；不应与非绿色食品混放；不应与有毒、有害等物品同库存放。

该标准还要求设专人管理，定期检查储藏情况，定期清理、消毒和通风换气，保持洁净卫生；工作人员要进行定期培训和考核，绿色食品的相关工作人员应持有效健康证上岗；应建立储藏设施管理记录程序，保留所有搬运设备、储藏设施和容器的使用登记表或核查表；应保留储藏电子档案记录，记载出入库产品的地区、日期、种类、等级、批次、数量、质量、包装情况及运输方式等，确保可追溯、可查询；相关档案应保留3年以上。

运输方面要注意防污、防混和保鲜保质。运输工具应专车专用；在装入绿色食品之前应清理干净，必要时进行灭菌消毒；运输工具的铺垫物、遮盖物等应清洁、无毒、无害；冷链物流运输工具应具备自动温度记录和监控设备。

运输条件方面，应根据绿色食品的类型、特性、运输季节、运输距离以及产品保质储藏的要求选择不同的运输工具；运输过程中需采取控温的，应采取控温措施并实时监控，相邻温度监控记录时间间隔不宜超过10 min；冷藏食品在装卸货及运输过程中的温度波动范围应不超过 ±2℃；冷冻食品在装卸货及运输过程中温度上升不应超过2℃。

运输管理方面，绿色食品与非绿色食品运输时应严格分开，性质相反或风味交叉影响的绿色食品不应混装在同一运输工具中；装运前应进行绿色食品出库检查，在食品、标签与单据三者相符的情况下方可装运；运输包装应符合NY/T 658—2015的规定；运输过程中应轻装、轻卸，防止挤压、剧烈振动和日晒雨淋；应保留运输电子档案记录，记载运输产品的地区、日期、种类、等级、批次、数量、质量、包装情况及运输方式等，确保可追溯、可查询；相关档案应保留3年以上。

第七节　绿色食品标准在种植业上的应用示例

一、种植业绿色食品生产投入品

使用安全优质的生产投入品是影响绿色食品产品质量和安全的重要因素之一。在农业生产中，化肥的大量使用，会导致产品品质下降。绿色食品生产对于投入品的使用有严格的限制，种植业必须以使用有机肥为主，保持土壤肥力，改善土壤状况，保护植物以及动物的健康。

（一）绿色食品生产常用肥料简介

1. 畜禽粪肥

畜禽粪是绿色食品生产中使用最多的一类有机肥，是一种很好的肥料，畜禽粪一般富含有机质、氮，磷、钾含量相对较低，新鲜肥料养分主要为有机态的纤维素、半纤维素等化合物，C/N 比值大，必须经过堆积腐熟后，才能被作物吸收利用。生产中一般用作基肥。

2. 饼肥

饼肥是油料作物籽实榨油之后的残渣，种类非常多，如麻渣、豆粕等，都是非常好的肥料，富含有机质与蛋白质，肥效持久，作物吸收之后可以增加产品光泽度，提高产品质量，一般较适用于果品生产。

3. 秸秆类肥料

秸秆是作物收获后的副产品，种类丰富，一般较好的秸秆是麦秸、玉米秸，可以直接粉碎还田，也可以加入畜禽粪便进行堆肥。施用秸秆类肥料可以增加土壤孔隙度，使土壤疏松，促进土壤微生物的发育。

4. 绿肥

绿肥是用作肥料的栽培或者野生绿色植物体。种植草莓的设施中，行间空地可以生草作为绿肥原料。传统绿肥多以豆科绿肥为主，北方主要豆科绿肥品种有三叶草、毛叶苕子、紫花苜蓿、草木樨、田菁、箭筈豌豆、小冠花、绿豆、豌豆等。绿肥可直接耕翻自然腐熟，也可与畜禽粪肥混合堆沤。

5. 微生物制剂

微生物制剂一般是益生菌相互组合调配的微生物产品，可以加速肥料分解，提高肥效，提高土壤活性。生态益生菌是自然界中存在的有益微生物的统称。生态益生菌是复合微生物菌剂，其中主要包括芽孢杆菌、乳酸菌、木霉菌、光合细菌、放线菌等有益微生物和有机酸、氨基酸、消化酶、维生素、小分子生物肽、未知生长因子等活性成分。可以改良土壤结构，提高土壤肥力，是自然生态系统最重要的“分解者”。施用生态益生菌可以逐年减少化肥和农药的使用量，基本不影响作物产量，提高产品质量。

6. 土壤调理剂

土壤调理剂也称土壤改良剂，成分以矿物类居多，如石灰、珍珠岩、泥炭等。此外还有一些天然或人工合成的高分子，如木质素物料、聚丙烯酸类等物质。一些优质矿物，如钾长石，粉碎加工之后作为土壤调节剂有很好的应用价值，可以补充土壤矿质元素的缺失，在改良土壤性状的同时补充土壤的营养元素。但是要特别注意重金属的污染。

（二）绿色食品生产常用农药简介

1. 苦参碱

绿色食品生产中经常用到的一种杀虫剂，是苦参的有机提取物，本质是一种生物碱。害虫触及药剂后会被麻痹神经系统，导致害虫蛋白质凝固，最终窒息而亡。苦参碱对人、畜属于低毒药物。研究表明，苦参碱抗药性的相关报道很少，是一种较好的植物源杀虫剂，主要防治对象是菜青虫、蚜虫、红蜘蛛等，应在幼虫发生前期预防使用，不可与碱性肥料和农药混合使用。

2. 除虫菊素

除虫菊素是从除虫菊的花朵中提取的杀虫剂，主要防治蚜虫、蓟马、菜青虫等害虫。对人畜的危害较小，除虫菊素同样是触杀类药物，要与害虫直接接触，作用于害虫的神经系统。不宜与碱性药剂或肥料同时使用，可能会降低使用效果。

3. 苏云金杆菌

苏云金杆菌是目前应用最广泛的一种生物防治菌，本质是一种芽孢杆菌，它的菌株在芽孢形成的过程中产生多种具有杀虫活性的伴孢晶体蛋白，又称杀虫晶体蛋白，对直翅目、鞘翅目、双翅目、膜翅目等害虫效果较好。对环境安全性高，对人畜安全，不伤害蜜蜂，有研究报道，苏云金杆菌对蚊虫有防治效果。

4. 白僵菌

白僵菌是一种昆虫寄生菌，主要依靠孢子进行寄生，孢子接触虫体之后可以在其体内寄生，并分泌毒素，导致虫体死亡，孢子散播出去继续侵染其他虫体。白僵菌会产生白色菌丝，因此得名。白僵菌一般侵染幼体，较少侵染成虫。对人畜安全性高，效果显现需要一定周期，要在害虫密度较低时使用。

5. 赤眼蜂

生物防治应用较为广泛的一种昆虫，可寄生于鳞翅目等 10 多个目昆虫体内，在其体内产卵，幼虫以害虫虫体为营养来源，主要可以用来防治玉米螟、棉铃虫、豆天蛾等害虫。

6. 石硫合剂

用生石灰、硫黄加水熬制而成，具有杀虫和杀螨的作用，遇空气易生成游离的硫黄和硫酸钙，须密封储存。使用时根据作物种类、生育期和温度确定药液浓度。其碱性可侵蚀害虫表皮蜡质层，对蜱、螨、介壳虫及其卵都可杀死。在空气中的氧和二氧化碳作用下形成硫黄微粒，气化产生硫蒸气，可干扰病原菌或害虫呼吸过程中氧的代谢而起毒杀作用，因此，防治效果同温度呈正相关。但在较高的温度下对作物也易产生药害。主要用于防治多种白粉病、麦类锈病、果树的炭疽病和红蜘蛛、粉蚧等，也可用于防治畜禽寄生螨。

7. 波尔多液

波尔多液是一种无机铜素杀菌剂。它是由硫酸铜、生石灰和水按不同比例配制成的天蓝色胶状悬浊液。一般呈碱性，有良好的黏附性能，多用于果园等场景，以防治多种真菌和细菌性病害。但久放会沉淀并析出结晶，性质发生变化，药效降低，宜现配现用或制成失水波尔多粉，使用时再兑水混合。

波尔多液本身并没有杀菌作用，当它喷洒在植物表面时，由于其黏着性而被吸附在作物表面。而植物在新陈代谢过程中会分泌出酸性液体，加上细菌在入侵植物细胞时分泌的酸性物质，使波尔多液中少量的碱式硫酸铜转化为可溶的硫酸铜，从而产生少量铜离子，铜离子进入病菌细胞后，使细胞中的蛋白质凝固。同时铜离子还能破坏其细胞中某种酶，因而使细菌体中代谢作用不能正常进行。这 2 种作用使细菌中毒死亡。

二、种植业绿色食品生产养分管理

土壤培肥是农业可持续发展的关键，需要采用多种措施，改善土壤物理、化学、生物学特性，协调根系、土壤、微生物之间的关系，构建和谐的根际生态，提供作物健康生长需要的各种养分。

绿色食品标准要求使用有机肥培肥土壤，鼓励休耕、轮作豆科植物保持土壤肥力。有机肥大致可以分为粪尿肥、堆沤肥、绿肥、杂肥，每一类肥料都有自身特点，合理使用才能使土壤保持健康，做到优质高产。

不同种类的作物对各类养分的需要量和比例是不同的。如豆科植物可以通过固氮作用获得氮素，更需要土壤富含磷、钾等元素。以茎叶为主的蔬菜更需要氮。就同一作物而言，不同时期需要的养分不同，如生长期一般需要氮较多，果期需要的钾较多。

合理施肥除了要根据种植产品有所不同，还要结合土壤性质，确定施肥方式及用量。各地土壤相差很多。水田与旱地施肥方式不同，东北黑土地富含有机质，有利于植物生长，但是北方气温低，微生物活动弱，对土壤库存养分转化率较低，需要使用一定量的速效肥料，还需要施用一定量的作物秸秆和绿肥，补充有机质。

同一地块连续不断种植同一作物，极容易引发连作障碍。防止连作障碍可以采用改土、换土、轮作等方法，建立科学合理的轮作体系是较为经济也可行的方法。推荐绿色食品企业轮作豆科植物，避免连作障碍的同时培肥土壤。轮作的作物很多，应该根据当地气候、相互之间关系、经济等因素选择合适的轮作作物。

施肥应遵循以下的原则。

（1）施肥必须补充植物需要的全部营养元素，不仅是大量元素，一些微量元素同样重要且不可替代，如缺锌容易引发一些果树的小叶病。每一种元素都各自有特殊的生理功能，是植物在长期演化中形成的，一些矿质元素是许多生物酶的核心构件，必不可少。

（2）最小养分定律。木桶原理的肥料版，保证植物生长需要的各种营养元素都有一个最小量，低于这个值，就会影响作物的健康生产，增加其他肥料并不能弥补损失，反而会造成浪费。

（3）报酬递减。当施用的肥料超过作物需求的量之后，盲目增加肥料用量，并不会带来产量的正比增加，边际效应递减。所以当肥料增加超过一定量之后，继续增加肥料反而会导致收益减少。

三、种植业绿色食品生产植物保护措施

绿色食品生产中植物保护采用“预防为主，综合防治”的植保方针，优先使用农业措施、物理措施、生物措施进行病虫害防治，用可持续发展的理念指导绿色食品植物保护。

在进行绿色食品植物保护过程中，要注重生态平衡，利用生态学原理进行病虫害防治，从土壤生态、天敌使用等方面对有害生物进行控制，保持其在阈值之下，不至于大面积暴发。

绿色食品植物保护要注重最优化原则，即以最低的成本投入达到最佳的病虫害防治效果，如果病虫害生物数量没有到一定程度，可以把染病植株拔除，不一定要使用化学防治手段。如果确实需要进行防治，可以综合考虑环境、经济等各种因素，选择物理防治、生物防治，甚至是化学防治手段。

（一）植物病害来源

植物病害可能来源于上一季作物，病原体经过一定时间的休眠，侵染下一季的作物，此类病原体可以通过以下媒介物进行传播。

1. 种子、种苗

种子携带病原体可以分为种间、种表和种内 3 种。此类感染可以将病菌传播至较远的范围，播种之前必须进行消毒处理。

2. 植株残体

植株残体是病原体传播一个很重要的途径，绝大多数病原体可以在植株残体内存活较长时间，或者转化为孢子越冬。有些基地不注意植株残体的处理，极容易引发病原体的跨年度感染，给农业生产造成损失。

3. 土壤

土传病害造成的危害越来越严重，同时这也是最不好控制的一个媒介，有些病原体可以在土壤中存在相当长时间，进行土壤消毒成为农业生产不得不进行的一个重要环节。

4. 肥料

一些劣质或者未经腐熟的肥料很容易携带一些病原体，一些果园使用半发酵的有机肥，主要是为保持冬季地温，但是这不可避免地增加了病原体侵入的风险。

（二）病原体传播方式

1. 风力传播

风力传播是病原体传播的主要方式，传播距离比较远，传播比较容易实现，真菌尤其容易通过风力进行传播，病毒和细菌不能通过风力进行传播，但是其媒介物可以通过风力间接传播，气流传播的速度快，传播距离一般比较远，覆盖面积大，常易引起病害的流行。借气流远距离传播的病害防治比较困难，采用抗病品种或组织大面积的联防，效果较佳。

2. 雨水传播

植物病原细菌和真菌中鞭毛菌的游动孢子黑盘孢目和球壳孢目的分生孢子多半都是由雨水传播，在保护地内凝集在塑料薄膜上的水滴以及植物叶片上的露水滴下时，也能够帮助病原物传播。雨水传播普遍存在，传播距离一般都较近。对于雨水传播的病害的防治，要能消灭当地菌源或者防止它们的侵染，就能取得一定的效果。

3. 昆虫和其他生物传播

昆虫是多数植物病毒类病毒、植原体等的传播介体，一些通过伤口侵入的病原真菌和细菌，可借助昆虫传播。昆虫也是病原物的越冬场所之一。鸟类可以传播寄生性种子植物。有效防治昆虫介体，对于依靠介体传播病害的防治，尤其是病毒病害的防治非常重要。

4. 人为因素传播

人类在施肥、灌溉、播种移栽、修剪、嫁接、整枝及运输等各种农事活动中，常导致病原物的传播。种子、苗木及其他繁殖材料的调运和包装材料的流动都能携带病原生物远距离传播。因此，植物检疫的作用就是限制这种人为的传播，避免将危害严重的病害带到无病的地区。

（三）虫情、病情监测

少量的害虫并不会对作物造成毁灭性的影响，只有虫群规模超过一定限度，才会对作物有显著性的影响，植保的总方针是“预防为主”，做好病虫害防治工作，首先就是要做好虫情、病情监测，下面是一些监测的方法。

1. 每日巡查

在缺少工具或者相关硬件的情况下，这是最基本的方法。很多基地就是依靠这种最简单的办法，技术员每天查看作物生长情况及病虫害发生情况。技术员在巡查过程中，认真仔细地查看植株状态，观察叶片正面和背面，及时发现害虫粪便等不易注意到的细节，以此判断病虫害的发生情况。

2. 害虫信息素以及黑光灯监测

害虫的信息素（主要是性激素）可以帮助我们找到害虫。昆虫一般都是两性生殖，我们可以利用雌性激素诱捕雄虫，根据诱捕器中害虫的数量推测害虫种群的数量。需要注意的是，我们要根据种植地块的特点合理安排诱捕器的位置，设置科学合理的诱捕器数量。黑光灯是利用昆虫对紫外线敏感这一特点进行诱捕，与利用性激素进行诱捕效果类似，但是要注意的是，利用性激素诱捕的可能是虫群的单一性别，而黑光灯诱捕则对两种性别均有效。从对虫群数量进行控制这一角度考虑，利用性激素进行诱捕更好一些。

3. 取样调查

取样调查可以按照一定顺序，比如“U”形、“X”形、“Z”形进行取样，监测样本内虫情、病情，对于较难调查的性状（如钻蛀性害虫的虫口密度），用另一有密切相关性的简单性状（如蛀孔数量）来代表。如 1 个蛀孔代表 1 头害虫。

（四）病虫害防治措施

1. 农业措施

尽量选择抗病品种，在种植之前对种子、种苗消毒，尽量减少带菌量。选择适合的播种时间、田块位置，使得病原物不易侵染植株。对于已经带病原体的地块，使用轮作方法，降低土壤中病原体数量。通过农业措施调节环境条件和土壤条件，使之有利于植物健康生长。使用嫁接等栽培方法，提高植物的抗病性。采用不同形式的间套作，在作物中间间隔地种植其他作物品种，可以防止病毒的大范围传播。对杂草、野花等可以充当病原体次生寄主的作物进行管理，防止病菌在这些植物越冬。控制、调节作物生长条件，防止病害侵染。

2. 生物防治措施

绿色食品的生产中，尤其提倡使用生物防治措施防治病虫草害。

以菌治菌：可以利用一些微生物制剂处理种子，降低病害发生概率。如在播种或定植的时候，使用 EM 菌处理种子或蘸根，可以调节根际微生物的平衡，起到很好的防病效果。抗根瘤制剂以及木霉菌制剂可以防治一些特定的根部病害。

植物治菌：大蒜、葱等百合科植物根际有很多有益的微生物，对一些土传病害有很好的防治措施。

以菌治虫：常见的有应用真菌、细菌、病毒和能分泌抗生物质的抗生菌，如应用白僵菌防治马尾松毛虫（真菌），苏云金杆菌各种变种制剂防治多种林业害虫（细菌）。

以虫治虫：利用天然存在的天敌关系进行病虫害的防治。在生产上，利用捕食螨防治红蜘蛛已经有了很好的效果，但是要注意，更多是要在虫群发生初期进行投放。赤眼蜂防治玉米螟也可以有很好的效果。

使用性诱剂：使用性诱剂防治害虫可分为 2 种方法，一种是利用性信息素对雄虫或者雌虫进行诱杀；另一种是利用信息素的挥发，迷惑雄虫，使它找不到雌虫，无法完成交配。如在桃树上大规模使用的迷向丝，可以有效控制食心虫的种群数量，应用时间也必须在虫群大规模繁殖之前，否则难以见效。

3. 物理防治措施

物理保护。可以采用防虫网，保护设施之内的作物免受害虫的侵袭。

物理诱杀。灯光诱杀也就是常见的杀虫灯，害虫容易感受到光的短波部分，对紫外光中的一部分特别敏感。利用昆虫的趋光性，可以设计制造一些灯具，配合捕杀装置，完成对害虫的诱杀。

黄板、蓝板诱杀。严格来讲，也是利用了昆虫的某种趋光性，进行诱杀。黄板可诱杀蚜虫、白粉虱、烟粉虱、飞虱、叶蝉、斑潜蝇等，蓝板可诱杀种蝇、蓟马等昆虫，对由这些昆虫为传毒媒介的作物病毒病也有很好的防治效果。

糖醋诱杀。有些害虫对一些酸酒气味的物质有特别的喜好，可以利用害虫的这一特质对其进行诱杀。北京平谷地区农业专家指导农民用废弃的塑料瓶制作糖醋液诱杀装置，诱杀桃树上的害虫，如食心虫、金龟子等，成本低，效果好。

4. 药物防治措施

绿色食品生产允许使用一些植物源、矿物源、微生物源的杀虫杀菌剂，如苦参碱、苏云金杆菌等产品。植物源、矿物源、微生物源产品种类也十分丰富，合理使用，同样可以有效预防病虫害的发生。

植物源农药的特点是来源广泛，菊科、茄科、杜鹃花科的多种植物都有天然杀虫成分，可以大量种植然后直接提取，成本较低。易降解，对环境无污染，解决农药污染和残留问题，对农产品和食品无污染。成分相对复杂，不容易使得害虫产生抗药性。新的杀虫剂可以根据其有效成分进行研究和开发。此外，植物源的很多药品具有一定营养作用，分解的产物可以被植物所吸收利用。

微生物源杀虫剂。微生物的种类十分庞杂，大致分为真菌、细菌、病毒，分布在自然界的几乎所有环境之中。微生物源杀虫剂的武器大多是微生物本身，微生物可以侵染害虫，并在其种群中流行，从而达到控制种群的目的。值得一提的是，微生物的侵染对象必须具有专一性或者局限性，必须对人畜安全，否则得不偿失。在自然条件下，病毒流行病最常见。

四、种植业绿色食品生产废弃物处理

（一）农业废弃物概念

农业废弃物是指在农业生产、农产品加工畜禽养殖业和农村居民生活排放的废弃物的总称。按照成分可以将农业废弃物分为有机农业废弃物和无机农业废弃物。

农业废弃物来源很多，主要有 5 个方面，包括植物性农产品生产及收货过程中产生的秸秆、根茬、残叶、落果等种植生产废弃物；动物性农产品生产过程中产生的畜禽粪便、死畜禽、毛羽及其他残渣等畜禽及水产养殖废弃物；农业生产过程中产生的塑料残膜、化肥和农药包装物等农业生产资料废弃物；初级农产品加工过程中产生的谷糠、麦麸、饼粕及其他废渣废液等农产品初加工废弃物；农村居民日常生活中产生的废弃物。农业废弃物的产生与农业生产和农村居民生活密不可分，只要有农业生产必然要产生农业废弃物。

经过多年的发展，农业废弃物再利用主要有4种途径：能源化、肥料化、饲料化和材料化。

1. 能源化

主要是指利用农业废弃物残存的能量，对其进行加工处理，使之转化为能源。地球上的煤炭、石油、天然气等化石能源是这个时代最主要的能源提供者，这些能源都是不可再生资源，当他们消耗殆尽，地球就将面临能源枯竭的窘境。

农业废弃物进行能源化利用可以满足人类对能源的需求，相比化石能源，其具有可再生的优势。农作物废弃物能源化利用主要有3种方式：一是沼气化，农作物秸秆、蔬菜瓜果残体、畜禽粪便都是生产沼气的好材料；二是制作生物酒精、生物甲醇等液体燃料；三是制作固体燃料。

2. 肥料化

肥料化利用主要是指利用微生物的作用，在一定温度、pH值下，畜禽粪便、植物残体相混合，经过一系列复杂的化学变化最终形成的类似腐殖质土壤的物质。对废弃物进行处理，将其加工为有机肥，在生产过程中，作为肥料使用，对植株的生长发育可以起到很好的促进作用。中国农业大学张福锁院士长期致力于测土配方施肥的推广，其原因就在于土壤必须富含满足植物生长所需要的营养元素，植株才能健康生长，经过长年的农业生产，土壤中有些营养元素可以满足植物生产发育，但是有些营养元素不能满足植物需求了，此时，应以实测土壤肥力数据为基础，根据作物需肥规律、土壤供肥性能和肥料特点，科学合理地安排氮、磷、钾及中微量元素等肥料的施用数量、施肥时期和施用方法。测土配方施肥强调的是土壤缺什么补什么，而土壤缺少的营养元素去哪里了？很明显，供植株生长了，那么植株的残体中含有的营养元素也都来自土壤，从这个角度讲，将植株残体进行发酵再还田对于补充土壤中的营养元素，尤其是微量元素，很有意义。

在自然界中，枯枝落叶、腐败果实等经过一系列复杂的变化，最后回到土壤之中，完成物质的循环，是一个有机循环的过程。在农业生产中，这个过程由于难以满足快节奏的生产需要被阻断了，土壤长期施用化肥，造成土壤板结，pH值降低等影响，不利于农业可持续发展。

3. 饲料化

我国的自然农业也一直存在将种植废弃物作为饲料供给饲养动物的做法。单纯的农业废弃物，如秸秆、植株残体，蛋白质含量较低难以满足动物生长发育需要，一般作为辅料。

农业废弃物中含有大量的蛋白质和纤维类物质，直接或经过适当加工处理后可以作为畜禽饲料，是农业废弃物最简单、直接的利用方式。农业废弃物饲料化可分为植物纤维性废弃物饲料化和动物性废弃物饲料化。植物性废弃物饲料化处理技术主要有机械加工、辐射等物理处理，氨化、氧化等化学处理，青贮、发酵、酶解等生物处理。动物性废弃物饲料化主要指畜禽粪便中含有未消化的粗蛋白、消化蛋白、粗纤维、粗脂肪和矿物质等，经过系列加工处理后直接作为饲料或掺入饲料中利用。

4. 材料化

高纤维性植物废弃物可以用于生产一些工业产品或者是建筑材料，如秸秆、稻壳等可以用于生产纸板、人造纤维板、轻质建材板等材料，通过固化、碳化技术制成活性炭材料和新型保温材料，还可以利用农业废弃物中的特殊成分提炼加工成聚合阳离子交换树脂等。目前，我国利用稻秆、麦草、甘蔗渣等农作物秸秆为原料造纸，占新制纸浆总量的 80% 以上，使用秸秆的量约占农作物秸秆总量的 2.3%。但是，国内农业废弃物材料化利用并非资源化利用的主要途径，在这方面的研究还需要加强。

（二）适宜北京地区的废弃物处理方式

1. 基质化利用

利用传统的土壤栽培技术容易导致连作障碍、土传病害等问题日益严重，为解决这一问题，生产多使用基质栽培，基质栽培是将植株定植在基质中，基质又可分为有机基质、无机基质、复合基质，常用的基质包括泥炭、蛭石、珍珠岩。近年来，不少专家学者在研究探索寻找合适的农业生产废弃物作为农业生产的基质，即利用一些经过处理的废弃物进行农业生产，同样可以取得满意的效果。有的专家学者将奶牛粪蚯蚓堆肥与泥炭、蛭石、珍珠岩等传统基质复配制成作物生长的基质，作物生长并未受到影响。有的学者经过试验分析认为菌菇渣、铁皮石斛适宜作为栽培的基质，蚯蚓肥、蚕沙适宜作为栽培基质基肥。菇渣常用的无害化处理方法为基质化，将菇渣与调节物料按照一定比例混合，通过高温堆肥处理，在合适的条件下，微生物降解一些营养物质产生高温，从而杀灭各类病原菌以及草种。

农业废弃物作为基质也有其缺点，一是必须经过无害化处理，农业废弃物中可能含有致病菌、有害的次级代谢产物等不利于作物生长的物质，无害化处理过程不可或缺；二是基质品质不够稳定，不利于工业化生产。随着农业快速发展，新型农业废弃物不断出现，农业废弃物基质化的道路还需要不断探索，不断地进行改进，对于提高农业废弃物利用率有着积极的作用。

2. 堆肥

绿色食品提倡使用有机肥进行土壤培肥，尽量减少化肥的使用量，园区可以根据自身实际生产情况，自行堆肥，满足生产需要。堆肥是以畜禽粪便、植株残体以及其他废弃物作为主要原料，堆积腐熟而成的有机肥。堆肥需要的 4 个关键条件是含水率、温度、通风和 C/N。

根据划分依据不同，堆肥系统可以划分为很多种类。有学者认为可以根据堆肥操作过程的特点，将堆肥划分为非干预过程和干预过程 2 种堆肥系统。还有学者将堆肥系统分为简单条垛堆肥系统和复杂机械堆肥系统。一般可以将堆肥系统划分为开放式堆肥系统和反应器堆肥系统。

开放式堆肥系统有其自身的优点和不足，开放式堆肥系统可以分为被动通风条垛式堆肥、条垛式堆肥和强制通风静态垛系统 3 种方式。开放式堆肥系统的分类和优缺点见表 2-1。

表 2-1　开放式堆肥系统的分类和优缺点

系统分类	堆积方式	通风方式	优点	缺点
被动通风条垛式堆肥	直接堆积	利用“烟囱效应”进行被动通风	设备简单，成本低	容易产生厌氧条件，堆肥温度低，反应慢，产生恶臭
条垛式堆肥	堆积成狭长条垛	机械或人工翻堆进行通风	设备简单、成本低；堆肥产品腐熟度高且稳定性好	占地面积大，腐熟周期长；需要大量人力和机械，翻堆会造成臭味散失，易受外界环境影响，需要大量原料
强制通风静态垛系统	堆积成条垛状	风机	能控制温度和通气，有效杀灭病菌和控制臭味，填充剂用量少，腐熟时间短	易受天气条件的影响

反应器堆肥系统有别于开放式堆肥系统，反应器堆肥系统是在可控条件下进行，可以控制通风和水分等条件，使堆料在部分封闭或完全封闭的堆肥系统内通过微生物作用生物降解有机物质。反应器堆肥系统与开放式堆肥系统相比有很多优点：一是反应器堆肥系统占地面积较小，受空间限制少；二是可以有效控制堆肥过程中的通风、水分和温度等因素，有效提高堆肥产品质量；三是反应器堆肥系统受外界环境条件的影响较小。

3. 区域协作范例

农业废弃物利用单靠生产者自身解决难度较大，种植业与养殖业天然存在关联，北京在种养区域循环方面有很多比较成功的范例。北京德青源农业科技股份有限公司（简称德青源公司）在政府的大力支持下做了很好的尝试，取得了很好的效果。下面以德青源公司沼气发电为例介绍区域协作种养结合的废弃物处理模式。

德青源公司以生产鸡蛋为主业，位于北京市延庆区的生产基地饲养着 300 万只蛋鸡，鸡粪的处理问题是让政府和生产者头疼的问题。这个问题处理不好不仅会让附近的村民怨声载道，还会影响延庆区的生态环境，破坏延庆“夏都”的美誉。

为解决这一问题，延庆区政府、德青源公司和村委会合作，建设了沼气发电项目。

沼气发电技术是利用工业、农业或城镇生活中的大量有机废弃物（如酒糟液、畜禽粪、城市垃圾和污水等），经厌氧发酵处理产生的沼气，驱动沼气发电机组发电，利用发电机组产生的余热维持厌氧发酵温度，确保沼气稳定产生，综合热效率达 80% 左右，大大高于一般 30%～40% 的发电效率。沼渣可以作为优质的有机肥，沼液也可以通过管道直接输送到农田中，为农作物生长提供养分。沼气发电技术本身提供的是清洁能源，不仅消耗了大量废弃物、保护了环境、减少了温室气体的排放，而且变废为宝，产生了大量的热能和电能，符合能源再循环利用的环保理念。

德青源沼气发电厂于2009年4月9日并网发电，是我国第一个发电并网的单机容量最大的沼气发电厂。德青源蛋鸡养殖基地300万羽蛋鸡每天产生约200 t鸡粪以及230 t废水，沼气发电项目的热电联供系统利用厌氧发酵技术对鸡粪进行科学处理，利用鸡粪产生的甲烷气体作为2台颜巴赫内燃机的燃料，可带动总功率超过2 000 kW的机组为养鸡场供电，同时每年向华北电网提供1 400万kW·h的绿色电力和16万t的优质有机肥料。

沼气发电主要分为2个部分：制气部分和发电部分。沼气发酵的实质是一系列微生物活动的过程，沼气的产生分3个阶段，即水解发酵阶段、产氢产乙酸阶段、产甲烷阶段。每天200 t的鸡粪通过传送皮带从鸡舍输送到1 000 m^3的水解沉砂池，与厂区的生活污水在搅拌机的作用下混合沉砂，砂子排除后剩余的料液通过提升泵打至匀浆池进一步搅拌、混合、沉砂，然后将再处理的料液放进进料池储存搅拌。

处理好的料液通过进料泵进入厌氧反应器（$4 \times 3\ 000\ m^3$），复杂的有机物在厌氧菌胞外酶的作用下，首先被分解成简单的有机物，如纤维素经水解转化成较简单的糖类；蛋白质转化成较简单的氨基酸；脂类转化成脂肪酸和甘油等。继而这些简单的有机物在产酸菌的作用下经过厌氧发酵和氧化转化成乙酸、丙酸、丁酸等脂肪酸和醇类。产氢产乙酸菌把除乙酸、甲酸、甲醇以外的第一阶段产生的中间产物，如丙酸、丁酸等脂肪酸和醇类等转化成乙酸和氢，并有二氧化碳产生。产甲烷菌把乙酸、氢气和二氧化碳等转化为甲烷。

沼气发电是集环保和节能于一体的能源综合利用新技术。沼气发电采用生物质气体来代替燃煤火力发电，一年能帮助减少约8.5万t二氧化碳的排放，满足联合国关于清洁能源发展机制的要求。

德青源公司沼气发电既生态环保又经济实惠，政府解决了环保问题，德青源公司解决了鸡粪处理的问题，农民解决了肥料问题，实现了三方的共赢。

第三章
绿色食品认证

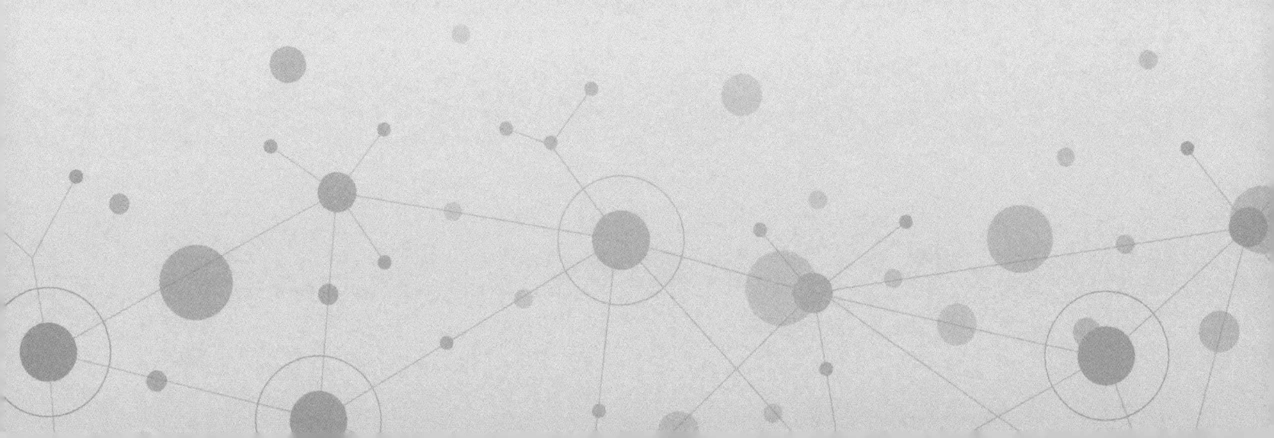

第一节 绿色食品标志许可审查程序

一、标志许可审查的重要意义

（一）绿色食品标志许可审查是践行绿色发展理念和深入实施生态建设战略的重要手段

进入中国特色社会主义新时代，以习近平同志为核心的党中央以前所未有的力度抓生态文明建设，将其纳入“五位一体”的整体布局中，党的十八届五中全会中提出了“创新、协调、绿色、开放、共享”的新发展理念，党的十九大报告中强调“坚持人与自然和谐共生、建设美丽中国”，农业可持续、绿色发展逐渐成为我国现代农业发展的主旋律。绿色食品发展理念就是保护农业生态环境、提高农产品及加工产品质量安全水平、促进农业增效和农民增收，与这一主旋律相契合，可以说，绿色食品是我国农业可持续、绿色发展的领导者和实践者。绿色食品标志许可审查是绿色食品标准落地的重要手段，通过标志许可审查，可以规范企业的生产过程管理，提高其绿色生产技术和管理水平。

（二）绿色食品标志许可审查是保证标志许可科学性、公正性、权威性、有效性的重要载体

为保证绿色食品标志许可审查的科学性、公正性、权威性、有效性，国家绿中心制定了《绿色食品标志许可审查工作程序》《绿色食品标志许可审查工作规范》《绿色食品现场检查工作规范》等技术文件，规范了许可审查各个环节的工作规范，提高了许可审核的公信力与权威性。绿色食品标志许可工作就是将这一系列技术文件贯彻落实的具体过程，要求各级工作机构严格落实各项技术文件及相关标准，确保许可使用绿色食品标志的企业和产品符合相关标准和技术要求。

（三）绿色食品标志许可审查是推动绿色食品持续健康发展的根本保障

绿色食品标志许可审查是普通生产企业能否成为绿色食品生产企业的“第一关”，必须严格把好许可审查的各项标准和制度要求，严把申报主体和产品的准入条件，严格执行许可审核程序、标准和规范，科学准确地开展产地环境监测和产品抽样检测工作。只有把好了这“第一关”，才能确保生产企业生产的绿色食品质量稳定可靠；只有把好这“第一关”，才能确保绿色食品品牌的公信力；只有把好这“第一关”，才能推动绿色食品持续健康发展。

二、标志许可审查工作原则

绿色食品标志使用许可审查是一套经过了精心雕琢的程序，由专门的文件进行了

约束，绿色食品审查是指经国家绿中心及各级工作机构组织核准注册且具有相应专业资质的绿色食品检查员，依据绿色食品标准和相关规定，对申请人申请使用绿色食品标志的相关材料实施符合性评价的特定活动。

绿色食品标志使用许可审查工作实行签字负责制，审查遵循以下原则：①依法依标，合理合规；②严审严查，质量第一；③科学严谨，注重实效；④独立客观，公平公正。

三、标志许可审查职责分工

凡具有绿色食品生产条件的国内生产企业如需在其生产的产品上使用绿色食品标志，必须向国家绿中心提出申请，经国家绿中心及各级工作机构对申请材料及产地环境、生产过程、质量等各环节进行审查，最终确定是否颁发绿色食品证书。审查工作按照《绿色食品标志许可审查程序》组织实施。境外企业申请使用绿色食品标志有特殊的规定。

（1）受理审查。省级工作机构或受其委托的地市县级工作机构审查本行政区域内申请人提交的相关材料，并形成受理审查意见。

（2）初审。省级工作机构对本行政区域内受理审查意见及相关申请人材料复核，同时审查现场检查、产地环境监测和产品抽样检测等材料，并形成初审意见。

（3）综合审查。国家绿中心审查省级工作机构初审意见及其提交的完整申请材料，并形成综合审查意见。

绿色食品证书有效期 3 年。绿色食品证书有效期满，需要继续使用绿色食品标志的，标志使用人应当在有效期满 3 个月前向省级工作机构提出续展申请。省级工作机构负责本行政区域内续展申请材料的综合审查，初审和综合审查可合并完成。国家绿中心负责省级工作机构续展意见及相关材料的备案和抽查。

以北京为例，各区级工作机构发展差异很大。密云区、房山区和延庆区工作机构许可审查工作经验较丰富，密云区可以正常开展续展和年检等工作。顺义区和通州区因工作人员流动频繁，缺少具备资质且熟悉此项业务的检查员，从受理审查开始都是由市级工作机构承担。“十四五”以来，各区工作机构逐步完善。

四、标志许可审查程序

按照绿色食品标志许可审查程序要求，各审查环节要求如下。

（一）申请

生产主体可以向当地工作机构提交申报材料，申请材料清单及相关表格可以在国家绿中心网站（网址：www.greenfood.org.cn）下载。工作机构在 10 个工作日内反馈受理审查意见，受理审查意见分为 3 种，分别是合格、不合格和补充材料。大多数申报材料的审查意见是补充材料。

受理审查意见为合格的，进入现场检查环节。

受理审查意见为不合格的，通知申请人本生长周期不再受理其申请，并告知理由。

受理审查意见为补充材料的，申请人收到审核意见后，应尽快按照要求补充相关材料，一般的时限要求是10～15个工作日。补充材料寄出后，申请人应随时关注材料状况，及时与工作机构确认。工作机构收到补充材料后，应尽快进行审核，并及时反馈相关意见。

（二）现场检查

工作机构在材料审核合格后45个工作日内完成现场检查（受作物生长期影响的，可适当延后）。现场检查由检查组完成，省级工作机构根据申请产品类别，组织至少2名具有相应资质的检查员组成检查组。现场检查前，工作机构应提前告知申请人，并向其发出《绿色食品现场检查通知书》，明确现场检查计划。现场检查工作应在产品及产品原料生产期内实施。

检查员根据《绿色食品现场检查工作规范》中规定的有关项目逐项进行检查。现场检查和环境质量现状调查工作在10个工作日内完成，完成后10个工作日内向省级工作机构提交《绿色食品现场检查报告》。省级工作机构依据《绿色食品现场检查报告》向申请人发出《绿色食品现场检查意见通知书》。

现场检查合格的，进入产地环境、产品检测和评价环节。

现场检查不合格的，通知申请人本生长周期不再受理其申请，告知理由并退回申请。

（三）产地环境、产品检测和评价

申请人按照《现场检查意见通知书》的要求委托检测机构对产地环境、产品进行检测和评价。

检测机构接受申请人委托后，分别依据NY/T 1054—2021《绿色食品　产地环境调查、监测与评价规范》和NY/T 896—2015《绿色食品　产品抽样准则》及时安排现场抽样，并自环境抽样之日起30个工作日内、产品抽样之日起20个工作日内完成检测工作，出具《环境质量监测报告》和《产品检验报告》，提交省级工作机构和申请人。

申请人如能提供近1年内检测机构或国家级、部级检测机构出具的《环境质量监测报告》，且符合绿色食品产地环境检测项目和质量要求的，可免做环境检测。

经检查组调查确认产地环境质量符合NY/T 391—2021《绿色食品　产地环境质量》和NY/T 1054—2021《绿色食品　产地环境调查、监测与评价规范》中免测条件的，省级工作机构可做出免做环境检测的决定。

（四）省级工作机构初审

省级工作机构自收到《绿色食品现场检查报告》《环境质量监测报告》《产品检验

报告》之日起20个工作日内完成初审。

初审合格的，将相关材料报送国家绿中心，同时完成网上报送。

初审不合格的，通知申请人本生产周期不再受理其申请，并告知理由。

（五）国家绿中心综合审查

国家绿中心自收到省级工作机构报送的完备申请材料之日起30个工作日内完成书面审查，提出审查意见，并通过省级工作机构向申请人发出《绿色食品审查意见通知书》。

审查合格的，进入专家评审环节。

需要补充材料的，申请人在《绿色食品审查意见通知书》规定时限内补充相关材料，逾期视为自动放弃申请。

需要现场核查的，由国家绿中心委派检查组再次进行检查核实。

（六）专家评审

综合审查合格，国家绿中心在20个工作日内组织召开绿色食品专家评审会，形成专家评审意见。

（七）颁证决定

国家绿中心根据专家评审意见，在5个工作日内做出是否颁证的决定，并通过省级工作机构通知申请人。

同意颁证的，进入绿色食品证书颁发程序。

不同意颁证的，告知理由。

第二节　绿色食品标志许可基本条件

一、申请人基本条件

（1）能够独立承担民事责任。申请人应为国家市场监督管理部门登记注册取得营业执照的企业法人、农民专业合作社、个人独资企业、合伙企业、家庭农场等，国有农场、国有林场和兵团团场等生产单位。

（2）具有稳定的生产基地或稳定的原料来源。①稳定的生产基地应为申请人可自行组织生产和管理的基地，包括自有基地；基地入股型合作社；流转土地统一经营。②稳定的原料来源应为申请人能够管理和控制符合绿色食品要求的原料，包括按照绿色食品标准组织生产和管理所获得的原料。要求申请人与生产基地所有人签订有效期3年（含）以上的绿色食品委托生产合同（协议）；全国绿色食品原料标准化生产基地的原料，要求申请人与全国绿色食品原料标准化生产基地范围内生产经营主体签订有效期 3 年（含）以上的原料供应合同（协议）；购买已获得绿色食品证书的绿色食品产品（简称已获证产品）或其副产品。

（3）具有一定的生产规模。2018 年，国家绿中心首次提出了最小申报规模，目前执行的最小申报规模要求如下。①种植业。粮油作物产地面积 500 亩（含）以上；露地蔬菜（水果）产地面积 200 亩（含）以上；设施蔬菜（水果）产地面积 100 亩（含）以上；全国绿色食品原料标准化生产基地、地理标志农产品产地、省级绿色优质农产品基地内集群化发展的蔬菜（水果）申请人，露地蔬菜（水果）产地面积 100 亩（含）以上；设施蔬菜（水果）产地面积 50 亩（含）以上；茶叶产地面积 100 亩（含）以上；土壤栽培食用菌产地面积 50 亩（含）以上；基质栽培食用菌 50 万袋（含）以上。②养殖业。肉牛年出栏量或奶牛年存栏量 500 头（含）以上；肉羊年出栏量 2 000 头（含）以上；生猪年出栏量 2 000 头（含）以上；肉禽年出栏量或蛋禽年存栏量 10 000 只（含）以上；鱼、虾等水产品湖泊、水库养殖面积 500 亩（含）以上；养殖池塘（含稻田养殖、荷塘养殖等）面积 200 亩（含）以上。

（4）具有绿色食品生产的环境条件和生产技术。

（5）具有完善的质量管理体系，并至少稳定运行一年。

（6）具有与生产规模相适应的生产技术人员和质量控制人员。

（7）具有绿色食品企业内部检查员（简称绿色食品内检员）。绿色食品内检员作为绿色食品申请的前置条件，要求申请人在提交申请材料时，企业确定的内部检查员就要完成绿色食品内检员网络学习和考核，获得绿色食品企业内检员证书。

（8）申请前 3 年无质量安全事故和不良诚信记录。

（9）与工作机构或检测机构不存在利益关系。

（10）在国家农产品质量安全追溯管理信息平台（简称国家追溯平台）完成注册。

（11）具有符合国家规定的各类资质要求。从事不同食品行业的，需提供相应的资质文件。①从事食品生产活动的申请人，应依法取得食品生产许可。经自然晾晒或烘干处理的初加工农产品生产许可审查要求如下：花、叶类直接食用的代用茶类产品，包括枸杞，一律要求提供食品生产许可；食用菌、黄花菜等非直接食用的产品，如未使用烘干或其他干制设备，无须提供食品生产许可，但需经检查员现场核实后由市县级（含）以上工作机构提供相关证明。②涉及畜禽养殖、屠宰加工的申请人，应依法取得动物防疫条件合格证。猪肉产品申请人应具有生猪定点屠宰许可证，或委托具有生猪定点屠宰许可证的定点屠宰厂（场）生产并签订委托生产合同（协议）。③其他资质要求。如取水许可证、采矿许可证、食盐定点生产企业证书、定点屠宰许可证等。

（12）续展申请人还应满足下列条件：①按期提出续展申请；②已履行《绿色食品标志商标使用许可合同》的责任和义务；③绿色食品证书有效期内年度检查合格。

二、申请产品基本条件

（1）应符合《中华人民共和国食品安全法》和《中华人民共和国农产品质量安全法》等法律法规规定，在国家知识产权局商标局核定的绿色食品标志使用商品类别涵盖范围内。

（2）应为现行《绿色食品产品适用标准目录》内的产品，如产品本身或产品配料成分属于新食品原料、按照传统既是食品又是中药材的物质、可用于保健食品的物品名单中的产品，需同时符合国家相关规定。

（3）预包装产品应使用注册商标（含授权使用商标）。

（4）产品或产品原料产地环境应符合绿色食品产地环境质量标准。

（5）产品质量应符合绿色食品产品质量标准。

（6）生产中投入品使用应符合绿色食品投入品使用准则。

（7）包装储运应符合绿色食品包装储运准则。

产品本身或产品配料成分属于新食品原料、按照传统既是食品又是中药材的物质、可用于保健食品的物品名单中的产品，需同时符合国家相关规定。

三、申请材料基本要求

申请人和申请产品符合上述条件才可以申报绿色食品标志使用权，申请人还需要提交必要的申请材料。2022 年，国家绿中心对更新了申报材料的相关要求，调整了申报材料清单、申请书和各类产品调查表等。详细内容可以在国家绿中心网站查询。以种植业产品为例，申请绿色食品标志使用权，需提交以下材料。

（1）《绿色食品标志使用申请书》和《种植产品调查表》。

（2）质量控制规范。

（3）生产操作规程。

（4）基地来源证明材料或原料来源证明材料。

（5）基地图（基地位置图和种植地块分布图）。

（6）带有绿色食品标志的预包装标签设计样张（仅预包装食品提供）。

（7）生产记录及绿色食品证书复印件（仅续展申请人提供）。

（8）国家绿中心要求提供的其他材料，如绿色食品企业内部检查员证书、国家追溯平台注册证明等。

四、其他要求

（一）委托生产的相关要求

（1）实行委托加工的种植业、养殖业申请人，被委托方应获得相应产品或同类产品的绿色食品证书（委托屠宰除外）。

（2）实行委托种植的加工业申请人，应与生产基地所有人签订有效期 3 年（含）

以上的绿色食品委托种植合同（协议）。

（3）实行委托养殖的屠宰、加工业申请人，应与养殖场所有人签订有效期3年（含）以上的绿色食品委托养殖合同（协议），被委托方应满足下列要求：①使用申请人提供或指定的符合绿色食品相关标准要求的饲料，不可使用其他来源的饲料；②养殖模式为“合作社”或“合作社+农户”的，合作社应为地市级（含）以上合作社示范社；③如购买全混合日粮、配合饲料、浓缩饲料、精料补充料等，应为绿色食品生产资料。

（4）直接购买全国绿色食品原料标准化生产基地原料或已获证产品及其副产品的申请人，如实行委托加工或分包装，被委托方应为绿色食品获证企业。

（二）对申请产品为蔬菜或水果的相关要求

要求基地内全部产品都应申请绿色食品。

（三）加工产品配料的相关要求

要求加工产品配料应符合食品级要求。配料中至少90%（含）以上原料应为现行《绿色食品产品适用标准目录》内的产品。配料中比例在2%～10%的原料应有稳定来源，并有省级（含）以上检测机构出具的符合绿色食品标准要求的产品检验报告，检验应依据《绿色食品标准适用目录》执行，如原料未列入，应按照国家标准、行业标准和地方标准的顺序依次选用；比例在2%（含）以下的原料，应提供购买合同（协议）及购销凭证。购买的同一种原料不应同时来自已获证产品和未获证产品。

（四）畜禽产品应在以下规定的养殖周期内采用绿色食品标准要求的养殖方式

乳用牛断乳后（含后备母牛）；肉用牛、羊断乳后；肉禽全养殖周期；蛋禽全养殖周期；生猪断乳后。

（五）水产品应在以下规定的养殖周期内采用绿色食品标准要求的养殖方式

自繁自育苗种的，全养殖周期；外购苗种的，至少2/3养殖周期内应采用绿色食品标准要求的养殖方式。

（六）对于标注酒龄的黄酒应符合下列要求

产品名称相同，标注酒龄不同的，应按酒龄分别申请；标注酒龄相同，产品名称不同的，应按产品名称分别申请；标注酒龄基酒的比例不得低于70%，且该基酒应为绿色食品。

（七）其他要求

其他涉及的情况应遵守国家相关法律法规，符合强制性标准、产业发展政策要求及中心相关规定。

第三节　绿色食品申请材料填报要求

一、申请书及产品调查表填报要求

申请人应使用国家绿中心统一制式表格，填写内容应完整、规范，并符合填写说明要求；不涉及栏目应填写“无”或“不涉及”。

（一）申请书填报要求

《绿色食品标志使用申请书》见附表1，填报要求如下。

（1）封面应明确初次申请、续展申请和增报申请，并填写申请日期。

（2）法定代表人、填表人、内检员应签字确认，不得代签，法定代表人与营业执照上的法定代表人应为同一人。

（3）封面和保证声明中申请人盖章处应加盖企业公章。

（4）申请人名称、统一社会信用代码、食品生产许可证号、商标注册证号等信息应填写准确，如委托生产应在相应栏目注明被委托方信息。

（5）产品名称应符合国家现行标准或规章要求，应在申请书、调查表及其他申请材料中一致。

（6）商标应以“文字”“英文（字母）”“拼音”“图形”的单一形式或组合形式规范表述；一个申请产品使用多个商标的，应同时提出；受理期、公告期的商标应在相应栏目填写“无”。

（7）产量应与生产规模相匹配。

（8）包装规格应符合实际预包装情况；绿色食品包装印刷数量应按实际情况填写；年产值、年销售额应填写绿色食品申请产品实际销售情况。

（9）续展产品名称、商标、产量等信息发生变化的，应备注说明。

（二）产品调查表填报要求

产品调查表包括《种植产品调查表》《畜禽产品调查表》《加工产品调查表》《水产品调查表》《食用菌调查表》《蜂产品调查表》。

所有调查表封面应正确填写申请人名称、加盖公章，并填写申请日期。所有表格应有填表人和内检员签字确认。

1. 种植产品调查表填报要求

《种植产品调查表》见附表2，填报要求如下。

（1）种植产品基本情况填报要求。作物名称要填写规范，应体现作物真实属性，应为现行《绿色食品产品适用标准目录》内的产品，同时符合国家相关规定。

种植面积应符合绿色食品对于生产规模的要求；应明确基地类型，基地位置应具体到村。

种植面积单位为万亩，年产量单位为 t。

基地类型应从备注中选择相对应的进行填写。

（2）产地环境基本情况填报要求。产地应距离公路、铁路、生活区 50 m 以上，距离工矿企业 1 km 以上，产地周边及主导风向的上风向无污染源。

绿色食品生产区应该与常规生产区域有缓冲带或物理屏障，保证绿色食品产地不会受到污染，要描述具体隔离防护措施，隔离措施符合 NY/T 391—2021《绿色食品　产地环境质量》和 NY/T 1054—2021《绿色食品　产地环境调查、监测与评价规范》的要求。

（3）种子（种苗）处理情况填报要求。应详细填写来源，填写具体处理措施，种子（种苗）处理涉及药剂使用的应符合 NY/T 393—2020《绿色食品　农药使用准则》要求，播种（育苗）时间应符合生产实际，涉及多茬次的应分别填写。

（4）栽培措施和土壤培肥情况填报要求。作物耕作模式（轮作、间作或套作）和栽培类型（露地、保护地或其他）应具体描述，涉及多个申请产品的应分别填写，秸秆、农家肥等使用情况，应明确来源、年用量、无害化处理方法。无害化处理方法可以填写“高温腐熟”“堆沤”等物理或生物处理方法。

（5）有机肥使用情况填报要求。应按不同作物依次填写。有机肥名称、年用量、有效成分等应详细填写；详细描述来源及无害化处理方式。

有机肥使用应符合作物需肥特点和 NY/T 394—2021《绿色食品　肥料使用准则》的要求。

（6）化学肥料使用情况填报要求。应按不同作物依次填写。应详细填写肥料名称、有效成分、施用方法和施用量。

化学肥料使用应符合作物需肥特点和 NY/T 394—2021《绿色食品　肥料使用准则》要求。

“施用方法”可填写喷施、撒施、水肥一体化等。

（7）病虫草害农业、物理和生物防治措施填报要求。应具体描述当地常见病虫草害、减少病虫草害发生的生态及农业措施。应具体描述物理、生物防治方法和防治对象。有间作或套作作物的，应同时描述其病虫草害防治措施。

防治措施应符合生产实际和 NY/T 393—2020《绿色食品　农药使用准则》要求。

（8）病虫草害防治农药使用情况填报要求。应按不同作物依次填写。农药名称应填写“通用名”，混配农药应明确每种成分的名称。防治对象应明确具体病虫草害名称。有间作或套作的作物的，应同时描述其农药使用情况。

农药选用应科学合理，适用防治对象，且符合 GB/T 8321《农药合理使用准则》系列标准和 NY/T 393—2020《绿色食品　农药使用准则》要求。

（9）灌溉情况填报要求。涉及天然降水的应在是否灌溉栏标注，其他灌溉方式应按实际情况填写。全年灌溉量应符合实际情况。“灌溉水来源”可填写天然降水、地下水和地表水等，“灌溉方式”可填写喷灌、滴灌等。

（10）收获后处理及初加工情况填报要求。申请产品涉及多茬次或多批次采收的，应填写所有茬口或批次收获时间。应详细描述采后处理流程及措施。

相关操作和处理措施应符合 NY/T 658—2015《绿色食品　包装通用准则》、NY/T 1056—2021《绿色食品　储藏运输准则》和 NY/T 393—2020《绿色食品　农药使用准则》要求。

（11）废弃物处理及环境保护措施填报要求。应按实际情况填写具体措施，包括投入品包装袋、残次品处理情况，基地周边环境保护情况等，并应符合国家和绿色食品相关标准要求。

2. 畜禽产品调查表填报要求

《畜禽产品调查表》见附表 3，填报要求如下。

（1）养殖场基本情况填报要求。畜禽名称应体现产品真实属性，涉及不同养殖对象应分别填写。

基地位置应填写明确，养殖场或牧场位置应具体到村。

生产组织模式应从备注 2 中选择相对应的进行填写。

养殖场周边环境情况应具体填写，远离污染源，养殖环境应符合国家相关规定、NY/T 391—2021《绿色食品　产地环境质量》和 NY/T 473—2016《绿色食品　畜禽卫生防疫准则》要求。

（2）养殖场基础设施填报要求。养殖场应有针对当地易发流行性疫病制定的相关防疫和扑灭净化制度。

养殖场防疫、隔离、通风，粪便尿及污水处理等设备设施完善，应符合国家相关规定和 NY/T 473—2016《绿色食品　畜禽卫生防疫准则》要求。

养殖用水来源明确，符合 NY/T 391—2021《绿色食品　产地环境质量》和 NY/T 473—2016《绿色食品　畜禽卫生防疫准则》要求。

（3）养殖场管理措施填报要求。养殖场区分管理、消毒管理、档案管理措施应按生产实际填写。

养殖场排水系统应实现净、污分离，污水收集输送不得采取明沟布设。

消毒措施涉及药剂使用的，应填写药剂名称、用量和使用方法，并应符合国家相关规定、NY/T 472—2022《绿色食品　兽药使用准则》和 NY/T 473—216《绿色食品　畜禽卫生防疫准则》要求。

（4）畜禽饲料及饲料添加剂使用情况填报要求。应按畜禽名称分别填写，品种名称填写应具体到种。如外购幼畜（禽雏），应填写具体来源。

养殖规模应填写按照绿色食品标准要求养殖的畜禽数量。出栏量应填写年出栏畜禽的数量；产量应填写申报产品的年产量，出栏量应与产量相符。

养殖周期应填写畜禽在本养殖场内的养殖时间，且符合绿色食品养殖周期要求。

饲料及饲料添加剂使用情况应按不同生长阶段分别填写，详细描述饲料配方、用量和来源等。饲料配方合理，符合生产实际，同一生长阶段所有饲料及饲料添加剂比例总和应为 100%，且各饲料成分的比例与用量相符。饲料及饲料添加剂使用应符合畜禽不同生长阶段营养需求和 NY/T 471—2023《绿色食品　饲料及饲料添加剂使用准则》要求。

（5）发酵饲料加工情况填报要求。原料名称应填写发酵前饲料的品种名称。饲料发酵过程中使用的添加剂和储藏、防霉处理使用的物质应符合 NY/T 471—2023《绿色食品　饲料及饲料添加剂使用准则》要求。

（6）饲料加工和存储情况填报要求。工艺流程、防虫、防鼠、防潮和区分管理措施应详细填写。

涉及药剂使用的，应填写药剂名称、用量和使用方法，并应符合 NY/T 393—2020《绿色食品　农药使用准则》要求。

（7）畜禽疫苗和兽药使用情况填报要求。疫苗和兽药使用情况应按不同养殖产品分别填写。疫苗名称、接种时间填写真实规范，疫苗使用应符合 NY/T 472—2022《绿色食品　兽药使用准则》要求。兽药名称、批准文号、用途、使用时间和停药期填写真实规范，处理措施符合生产实际；兽药名称应与批准文号相符，用途适用于相应疾病防治，使用时间和停药期应符合国家相关规定和 NY/T 472—2022《绿色食品　兽药使用准则》要求。

（8）畜禽、生鲜乳、禽蛋收集、包装和储运情况填报要求。产品收集、清洗、消毒、包装、储藏、运输及区分管理等措施应详细填写，并应符合 NY/T 658—2015《绿色食品　包装通用准则》和 NY/T 1056—2021《绿色食品　储藏运输准则》要求。

涉及药剂使用的，应填写药剂名称、用量和使用方法，并应符合 NY/T 393—2020《绿色食品　农药使用准则》和 NY/T 472—2022《绿色食品　兽药使用准则》要求。

（9）资源综合利用和废弃物处理情况填报要求。应详细描述病死、病害畜禽及其相关产品无害化处理措施。处理措施应符合国家相关规定和 NY/T 473—2016《绿色食品　畜禽卫生防疫准则》要求。

3. *加工产品调查表填报要求*

《加工产品调查表》见附表 4，填报要求如下。

（1）加工产品基本情况填报要求。产品名称填写规范，应体现产品真实属性。产品名称、商标、产量应与申请书一致。

如有包装，包装规格栏应填写所有拟使用绿色食品标志的包装规格。

续展涉及产品名称、商标、产量变化的，应在备注栏说明。

（2）加工厂环境基本情况填报要求。加工厂地址应填写明确，有多处加工场所的，应分别描述。

加工厂周边环境、隔离措施应符合 NY/T 391—2021《绿色食品　产地环境质量》和 NY/T 1054—2021《绿色食品　产地环境调查、监测与评价规范》要求。

（3）产品加工情况填报要求。加工工艺流程图应涵盖各个加工关键环节，有具体投入品描述和加工参数要求，不同产品应分别填写。

应详细描述生产记录、产品追溯和平行生产等管理措施。

（4）加工产品配料情况填报要求。应按申请产品名称分别填写，产品名称、年产量应与申请书一致。

主辅料应填写产品加工过程中除食品添加剂外的原料使用情况。主辅料（扣除加入的水后计算）及添加剂比例总和应为100%。

食品添加剂使用情况中名称应填写具体成分名称，如柠檬酸、山梨酸钾等，并明确添加剂用途；有加工助剂的，应填写加工助剂的有效成分、年用量和用途，食品添加剂使用应符合GB 2763—2021《食品安全国家标准　食品中农药最大残留限量》和NY/T 392—2023《绿色食品　食品添加剂使用准则》要求。

主辅料和食品添加剂来源明确，同一种主辅料不应同时来自获证产品和未获证产品。

主辅料应符合相关质量要求，其中至少90%（含）以上原料应为《绿色食品标志许可审查工作规范》第十一条第二款中所述来源。配料中比例在2%～10%的原料应有稳定来源，并有省级（含）以上检测机构出具的符合绿色食品标准要求的产品检验报告，检验应依据《绿色食品标准适用目录》执行，如原料未列入，应按照国家标准、行业标准和地方标准的顺序依次选用；比例在2%（含）以下的原料，应提供购买合同（协议）及购销凭证。

主辅料涉及使用食盐的，使用比例5%（含）以下的，应提供合同（协议）及购销凭证；使用比例5%以上的，应提供具有法定资质检测机构出具的符合NY/T 1040—2021《绿色食品　食用盐》要求的检验报告。

（5）平行加工情况填报要求。应详细描述平行生产产品、执行标准、生产规模和区分管理措施。

绿色食品生产与常规产品生产区分管理措施应科学合理，能有效防范污染风险。

（6）包装、储藏和运输情况填报要求。应按实际情况详细填写。相关操作和处理措施应符合NY/T 658—2015《绿色食品　包装通用准则》和NY/T 1056—2021《绿色食品　储藏运输准则》要求。

（7）设备清洗、维护及有害生物防治情况填报要求。应按实际情况详细填写。涉及药剂使用的，应填写药剂名称、用量和使用方法，并应符合NY/T 393—2020《绿色食品　农药使用准则》要求。

（8）废弃物处理及环境保护措施填报要求。应按实际情况填写具体措施，并应符合国家和绿色食品相关标准要求。

4. 水产品调查表填报要求

《水产品调查表》见附表5，填报要求如下。

（1）水产品基本情况填报要求。产品名称填写规范，应体现产品真实属性。不同养殖品种应分别填写，品种名称应为学名。

基地位置应具体到村。面积应按不同产品分别填写，单位为万亩。

养殖周期应填写从苗种养殖到商品规格所需的时间，且符合绿色食品养殖周期要求。

应明确养殖方式（湖泊养殖 / 水库养殖 / 近海放养 / 网箱养殖 / 网围养殖 / 池塘养殖 / 蓄水池养殖 / 工厂化养殖 / 稻田养殖 / 其他养殖）及养殖模式（单养 / 混养 / 套养）。

捕捞水深仅深海捕捞填写，单位为米。

（2）产地环境基本情况填报要求。对于产地分散、环境差异较大的，应分别描述。

养殖区周边环境情况填写具体，应符合 NY/T 391—2021《绿色食品　产地环境质量》和 NY/T 1054—2021《绿色食品　产地环境调查、监测与评价规范》要求。

（3）苗种情况填报要求。来源应明确外购或自繁自育。

外购应说明外购规格、来源单位、投放规格及投放量和苗种的消毒情况，投放前如暂养应说明暂养场所消毒的方法和药剂名称，并应符合 NY/T 755—2022《绿色食品　渔药使用准则》要求。

自繁自育应说明培育周期、投放至生产区域时的苗种规格及投放量、苗种的消毒情况、繁育场所消毒的方法和药剂名称，并应符合 NY/T 755—2022《绿色食品　渔药使用准则》要求。

（4）饲料使用情况填报要求。应按生产实际选填相关内容。应按不同生长阶段分别填写，用量及比例应满足该生长阶段营养需求。

外购苗种投放前及捕捞后运输前暂养阶段应作为独立生长阶段填写饲料及饲料添加剂使用情况。

天然饵料应描述具体品种；外购饲料应填写饲料及饲料添加剂的成分、用量及来源；自制饲料应填写用量、比例及来源。

应符合 NY/T 471—2023《绿色食品　饲料及饲料添加剂使用准则》要求。

（5）饲料加工及存储情况。应按生产实际填写相关内容。防虫、防鼠、防潮措施中涉及药剂使用的，应填写药剂名称、用量和使用方法，并应符合 NY/T 393—2020《绿色食品　农药使用准则》要求。

如存在非绿色食品饲料，应具体描述与绿色食品饲料的区分管理措施。

饲料加工和存储应符合 NY/T 471—2023《绿色食品　饲料及饲料添加剂使用准则》和 NY/T 1056—2021《绿色食品　储藏运输准则》要求。

（6）肥料使用填报要求。涉及肥料使用的应填写肥料使用情况。肥料使用应符合 NY/T 394—2021《绿色食品　肥料使用准则》要求。

（7）疾病防治情况填报要求。药物、疫苗使用情况应按不同产品分别填写。名称填写规范，使用方法和停药期应符合国家规定和 NY/T 755—2022《绿色食品　渔药使用准则》要求。

（8）水质改良情况填报要求。水质改良药物名称应填写使用药剂的通用名称。水质改良药剂使用情况符合国家相关规定和NY/T 755—2022《绿色食品　渔药使用准则》要求。

（9）捕捞情况。应按不同产品分别填写。应描述捕捞时规格、捕捞时间、捕捞量、捕捞方法及工具。

（10）初加工、包装、储藏和运输情况填报要求。应按生产实际填写相关内容，储藏、运输等环节涉及药物使用的，应填写药剂名称、用量和使用方法，并应符合NY/T 393—2020《绿色食品　农药使用准则》和NY/T 755—2022《绿色食品　渔药使用准则》要求。

相关操作和处理措施应符合NY/T 755—2022《绿色食品　渔药使用准则》、NY/T 658—2015《绿色食品　包装通用准则》和NY/T 1056—2021《绿色食品　储藏运输准则》要求。

（11）废弃物处理及环境保护措施。应按实际情况填写具体措施，并应符合国家和绿色食品标准要求。

5. 食用菌调查表填报要求

《食用菌调查表》见附表6，填报要求如下。

（1）申请产品情况填报要求。产品名称填写规范，应体现产品真实属性。产品应明确是鲜品还是干品。

基地位置应具体到村。

（2）产地环境基本情况填报要求。产地应距离公路、铁路、生活区50 m以上，距离工矿企业1 km以上，产地周边及主导风向的上风向无污染源。

绿色食品生产区域与常规生产区有缓冲或物理屏障，隔离措施符合NY/T 391—2021《绿色食品　产地环境质量》和NY/T 1054—2021《绿色食品　产地环境调查、监测与评价规范》要求。

（3）基质组成/土壤栽培情况填报要求。应按不同品种分别填写。成分组成应符合生产实际，各成分来源填写明确，并提供购买合同（协议）和购销凭证。

（4）菌种处理情况填报要求。应按不同品种分别填写。接种时间应填写本年度每批次接种时间。菌种自繁的，应详细描述菌种逐级扩大培养的方法和步骤。

（5）污染控制管理情况填报要求。应详细描述基质消毒、菇房消毒措施，涉及药剂使用的，应填写药剂名称、用量和使用方法，并应符合NY/T 393—2020《绿色食品　农药使用准则》要求。

其他潜在污染源及污染物处理方法应对食用菌生产及产品无害，如感染菌袋、废弃菌袋等。

（6）病虫害防治措施填报要求。病虫害防治措施应按不同品种分别填写。常见病虫害及物理、生物防治措施填写具体。

农药名称应填写“通用名”，混配农药应明确每种成分的名称。

农药选用科学合理，适用防治对象，且符合GB/T 8321《农药合理使用准则》系列标准和 NY/T 393—2020《绿色食品　农药使用准则》要求。

（7）用水情况填报要求。用水来源、用量应按实际生产情况填写。

（8）采后处理情况填报要求。收获后清洁、挑选、干燥、保鲜等预处理措施填写具体完整，涉及药剂使用的，应填写药剂名称、用量和使用方法，并应符合 NY/T 393—2020《绿色食品　农药使用准则》要求。

包装材料应描述包装材料具体材质，包装方式应填写袋装、罐装、瓶装等。

相关操作和处理措施应符合 NY/T 658—2015《绿色食品　包装通用准则》和 NY/T 1056—2021《绿色食品　储藏运输准则》要求。

（9）食用菌初加工情况填报要求。产品名称应与申请书一致。加工工艺不同的，应分别填写工艺流程。原料量、出成率、成品量应符合实际生产情况。

生产过程中不应使用漂白剂、增白剂、荧光剂等不符合国家和绿色食品标准的物质。

（10）废弃物处理及环境保护措施填报要求。应按实际情况填写具体措施，并应符合国家标准和绿色食品要求。

6. 蜂产品调查表填报要求

《蜂产品调查表》见附表 7，填报要求如下。

（1）产地环境基本情况。产品名称填写规范，应体现产品真实属性。基地位置应填写蜜源地和蜂场名称。对于蜜源地分散、环境差异较大的，应分别描述。

产地周边无污染源，生态环境、隔离措施等应符合 NY/T 391—2021《绿色食品　产地环境质量》和 NY/T 1054—2021《绿色食品　产地环境调查、监测与评价规范》要求。

（2）蜜源植物填报要求。应根据蜜源植物类别（野生、人工种植）分别填写。

病虫草害防治应填写具体防治方法，涉及农药使用的，应填写使用的农药通用名、用量、使用时间、防治对象和安全间隔期等内容，并应符合 NY/T 393—2020《绿色食品　农药使用准则》要求。

（3）蜂场情况填报要求。蜂种应填写明确。蜜源地规模应填写蜜源地总面积。蜜蜂饮用水来源应填写露水、江河水、生活饮用水等。应具体描述巢础来源及材质。

应具体描述蜂箱及设备的消毒方法、消毒剂名称、用量、消毒时间等，使用的物质应符合 NY/T 393—2020《绿色食品　农药使用准则》和 NY/T 472—2022《绿色食品　兽药使用准则》要求。

涉及转场饲养的，应描述具体的转场时间、转场方法等，饲养方式及管理措施有无明显风险隐患；涉及转场的蜂产品，产品调查表应按照不同转场蜜源地分别填写。

（4）饲喂情况填报要求。饲料名称应填写所有饲料及饲料添加剂使用情况。来源应填写自留或饲料生产单位名称。

饲料的来源及使用符合 NY/T 471—2023《绿色食品　饲料及饲料添加剂使用准则》要求。

（5）蜜蜂常见疾病防治情况填报要求。根据常见疾病所采取的防治措施得当，兽药的品种和使用应符合 NY/T 472—2022《绿色食品　兽药使用准则》要求。消毒物质和使用方法应符合 NY/T 393—2020《绿色食品　农药使用准则》和 NY/T 472—2022《绿色食品　兽药使用准则》要求。

（6）采收、储存及运输情况填报要求。有多次采收的，应填写所有采收时间。有平行生产的，应具体描述区分管理措施。

相关操作和处理措施应符合 NY/T 658—2015《绿色食品　包装通用准则》和 NY/T 1056—2021《绿色食品　储藏运输准则》要求。

（7）废弃物处理及环境保护措施填报要求。应按实际情况填写具体措施，并应符合国家和绿色食品相关标准要求。

二、质量控制规范

申请人应建立完善的质量管理体系，结构合理，制度健全，并满足绿色食品全程质量控制要求。内容应至少包括申请人简介、管理方针和目标、组织机构图及其相关岗位的责任和权限、可追溯体系、内部检查、文件和记录管理、持续改进体系等。应由负责人签发并加盖申请人公章，应有生效日期。对续展申请人，质量控制规范如无变化可不提供。

以种植业生产企业为例，申请人简介至少要包括创建时间、土地所有权性质、土地面积、不同作物生产面积以及生产模式等内容；根据基地生产情况制定生产技术管理制度、轮作制度、投入品管理制度、产品检测制度等内容。附件中提供了某企业的质量控制规范，供参考。

三、生产操作规程

生产操作规程包括种植规程（含食用菌产品）、养殖规程（包括畜禽产品、水产品、蜂产品）和加工规程，申请人应依据绿色食品相关标准及中心发布的相关生产操作规程结合生产实际情况制定，生产操作规程应具有科学性、可操作性和实用性，由负责人签发并加盖申请人公章。对续展申请人，生产操作规程如无变化可不提供。

（一）种植规程（含食用菌产品）

（1）应包括立地条件、品种、茬口（包括耕作方式，如轮作、间作等）、育苗栽培、种植管理、有害生物防治、产品收获及处理、包装标识、仓储运输、废弃物处理等内容。

（2）投入品的种类、成分、来源、用途、使用方法等应符合 NY/T 393—2020《绿色食品　农药使用准则》和 NY/T 394—2021《绿色食品　肥料使用准则》要求。

（二）养殖规程（包括畜禽产品、水产品、蜂产品）

（1）应包括环境条件、卫生消毒、繁育管理、饲料管理、疫病防治、产品收集与处理、包装标识、仓储运输、废弃物处理、病死及病害动物无害化处理等内容。

（2）投入品的种类、来源、用途、使用方法等应符合 NY/T 471—2023《绿色食品　饲料及饲料添加剂使用准则》、NY/T 472—2022《绿色食品　兽药使用准则》、NY/T 473—2016《绿色食品　畜禽卫生防疫准则》和 NY/T 755—2022《绿色食品　渔药使用准则》要求。

（三）加工规程

（1）应包括原料验收及储存、主辅料和食品添加剂组成及比例、生产工艺及主要技术参数、产品收集与处理、主要设备清洗消毒方法、废弃物处理、包装标识、仓储运输等内容；

（2）应重点审查主辅料和食品添加剂的种类、成分、来源、使用方式，防虫、防鼠、防潮措施及投入品的种类、来源、用途、使用方法等应符合 NY/T 393—2022《绿色食品　农药使用准则》和 NY/T 392—2023《绿色食品　食品添加剂使用准则》要求。

四、基地来源证明材料

证明材料包括基地权属证明、合同（协议）、农户（社员）清单等，证明材料应具真实、有效，不应有涂改或伪造。

（一）自有基地证明材料

（1）应提供基地权属证书，如产权证、林权证、滩涂证、国有农场所有权证书等。

（2）证书持有人应与申请人信息一致。

（3）基地使用面积应满足生产规模需要。

（4）证书应在有效期内。

（二）基地入股型合作社证明材料

（1）应提供合作社章程及农户（社员）清单，清单中应至少包括农户（社员）姓名、生产规模等信息。

（2）章程和清单中签字、印章应清晰、完整。

（3）基地使用面积应满足生产规模需要。

（三）流转土地统一经营证明材料

（1）应提供基地流转（承包）合同（协议）及流转（承包）清单，清单中应至少包括农户（社员）姓名、生产规模等信息。

（2）基地流入方（承包人）应与申请人信息一致；土地流出方（发包方）为非产权人的，应提供非产权人土地来源证明。

（3）基地使用面积应满足生产规模需要。

（4）合同（协议）应在有效期内。

五、原料来源证明材料（含饲料原料）

证明材料包括合同（协议）、基地清单、农户（内控组织）清单及购销凭证等，证明材料应真实、有效性，不应有涂改或伪造。

（一）“公司＋合作社（农户）”证明材料

（1）应提供至少 2 份与合作社（农户）签订的委托生产合同（协议）样本及基地清单；合同（协议）有效期应在 3 年（含）以上，并确保至少一个绿色食品用标周期内原料供应的稳定性，内容应包括绿色食品质量管理、技术要求和法律责任等；基地清单中应包括序号、负责人、基地名称、合作社（农户）数、生产品种、面积（规模）、预计产量等信息，并应有汇总数据。

（2）农户数在 50 户（含）以下的应提供农户清单，清单中应包括序号、基地名称、农户姓名、生产品种、面积（规模）、预计产量等信息，并应有汇总数据；农户数在 50 户以上 1 000 户（含）以下的，应提供内控组织（不超过 20 个）清单，清单中应包括序号、负责人、基地名称、农户数、生产品种、面积（规模）、预计产量等信息，并应有汇总数据；农户数在 1 000 户以上的，应与合作社建立委托生产关系，被委托合作社应统一负责生产经营活动，应提供基地清单及被委托合作社章程。

（3）清单汇总数据中的生产规模或产量应满足申请产品的生产需要。

（二）外购全国绿色食品原料标准化生产基地原料证明材料

（1）应提供有效期内的基地证书。

（2）申请人与全国绿色食品原料标准化生产基地范围内生产经营主体签订的原料供应合同（协议）及 1 年内的购销凭证。

（3）合同（协议）、购销凭证中产品应与基地证书中批准产品相符。

（4）合同（协议）有效期应在 3 年（含）以上，并确保至少一个绿色食品用标周期内原料供应的稳定性，生产规模或产量应满足申请产品的生产需要。

（5）购销凭证中收付款双方应与合同（协议）中一致。

（6）基地建设单位出具的确认原料来自全国绿色食品原料标准化生产基地和合同（协议）真实有效的证明。

（7）申请人无须提供《种植产品调查表》、种植规程、基地图等材料。

（三）外购已获证产品及其副产品（绿色食品生产资料）证明材料

（1）应提供有效期内的绿色食品（绿色食品生产资料）证书。

（2）申请人与绿色食品（绿色食品生产资料）证书持有人签订的购买合同（协议）

及一年内的购销凭证；供方（卖方）为非证书持有人的，应提供绿色食品原料（绿色食品生产资料）来源证明，如经销商销售绿色食品原料（绿色食品生产资料）的合同（协议）及发票或绿色食品（绿色食品生产资料）证书持有人提供的销售证明等。

（3）合同（协议）、购销凭证中产品应与绿色食品（绿色食品生产资料）证书中批准产品相符。

（4）合同（协议）应确保至少一个绿色食品用标周期内原料供应的稳定性，生产规模或产量应满足申请产品的生产需要。

（5）购销凭证中收付款双方应与合同（协议）中一致。

六、基地图

基地图包括基地位置图及基地分布图或生产场所平面布局图。图示应有图例、指北等要素，图示信息应与申请材料中相关信息一致。

（1）基地位置图范围应为基地及其周边 5 km 区域，应标示出基地位置、基地区域界限（包括行政区域界限、村组界限等）及周边信息（包括村庄、河流、山川、树林、道路、设施、污染源等）。

（2）基地分布图或生产场所平面布局图应标示出基地面积、方位、边界、周边区域利用情况及各类不同生产功能区域等。

七、预包装标签设计样张

（1）应符合《食品标识管理规定》、GB 7718—2011《食品安全国家标准　预包装食品标签通则》和 GB 28050—2011《食品安全国家标准　预包装食品营养标签通则》，包装应符合 NY/T 658—2015《绿色食品　包装通用准则》等要求。

（2）绿色食品标志设计样应符合《中国绿色食品商标标志设计使用规范手册》要求。

（3）生产商名称、产品名称、商标样式、产品配方、委托加工等标示内容应与申请材料中相关信息一致。

八、生产记录及绿色食品证书复印件

（1）生产记录中投入品来源、用途、使用方法和管理等信息应符合绿色食品标准要求。

（2）上一用标周期绿色食品证书中应有年检合格章。

九、资质证明材料

申请人应具备国家法律法规要求办理的资质证书，资质证书应真实、有效，应在有效期内。

（一）营业执照

（1）可通过国家企业信用信息公示系统核验申请人登记信息的真实性和有效性。

（2）证书中名称、法定代表人等信息应与申请人信息一致。

（3）提出申请时，成立时间应不少于一年。

（4）经营范围应涵盖申请产品类别。

（5）未列入经营异常名录、严重违法失信企业名单。

（二）商标注册证

（1）可通过国家知识产权局商标局网站核验商标注册信息的真实性和有效性；商标在受理期、公告期的，视为无商标。

（2）证书中注册人应与申请人或其法定代表人一致；不一致的，应提供商标使用权证明材料，如商标变更证明、商标使用许可证明、商标转让证明等。

（3）核定使用商品应涵盖申请产品。

（三）食品生产许可证及品种明细表

（1）可通过国家市场监督管理总局网站核验食品生产许可信息的真实性和有效性。

（2）证书中生产者名称应与申请人或被委托方名称一致。

（3）许可品种明细表应涵盖申请产品。

（四）动物防疫条件合格证

（1）证书中单位名称应与申请人或被委托方名称一致。

（2）经营范围应涵盖申请产品相关的生产经营活动。

（五）取水许可证、采矿许可证、食盐定点生产企业证书、定点屠宰许可证

（1）持证方名称应与申请人或被委托方名称一致。

（2）生产规模应能满足申请产品产量需要。

（六）绿色食品内检员证书

持证人所在企业名称应与申请人名称一致。

（七）国家追溯平台注册证明

主体名称应与申请人名称一致。

（八）其他需提供的资质证明材料

应符合国家相关要求。

第四节　绿色食品现场检查

一、现场检查概述

现场检查是指经国家绿中心核准注册且具有相应资质的绿色食品检查员依据绿色食品技术标准和有关法规对绿色食品申请人提交的申请材料、产地环境、产品生产等实施核实、检查、调查、风险分析和评估并撰写检查报告的过程。

现场检查是绿色食品工作程序的重要组成部分，居于核心地位。现场检查工作质量直接决定能否排查出关键的风险隐患，关系到整个绿色食品工作程序能否健康有序开展。

现场检查应遵循依法依规、科学严谨、公正公平和客观真实的原则。

现场检查应采用线下实地检查方式。因不可抗力（如重大疫情）无法现场实施的，省级工作机构应向国家绿中心申请线上远程检查，经国家绿中心确认后组织实施，并在具备现场检查条件时补充实地检查。

国家绿中心制定了《绿色食品现场检查工作规范》，详细规定了现场检查程序、检查要点与要求以及现场检查报告的填写要求。

二、现场检查准备

（一）现场检查人员

组织现场检查的工作机构根据申请产品类别及生产规模，委派 2 名（含）以上具有相应专业资质的检查员，必要时可配备相应专业领域的技术专家，组成检查组实施现场检查。跨省级行政区域委托现场检查的应向中心备案，境外现场检查由中心组织实施。

（二）现场检查时间

检查时间应安排在申请产品生产、加工期间的高风险阶段，不在生产、加工期间的现场检查为无效检查。现场检查应覆盖所有申请产品，因生产季节等原因未能覆盖的，应实施补充检查。

（三）现场检查计划

检查组应根据申请人材料和产品生产情况，制定详细现场检查计划。检查组应与申请人沟通确定检查时间、检查要点、参会人员和检查人员分工等，根据生产规模、基地距离及工艺复杂程度等情况确定工作时长，原则上不少于一个工作日。

（四）现场检查通知

检查组应在现场检查前 3 个工作日将现场检查通知及现场检查计划发送申请人。

申请人应签字确认收到通知，做好人员、档案材料等相关准备，配合现场检查工作。

（五）现场检查资料和物品准备

检查员准备绿色食品相关标准规范、国家有关法律法规等文件，现场需要填写的表格文件以及相机或手机等拍照设备。

三、现场检查程序

《绿色食品现场检查工作规范》中明确规定了现场检查的程序。

（一）首次会议

首次会议由检查组组长主持，申请人主要负责人、绿色食品生产负责人、各生产管理部门负责人及技术人员、绿色食品企业内部检查员参加。检查组向申请人介绍检查组成员，说明检查目的、依据、范围、内容及检查安排等，与申请人进一步沟通检查计划，明确申请人需要配合的工作；申请人介绍企业组织管理情况，申请产品的产地环境和生产管理情况等，确定陪同检查人员。参会人员应签到，检查员向申请人作出保密承诺。

（二）实地检查

实地检查是指检查组在申请人生产现场对照检查依据和申请材料，对绿色食品产地环境，生产、收获、加工、包装、仓储和运输等全过程及其场所进行现场核实和风险评估。

（1）产地环境调查。检查组依据 NY/T 1054—2021《绿色食品　产地环境调查、监测与评价规范》标准要求，采用资料收集、资料核查、现场查勘、人员访谈或问卷调查等多种形式，组织实施环境质量现状调查。调查内容应包括自然地理、气候气象、水文状况、土地资源、植被及生物资源、农业生产方式、生态环境保护措施等。根据调查、了解、掌握的资料情况，对申请产品及其原料生产基地的环境质量状况进行初步分析，作出关于绿色食品发展适宜性的评价。

（2）实地检查重点。申请人种植基地、养殖基地、生产车间、库房等场所及其周边产地环境状况；绿色食品生产、加工、包装、储运等全过程及其场所环境和产品情况；肥料、农药、兽药、渔药、饲料及饲料添加剂、食品添加剂等生产投入品存放及使用情况；作物病虫草害防治管理和动物疾病治疗及预防管控情况。

（3）实地检查范围。涉及多个种植和养殖基地的，应根据申请人基地数（以村为单位）、地块数（以自然分布的区域划分）和农户数，采用$\sqrt{n}$取整的方法（n代表样本数）确定抽样数量，随机进行检查和调查。

（三）随机访问

现场检查过程中，检查员通过对农户、生产技术人员、内检员等进行随机访问，核实申请人生产过程中对绿色食品相关技术标准的执行情况，申请人材料与生产实际的符合性。

（四）查阅文件（记录）

检查员通过现场查阅文件（记录），了解核实申请人生产全过程质量控制规范的制定和执行情况。查阅内容如下。

（1）营业执照、食品生产许可等资质证明文件原件。

（2）质量控制规范、生产操作规程等质量管理制度文件。

（3）基地来源、原料来源等相关证明文件，包括土地权属证明、基地清单、农户清单、合同（协议）、购销凭证等。

（4）生产和管理记录文件，包括投入品购买和使用记录、销售记录、培训记录等。

（5）产品预包装设计样张（如涉及）及中心要求的其他文件。

（五）管理层沟通

检查组对申请人质量管理体系、产地环境、生产管理、投入品管理及使用、产品包装、储藏运输等情况进行评价，通过检查组内部沟通形成现场检查意见。如申请人产地周边有污染源、禁用物质或不明成分投入品使用迹象，或申请人存在平行生产、生产经营组织模式混乱等情况，检查组还应进行风险评估。检查组现场检查意见应先与申请人管理层进行沟通，特别是检查意见倾向于申请人本次申请不符合绿色食品相关要求时，检查组应与管理层充分沟通，达成一致意见，不一致的以检查组意见为准。

（六）总结会

总结会由检查组长主持。检查组长向申请人通报现场检查意见、整改内容及依据。申请人可对现场检查意见进行解释和说明，对有争议的，双方可进一步核实。

现场检查应严格按照程序和检查要点进行。但在实际现场检查过程中，除总结会必须在现场检查最后完成，其他环节的顺序可以视企业实际情况进行调整。申请人的情况千差万别，不可能每种情况都在《绿色食品现场检查工作规范》有详细的检查要点和要求，检查员要按照现场检查的工作原则，结合多年工作的实践经验，根据每个企业不同的情况，对每一次现场检查进行合理的安排，并做出正确的评价。

附件中我们以一个种植业产品为例，完整介绍了一个产品的现场检查的实例。

四、现场检查结论

检查组应根据现场检查情况如实撰写现场检查报告，对申请人进行综合评价，形成“合格”“限期整改”“不合格”等现场检查意见，并提交相关现场检查材料。

（一）现场检查不合格

现场检查发现以下严重问题之一的，检查意见为“不合格”。

（1）产地环境不符合NY/T 391—2021《绿色食品　产地环境质量》要求，未避开污染源或产地不具备可持续生产能力，对环境或周边其他生物产生污染。

（2）肥料、农药、兽药、渔药、食品添加剂、饲料及饲料添加剂等投入品使用不符合国家标准和绿色食品相关标准要求。

（3）资质证明文件、质量管理体系文件、合同（协议）、生产记录等存在造假行为的。

（二）现场检查限期整改

现场检查发现以下问题之一的，检查意见为“限期整改”。

（1）产地环境保护措施未落实。未在绿色食品和非绿色生产区之间设置有效的缓冲带或物理屏障；污水、废弃物等处理措施欠缺，可能对环境或周边其他生物产生污染；未建立生物栖息地，保护基因多样性、物种多样性和生态系统多样性，维持生态平衡。

（2）质量控制规范和生产操作规程未有效落实。质量管理制度不健全；档案记录文件不完整；参与绿色食品生产或管理的人员或农户不熟悉绿色食品标准要求；存在平行生产的，产品生产、储运等环节未建立区分管理制度或制度未落实。

现场检查意见为“限期整改”的，检查组应汇总现场检查中发现问题，填写《绿色食品现场检查发现问题汇总表》。申请人应根据《绿色食品现场检查发现问题汇总表》提出的整改意见，在规定期限内完成整改。检查组对整改内容再次核查，核查合格后，检查组长在《绿色食品现场检查发现问题汇总表》中签字确认。

（三）现场检查合格

现场检查未发现不合格项，或按期完成整改的，现场检查意见为“合格”。

现场检查合格后，检查组要汇总现场检查材料。现场检查材料包括《绿色食品现场检查通知书》、《绿色食品现场检查报告》、《绿色食品现场检查会议签到表》、《绿色食品现场检查发现问题汇总表》、《绿色食品现场检查意见通知书》、绿色食品现场检查照片和现场检查取得的其他材料。

第五节　种植业现场检查案例

一、企业简介

北京万德园农业科技发展有限公司成立于2009年，总投资规模5 500万元，公司致力于优质草莓种苗繁育推广、高品质草莓鲜果生产及现代化农业技术的开发、推广和服务。公司总部位于北京市昌平区小汤山镇，是北京科技城小汤山现代化农业科技示范园的入园企业，于2011年7月获得农业部优质农产品开发服务中心颁发的“中国良好农业规范认证”证书；2014年10月获得绿色食品标志许可；是2022年北京冬奥会和冬残奥会的草莓唯一服务商。

该公司目前草莓苗生产用地近400亩，建有现代化智能连栋温室19 000 m^2、育苗温室大棚320栋、日光温室50栋、种苗恒温库1座，拥有完善的种苗检验、检测、加工等质量监管系统。公司现在拥有3个草莓种植基地，分别是北京昌平基地、河北尚义基地和内蒙古阿鲁科尔沁旗基地。公司每年可生产草莓苗1 300余万株，草莓鲜果90余t。

产品销售主要有采摘、简易包装和礼品包装3种方式，各占1/3左右，平均售价达到160元/千克。

此次现场检查是对该公司北京基地的续展检查。

北京基地位于昌平区小汤山镇，续展产品为草莓，基地面积159亩，主要种植品种是隋珠。隋珠的特点是果粒大，单果重可达50～60 g，果肉白色至淡黄色，细润绵甜，甜度高，维生素C含量可达71 mg/100 g，入口清爽怡人，带有香气，浓郁的草莓香味久久留于唇齿之间，有“草莓帝王”的美誉，深受消费者喜爱。

二、现场检查准备

北京市农产品质量安全中心（简称北京中心）是北京市的工作机构，负责此次检查的具体工作。

（一）检查人员的确定

该企业仅为草莓种植，不涉及加工环节。草莓生长期较长，生产技术难度相对较高，除基肥外，生长期追肥次数较多，病虫害防治难度大。因此，北京中心选派了2名资深的种植业检查员和1名对草莓栽培具有丰富经验的专家组成检查组，确保找检查过程中按照检查要点，找准风险点，确保现场检查工作顺利完成。

（二）检查日期的确定

草莓的生长期较长。北京基地采取设施栽培。一般7—8月育苗，同时对温室进行消毒8月底至9月初定植；定植前半个月至一个月施用基肥；11月上旬进入花期；11月底至12月初开始采摘；果期一直持续到翌年5月。花期、果期是用药、追肥较为频繁的时期，11月至翌年4月都是比较适宜的检查时间。北京基地的检查时间为2023年3月15日。

（三）检查计划的确定

检查组应根据申请人材料和草莓的生产情况，制定了详细现场检查计划。检查组与草莓栽培专家沟通，确定了检查时间及现场检查的具体内容。与申请人沟通，确定了检查时间、检查要点、参会人员和检查人员分工等具体内容，根据昌平基地的生产规模和草莓的种植技术要求，确定现场检查时间为1天。

检查计划中明确要求企业负责人必须在场。检查组可以通过与企业负责人的沟通交流，了解企业申请绿色食品标志许可的意愿以及绿色食品标准、理念在企业内部宣贯的情况。同时，现场检查也是企业负责人加深对绿色食品标准、理念认识的一个重要机会。

（四）现场检查通知

检查组于2023年3月8日将现场检查通知及现场检查计划发送申请人。申请人签字确认收到通知，明确表示：①现场检查当天，企业负责人、绿色食品内检员及相关部门负责人可参加现场检查全过程，配合现场检查，解答检查组现场提出的问题。②申请人将准备好记录和档案材料备查，公章等印鉴可以在现场检查结论上使用。

（五）现场检查资料和物品准备

检查员详细了解了企业的基本情况和产品的生产情况，重点关注投入品的使用情况，掌握了企业选择使用的肥料以及农药种类。有机肥使用内蒙古锡林浩特市某肥料厂生产的高温腐熟的纯羊粪，后期追施磷酸二氢钾、某品牌的大量元素水溶肥和另一品牌的水溶肥等肥料，重点核算无机氮的使用量是否超过有机氮的使用量，现场检查中需对肥料使用进行核实。病虫害防治以预防为主，用药的种类较多，比较贴合实际生产，现场检查中需要重点检查是否使用申请材料中未填报的其他农药、填报农药的实际使用量以及使用的农药是否在草莓上登记。

同时，检查员准备了申请材料和绿色食品相关标准规范、国家有关法律法规等文件，准备了现场需要填写的表格文件，准备了照相机用于现场拍照。

三、现场检查的实施

（一）首次会议

首次会议参会人员有检查组成员以及公司负责人李某与基地的技术员（兼企业内检员）。

李某介绍了公司的基本情况、管理制度、生产技术要点、投入品管控措施、废弃物处理和公司未来发展计划等内容。检查员对现场检查前对材料中的存疑和企业介绍中的问题进行了交流，重点了解种植的关键技术难点、投入品的使用和管理情况、常见病虫害的防控措施、绿色食品标准在园区的宣贯情况等。

通过首次会议，检查组了解到李某对绿色食品的发展理念非常认可，表示公司会严格按照绿色食品标准进行生产，绝不弄虚作假。严格按照NY/T 393—2020《绿色食品　农药使用准则》的要求选购药品，坚持使用来自内蒙古的优质有机肥。

该企业承担着各级科研院所的科研项目，包括病虫害绿色防控技术试验和栽培方式研究等内容。

（二）实地检查

1. 产地环境调查

昌平基地位于农业科技示范园区，周边没有工矿企业，与交通干线的距离符合绿色食品相关要求。基地四周有围墙与周边隔离，是一个相对独立的环境，整体环境质量很好。基地范围、产地面积、产地环境质量等均未发生改变的，经检查员现场调查，符合免予环境监测的条件。

2. 实地检查范围

昌平基地不涉及多个种植基地，仅对该基地进行实地检查。

3. 实地检查重点

依据前期准备，对于昌平基地，重点检查园区环境、草莓种植温室、投入品库房、包装车间和成品库房等场所。查阅生产记录、投入品采购与使用记录、采收记录和包装记录等。

实地检查中，园区整体的环境良好，干净整洁，未发现废弃的投入品标签。温室内植株健壮、整齐，未发现枯叶、病叶；悬挂黄板和蓝板，诱杀蚜虫和蓟马等害虫，重点检查了产品种植的棚室、农药库房和肥料库房，库存的投入品与材料中填写的投入品一致，使用的农药均在草莓上进行了登记，肥料中未添加绿色食品禁止使用的成分。包装间干净整洁，使用的包装物上规范使用绿色食品标志。园区内悬挂绿色食品宣传画，投入品库房中张贴绿色食品允许使用的农药目录和绿色食品肥料使用要点，草莓生产操作规程上墙。

（三）随机访问

现场检查过程中，检查组随机与基地的一位生产人员就基地生产及管理情况进行了沟通，工作人员熟悉绿色食品的标准和理念，近期草莓生长过程中无病虫草害发生，基地对投入品的使用及管理非常严格。随机访问的情况与申请人材料基本一致。

检查组还随机访问了周边的农户，了解了当地近期草莓发生的病虫草害的情况以及草莓种植常用的农药和肥料等内容。

（四）查阅文件（记录）

该企业为续展企业，质量管理规范和生产操作规程等质量管理文件未发生变化。检查组核实了营业执照和基地租用合同均在有效期内，农户清单未变化。

检查组重点查阅了该茬草莓种植周期内，基地采购肥料和农药的清单、购买票据、出入库记录，查阅了草莓的生产记录、采收记录、出入库记录和销售记录等记录。

肥料和农药的购买票据和出入库记录与生产记录相互印证，肥料和农药的出入库记录与库房中现存农药一致，生产记录中农药使用剂量和安全间隔期符合要求，草莓出入库记录与销售记录相互印证。绿色食品标志使用规范。

（五）管理层沟通

通过现场检查，检查组一致认为该企业在质量管理体系、产地环境、生产管理、投入品管理及使用、产品包装和储藏运输等环节均符合绿色食品相关标准和要求，检查组一致认为，现场检查合格。检查组与企业负责人李某沟通了检查结果，李某对检查结果无异议。

（六）总结会

检查组组长主持召开总结会，向申请人通报了现场检查结论。综合首次会议、实地检查、随机访问和查阅文件（记录）的情况，确认该企业周边环境良好，具备符合要求的隔离带，受到周边环境中有毒有害物质污染的可能性较低；草莓植株长势良好，使用的投入品与申请材料一致；各类记录能够相关印证，未发现绿色食品禁用投入品；使用的农药都在草莓上登记，使用剂量和安全间隔期符合相关标准和要求；与园区内生产人员了解到的生产情况与记录和申请材料一致；生资库房和包装车间均张贴绿色食品相关标准挂板；绿色食品标志使用规范。现场检查合格。

检查组建议企业在承担各科研院所项目时，明示试验的棚室及采取的措施，试验中使用的投入品必须符合绿色食品相关标准和要求。同时要求申请人组织生产人员和技术人员加强对绿色食品标准和要求的学习，依据基地实际生产情况更新生产技术规程。

申请人同意现场检查结论，表示将科研管理相关要求增加到质量管理手册中。

四、现场检查案例小结

（一）前期准备的重要性

草莓是深受消费者喜爱的水果，生长期较长，生产技术难度较高，肥料、农药使用比较频繁。绿色食品草莓的生产要求更高，对肥料和农药的使用要求更严，现场检查的难度较大，检查申报草莓的绿色食品企业必须了解对草莓的生产过程，了解当地草莓生产的整体情况，尤其是肥料和农药使用情况。检查前，根据申报材料和对当地草莓的生产实际情况找准风险点与检查要点，是完成现场检查任务的前提条件。

检查组在现场检查前了解了当地草莓生产企业存在的共性问题如下。

（1）园区环境较差。一些小规模企业往往不重视园区环境，随意丢弃农药瓶和肥料袋等农业投入品的废弃物，随意堆放草莓的枯枝病叶和残果等。整洁的园区环境对环境保护和病虫害的控制非常重要，从一个园区的整体环境可以反映出一个企业的农产品质量安全管理水平。

（2）使用的农药未在草莓上登记。《农药管理条例》中明确规定，国家实行农药登记制度。农药使用者应当严格按照农药的标签标注的使用范围、使用方法和剂量、使用技术要求和注意事项使用农药，不得扩大使用范围、加大用药剂量或者改变使用方法。实际生产中，生产者没有严格按照《农药管理条例》的要求，按照习惯用药，经常会出现使用未在作物上登记的农药情况。

（3）使用绿色食品禁止使用的农药进行土壤消毒。当地一些农户进行土壤消毒时会使用氯化苦，该药剂不是NY/T 393—2020《绿色食品　农药使用准则》中允许使用的农药，现场检查是要重点核实该园区的土壤消毒方式。

（4）生产记录不能反映真实的生产情况。《中华人民共和国农产品质量安全法》中明确规定，农产品生产企业、农民专业合作社、农业社会化服务组织应当建立农产品生产记录，农产品生产记录应当至少保存2年。但一些企业对记录的重视程度不够，生产记录不完善，缺失关键的农事操作及投入品使用的记录；各环节记录相互矛盾；有些企业未及时记录生产情况，过后一段时间凭着“记忆”补记录。生产记录是检查员检查的重点，直接影响检查员对申报材料真实性的判定。

此外，该企业接受农业新技术的意愿较高，园区承担着在京科研院所的实验项目。有些实验使用的农药是低毒、低残留农药，但不是NY/T 393—2020《绿色食品　农药使用准则》中允许使用的农药，不能在绿色食品草莓生产过程中使用。现场检查中要特别关注这些新技术中使用的投入品。

（二）现场检查的技巧

现场检查的主要目的就是核实申请人提交的申请材料的真实性，是确认申请人是否符合绿色食品标准和要求的重要环节，检查组要依据前期准备的情况，逐项进行重点检查和核实。因此，检查员在现场检查中发现问题的能力直接影响着现场检查结果。

检查员在现场看到往往是企业想让检查员看到的。检查员要在现场检查的过程中不断积累一些检查技巧，发现企业不想让检查员看到的问题。

检查员可以从园区内随意丢弃的农药瓶和肥料袋确认申请人使用的投入品是否与申报材料一致；可以通过对比现场能够查阅到的各环节记录，即可以核实记录的真实性，也可以进一步确认申请材料与实际生产的一致性；随机访问园区生产人员，获取第一手的生产信息，确认申请材料的真实性和符合性；有条件的可以随机访问邻近园区生产人员，了解当地同种农产品生产中普遍存在的问题，与申请人沟通了解该园区采取的措施，核实该措施是否符合绿色食品标准和要求。

现场检查的技巧很多，需要检查员在实际工作中总结和积累。国家绿中心在每年组织的检查员检查能力提升的培训班中也会分享一些现场检查技巧，整体提升绿色食品检查员的检查能力，确保现场检查质量。

第六节 绿色食品标志续展

一、标志续展概述

（一）标志续展的概念

绿色食品标志续展是指绿色食品企业在绿色食品标志使用许可期满前，按规定的时限和要求完成申请、续展审查和颁证工作，并许可在其产品上继续使用绿色食品标志。

标志使用人逾期未提出续展申请或者续展未通过的，不得继续使用绿色食品标志。

（二）标志续展应符合的条件

绿色食品标志续展应同时符合下列条件。

（1）企业用标期间年度检查合格，并认真执行了《绿色食品标志商标使用许可合同》。

（2）企业应在绿色食品证书有效期满前 3 个月向所在地的省级工作机构提出书面续展申请。

（三）续展工作要求

（1）省级工作机构有计划地组织做好绿色食品企业第三年度的年检工作和续展工作，续展工作与年检工作有机结合。

（2）企业根据产品生产季节，合理安排续展申请时间，保证续展申请时有适于抽样检测的产品。

（3）续展产品绿色食品证书的起始时间应与上一个周期的终止日期相衔接。

二、标志续展程序

（一）续展申请

申请人向省级工作机构提交申请材料，材料清单与申请相同。如果质量控制规范、生产技术规程和基地图、加工厂平面图、基地清单、农户清单等没有变化，可以不提供。

除此之外，申请人还需提供以下材料。

（1）上一用标周期绿色食品原料使用凭证。

（2）上一用标周期绿色食品证书（加盖年检合格章）复印件。

（3）《产品检验报告》。申请人如能提供上一用标周期第三年的有效年度抽检报告，经确认符合相关要求的，省级工作机构可做出该产品免做产品检测的决定。

（4）《环境质量监测报告》。

（二）材料审查和现场检查

（1）工作机构收到企业续展申请材料后，组织有资质的检查员完成初审。

（2）工作机构与初审合格的申请人确定现场检查事项并按规定委派有资质检查员实施现场检查。

（3）检查员依据绿色食品相关标准和续展现场检查评估项目，逐项检查，并向工作机构递交续展现场检查评估报告。

（三）环境质量监测

（1）产品或产品原料产地范围、产地面积、产地环境质量等均未发生改变的，申请人可提出申请，省级工作机构经环境质量现状调查确认，可免予环境监测。

（2）产地范围、产地面积、产地环境质量其中任何一项发生变化且确需进行环境监测的，按有关规定实施环境监测。

（3）定点环境监测机构在20个工作日内出具环境监测报告，连同填写的《环境质量监测情况表》，报送申请人所在省级工作机构。

（四）产品质量检测

（1）对绿色食品证书有效期内中心年度抽检合格产品，经检查确认符合相关要求的，该产品及其同类系列产品免于产品抽样检测。同类系列产品及免检产品数按有关规定确定。

（2）凡企业提供了近一年内检测机构出具的产品检验报告，并经检查员确认，符合绿色食品产品检测项目和质量要求的，免该产品抽样检测。

（3）不符合上述规定的，需要进行抽样检测，按以下方法确定产品抽样数。

种植（养殖）基地相同、种植（养殖）过程类似的同类系列产品或加工工艺、原料配方基本一致的同类系列产品，按$\sqrt{n}\times 0.8$取整（n为样本数）确定产品抽样数。

（4）检测机构自收到通知书后，20个工作日出具产品检验报告，报送申请人所在省级工作机构。

（五）续展审核

（1）工作机构收到检查员现场检查评估报告及有关环境监测报告、产品检验报告后组织有资质的检查员完成续展审核，报送国家绿中心。

（2）工作机构将续展申请材料在绿色食品证书有效期满前1个月报送国家绿中心审核评价处。

（六）颁证

（1）续展认证合格者，自收到国家绿中心寄发的颁证通知之日起20个工作日内，与国家绿中心重新签订《绿色食品标志商标使用许可合同》，并交纳相关费用。

（2）国家绿中心在收到合同及相关费用后，15个工作日内完成颁证工作。

附表 1：

CGFDC-SQ-01/2019

绿色食品标志使用申请书

初次申请□　续展申请□　增报申请□

申请人（盖章）＿＿＿＿＿＿＿＿＿＿＿＿

申　请　日　期　＿＿＿＿年＿＿月＿＿日

中国绿色食品发展中心

填表说明

一、本表一式三份，中国绿色食品发展中心、省级工作机构和申请人各一份。

二、本表应如实填写，所有栏目不得空缺，未填部分应说明理由。

三、本表无签字、盖章无效。

四、本表的内容可打印或用蓝、黑钢笔或签字笔填写，语言规范准确、印章（签名）端正清晰。

五、本表可从中国绿色食品发展中心网站下载，用A4纸打印。

六、本表由中国绿色食品发展中心负责解释。

保证声明

我单位已仔细阅读《绿色食品标志管理办法》有关内容，充分了解绿色食品相关标准和技术规范等有关规定，自愿向中国绿色食品发展中心申请使用绿色食品标志。现郑重声明如下：

1. 保证《绿色食品标志使用申请书》中填写的内容和提供的有关材料全部真实、准确，如有虚假成分，我单位愿承担法律责任。

2. 保证申请前三年内无质量安全事故和不良诚信记录。

3. 保证严格按《绿色食品标志管理办法》、绿色食品相关标准和技术规范等有关规定组织生产、加工和销售。

4. 保证开放所有生产环节，接受中国绿色食品发展中心组织实施的现场检查和年度检查。

5. 凡因产品质量问题给绿色食品事业造成的不良影响，愿接受中国绿色食品发展中心所作的决定，并承担经济和法律责任。

法定代表人（签字）：　　　　　　　　　　申请人（盖章）

年　　月　　日

一　申请人基本情况

<table>
<tr><td>申请人（中文）</td><td colspan="5"></td></tr>
<tr><td>申请人（英文）</td><td colspan="5"></td></tr>
<tr><td>联系地址</td><td colspan="3"></td><td>邮编</td><td></td></tr>
<tr><td>网　　址</td><td colspan="5"></td></tr>
<tr><td>统一社会信用代码</td><td colspan="5"></td></tr>
<tr><td>食品生产许可证号</td><td colspan="5"></td></tr>
<tr><td>商标注册证号</td><td colspan="5"></td></tr>
<tr><td>企业法定代表人</td><td></td><td>座机</td><td></td><td>手机</td><td></td></tr>
<tr><td>联 系 人</td><td></td><td>座机</td><td></td><td>手机</td><td></td></tr>
<tr><td>内 检 员</td><td></td><td>座机</td><td></td><td>手机</td><td></td></tr>
<tr><td>传　　真</td><td></td><td>E-mail</td><td colspan="3"></td></tr>
<tr><td>龙头企业</td><td colspan="5">国家级□　　省（市）级□　　地市级□</td></tr>
<tr><td>年生产总值
（万元）</td><td colspan="2"></td><td>年利润
（万元）</td><td colspan="2"></td></tr>
<tr><td>申请人简介</td><td colspan="5"></td></tr>
</table>

注：申请人为非商标持有人，需附相关授权使用的证明材料。

二　申请产品基本情况

产品名称	商标	产量（吨）	是否有包装	包装规格	绿色食品包装印刷数量	备注

注：续展产品名称、商标变化等情况需在备注栏中说明。

三　申请产品销售情况

产品名称	年产值（万元）	年销售额（万元）	年出口量（吨）	年出口额（万美元）

填表人（签字）：　　　　　　　　　　　　　　内检员（签字）：

附表 2：

CGFDC-SQ-02/2022

种植产品调查表

申请人（盖章）________________________

申 请 日 期 ________年____月____日

中国绿色食品发展中心

填表说明

一、本表适用于收获后，不添加任何配料和添加剂，只进行清洁、脱粒、干燥、分选等简单物理处理过程的产品（或原料），如原粮、新鲜果蔬、饲料原料等。

二、本表一式三份，中国绿色食品发展中心、省级工作机构和申请人各一份。

三、本表应如实填写，所有栏目不得空缺，未填部分应说明理由。

四、本表无签字、盖章无效。

五、本表的内容可打印或用蓝、黑钢笔或签字笔填写，语言规范准确、印章（签名）端正清晰。

六、本表可从中国绿色食品发展中心网站下载，用 A4 纸打印。

七、本表由中国绿色食品发展中心负责解释。

一　种植产品基本情况

作物名称	种植面积（万亩）	年产量（吨）	基地类型	基地位置（具体到村）

注：基地类型填写自有基地（A）、基地入股型合作社（B）、流转土地统一经营（C）、公司＋合作社（农户）（D）、全国绿色食品原料标准化生产基地（E）。

二　产地环境基本情况

产地是否位于生态环境良好、无污染地区，是否避开污染源？	
产地是否距离公路、铁路、生活区 50 m 以上，距离工矿企业 1 km 以上？	
绿色食品生产区和常规生产区域之间是否有缓冲带或物理屏障？请具体描述	

注：相关标准见《绿色食品　产地环境质量》（NY/T 391）和《绿色食品　产地环境调查、监测与评价规范》（NY/T 1054）。

三　种子（种苗）处理

种子（种苗）来源	
种子（种苗）是否经过包衣等处理？请具体描述处理方法	
播种（育苗）时间	

注：已进入收获期的多年生作物（如果树、茶树等）应说明。

四　栽培措施和土壤培肥

采用何种耕作模式（轮作、间作或套作）？请具体描述			
采用何种栽培类型（露地、保护地或其他）？			
是否休耕？			
秸秆、农家肥等使用情况			
名称	来源	年用量（吨 / 亩）	无害化处理方法
秸秆			
绿肥			
堆肥			
沼肥			

注：“秸秆、农家肥等使用情况”不限于表中所列品种，视具体使用情况填写。

五　有机肥使用情况

作物名称	肥料名称	年用量（吨 / 亩）	商品有机肥有效成分氮磷钾总量（%）	有机质含量（%）	来源	无害化处理

注：该表应根据不同作物名称依次填写，包括商品有机肥和饼肥。

六　化学肥料使用情况

作物名称	肥料名称	有效成分（%）			施用方法	施用量（kg/ 亩）
		氮	磷	钾		

注：1. 相关标准见《绿色食品　肥料使用准则》（NY/T 394）；
2. 该表应根据不同作物名称依次填写；
3. 该表包括有机 - 无机复混肥使用情况。

七　病虫草害农业、物理和生物防治措施

当地常见病虫草害	
简述减少病虫草害发生的生态及农业措施	
采用何种物理防治措施？请具体描述防治方法和防治对象	
采用何种生物防治措施？请具体描述防治方法和防治对象	

注：若有间作或套作作物，请同时填写其病虫草害防治措施。

八　病虫草害防治农药使用情况

作物名称	农药名称	防治对象

注：1. 相关标准见《农药合理使用准则》（GB/T 8321）和《绿色食品　农药使用准则》（NY/T 393）；
2. 若有间作或套作作物，请同时填写其病虫草害农药使用情况；
3. 该表应根据不同作物名称依次填写。

九　灌溉情况

作物名称	是否灌溉	灌溉水来源	灌溉方式	全年灌溉用水量（吨/亩）

十　收获后处理及初加工

收获时间	
收获后是否有清洁过程？请描述方法	
收获后是否对产品进行挑选、分级？请描述方法	
收获后是否有干燥过程？请描述方法	
收获后是否采取保鲜措施？请描述方法	
收获后是否需要进行其他预处理？请描述过程	

（续）

使用何种包装材料？包装方式？	
仓储时采取何种措施防虫、防鼠、防潮？	
请说明如何防止绿色食品与非绿色食品混淆？	

十一　废弃物处理及环境保护措施

填表人（签字）：　　　　　　　　内检员（签字）：

附表 3：

CGFDC-SQ-03/2022

畜禽产品调查表

申请人（盖章）＿＿＿＿＿＿＿＿＿＿＿＿

申　请　日　期　＿＿＿＿年＿＿月＿＿日

中国绿色食品发展中心

填表说明

一、本表适用于畜禽养殖、生鲜乳及禽蛋收集等。

二、本表一式三份，中国绿色食品发展中心、省级工作机构和申请人各一份。

三、本表应如实填写，所有栏目不得空缺，未填部分应说明理由。

四、本表无签字、盖章无效。

五、本表的内容可打印或用蓝、黑钢笔或签字笔填写，语言规范准确、印章（签名）端正清晰。

六、本表可从中国绿色食品发展中心网站下载，用 A4 纸打印。

七、本表由中国绿色食品发展中心负责解释。

一　养殖场基本情况

<table>
<tr><td rowspan="2">畜禽名称</td><td rowspan="2"></td><td rowspan="2">养殖面积</td><td>放牧场所（万亩）</td><td></td></tr>
<tr><td>栏舍（m^2）</td><td></td></tr>
<tr><td>基地位置</td><td colspan="4"></td></tr>
<tr><td>生产组织形式</td><td colspan="4"></td></tr>
<tr><td colspan="5">养殖场基本情况</td></tr>
<tr><td colspan="3">产地是否位于生态环境良好、无污染地区，是否避开污染源？</td><td colspan="2"></td></tr>
<tr><td colspan="3">产地是否距离公路、铁路、生活区 50 m 以上，距离工矿企业 1 km 以上？</td><td colspan="2"></td></tr>
<tr><td colspan="3">天然牧场周边是否有矿区？养殖场常年主导风向的上风向是否有排放有毒有害物质的工矿企业？</td><td colspan="2"></td></tr>
<tr><td colspan="3">请简要描述养殖场周边情况</td><td colspan="2"></td></tr>
</table>

注：1. 相关标准见《绿色食品　畜禽卫生防疫准则》（NY/T 473）；
　　2.“生产组织形式”填写自有基地（A）、基地入股型合作社（B）、流转土地统一经营（C）、公司 + 合作社（农户）（D）。

二　养殖场基础设施

养殖场是否有相应的防疫设施设备？请具体描述	
养殖场房舍照明、隔离、加热和通风等设施是否齐备且符合要求？请具体描述	
是否有符合要求的粪便储存设施？	
是否有粪便尿、污水处理设施设备？请具体描述	
是否有畜禽活动场所和遮阴设施？	
请说明养殖用水来源	

注：相关标准见《绿色食品　畜禽卫生防疫准则》（NY/T 473）。

三　养殖场管理措施

是否具有针对当地易发的流行性疾病制定相关防疫和扑灭净化制度？	
养殖场生产区和生活区是否有效隔离？	

（续）

养殖场排水系统是否实行雨水、污水收集输送分离？	
畜禽粪便是否及时、单独清出？	
养殖场是否定期消毒？请描述使用消毒剂名称、用量、使用方法和使用时间	
是否建立了规范完整的养殖档案？	
绿色食品生产区和常规生产区域之间是否设置物理屏障？	

四　畜禽饲料及饲料添加剂使用情况

畜禽名称						幼畜（禽雏）来源				
品种名称						养殖规模				
年出栏量及产量						养殖周期				
生长阶段									年用量（吨）	来源
饲料及饲料添加剂	用量（吨）	比例（%）	用量（吨）	比例（%）	用量（吨）	比例（%）	用量（吨）	比例（%）		
1. 使用酶制剂、微生物、多糖、寡糖、抗氧化剂、防腐剂、防霉剂、酸度调节剂、黏结剂、抗结块剂、稳定剂或乳化剂应填写添加剂具体通用名称。 2. 饲料及饲料添加剂，表格不足可自行增加行数。										

注：1. 相关标准见《绿色食品　饲料及饲料添加剂使用准则》（NY/T 471）；
　　2. “养殖周期”及“生长阶段”应包括从幼畜或幼雏到出栏。

五　发酵饲料加工（含青贮、黄贮、发酵的各类饲料）

原料名称	年用量（吨）	添加剂名称	储存及防霉处理方法

六　饲料加工和存储

工艺流程及工艺条件	
是否建立批次号追溯体系？	
饲料存储过程采取何种措施防潮、防鼠、防虫？请具体描述	
请说明如何防止绿色食品与非绿色食品饲料混淆？	

七　畜禽疫苗和药物使用情况

畜禽名称				
疫苗使用情况				
疫苗名称		接种时间		
兽药使用情况				
兽药名称	批准文号	用途	使用时间	停药期

注：1. 相关标准见《绿色食品　兽药使用准则》（NY/T 472）；
　　2. 表格不足可自行增加行数。

八　畜禽、生鲜乳收集和储运

待宰畜禽如何运输？运输过程中采用何种措施防止运输应激？请具体描述	
生鲜乳如何收集？收集器具如何清洗消毒？请具体描述	
生鲜乳如何储存、运输？请具体描述	
请就上述内容，描述绿色食品与非绿色食品的区分管理措施	

九　禽蛋收集、包装和储运

禽蛋如何收集、清洗？请具体描述	
如何包装？请描述包装车间、设备的清洁、消毒、杀菌方法及物质	
库房储藏条件是否能满足需要？	
请具体描述运输方式及保鲜措施等	
请就上述内容，描述绿色食品与非绿色食品的区分管理措施	

注：相关标准见《绿色食品　包装通用准则》（NY/T 658）和《绿色食品　储藏运输准则》（NY/T 1056）。

十　资源综合利用和废弃物处理

养殖过程产生的污水是否经过无害化处理？污水排放是否符合国家或地方污染物排放标准？	
畜禽粪便是否经过无害化处理或资源化利用？	
养殖场对病死畜禽如何处理？请具体描述	

填表人（签字）：　　　　　　　　　　　　　　内检员（签字）：

附表 4：

CGFDC-SQ-04/2022

加工产品调查表

申请人（盖章）________________________

申 请 日 期 ________年____月____日

中国绿色食品发展中心

填表说明

一、本表适用于以符合绿色食品生产相关要求的植物、动物和微生物产品为原料，进行加工和包装的食品，如米面及其制品、食用植物油、肉食加工品、乳制品、酒类等。

二、购买全国绿色食品原料标准化生产基地原料或绿色食品产品分包装的申请人需填写此表。

三、本表一式三份，中国绿色食品发展中心、省级工作机构和申请人各一份。

四、本表应如实填写，所有栏目不得空缺，未填部分应说明理由。

五、本表无签字、盖章无效。

六、本表的内容可打印或用蓝、黑钢笔或签字笔填写，语言规范准确、印章（签名）端正清晰。

七、本表可从中国绿色食品发展中心网站下载，用 A4 纸打印。

八、本表由中国绿色食品发展中心负责解释。

一　加工产品基本情况

产品名称	商标	产量（吨）	有无包装	包装规格	备注

注：续展产品名称、商标变化等情况需在备注栏说明。

二　加工厂环境基本情况

加工厂地址	
加工厂是否位于生态环境良好、无污染地区，是否避开污染源？	
加工厂是否距离公路、铁路、生活区 50 m 以上，距离工矿企业 1 km 以上？	
绿色食品生产区和生活区域是否具备有效的隔离措施？请具体描述	

注：相关标准见《绿色食品　产地环境质量》（NY/T 391）。

三　产品加工情况

工艺流程及工艺条件	
各产品加工工艺流程图（应体现所有加工环节，包括所用原料、食品添加剂、加工助剂等），并描述各步骤所需生产条件（温度、湿度、反应时间等）：	
是否建立生产加工记录管理程序？	
是否建立批次号追溯体系？	
是否存在平行生产？具体原料运输、加工及储藏各环节中进行隔离与管理，避免交叉污染的措施	

四 加工产品配料情况

产品名称		年产量（吨）		出成率（%）	

主辅料使用情况表			
名称	比例（%）	年用量（吨）	来源

食品添加剂使用情况				
名称	比例（‰）	年用量（吨）	用途	来源

加工助剂使用情况				
名称	有效成分	年用量（吨）	用途	来源

是否使用加工水？请说明其来源、年用量（吨）、作用，并说明是否使用净水设备	
主辅料是否有预处理过程？如是，请提供预处理工艺流程、方法、使用物质名称和预处理场所	

注：1. 相关标准见《绿色食品　食品添加剂使用准则》（NY/T 392）；
　　2. 主辅料“比例（%）”应扣除加入的水后计算。

五 平行加工

是否存在平行生产？如是，请列出常规产品的名称、执行标准和生产规模	
请说明常规产品及非绿色食品产品在申请人生产总量中所占的比例	
请详细说明常规及非绿色食品产品在工艺流程上与绿色食品产品的区别	
在原料运输、加工及储藏各环节中进行隔离与管理，避免交叉污染的措施	□ 从空间上隔离（不同的加工设备） □ 从时间上隔离（相同的加工设备） □ 其他措施，请具体描述：

六　包装、储藏和运输

包装材料（来源、材质）、包装充填剂	
包装使用情况	□可重复使用　□可回收利用 □可降解
库房是否远离粉尘、污水等污染源和生活区等潜在污染源?	
库房是否能满足需要及类型（常温、冷藏或气调等)?	
申报产品是否与常规产品同库储藏?如是，请简述区分方法	
说明运输方式及运输工具	

注：相关标准见《绿色食品　包装通用准则》（NY/T 658）和《绿色食品　储藏运输准则》（NY/T 1056）

七　设备清洗、维护及有害生物防治

加工车间、设备所需使用的清洗、消毒方法及物质	
包装车间、设备的清洁、消毒、杀菌方式方法	
库房中消毒、杀菌、防虫、防鼠的措施，所用设备及药品的名称、使用方法、用量	

八　废弃物处理及环境保护措施

加工过程中产生污水的处理方式、排放措施和渠道	
加工过程中产生废弃物的处理措施	
其他环境保护措施	

填表人（签字）:　　　　　　　　　　　　　　内检员（签字）:

附表 5:
CGFDC-SQ-05/2022

水产品调查表

申请人（盖章）________________________
申　请　日　期　________年____月____日

中国绿色食品发展中心

填表说明

一、本表适用于鲜活水产品及捕捞、收获后未添加任何配料的冷冻、干燥等简单物理加工的水产品。加工过程中，使用了其他配料或加工工艺复杂的腌熏、罐头、鱼糜等产品，需填写《加工产品调查表》。

二、本表一式三份，中国绿色食品发展中心、省级工作机构和申请人各一份。

三、本表应如实填写，所有栏目不得空缺，未填部分应说明理由。

四、本表无签字、盖章无效。

五、本表的内容可打印或用蓝、黑钢笔或签字笔填写，语言规范准确、印章（签名）端正清晰。

六、本表可从中国绿色食品发展中心网站下载，用 A4 纸打印。

七、本表由中国绿色食品发展中心负责解释。

一　水产品基本情况

产品名称	品种名称	面积（万亩）	养殖周期	养殖方式	养殖模式	基地位置	捕捞区域水深（m）（仅深海捕捞）

注：1. “养殖周期”应填写从苗种养殖到商品规格所需的时间；
2. “养殖方式”可填写湖泊养殖 / 水库养殖 / 近海放养 / 网箱养殖 / 网围养殖 / 池塘养殖 / 蓄水池养殖 / 工厂化养殖 / 稻田养殖 / 其他养殖等；
3. “养殖模式”可填写单养 / 混养 / 套养。

二　产地环境基本情况

产地是否位于生态环境良好、无污染地区，是否避开污染源？	
产地是否距离公路、铁路、生活区 50 m 以上，距离工矿企业 1 km 以上？	
流入养殖 / 捕捞区的地表径流是否含有工业、农业和生活污染物？	
绿色食品生产区和常规生产区之间是否设置物理屏障？	
绿色食品生产区和常规生产区的进水和排水系统是否单独设立？	
简述养殖尾水的排放情况。生产是否对环境或周边其他生物产生污染？	

注：相关标准见《绿色食品　产地环境质量》（NY/T 391）和《绿色食品　产地环境调查、监测与评价规范》（NY/T 1054）。

三　苗种情况

	品种名称	外购苗种规格	外购来源	投放规格及投放量	苗种消毒方法	投放前暂养场所消毒方法
外购苗种						

（续）

<table>
<tr><td rowspan="3">自繁自育苗种</td><td>品种名称</td><td>苗种培育周期</td><td>投放规格及投放量</td><td>苗种消毒方法</td><td>繁育场所消毒方法</td></tr>
<tr><td></td><td></td><td></td><td></td><td></td></tr>
<tr><td></td><td></td><td></td><td></td><td></td></tr>
</table>

四　饲料使用情况

<table>
<tr><td colspan="2">产品名称</td><td colspan="4"></td><td colspan="2">品种名称</td><td colspan="3"></td></tr>
<tr><td>饲料及饲料添加剂</td><td>天然饵料</td><td colspan="4">外购饲料</td><td colspan="4">自制饲料</td></tr>
<tr><td>生长阶段</td><td>饵料品种</td><td>饲料名称</td><td>主要成分</td><td>年用量（吨/亩）</td><td>来源</td><td>原料名称</td><td>年用量（吨/亩）</td><td>比例（%）</td><td>来源</td></tr>
<tr><td rowspan="3"></td><td></td><td></td><td></td><td></td><td></td><td></td><td></td><td></td><td></td></tr>
<tr><td></td><td></td><td></td><td></td><td></td><td></td><td></td><td></td><td></td></tr>
<tr><td></td><td></td><td></td><td></td><td></td><td></td><td></td><td></td><td></td></tr>
<tr><td rowspan="3"></td><td></td><td></td><td></td><td></td><td></td><td></td><td></td><td></td><td></td></tr>
<tr><td></td><td></td><td></td><td></td><td></td><td></td><td></td><td></td><td></td></tr>
<tr><td></td><td></td><td></td><td></td><td></td><td></td><td></td><td></td><td></td></tr>
</table>

注：1. 相关标准见《绿色食品　饲料及饲料添加剂使用准则》（NY/T 471）；

2. “生长阶段”应包括从苗种到捕捞前以及暂养期各阶段饲料使用情况；

3. 使用酶制剂、微生物、多糖、寡糖、抗氧化剂、防腐剂、防霉剂、酸度调节剂、黏结剂、抗结块剂、稳定剂或乳化剂应填写添加剂具体通用名称。

五　饲料加工及存储情况

简述饲料加工流程	
简述饲料存储过程防潮、防鼠、防虫措施	
绿色食品与非绿色食品饲料是否分区储藏，如何防止混淆？	

注：相关标准见《绿色食品　饲料及饲料添加剂使用准则》（NY/T 471）和《绿色食品　储藏运输准则》（NY/T 1056）。

六　肥料使用情况

肥料名称	来源	用量	使用方法	用途	使用时间

注：1. 相关标准见《绿色食品　肥料使用准则》（NY/T 394）；

2. 表格不足可自行增加行数。

七　疾病防治情况

产品名称	药物 / 疫苗名称	使用方法	停药期

注：1. 相关标准见《绿色食品　渔药使用准则》（NY/T 755）；
2. 表格不足可自行增加行数。

八　水质改良情况

药物名称	用途	用量	使用方法	来源

注：1. 相关标准见《绿色食品　渔药使用准则》（NY/T 755）；
2. 表格不足可自行增加行数。

九　捕捞情况

产品名称	捕捞规格	捕捞时间	收获量（吨）	捕捞方式及工具

十　初加工、包装、储藏和运输

是否进行初加工（清理、晾晒、分级等）？简述初加工流程	
简述水产品收获后防止有害生物发生的管理措施	
使用什么包装材料，是否符合食品级要求？	
简述储藏方法及仓库卫生情况。简述存储过程防潮、防鼠、防虫措施	
说明运输方式及运输工具。简述运输工具清洁措施	
简述运输过程中保活（保鲜）措施	
简述与同类非绿色食品产品一起储藏、运输中的防混、防污、隔离措施	

注：相关标准见《绿色食品　包装通用准则》（NY/T 658）和《绿色食品　储藏运输准则》（NY/T 1056）。

十一　废弃物处理及环境保护措施

填表人（签字）：　　　　　　　　　　　　内检员（签字）：

附表 6:
CGFDC-SQ-06/2022

食用菌调查表

申请人（盖章）________________________

申　请　日　期　________年____月____日

中国绿色食品发展中心

填表说明

一、本表适用于食用菌鲜品或干品，食用菌罐头等深加工产品还需填写《加工产品调查表》。

二、本表一式三份，中国绿色食品发展中心、省级工作机构和申请人各一份。

三、本表应如实填写，所有栏目不得空缺，未填部分应说明理由。

四、本表无签字、盖章无效。

五、本表的内容可打印或用蓝、黑钢笔或签字笔填写，语言规范准确、印章（签名）端正清晰。

六、本表可从中国绿色食品发展中心网站下载，用 A4 纸打印。

七、本表由中国绿色食品发展中心负责解释。

一　申请产品情况

产品名称	栽培规模 （万袋或万瓶或亩）	鲜品 / 干品 年产量（吨）	基地位置

二　产地环境基本情况

产地是否位于生态环境良好、无污染地区，是否避开污染源?	
产地是否距离公路、铁路、生活区 50 m 以上，距离工矿企业 1 km 以上?	
绿色食品生产区和常规生产区域之间是否有缓冲带或物理屏障？请具体描述	
请描述产地及周边的动植物生长、布局等情况	

三　基质组成 / 土壤栽培情况

产品名称	成分名称	比例（%）	年用量（吨）	来源

注：1. “比例（%）”指某种食用菌基质中每种成分占基质总量的百分比；
　　2. 该表应根据不同食用菌依次填写。

四　菌种处理

菌种（母种）来源		接种时间	
外购菌种是否有标签和购买凭证?			
简述菌种的培养和保存方法			
菌种是否需要处理？简述处理药剂有效成分、用量、用法			

五　污染控制管理

基质如何消毒？	
菇房如何消毒？	
请描述其他潜在污染源（如农药化肥、空气污染等）	

六　病虫害防治措施

常见病虫害		
采用何种物理防治措施？请具体描述		
采用何种生物防治措施？请具体描述		
农药使用情况		
产品名称	通用名称	防治对象

注：1. 相关标准见《绿色食品　农药使用准则》（NY/T 393）；
　　2. 该表应按食用菌品种分别填写。

七　用水情况

基质用水来源		基质用水量（千克 / 吨）	
栽培用水来源		栽培用水量（吨 / 亩）	

八　采后处理

简述采收时间、方式	
产品收获时存放的容器或工具？材质？请详细描述	
收获后是否有清洁过程？如是，请描述清洁方法	
收获后是否对产品进行挑选、分级？如是，请描述方法	
收获后是否有干燥过程？如是，请描述干燥方法	
收获后是否采取保鲜措施？如是，请描述保鲜方法	

（续）

收获后是否需要进行其他预处理？如是，请描述其过程	
使用何种包装材料、包装方式、包装规格？是否符合食品级要求？	
产品收获后如何运输？	

九　食用菌初加工

请描述初加工的工艺流程和条件：

产品名称	原料名称	原料量（吨）	出成率（%）	成品量（吨）

十　废弃物处理及环境保护措施

填表人（签字）：　　　　　　　　　　　　　　内检员（签字）：

附表 7:
CGFDC-SQ-07/2022

蜂产品调查表

申请人（盖章）________________________
申　请　日　期　________年____月____日

中国绿色食品发展中心

填表说明

一、本表适用于涉及蜜蜂养殖的相关产品，加工环节需填写《加工产品调查表》。

二、本表一式三份，中国绿色食品发展中心、省级工作机构和申请人各一份。

三、本表应如实填写，所有栏目不得空缺，未填部分应说明理由。

四、本表无签字、盖章无效。

五、本表的内容可打印或用蓝、黑钢笔或签字笔填写，语言规范准确、印章（签名）端正清晰。

六、本表可从中国绿色食品发展中心网站下载，用 A4 纸打印。

七、本表由中国绿色食品发展中心负责解释。

一　产地环境基本情况（蜜源地和蜂场）

基地位置（蜜源地和蜂场）	
产地是否位于生态环境良好、无污染地区，是否避开污染源？	
产地是否距离公路、铁路、生活区 50 m 以上，距离工矿企业 1 km 以上？	
请描述产地及周边植物的农药、肥料等投入品使用情况	
请描述产地及周边的动植物生长、布局等情况	

注：相关标准见《绿色食品　产地环境质量》（NY/T 391）和《绿色食品　产地环境调查、监测与评价规范》（NY/T 1054）。

二　蜜源植物

蜜源植物名称		流蜜时间（起止时间）		蜜源地规模（万亩）	
蜜源地常见病虫草害					
病虫草害防治方法。若使用农药，请明确农药名称、用量、防治对象和安全间隔期等内容					
蜂场周围半径 3～5 km 范围内有毒有害蜜源植物					

注：不同蜜源植物应分别填写。

三　蜂场

蜂种（中蜂、意蜂、黑蜂、无刺蜂）		蜂箱数		生产期采收次数	
蜂箱用何种材料制作					
巢础来源及材质					
蜂场及蜂箱如何消毒，请明确消毒剂名称、用量、批准文号、使用时间、采蜜间隔期等内容					
蜂场如何培育蜂王					
蜜蜂饮用水来源					
是否转场饲养？转场期间是否饲喂？请具体描述					

四 饲喂

饲料名称	饲喂时间	用量（吨）	来源

注：1. 相关标准见《绿色食品　饲料及饲料添加剂使用准则》（NY/T 471）；
　　2. 表格不足可自行增加行数。

五 蜜蜂常见疾病防治

蜜蜂常见疾病				
防治措施				
兽药名称	批准文号	用途	用量	采蜜间隔期

注：1. 相关标准见《绿色食品　兽药使用准则》（NY/T 472）；
　　2. 表格不足可自行增加行数。

六 采收、储存及运输情况

采收原料类别	蜂蜜□	蜂王浆□	蜂花粉□	其他产品□
采收方式				
采收设备及材质				
采收时间				
采收数量（kg/ 蜂箱）				
取蜜设备使用前后是否清洗？请具体描述				
是否存在非绿色食品生产？请描述区分管理措施				
如何储存？包括从采收到加工过程中的储存环境、间隔时间、储存设备等，请具体描述				
储存设备使用前后是否清洗？请具体描述清洗情况				
如何运输？请具体描述				

七　废弃物处理及环境保护措施

填表人（签字）：　　　　　　　　　　　　　　　　　　内检员（签字）：

附件

绿色食品生产质量控制规范

编　　号：质控—1

批　　准：总经办

版 本 号：2022-1

受控状态：受控

北京 ××× 公司

2022 年 1 月 1 日发布实施

目　录

第一章 企业简介

北京×××公司于2010年进驻延庆，开始筹建低碳农业技术及循环经济示范园，于2013年同延庆县永宁镇和平街村股份经济合作社及村民签署“土地使用权租赁协议”，共租赁土地1 343亩。

其中：果品种植面积360亩，种植大田蔬菜面积820亩、种植设施蔬菜面积43亩，玉米30亩，花卉70亩，种植养殖生态循环示范及辅助设施区20亩。现在园区内部形成了种植、养殖内容丰富的生态链。项目旨在推广示范资源合理利用，将每一部分产出的副产品或废弃物作为下一个部分的投入品，以循环农业因子作为链接，创建“畜-沼-果-蔬-粮”为循环链的循环农业模式。

第二章 基地组织机构设置

园区为使生产的蔬菜符合绿色食品标准和规范的要求，采取以下质量控制措施。

一、组织措施

公司总经理1名，分设生产技术部、品质管理部、销售部、行政人事部、财务部。组织机构图如下。

二、各部门职责

（一）总经理

（1）带头贯彻执行国家有关方针政策、法律、法规及各项规章制度，发挥好模范表率作用，必要时要用法律武器捍卫园区的尊严。

（2）带头学法、知法、懂法、守法，积极向部属和员工宣传国家有关法律法规及园区各项规章制度。

（3）制定企业发展规划及目标，确定发展方向。

（4）审批公司的各种主要事项。

（5）安排好各部门的工作，明确其工作权限和要求。

（6）对产品质量标准和服务质量负全面的领导责任，监督检查园区各项工作。

（7）加强标准化培训工作，提供员工对质量、技术、安全、管理等方面的培训。

（8）提高管理化水平，教育职工认真执行园区规章制度及标准。

（二）生产技术部主管

（1）制定园区生产计划、安全生产、落实执行产品质量标准，管理物资来源使用等具体事宜。

（2）监督技术规范的执行情况。

（3）负责园区实验项目及新技术新产品的应用、编制并组织适时开展、技术改造、生产管理、技术指导、技术培训等工作指标。

（三）采购部主管

（1）根据园区生产、生活需要、制定采购计划及资金预算、报总经理审批后组织实施。

（2）监督检查采购员所采购的商品是否合格、是否是假冒残次品、严格进货渠道、必须采购国家正规厂家的产品、农药农资必须满足绿色产品使用条件等。

（3）教育采购员加强采购业务知识的学习、加强其责任、经常检查本部门采购员及工作人员与有关部门接洽工作是否到位。

（四）营销部主管

（1）根据园区种植计划及品种、采收期及市场需求情况，制定落实，建立销售账目及客户档案，精确管理，方便联系与交流。

（2）根据客户的需要与客户签订的销售协议必须正规，并经双方充分协商，将商品结果报总经理审批后，在总经理及相关人员参加的情况下，举行签字仪式。

（3）做好营销的货币回笼工作。

（4）征求客户意见，做好售后服务。

（5）根据园区的情况，必须与生产部主管、技术员等有关人员密切合作，掌握实际生产的产品采收、质量等情况。

（五）人事财务部主管

（1）根据园区的情况，制定培训计划，落实岗位培训计划，开展技术练兵。

（2）积极推荐选拔优秀人才、干部调配、任免与职称鉴定等工作，当好总经理在人员管理上的参谋。

（3）对关键岗位不合格人员及时调整，避免造成工作损失，对优秀人才向总经理推荐并加以重点培养及提拔的工作，做好人才引进工作。

（4）做好基地员工的工资、福利、保险等核算与管理。

（5）编制财务工作计划和财务报表的审核，规范财务报表。

（6）对财务的账目、财经手续、债权债务的发生和结算经费的收支成本的计算等。

（7）基地重大财务支出，不得违反财经纪律，有财务部主管写出书面申请，上报总经理审核，经总经理审批后，方可实施。一般财务支出由各部门经理写出书面申请，上报财务部经理审批，获准后方可实施。

第三章　生产技术管理制度

生产技术部门包含生产部和技术部，分别负责园区全面的生产和技术工作。

一、生产部职责

（1）协助生产经理参与制定园区整体的生产计划。

（2）统筹协调园区生产资料、农用机械等实际情况，对生产资料的计划、使用并进行整体的控制。

（3）负责每月督促各组向财务部门上报每月的生产成本。

（4）负责生产种植工作的人员、机械、农资的保障。

（5）负责园区全面的种植质量标准验收工作。

（6）负责落实相关技术、经营配合性的工作，负责园区产品采收工作的落实。

（7）负责对园区生产工作的月检工作，并有相关记录。

（8）每月组织不少于一次的生产技术交流会，并有相关记录。

二、技术部职责

（1）负责园区的种植技术服务工作，对种子、农药、肥料的使用给予技术要求。

（2）协助生产经理参与制定园区整体的生产种植计划并提出技术意见。

（3）制定年度、季度、田间技术培训计划报上级批准后，给予组织落实。

（4）确保每天有技术人员实地进行田间指导，并每次均有田间记录。

（5）负责营造园区内全员的学习氛围，提升全员的技术水平，负责培训园区技术骨干。

（6）每月开展不少于一次的技术交流会。

（7）负责协助生产部提出相关的技术意见和建议。

（8）健全标准化体系，负责督促标准化体系的有效运行，贯彻落实标准化方针和目标。

三、生产过程记录原则

（1）针对每一不同品种、生产季节、生产茬次分别建立生产档案，做到一品一册。

（2）对使用农业投入品的名称、来源、用法、用量和使用、停用的日期进行记录。

（3）对种植处理、播种期、施肥、病虫害防治、浇水等情况做详细记录。

（4）田间生产档案填写要字迹清楚、整洁，内容翔实、准确，记录全面、及时，真实有效。

（5）专人负责全程档案管理，对各种田间记录收回与保管，以便随时进行查找、调用。

（6）生产记录保存期限 2 年，禁止伪造生产品生产记录。

四、生产流程图

见下图。

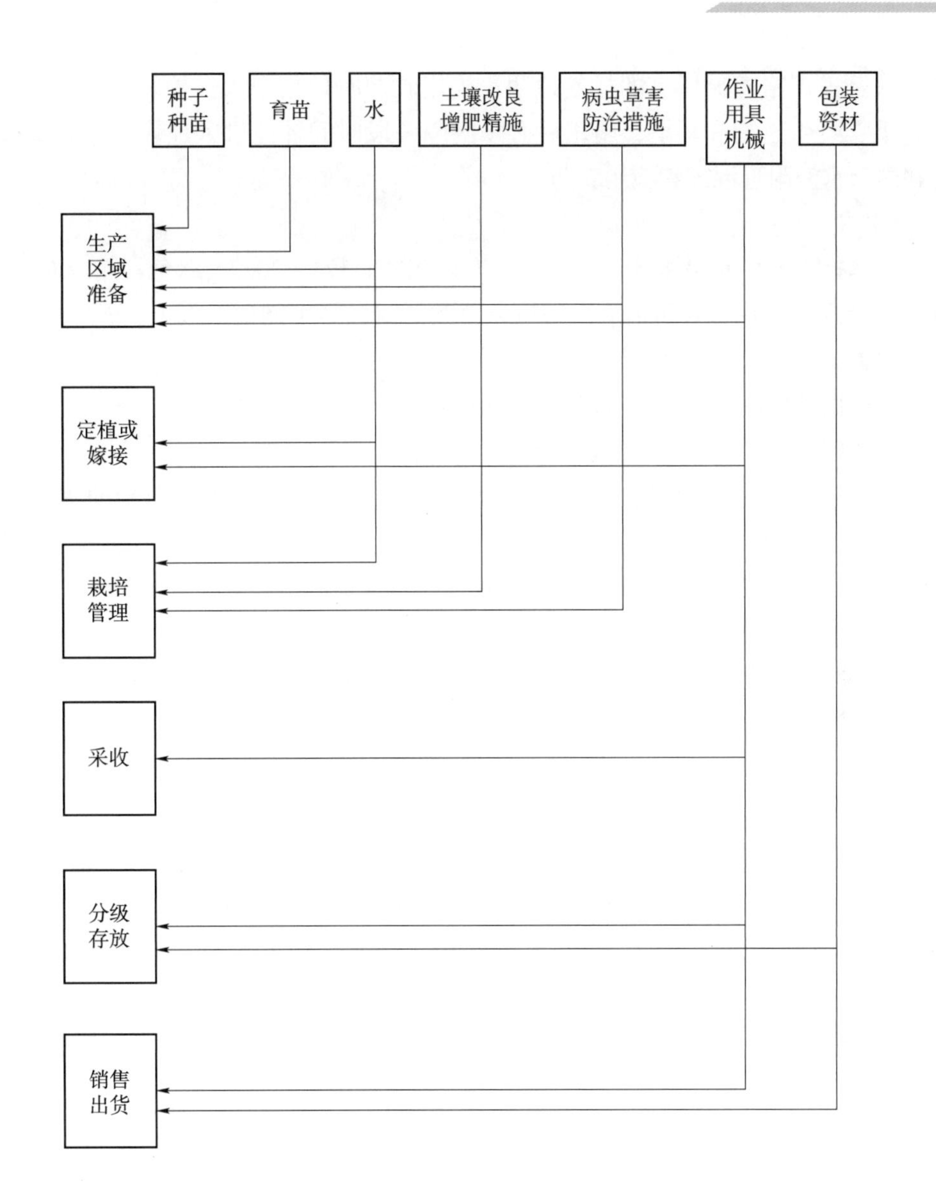

第四章　投入品管理

一、种子

严格控制种子来源；种子生产单位必须具备种子生产许可证；经营单位必须具备营业执照、种子经营许可证、种子质量合格证；从国外或外省市进口的种子必须有检疫证明。

二、农药

只有在已经使用所有其他可供选择的虫害、杂草和病害控制措施无效或效果不显著之后才使用农药。根据病虫害综合防治原则尽可能少地使用农药，以达到环境可接受和保护劳动者的目的。根据病虫害综合防治的要求进行；必须使用绿色标准中允许使用的农药；严格遵循所有的标签说明；施用农药时使用个人保护装置；安全施用，保护人类、野生生物和环境；施用后必须间隔一段时间才能进入地块进行农事操作；禁止在露天水源附近混配和施用农药。

（一）农药选择

（1）选择农药应是昆虫天敌、最新发布的NY/T 393—2020《绿色食品　农药使用准则》目录内，能在有效防治病虫害或杂草的同时，尽可能地对人类、野生物和环境不构成危害。

（2）根据条件进行选择，对害虫的天敌和诱虫作物不构成危害。

（3）作用明确具体，非广谱杀虫剂。

（4）主管技术人员根据病虫、疫病测报并结合实地情况及时作出基地的使用计划。

（二）农药施用

（1）各种植区在施用农药时须在园区种植技术人员的指导下配置农药。

（2）喷洒时须密切注意现场气象状况，露地作物施药不得在雨天或大风天气下进行。相邻田块有其他作物并处于下风时，用背包式小型机喷洒，以避免药雾吹到相邻作物上。

（3）种植员须根据施药进度，严格掌握用药剂量。每次施药的实际用量与规定用药量之间的误差不超得过5%。

（4）喷洒器具的集中管理：每次施药结束，须将喷药器先用碱水洗一遍，再用清水认真冲洗。喷雾器清洗的程序是先用清水，再用碱水，最后用清水，以彻底清除机泵及胶管内的残留农药。药具经清洗后，放入专用仓库内由仓库管理员妥善保管。

（5）要为农药喷洒人员配置专用的手套、口罩和防护衣，以防发生农药喷洒作业人员中毒事件。

三、肥料

严格执行肥料合理使用准则；根据植物生长需要平衡施肥，施用经过无害化处理的有机肥及配合施用配比合理的无机复合肥。施肥原则：以有机肥为主，辅以其他肥料；以多元复合肥为主，单元素肥料为辅；以施基肥为主，追肥为辅；尽量限制化肥施用；最后一次追施肥在收获前30天进行；及时做好肥料使用的田间档案记录；避免因环境因素造成肥力损失和环境污染；外来肥料必须要是“三证”（产品登记证、生产许可证、质量标准检验合格证）俱全的产品；不施用城市生活垃圾肥。

第五章　田间档案管理制度

一、基本情况记录

田间档案须记录农场的名称、负责人、种植面积、种植区编号、种植情况（播种、种子数量、前茬茬口、定植期等）。

二、田间用药情况记录

记录田间生长期间分次发生的病、虫、草害名称，防治药剂名称、剂型、用药数量、用药方法和时间以及农药的进货渠道等；在对田间土壤、育苗营养土、营养钵、种子等进行消毒处理时，也应记载相应的用药情况，并记录此次作业活动的实施人和责任人。

三、田间用肥情况记录

记录田间生长期间分次所用肥料（包括基肥、叶面肥、植物生长调节剂等）的名称、用肥数量、用肥方法和用肥时间，并记录此次作业活动的实施人和责任人。

（1）采收情况记录：记录产品分期分批采收时间、采收数量的情况。

（2）田间档案必须记录完整、真实、正确、清晰。

（3）田间档案应有专人负责记录管理，当年的田间档案到年底整理成册，保存到档案袋。

（4）加强对田间档案记录检查、监督及不定期进行抽查。

第六章 产品检测

蔬菜采收上市前，进行农药残留速测，合格后安排上市；检测人员熟悉掌握所使用的仪器性能和操作方法，严格按照有关标准和各种检验规章制度开展工作；检验人员必须对每一个检测数据负责，减少人为误差；仪器设备要定期检查、维修、校正。

第七章 产品追溯制度

一、目的和适用范围

严格控制投入物和生产批号，使绿色生产产品符合绿色要求，并对绿色产品从基地到销售全过程实现可追溯的目的。

二、职责和权限

（1）基地管理者负责对绿色生产地块编号。

（2）绿色管理者代表负责绿色产品的生产批号编制。

三、控制程序

（一）生产批号编制原则

对绿色产品的追溯以生产批号为依据，以“地块编号＋产品代号＋收获日期”编制。

（二）地块代号编制原则

绿色基地地块以分为3级，分别是A、B 2个大区；其中A、B区又分为：A东、A西、B东、B西；各东西区块依据不同地块分为A东—1、A东—2…、A西—1、A

西—2…、B 东—1、B 东—2、B 西—1、B 西—2…，依次类推。

（三）收获日期编制原则

以“年 - 月 - 日”方式编制，各取两位数。如 220825 表示收获日期为“2022 年 08 月 25 日”。

四、记录管理

为确保产品追踪的有效性，应建立生产记录并进行管理，生产记录包括农事记录、采收记录、用药记录、农作物生长状况、销售等记录。

为确保产品追踪顺畅，应对产品的销售过程进行控制，要求绿色产品销售时建立《绿色产品销售台账》，详细记录产品销售情况。

五、相关记录

略。

第八章　轮作制度

由于种植品种相对单一每茬蔬菜实行轮作模式，不同蔬菜进行合理轮作栽培，不仅可以减少病虫害，还能提高产量增加收益。

一、蔬菜轮作的好处

不同蔬菜所吸收的养分不同，而且吸收能力不一，进行轮作可以有效而充分地利用土壤营养物质，这能减少肥料的食欲，降低土壤污染，确保蔬菜质量。而在病虫害方面，每类蔬菜都有其专门的病虫害，如果反复种植同一种蔬菜，那么会造成这种病虫害反复发生。而轮作则会大大降低这一可能性，病虫害找不到生存的宿主，就会转移或者死亡。另外还能很好的抑制杂草滋生，杂草一般和蔬菜伴生，而且还会分泌有害物质污染土壤，破坏土壤中的生物酶，破坏蔬菜的生长。同期蔬菜会加重这种危害，如果合理轮作，那么则将大大减少田间杂草基数。

二、蔬菜轮作要点

（一）不同可蔬菜轮作

同科蔬菜会有同样的病虫害发生，不同科的蔬菜进行轮作，可以使病菌失去寄主或者改变生活环境，达到减轻或者消灭病虫害的目的。

（二）吸收养分不同和根系分布不同轮作

根据蔬菜吸收土壤养分程度和根系分布深浅不同进行轮作，这样能充分利用土壤养分，降低肥料成本。

三、园区蔬菜轮作搭配

莴苣、娃娃菜的根系相对较深；西蓝花、甘蓝的根系要浅，所以莴苣、娃娃菜地块同西蓝花、甘蓝地块春秋茬互换。每种 2 年的菜地收获完春茬后秋茬种短日期玉米，彻底解决蔬菜重茬带来的病虫害及土传病，同时也大大提高了下茬的产量及经济收入。

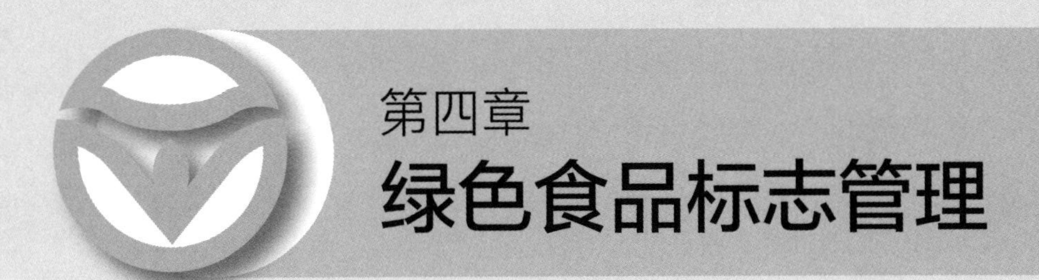

第四章
绿色食品标志管理

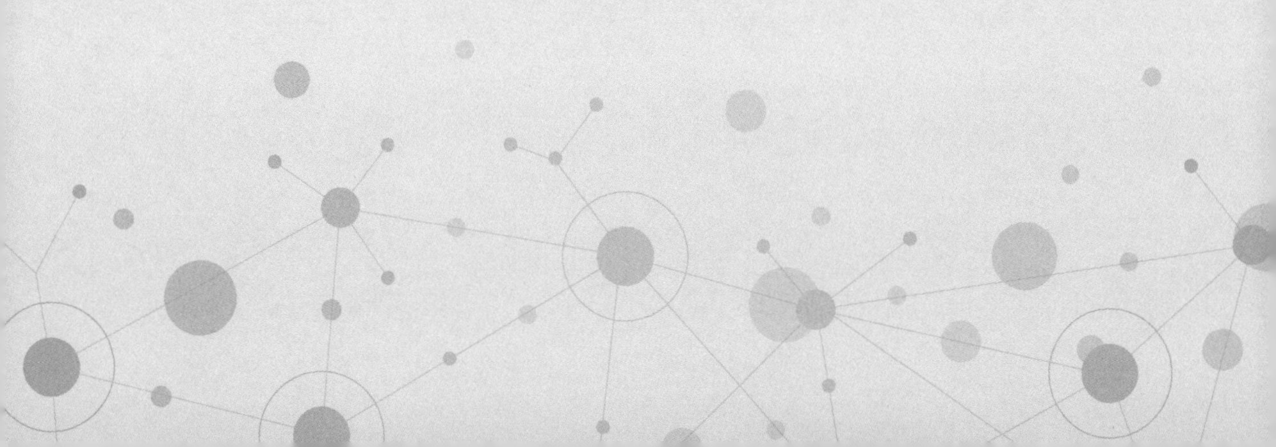

第一节　绿色食品标志管理概述

绿色食品实行标志管理。绿色食品标志商标作为特定的产品质量证明商标，1996年已由国家绿中心在国家工商行政管理局注册，从而使绿色食品标志商标专用权受《中华人民共和国商标法》保护，这样既有利于约束和规范企业的经济行为，又有利于保护广大消费者的利益。2019年，绿色食品标志图形及绿色食品中、英文组合著作权于2019年4月17日在国家版权局登记保护成功，有效期为50年。目前，绿色食品商标已在国家知识产权局商标局注册的有以下10种形式。

图4-1　在国家知识产权局商标局注册的10种形式的绿色食品商标

一、绿色食品标志管理是一种质量管理

质量管理概念的提出，是现代科学技术和生产力发展的必然结果，是国际贸易发展到一定时期的必然要求，也是管理科学本身发展到一定阶段的必然产物。

随着现代产品的结构和制造工艺日益复杂，仅对制成品按技术规范进行检验显然是不够的，当技术规范和生产体系不够完善时，规范本身就不能保证产品质量最终达到要求。

绿色食品的质量管理是以标志管理的形式引导企业在生产过程中建立质量体系，以补充技术规范对产品的要求，把影响产品质量的诸多因素组织起来，加以严格控制，做到预防为主，避免质量发生问题。

绿色食品标志管理，是针对绿色食品工程的特征而采取的一种管理手段，其对象是全部的绿色食品和绿色食品生产企业；其目的是要为绿色食品的生产者确定一个特定的生产环境，包括生产规范等，以及为绿色食品的流通创造一个良好的市场环境，包括法律规则等；其结果是维护了这类特殊商品的生产、流通、消费秩序，保证了绿色食品应有的质量。因此，绿色食品标志管理，实际上是针对绿色食品的质量管理。

二、绿色食品标志管理是一种质量证明商标的管理

从绿色食品标志管理工作的认证性质看，其基本程序无外乎是一般质量认证都必

备的步骤。然而，绿色食品标志管理尚有其不同于一般质量认证的特征，即对标志的注册管理。这种管理实际上是强化了质量认证过程中的认证标志这一环节，把标志作为一种特定的产品质量证明商标注册，从而使该标志使用在产品或产品包装上以后，既具有认证标志的作用，又有证明商标的作用，不仅具有证明该产品经过了第三方认证部门的认证的作用，同时具有证明该产品具有特定品质的作用。

所谓证明商标，是商标大家庭中的一个新成员，从概念上讲，指由对某种商品或者服务具有检测和监督能力的组织所控制，而由其以外的人使用在商品或服务上，用以证明该商品或服务的原产地、原料、制造方法、质量、精确度或其他特定品质的商品商标或服务商标。证明商标与一般商标相比，最显著的区别如下。

（1）证明商标表明商品或服务具有某种特定品质，一般商标则表明商品或服务出自某一经营者。绿色食品标志作为证明商标，恰恰表明这类食品是出自优良的生态环境，按特定规程生产，具有无污染、安全、优质、营养等特定品质。

（2）证明商标注册人必须是依法成立，具有法人资格，且对商品和服务的特定品质具有监控能力的组织；而一般商标的注册申请人只需是依法登记的经营者。绿色食品标志作为证明商标获得注册，证明了其所有人国家绿中心是“具有监控能力”的权威机构。

（3）证明商标的注册人不能在自己经营的商品或服务上使用该证明商标，一般商标则可以在自己经营的商品或服务上使用自己的注册商标。绿色食品标志的管理十分符合证明商标的这个特征，因为绿色食品标志在商品上的使用，实际上是绿色食品的生产者和绿色食品的认定者共同向消费者承诺的一种质量信誉，而这种质量需要一系列严格的标准来衡量，如果绿色食品标志的所有人在自己的产品上使用该标志，便很难保证执行质量标准的公正性。

（4）证明商标经公告后的使用人，可以作为利害关系人参与侵权诉讼，一般商标的被许可人不能参加侵权诉讼。证明商标的这一特征，对绿色食品的标志管理工作十分有意义，因为证明商标是多人使用性商标，绿色食品标志商标的许可使用对象成百上千，其使用的范围也可能遍布全国各地甚至全球的每个角落，因此对侵权现象的发现举报、诉讼等具有一定难度，仅靠商标所有人是很难做到的。而一旦被许可人可以参与侵权诉讼，则绿色食品标志证明商标实际上拥有了众多的市场监督员，打击侵权假冒者十分有力。

由此可见，证明商标不仅为绿色食品事业的健康发展提供了坚实的法律基础，而且对绿色食品质量的可信度提供了良好的证明。因此，绿色食品标志管理也必须遵循证明商标的一切规律和基本原则。

综上所述，我们可以看出：从实质上讲，绿色食品标志管理是一种质量管理；从管理的内容上看，绿色食品标志管理是一种认证性质的管理；从突出标志作用这一形式而言，绿色食品标志管理是一种证明商标的管理。尽管这 3 个概念不尽相同，也有各自不同的理论和实践范畴，但实际上它们在层面上又有相互的交叉，如同从 3 个不同角度探究同一事物的发展规律，基础是一致的。

第二节 绿色食品标志管理的目的和作用

绿色食品标志管理的目的，是充分保证绿色食品的质量，保障绿色食品事业的健康发展。具体讲，通过标志管理可以达到以下目的。

一、广泛传播绿色食品概念

绿色食品标志几乎是和绿色食品这一崭新概念同时诞生的，《绿色食品标志管理办法》规定了绿色食品产品上必须使用绿色食品标志，从而使绿色食品的实物与绿色食品标志具有密切关系，标志成为绿色食品产品形象的组成部分。绿色食品标志图形共由 3 个部分构成，上方的太阳变体、下方的植物叶片和中心的蓓蕾（见附图），分别代表了生态环境、植物生长和生命的希望。整个图形描绘出一幅生动的画面：在明媚的阳光照耀下，万物茁壮生长，充满勃勃生机；生态环境得以很好保护，生命得以持续繁衍。这个标志把发展绿色食品的意义概括得一览无余，把绿色食品的概念图解得形象、生动，使人过目难忘，从而有助于绿色食品概念的普及和传播。

二、促进绿色食品企业实施名牌战略

绿色食品标志本身就是一个注册商标，通过商标的使用许可手段严格控制用标产品的质量，通过产品过硬的质量进一步提高商标的知名度并运用商标这一有力武器开拓市场。由于绿色食品标志本身具备的这种商标特点，使绿色食品认定过程中对企业商标方面的要求较为严格，从而促进了企业商标意识的提高，尤其是农业企业的商标意识提高。许多极具地方特色的鲜活农产品通过申请使用绿色食品标志，从而走上了创品牌、创名牌的发展道路。

三、联系生产者、管理者和监督者的责任

对于绿色食品而言，生产者不仅要对消费者负责，而且要对绿色食品标志的所有者负责。因为产品出了质量问题已不仅仅关系到生产企业的信誉问题，还影响绿色食品的品牌声誉。对于标志所有者而言，许可企业使用这枚标志的同时，即负有对标志的使用者的管理责任，又是对消费者做了一种承诺，在形式上，这种管理和承诺也是和标志联系在一起的。标志的所有者在许可企业使用标志的过程中是否坚持标准，是否公正、公平以及是否管理有力，也要接受国家有关部门和消费者的监督，这种监督的依据，也不能脱离标志的权利关系。

第三节　绿色食品标志使用管理

一、绿色食品颁证程序

颁证是国家绿中心向通过绿色食品标志许可审查的申请人（简称申请人）颁发绿色食品证书的过程，包括核定费用、签订《绿色食品标志使用合同》（简称《合同》)、制发绿色食品证书、发布公告等。国家绿中心负责核定费用、制发《合同》、编制信息码、产品编号、制发绿色食品证书等颁证工作。省级工作机构负责组织、指导申请人签订《合同》、缴纳费用、向申请人转发证书等颁证工作。各级工作机构应建立颁证工作记录制度，记录颁证工作流程、时间、经办人等情况。建立颁证档案管理制度，加强颁证信息管理。

中国绿色食品发展中心

在10个工作日内完成费用核定工作，通过“绿色食品网上审核与管理系统”生成《办证须知》《合同》电子文本

收到《合同》后，在10个工作日内完成信息码编排、产品编号、证书制作等工作。2个工作日内完成《合同》、证书、缴费等核对工作，核对后将《合同》（一式两份）和证书原件统一寄送省级工作机构

省级工作机构

在10个工作日内下载《办证须知》《合同》《绿色食品防伪标签订单》等办证文件，并将上述办证文件发送申请人

5个工作日内将《合同》（一份）和证书原件转发申请人，并将《合同》一份、证书复印件一份存档

申请人

在2个月内签订《合同》（纸质文本，一式三份），并寄送中心，同时按照《合同》的约定，一并缴纳审核费和标志使用费

二、绿色食品证书管理

绿色食品证书是绿色食品标志使用人合法有效使用绿色食品标志的凭证，证明标志使用申请人及其申报产品通过绿色食品标志许可审查合格，符合绿色食品标志许可使用条件。绿色食品证书实行“一品一证”管理制度，即为每个通过绿色食品标志许可审查合格产品颁发一张绿色食品证书。国家绿中心负责绿色食品证书的颁发、变更、注销与撤销等管理事项。省级工作机构负责绿色食品证书转发、核查，报请中国绿色食品发展中心核准绿色食品证书注销、撤销等管理工作。

（一）绿色食品证书的颁发、使用与管理

绿色食品证书颁发执行《绿色食品颁证程序》。内容包括产品名称、商标名称、生产单位及其信息编码、核准产量、产品编号、标志使用许可期限、颁证机构、颁证日

期等。绿色食品证书分中文、英文 2 种版式，具有同等效力。绿色食品证书有效期为 3 年，自《绿色食品标志使用合同》签订之日起生效。经审查合格，准予续展的，绿色食品证书有效期自上期绿色食品证书有效期期满次日计算。

用标企业在绿色食品证书有效期内享有下列权利：在获证产品及其包装、标签、说明书上使用绿色食品标志；在获证产品的广告宣传、展览展销等市场营销活动中使用绿色食品标志；在农产品生产基地建设、农业标准化生产、产业化经营、农产品市场营销等方面优先享受相关扶持政策。履行下列义务：严格执行绿色食品标准，保持绿色食品产地环境和产品质量稳定可靠；遵守标志使用合同及相关规定，规范使用绿色食品标志；积极配合县级以上人民政府农业行政主管部门的监督检查及其所属工作机构的跟踪检查。

未经国家绿中心许可，任何单位和个人不得使用绿色食品标志。禁止将绿色食品标志用于非许可产品及其经营性活动。任何单位和个人不得涂改、伪造、冒用、买卖、转让绿色食品证书。

在有效使用期内，工作机构每年对用标企业实施年检，组织检测机构对产品质量进行抽检，并进行综合考核评定，合格者继续许可使用绿色食品标志，不合格者限期整改或取消绿色食品标志使用权。

（二）绿色食品证书的变更与补发

在绿色食品证书有效期内，标志使用人的产地环境、生产技术、质量管理制度等没有发生变化的情况下，单位名称、产品名称、商标名称等一项或多项发生变化的，标志使用人拆分、重组与兼并的，标志使用人应办理绿色食品证书变更。

绿色食品证书变更程序如下：标志使用人向所在地省级工作机构提出申请，并根据绿色食品证书变更事项提交以下相应的材料：①绿色食品证书变更申请书；②绿色食品证书原件；③标志使用人单位名称变更的，须提交行政主管部门出具的《变更批复》复印件及变更后的《营业执照》复印件；④商标名称变更的，须提交变更后的《商标注册证》复印件；⑤如获证产品为预包装食品，须提交变更后的《预包装食品标签设计样张》；⑥标志使用人拆分、重组与兼并的，须提供拆分、重组与兼并的相关文件，省级工作机构现场确认标志使用人作为主要管理方，且产地环境、生产技术、质量管理体系等未发生变化，并提供书面说明。

省级工作机构收到绿色食品证书变更材料后，在 5 个工作日内完成初步审查，并提出初审意见。初审合格的，将申请材料报送国家绿中心审批；初审不合格的，书面通知标志使用人并告知原因。

国家绿中心收到省级工作机构报送的材料后，在 5 个工作日内完成变更手续，并通过省级工作机构通知标志使用人。

标志使用人申请绿色食品证书变更，须按照绿色食品相关收费标准，向国家绿中心缴纳绿色食品证书变更审核费。绿色食品证书遗失、损坏的，标志使用人可申请补发。

（三）绿色食品证书的注销与撤销

在绿色食品证书有效期内，有下列情形之一的，由标志使用人提出申请，省级工作机构核实，或由省级工作机构提出，经国家绿中心核准注销并收回绿色食品证书，国家绿中心书面通知标志使用人：①自行放弃标志使用权的；②产地环境、生产技术等发生变化，达不到绿色食品标准要求的；③由于不可抗力导致丧失绿色食品生产条件的；④因停产、改制等原因失去独立法人地位的；⑤其他被认定为可注销绿色食品证书的。

在绿色食品证书有效期内，有下列情形之一的，由国家绿中心撤销并收回绿色食品证书，书面通知标志使用人，并予以公告。①生产环境不符合绿色食品环境质量标准的；②产品质量不符合绿色食品产品质量标准的；③年度检查不合格的；④未遵守标志使用合同约定的；⑤违反规定使用标志和绿色食品证书的；⑥以欺骗、贿赂等不正当手段取得标志使用权的；⑦其他被认定为应撤销绿色食品证书的。

三、绿色食品产品包装标签变更备案

标志使用人在绿色食品证书有效期内，且在绿色食品证书登记内容未发生变化的前提下，其绿色食品产品包装主要展示版面或绿色食品标志用标形式发生变化，或产品包装标签中净含量和规格等其中一项或多项发生变化的，标志使用人应在包装标签调整前向中心提出变更备案申请。国家绿中心负责全国绿色食品产品包装标签备案审核工作，省级工作机构负责本行政区域绿色食品产品包装标签备案受理和初审工作。

标志使用人及其绿色食品产品包装标签变更备案具备的条件：①符合国家包装标签、农业农村部的有关规定以及绿色食品相关规定；②产地环境、生产技术、生产工艺、质量管理制度等未发生变化；③产品配料组成及配比未发生变化；④符合国家法律、法规规定的其他条件。

绿色食品产品包装标签变更备案采用的程序：①标志使用人向国家绿中心提出书面申请，申请中应载明变更内容，同时提交变更后的《预包装食品标签设计样张》，并报送省级工作机构初审；②省级工作机构应对产品包装标签内容是否符合备案受理条件进行初审，并提出初审意见，初审合格的，将变更申请材料报送中心审批；初审不合格的，书面通知标志使用人并告知原因；③国家绿中心根据省级工作机构出具的初审意见做出是否同意备案的决定，并将《中国绿色食品发展中心关于绿色食品产品包装标签变更备案通知书》同时送至标志使用人和省级工作机构。

第四节　绿色食品标志收费管理

国家绿中心依据《中华人民共和国农产品质量安全法》和《中华人民共和国商标法》实施质量标志和绿色食品标志商标管理，开展绿色食品认证和标志许可工作，收取认证费和标志使用费。具体收费标准如下。

绿色食品认证审核费及标志使用费收费标准一览表（调整版）			
一、绿色食品认证审核费收费标准			
绿色食品认证审核费收费标准：每个产品 6 400 元，同类的（57 小类）系列初级产品，超过两个的部分，每个产品 800 元；主要原料相同和工艺相近的系列加工产品，超过两个的部分，每个产品 1 600 元；其他系列产品，超过两个的部分，每个产品 2 400 元。			
二、绿色食品标志年度使用费标准			
类别编号	产品类别	非系列产品（万元）	系列产品（万元）
一	初级产品		
（一）	农林产品		
1	小麦	0.08	0.024
5	玉米	0.08	0.024
7	大豆	0.08	0.024
9	油料作物产品	0.08	0.024
11	糖料作物产品	0.08	0.024
13	杂粮	0.08	0.008
15	蔬菜	0.08	0.008
18	鲜果类	0.08	0.024
19	干果类	0.08	0.024
21	食用菌及山野菜	0.08	0.024
23	其他食用农林产品	0.08	0.024
（二）	畜禽类产品		
25	猪肉	0.144	0.048
26	牛肉	0.144	0.048
27	羊肉	0.144	0.048
28	禽肉	0.144	0.048
29	其他肉类	0.144	0.048
31	禽蛋	0.144	0.048
（三）	水产类产品		
36	水产品	0.144	0.048
二	初加工产品		
（一）	农林加工产品		
2	小麦粉	0.144	0.048
3	大米	0.144	0.048
6	玉米加工品（初加工）	0.144	0.048
14	杂粮加工品（初加工）	0.144	0.048
16	冷冻、保鲜蔬菜	0.144	0.048
17	蔬菜加工品（初加工）	0.144	0.048
20	果品加工类（初加工）	0.144	0.048
22	食用菌及山野菜加工品	0.144	0.048
24	其他农林加工食品（初加工）	0.144	0.048
（二）	畜禽类产品		
32	蛋制品	0.2	0.064
35	蜂产品（初加工）	0.2	0.064
（三）	水产类产品		
37	水产加工品（初加工）	0.2	0.064

（续）

类别编号	产品类别	非系列产品（万元）	系列产品（万元）
（四）	饮料类产品		
44	精制茶	0.12	0.04
（五）	其他产品		
50	方便主食品	0.144	0.048
54	食盐	0.144	0.048
55	淀粉	0.144	0.048
三	深加工产品		
（一）	农林加工产品		
4	大米加工品	0.24	0.08
6	玉米加工品（深加工）	0.24	0.08
8	大豆加工品	0.24	0.08
10	食用植物油及其制品	0.24	0.08
12	机制糖	0.24	0.08
14	杂粮加工品（深加工）	0.2	0.064
17	蔬菜加工品（深加工）	0.2	0.064
20	果品加工品（深加工）	0.2	0.064
24	其他农林加工食品（深加工）	0.224	0.064
（二）	畜禽类产品		
30	肉食加工品	0.24	0.08
33	液体乳	0.24	0.08
34	乳制品	0.24	0.08
35	蜂产品（深加工）	0.24	0.08
（三）	水产类产品		
37	水产加工品（深加工）	0.24	0.08
（四）	饮料类产品		
38	瓶（罐）装饮用水	0.24	0.08
39	碳酸饮料	0.24	0.08
40	果蔬汁及其饮料	0.24	0.08
41	固体饮料	0.24	0.08
42	其他饮料	0.24	0.08
43	冷冻饮料	0.24	0.08
45	其他茶	0.24	0.08
（五）	其他产品		
51	糕点	0.2	0.064
52	糖果	0.2	0.064
53	果脯蜜饯	0.2	0.064
56	调味品类	0.2	0.064
57	食品添加剂	0.2	0.064
四	酒类产品		
46	白酒	1	0.32
47	啤酒	0.6	0.2
48	葡萄酒	0.6	0.2
49	其他酒类	0.6	0.2

第五章 绿色食品监管

第一节 绿色食品年度检查

绿色食品年度检查（简称年检）是指省级工作机构组织对辖区内获得绿色食品标志使用权的企业在一个标志使用年度内的绿色食品生产经营活动、产品质量及标志使用行为实施的监督、检查、考核、评定等。

一、年检的组织实施

年检工作由省级工作机构负责组织实施，标志监管员具体执行。省级工作机构根据本地区的实际情况，制定年检工作实施办法，报国家绿中心备案。省级工作机构建立完整的年检工作档案，年检档案至少保存6年。国家绿中心对各地年检工作进行督导、检查。

二、年检内容

年检的主要内容包括企业的产品质量及其控制体系状况、规范使用绿色食品标志情况和按规定缴纳标志使用费情况等。

（一）产品质量控制体系状况

（1）绿色食品种植、养殖地和原料产地的环境质量、基地范围、生产组织结构及农户构成等情况。

（2）企业的工作机构设置及运行情况。

（3）生产资料等投入品的采购、使用、保管制度及其执行情况。

（4）绿色食品原料和生产资料的使用及其购销合同的执行情况。

（5）绿色食品与非绿色食品的防混控制措施及落实情况。

（6）种植、养殖及加工的生产操作规程和绿色食品标准执行情况。

（7）产品在采收、储藏、运输过程中防止二次污染，防虫、防鼠、防潮的措施及其执行情况。

（二）规范使用绿色食品标志情况

（1）是否按照认证核准的产品品种、数量使用绿色食品标志。

（2）是否违规超期使用绿色食品标志。

（3）产品包装设计和印制是否符合国家有关食品包装标签标准和《绿色食品商标标志设计使用规范》要求。

（三）企业交纳标志使用费情况

（1）是否按照《绿色食品认证及标志使用收费管理办法》和《绿色食品标志商标使用许可合同》的规定按时足额缴纳标志使用费。

（2）标志使用费的减免是否有国家绿中心批准的文件依据。

（四）其他应检查的主要内容

（1）企业的法人主体、地址、商标及法人代表等变更情况。

（2）接受国家食品质量安全监督部门和行业管理部门的产品质量监督检验情况。

（3）具备生产经营的法定条件和资质情况；是否违反有关规定受到有关行政管理部门的处罚。

（4）进行重大技术改造和三废治理情况。

三、年检结论处理

省级工作机构根据年度检查结果以及国家食品质量安全监督部门和行业管理部门抽查检查结果，依据绿色食品管理相关规定，作出年检合格、整改、不合格结论，并通知企业。年检结论为整改的企业必须于接到通知之日起一个月内完成整改，并将整改措施和结果报告省级工作机构。省级工作机构应及时组织整改验收并做出结论。验收不合格的要及时报请国家绿中心取消其标志使用权。年检结论为不合格的企业，省级工作机构直接报请国家绿中心取消其标志使用权。

企业的绿色食品标志使用年度为第三年的，其续展认证检查取代年检，未提出续展申请的，其标志许可期满后不得使用绿色食品标志。企业因改制、兼并、倒闭、转产等丧失绿色食品标志使用的主体资格或绿色食品生产条件的，应视为自动放弃绿色食品标志使用权，省级工作机构应及时报请中心处理；企业的名称、商标、绿色食品产品名称、核准产量等发生变更的，省级工作机构督促并指导企业及时向国家绿中心办理相应变更手续。

四、复议和仲裁

企业对年检结论如有异议，可在接到通知之日起 15 天内，向省级工作机构书面提出复议申请或直接向国家绿中心申请仲裁，但不可同时申请复议和仲裁。省级工作机构接到复议申请 15 个工作日内做出复议结论；国家绿中心接到仲裁申请 30 个工作日内做出仲裁决定。

五、核准绿色食品证书

年检合格后，省级工作机构进行绿色食品证书核准，未经核准的绿色食品证书视为无效。年检合格的企业于标志年度使用期满前向省级工作机构申请核准绿色食品证书。省级工作机构在收到企业申请后 5 个工作日内完成核准程序，并在合格产品绿色食品证书上加盖“年检合格章”。

省级工作机构应指定专人负责保管年检章。加盖年检章必须经年检主管部门审核，并经省级工作机构分管领导核准。

省级工作机构于每年 12 月 10 日前，将本年度年检工作总结和《核准证书登记表》电子版报国家绿中心备案。

第二节　绿色食品市场监察

绿色食品标志市场监察是对市场上绿色食品标志使用情况的监督检查。市场监察是对绿色食品证后质量监督的重要手段和工作内容，是各级工作机构及标志监管员的重要职责。

一、各级工作机构职责

国家绿中心负责全国绿色食品标志市场监察工作；省及省以下各级工作机构负责本行政区域的绿色食品标志市场监察工作。

市场监察的采集产品工作由省及省以下各级工作机构的工作人员完成。市场监察工作可与农产品质量安全监督执法相结合，在当地农业行政管理部门组织协调下开展。

国家绿中心将各地市场监察工作情况定期通报，并作为考核评定工作机构及标志监管员工作的重要依据。

二、市场选定、工作任务及采样要求

（一）市场的选定

监察市场分为固定市场和流动市场。固定市场作为市场监察工作的常年定点监测的市场，由国家绿中心在全国范围内选定。流动市场由省级工作机构安排，在各省级机构辖区内选择 1～2 家市场，主要采购固定市场监察点未能采样的标称绿色食品的产品。

（二）主要任务

检查和规范获标企业绿色食品标志的使用；发现并查处不规范和违规、假冒绿色食品标志的行为；掌握全国流通市场绿色食品用标产品的基本情况，为中心制定相关决策提供基础数据。

（三）产品采样要求

固定市场监察点应对市场中全部标称绿色食品的产品进行采样（限购产品除外）；流动市场监察点作为固定市场监察点的补充，应避免对同一地区的固定市场监察点的同一样品进行重复采样。

采样应以最简易、最小包装为单位购买，单价不得超过 200 元；同一产品的抽样不需考虑年份、等级、规格、包装等方面的区别，只采购一个样品即可；省级工作机

构应尽量将本省辖区内监察市场上的获证产品采购齐全。

三、工作时间、方法及程序

（一）采样时间

市场监察工作在国家绿中心统一组织下进行，每年集中开展一次，原则上每年监察行动于 4 月 15 日启动，11 月底结束。每次行动由各地工作机构按照国家绿中心规定的固定市场监察点，以及省级工作机构自主选择的流动市场监察点，对各市场监察点所售标称绿色食品的产品实施采样监察。

（二）采样方法

监察采样可采取购买方式，购买样品的费用由国家绿中心承担，先由工作机构垫付，事后在国家绿中心的专项经费预算中列支。监察采样时应索取购物小票、发票等采样凭证，并尽可能要求监察市场对购物清单予以确认。采样凭证应妥善保存，以备查证。

对监察过程中的问题产品和疑似问题产品的包装应妥善保存，同时对产品相关图片和资料信息拍照、存档。

（三）采样程序

工作机构组织有关人员根据产品采样要求对各监察点所售标称绿色食品的产品进行采样、登记、疑似问题产品拍照，将采样产品有关信息在“绿色食品审核与管理系统”录入上传；再将采购样品的发票和购物小票的复印件于采样后 1 个月内寄送中心。

（四）问题的处理

国家绿中心对各地报送的采样信息逐一核查，对存在不同问题的产品于 6 月底前分别做出以下处理，并通知省级工作机构：属违反有关标志使用规定的，交由省级工作机构通知企业限期整改；属假冒绿色食品的，交由省级工作机构提请工商行政管理部门和农业行政管理部门依法予以查处。各有关工作机构在接到上述通知后，立即部署本省辖区内相关企业的整改工作，企业整改期限一个月；同时有关工作机构应联合当地工商行政管理部门和农业行政管理部门落实打假工作。对本省整改后的企业进行现场检查，核查整改措施的落实，对整改结果进行验收，并将企业整改措施、工作机构验收报告及行政执法部门的查处结果于 9 月底前书面报告国家绿中心。国家绿中心在对各地市场监察整改情况进行实地检查、抽查后，于当年 11 月底将市场监察结果向全国绿色食品工作系统通报。同一企业的产品连续 2 年被查出违规用标，按照绿色食品标志管理的有关规定，由国家绿中心取消其标志使用权。企业对市场监察所采样品的真实性或处理意见持有异议，必须在接到整改通知后（以收件人签收日期为准）15 个工作日内提出复议申诉，同时提供相关证据。

第三节　绿色食品监督抽检

绿色食品监督抽检是指国家绿中心对已获得绿色食品标志使用权的产品采取的监督性抽查检验。所有获得绿色食品标志使用权的企业在标志使用的有效期内，应当接受产品抽检。当年的产品抽检报告可作为绿色食品标志使用续展审核的依据。

一、工作机构及其职责

产品抽检工作由国家绿中心制定抽检计划，委托相关检测机构按计划实施，工作机构予以配合。

（一）国家绿中心的产品抽检工作职责

（1）制定全国抽检工作的有关规定。

（2）组织开展全国的抽检工作。

（3）下达年度抽检计划。

（4）指导、监督和评价各检测机构的抽检工作。

（5）依据有关规定，对抽检不合格的产品做出整改或取消标志使用权的决定，并予以通报或公告。

（二）检测机构的产品抽检工作职责

（1）根据国家绿中心下达的抽检计划制定具体组织实施方案。

（2）按时完成国家绿中心下达的检测任务。

（3）按规定时间及方式向国家绿中心、相关省级工作机构和企业出具检验报告。

（4）向国家绿中心及时报告抽检中出现的问题和有关企业产品质量信息。

（三）各级工作机构的产品抽检工作职责

（1）配合国家绿中心及检测机构开展产品抽检工作。

（2）向国家绿中心提出产品抽检工作计划的建议。

（3）根据国家绿中心做出的整改决定，督促企业按时完成整改，并组织验收。

（4）及时向国家绿中心报告企业的变更情况，包括企业名称、通信地址、法人代表以及企业停产、转产等情况。

二、工作程序

国家绿中心于每年 2 月底前制定产品抽检计划，并下达有关检测机构和省级工作机构。检测机构根据抽检计划和产品周期适时派专人赴企业或市场上规范抽取样品，也可以委托相关省级工作机构协助进行，由绿色食品标志监管员规范抽样并寄送检测机构，封样前应与企业有关人员办理签字手续，确保样品的代表性。在市场上抽取的样品，应确认其真实性，检验的产品应在用标有效期内。检测机构应及时进行样品检验，出具检验报告，检验报告结论要明确、完整，检测项目指标齐全，检验报告应以特快专递方式分别送达国家绿中心、有关省级工作机构和企业各一份。检测机构最迟应于标志年度使用期满前 3 个月完成抽检。检测机构须于每年 12 月 20 日前将产品抽检汇总表及总结报国家绿中心。总结内容应全面、详细、客观，未完成抽检计划的应说明原因。

三、计划的制定与实施

制定产品抽检计划必须遵循科学、高效、公正、公开的原则，突出重点产品和重点指标，并考虑上年度抽检计划完成情况及当年任务量。

检测机构必须承检国家绿中心要求检测的项目，未经同意，不得擅自增减检测项目。对当年应续展的产品，检测机构应及时抽样检验并将检验报告提供给企业，以便作为续展审核的依据。

四、问题的处理

产品抽检结论为食品标签、感官指标不合格，或产品理化指标中的部分非营养性指标（如水分、灰分、净含量等）不合格的，国家绿中心通知企业整改，企业必须于接到通知之日起一个月内完成整改，并将整改措施和结果报告省级工作机构，省级工作机构应及时组织整改验收并抽样寄送检测机构检验。检测机构应及时对样品进行检验，出具检验报告，并以特快邮递方式将检验报告分别送达国家绿中心和有关省级工作机构各一份。复检合格的可继续使用绿色食品标志，复检不合格的取消其标志使用权。

产品抽检结论为卫生指标或安全性指标（如有害微生物、药残、重金属、添加剂、黄曲霉、亚硝酸盐等）不合格的，取消其绿色食品标志使用权。对于取消标志使用权的企业及产品，国家绿中心及时通知企业及相关省级工作机构，并予以公告。

产品抽检中发现倒闭、停产、无故拒检或提出自行放弃绿色食品标志使用权的企业，检测机构应及时报告国家绿中心及有关省级工作机构。企业对检验报告如有异议，应于收到报告之日起（以收件人签收日期为准）5 日内向国家绿中心提出书面复议（复检或仲裁）申请，未在规定时限内提出异议的，视为认可检验结果。对检出不合格项目的产品，检测机构不得擅自通知企业送样复检。

五、省级工作机构的抽检工作

省级工作机构对辖区内的绿色食品质量负有监督检查职责，应在下达的年度产品抽检计划的基础上，结合当地实际编制自行抽检产品的年度计划，填写《绿色食品省级工作机构自行抽检产品备案表》，一并报国家绿中心备案。国家绿中心接到备案材料后 10 个工作日内，将备案结果书面反馈有关省级工作机构。经在国家绿中心备案的抽检产品，其抽检工作视同中心组织实施的监督抽检。

省级工作机构自行抽检产品的检验项目、内容，不得少于国家绿中心年度抽检计划规定的项目和内容。自行抽检的产品必须在检测机构进行检验，检测机构应出具正式检验报告，并将检验报告分别送达省级工作机构和企业。

产品抽检不合格的企业，省级工作机构要及时上报国家绿中心，由国家绿中心做出整改或取消其标志使用权的决定。

第四节　绿色食品质量安全预警管理

为加强绿色质量安全预警管理，有效实施认证及证后监管防范行业性重大质量安全风险，中国绿色食品发展中心负责组织开展绿色食品质量安全预警工作。质量安全预警工作以维护绿色食品品牌安全为目标，坚持“重点监控，兼顾一般；快速反应，长效监管；科学分析，分级预警”的原则。

一、质量安全信息收集

绿色食品质量安全信息主要分为使用违法违禁物质、违规使用农业投入品、违规使用食品添加剂等。主要来源于机构和绿色食品质量安全预警信息员（简称信息员），以及有关政府部门质量安全监管等。

检测机构通过分析有关监测数据，结合对行业生产现状的调研情况，编写《季度行业质量安全信息分析报告》，于下季度第一个月的 15 日前报送国家绿中心，对于突发性或重大的行业质量安全信息，随时上报。

信息员通过企业调查、场调查或其他方式和渠道收集相关质量安全信息，在确认信息真实性后，及时采用传真或电子邮件等方式报送国家绿中心。国家绿中心网站负责日常收集有关政府网站的质量安全信息。

二、质量安全信息分析评价

国家绿中心将质量安全信息进行汇总，按行业类别、信息来源、涉及范围、危害程度等内容进行初步识别，并定期提交质量安全信息专家组进行分析评价。质量安全信息专家组由国家绿中心分管副主任、相关处室负责人、及相关行业内熟悉绿色食品认证和监管工作的专家组成，负责质量安全信息分析评价工作，确定质量安全信息等级。质量安全信息分为红色风险、橙色风险和黄色风险等 3 个级别。

（1）红色风险。指发生在整个行业内的危害，并可能造成全国性或国际性影响的、大范围和长时期存在的严重质量安全风险。

（2）橙色风险。指发生在行业局部或可能造成区域范围内、有一定规模和持续性的危害风险。

（3）黄色风险。指发生在行业内个别企业或可能造成省域内、小规模和短期性的危害风险。

质量安全信息专家组确定的红色风险和橙色风险信息，须报国家绿中心领导班子予以审定。

三、风险处置

风险处置部门由国家绿中心相关处室和省级工作机构组成，根据质量安全信息分级，分别采取处置措施。

（一）红色级别风险处置

（1）立即对相关企业的产品进行专项检测或检查，确认质量问题后取消其绿色食品标志使用权。

（2）暂停受理该行业产品的认证。

（3）对该行业获得绿色食品标志使用权的产品进行专项检查，并对问题及时作出相应的处理。

（4）跟踪风险动态，及时采取应对措施以避免风险扩大。

（二）橙色级别风险处置

（1）立即对相企业的产品进行专项检测或检查，确认质量问题后取消其绿色食品标志使用权。

（2）暂停受理相关区域内的该行业产品认证。

（3）对其他地区的该行业申请认证产品加检风险项目，并加强现场检查。

（4）对相关区域内的该行获得绿色食品标志使用权的产品进行专项检查，并对问题及时作出处理。

（5）继续跟踪风险动态，及时采取应对措施以避免风险扩大。

（三）黄色级别风险处置

（1）立即对相关企业的产品进行专项检测或检查，确认质量问题后取消其绿色食品标志使用权。

（2）要求所在省加强对同行业企业的认证检查、产品检测及证后监管，以避免风险扩大。

国家绿中心领导班子审批准后，将相关红色风险信息情况上报农业农村部。

四、监督管理

国家绿中心与检测机构签订委托合同，检测机构定期提交相关质量安全信息报告。对于长期未能按照合同要求提供有效信息的机构，国家绿中心取消对其委托。

国家绿中心与信息员签订委托合同，信息员应确保上报信息的真实性、准确性、保密性和及时性。对于未能履行合同的质量安全信息员，国家绿中心取消对其委托。

国家绿中心有关部门在企业调查、材料审核、产品抽检、受理咨询和投诉等工作中发现质量安全隐患，应立即向相关处室通报。对提供有效质量安全信息的检测机构和信息员，根据质量安全信息的等级给予相应奖励。

第五节　绿色食品检查员、监管员、内检员制度

一、绿色食品检查员制度

绿色食品检查员（以下简称检查员）是指经国家绿中心核准注册的从事绿色食品材料审查和现场检查的人员，一般是省、市、县级工作机构的人员，并由国家绿中心统一注册管理。

（一）检查员专业、级别及来源

检查员的注册专业分为种植、养殖和加工。检查员根据材料审查和现场检查的经验分为检查员和高级检查员 2 个级别。检查员的来源包括各级工作机构的专职工作人员、大专院校、科研机构、行业协会的专家和学者。检查员不得来源于生产企业。

（二）注册要求

（1）个人素质。热爱绿色食品事业，对所从事的工作有强烈的责任感；能够正确执行国家有关方针、政策、法律及法规，掌握绿色食品标准及有关规定；具有良好观察能力和业务能力，并能根据客观证据做出正确的判断；具有良好口头和书面表达能力，能够客观全面地表述概念和意见；具有履行检查员职责所需的保持充分独立性和客观性的能力，具有有效开展审查和检查工作所需的个人组织能力和人际交流能力；身体健康，具有从事野外工作的能力。

（2）教育和工作经历。申请人应具有国家承认的大学本科以上（含大学本科）学历，至少 1 年相关专业技术或相关农产品质量安全工作经历；或具有国家承认的大专学历，至少 2 年相关专业技术或相关农产品质量安全工作经历。申请人所学专业为非相关专业的，本科学历申请人至少 4 年相关专业技术或相关农产品质量安全工作经历；大专学历申请人至少 5 年相关专业技术或相关农产品质量安全工作经历。具有相关专业中级以上（含中级）技术职称视为符合教育和工作经历。

（3）专业背景。注册种植业检查员应具有农学、园艺、植保、农业环保及相关专业的专业；注册养殖业检查员应具有畜牧、兽医、动物营养或水产及相关专业的专业；注册加工业检查员应具有食品加工、发酵及相关专业的专业。

（4）培训经历。申请人应完成国家绿中心指定的检查员相关课程的培训，并通过国家绿中心或其委托的有关单位组织的各门专业课程的考试，取得《绿色食品培训合格证书》。

（5）审查和现场检查经历。检查员：申请人应在取得《绿色食品培训合格证书》后参加至少 2 次注册专业类别绿色食品材料审查和现场检查见习，并由所在省级工作机构就申请人的能力给出鉴定意见。高级检查员：申请人应取得检查员级别注册资格 1 年以上，并至少完成 10 个相关专业类别绿色食品企业的材料审查和现场检查。所有材料审查和现场检查经历应在申请注册前 3 年内获得。

（6）检查员可以同时注册多个专业。申请扩大专业注册的，应从申请注册检查员开始，还应提供相关专业考试合格证书复印件或其他有效证明材料。

（三）注册程序

申请注册应当提交下列材料：

（1）初次申请。《绿色食品检查员注册申请表》；身份证（复印件）；学历证书、职称证书（复印件）；《绿色食品培训合格证书》（复印件）；《绿色食品材料审查 / 现场检查经历表》。

（2）再注册申请。《绿色食品检查员注册申请表》；身份证（复印件）；《绿色食品材料审查 / 现场检查经历表》。

（3）扩大专业申请。绿色食品检查员注册申请表；身份证（复印件）；申请扩大专业的学历或职称证明材料；涉及扩大专业的现场检查 / 材料审查经历证明材料。

申请人提交申请后，经省级工作机构签署推荐意见，由省级工作机构统一报送国家绿中心。申请人应当同时完成网上注册申请。申请人应与国家绿中心签订《绿色食品检查员责任书》，切实履行检查员职责，认真落实检查员审查和现场检查工作质量第一责任人制度，如有违反将追究其责任。申请人与国家绿中心签署保密承诺，确保不泄露申请企业商业和技术秘密。申请人应当签署个人声明，声明其保证遵守（或已经遵守）绿色食品检查员行为准则及绿色食品有关规定。中国绿色食品发展中心对申请人提交的申请材料进行核定，对符合注册要求的申请人予以注册，并公布名单。

（四）检查员职责、职权和行为准则

（1）检查员职责。对申请企业的材料进行审查，核实申请企业提供的信息、资料是否完整，是否符合绿色食品的有关要求等。依据注册的专业类别，对申请企业实施现场检查，全面核实申请企业提交申请材料的真实性，客观描述现场检查实际情况，科学评估申请企业的生产过程和质量控制体系是否达到绿色食品标准及有关规定的要求综合评估现场检查情况，撰写检查报告。完成国家绿中心交办的其他审查工作。

（2）检查员职权。检查申请企业的生产现场、库房、产品包装、生产记录和档案资料等有关情况。根据检查需要，可要求受检方提供相关的证据。依据绿色食品标准独立地对申请企业申请材料提出审查意见，不受任何单位和个人的干预。指出申请企业在生产过程中不当行为，并要求其整改。了解申请企业的产地环境监测情况和产品质量检测情况。向国家绿中心如实报告有关工作机构、检测机构和申请企业在相关工

作中存在的问题。向上级工作机构提出改进绿色食品工作的建议。有权向工作机构申诉对检查员的各种投诉。检查员依据注册的级别，具有相应的工作职权：检查员有权对所在省绿色食品申请企业进行材料审查和现场检查；高级检查员有权对所在省、国内其他区域和境外绿色食品申请企业进行材料审查和现场检查。

（3）检查员行为准则。遵守国家有关法律法规、绿色食品规章制度和保密协议。从事材料审查和现场检查工作应遵循科学、公正、公平的原则。按照注册专业类别从事材料审查和现场检查工作。不断学习现场检查所需的专业知识，提高自身素质和现场检查能力。尊重客观事实，如实记录现场检查或材料审查对象现状，保证材料审查和现场检查的规范性和有效性。检查员在检查前后 1 年内不得与申请企业有任何有偿咨询服务关系；可以提出生产方面改进意见，但不得收取费用。不应向申请企业做出颁证与否的承诺。未经国家绿中心书面授权和申请企业同意，不得讨论或披露任何与审查和检查活动有关的信息，法律有特殊要求的除外。到少数民族地区检查时，应尊重当地文化和风俗习惯。不接受申请企业任何形式的酬劳。不以任何形式损坏国家绿中心声誉，并针对违反本行为准则进行的调查工作提供全面合作。接受国家绿中心的监督管理。

（五）监督与管理

国家绿中心统一负责检查员监督管理。省级工作机构负责所辖区域内检查员日常管理工作。检查员注册有效期为 3 年，检查员需在注册期满前 3 个月向国家绿中心提出书面再注册申请。超过有效期未提交再注册申请或 3 年内未完成 3 个以上注册专业类别申请企业材料审查和现场检查的，不予再注册。国家绿中心建立检查员工作绩效考核评价制度，每年对检查员工作实施绩效考评，对工作业绩突出和表现优秀的检查员，中国绿色食品发展中心给予表彰和奖励。

（六）处置

对违反检查员行为准则，尚未造成严重后果的，国家绿中心依据有关情况给予检查员批评、暂停注册资格等处置。在暂停期内，检查员不得从事相关材料审查和现场检查等活动。对于暂停注册资格的检查员，应在暂停期内采取相应整改措施，并经中国绿色食品发展中心验证后，恢复其注册资格。

撤销检查员资格的情形：与申请企业合作（或提示申请企业），故意隐瞒申请产品真实情况的；经核实，在材料审查或现场检查工作中，存在故意弄虚作假行为的，年度绩效考评为零分的；严重违反检查员行为准则或由于失职、渎职而出现严重质量安全问题的；严重违反检查员行为准则，对绿色食品事业或中心声誉造成恶劣影响的。被中心撤销检查员资格的，1 年内不再受理其注册申请。如再申请注册，须经培训、考试，取得《绿色食品培训合格证书》。

国家绿中心就检查员的资格处置情况向绿色食品工作系统及其上级行政主管部门等相关方进行通报。

（七）档案管理

国家绿中心建立绿色食品注册检查员档案，对检查员的培训、考试、考核评价信息及检查员注册、再注册、撤销等管理活动进行存档。

二、绿色食品监管员制度

绿色食品标志监督管理员（简称监管员）是指各级工作机构中，经国家绿中心核准注册的从事绿色食品标志管理的工作人员。工作机构应配备与当地绿色食品事业发展相适应的监管员。国家绿中心对监管员实行统一注册管理。监管员应在国家绿中心注册，取得《绿色食品标志监督管理员证书》。

（一）监管员注册条件

申请监管员注册必须具备的条件：热爱绿色食品事业，对绿色食品标志管理工作有强烈的责任感，遵纪守法，坚持原则，秉公办事；能够正确执行国家的有关法律、法规和方针、政策，熟悉绿色食品标准及有关管理规定；具有一年以上从事绿色食品管理工作的经验；具有大专以上学历或中级以上技术职称，掌握绿色食品标志管理业务知识；具有较强的组织管理能力。

监管员注册必须经由国家绿中心委托管理机构推荐，接受专门培训并考试合格。

（二）监管员注册程序

申请：符合《绿色食品标志监督管理员注册管理办法》第四条规定的均可向国家绿中心提出监管员注册申请，经由国家绿中心委托管理机构向中心书面推荐，并提交申请人有关证明材料。

审核：国家绿中心对申请人基本条件进行审核，并将审核意见书面通知推荐单位。

培训：国家绿中心对通过审核的申请人统一组织注册培训。

考试：培训结束后，由国家绿中心统一组织考试。

颁证：经过培训并考试合格者，由国家绿中心颁发《绿色食品标志监管员证书》。

（三）监管员的职责、职权和行为准则

（1）监管员职责。指导企业履行绿色食品办证手续、规范使用绿色食品标志、严格执行绿色食品标准，为企业提供相关咨询服务；对绿色食品企业进行检查、复查，按年度核准《绿色食品标志商标准用证》（简称《准用证》）；督促绿色食品企业履行《绿色食品标志商标使用许可合同》，按时足额缴纳标志使用费；配合检测机构实施国家绿中心下达的产品监督抽查计划，协助开展实地检查、产品抽样等工作；开展市场监督检查，配合政府有关部门对假冒绿色食品和违规使用绿色食品标志的进行查处，维护绿色食品市场秩序；负责收缴丧失绿色食品标志使用权企业的《准用证》，监督其停止使用绿色食品标志；指导下级工作机构的标志监管员开展工作；完成国家绿中心布置的其他标志管理工作。

（2）监管员职权。查验绿色食品企业的《准用证》和《绿色食品标志商标使用许可合同》；检查绿色食品企业的生产现场、仓库、产品包装以及生产记录和档案资料等有关情况；了解绿色食品企业的产地环境监测和产品检测的情况；指出绿色食品企业在生产过程中的不当行为并要求其改正；指出有关单位和个人在绿色食品标志使用方面的不当行为，并要求其改正；根据有关规定对违反绿色食品管理规定的企业暂行收缴其《准用证》，并于5个工作日内报请国家绿中心做进一步处理；向国家绿中心如实报告有关工作机构、检测机构和企业在绿色食品质量管理和标志使用方面存在的问题；向上级工作机构和所在单位提出改进督管工作的建议。

（3）监管员行为准则。遵守有关绿色食品标志管理的规章制度，忠于职守；努力学习有关专业知识，不断提高标志管理的能力；不以权谋私，不接受可能影响本人正常行使职责的回扣、馈赠及其他任何形式的好处；如实向国家绿中心及所在单位报告情况，不弄虚作假；接受中心的培训、指导和监督管理。保守受检企业的商业秘密。

绿色食品标志管理工作实行工作机构的主管领导和监管员共同负责制。各级工作机构上报有关企业年检、整改、变更、减免收费、取消标志使用权等的报告、请示，应载明有关监管员关于事实认定的意见，该监管员应对其认定的事实负责。

（四）监管员的管理

保持监管员工作岗位相对稳定，监管员工作岗位发生变动，其所在单位应及时报经中心委托工作机构向国家绿中心备案。《绿色食品标志监督管理员证书》有效期3年，有效期满前3个月由中心委托工作机构统一向国家绿中心申报换证；超过有效期未办理换证手续的，视为自动放弃监管员资格。国家绿中心对监管员的工作进行考核，对工作业绩显著的予以表彰；对不称职的取消其监管员资格，收回证书。

三、内检员管理制度

绿色食品企业内部检查员（简称内检员）是指经培训合格，并在企业负责绿色食品生产和质量管理的专业技术人员或管理人员。注册内检员是绿色食品标志许可的前置条件。企业应建立内检员管理制度，明确界定内检员的岗位职责和权限。每个企业至少应有一名注册的内检员。内检员应为企业质量管理的负责人。员工超过100人（含100人）的企业还应有一名负责质量工作的技术人员注册为内检员。

（一）工作机构

国家绿中心负责内检员的培训指导、注册和统一管理工作。各省（自治区、直辖市）农业农村行政主管部门所属工作机构负责内检员的资质审核、培训、监督管理等具体工作。

（二）内检员的主要职责

（1）宣贯绿色食品有关法律法规、技术标准及制度规范等。

（2）落实绿色食品全程质量控制措施，参与制定本企业绿色食品质量管理体系、生产技术规程，协调、指导、检查和监督企业绿色食品原料采购、基地建设、投入品使用、产品检验、标志使用、广告宣传等工作。

（3）指导企业建立绿色食品生产、加工、运输和销售记录档案，配合各级工作机构开展绿色食品现场检查和监督管理工作。

（4）负责企业绿色食品相关数据及信息的汇总、统计、编制及报送等工作。

（5）承担企业绿色食品申报、续展、企业年检等工作，负责绿色食品证书和《绿色食品标志商标使用许可合同》的管理。

（6）组织开展绿色食品质量内部检查及改进工作；开展对企业内部员工有关绿色食品知识的培训。

（7）负责企业绿色食品的其他有关工作。

（三）内检员资格条件

（1）遵纪守法，坚持原则，爱岗敬业。

（2）具有大专以上相关专业学历或者具有两年以上农产品、食品生产、加工、经营管理实践经验，熟悉本企业的管理制度。

（3）热爱绿色食品事业，熟悉农产品质量安全有关的法律、法规、政策、标准及行业规范；熟悉绿色食品质量管理和标志管理的相关规定。

（四）内检员培训

（1）采取课堂培训与网上培训相结合的培训方式。

（2）首次注册的内检员必须参加课堂培训或网上培训，并经考试合格。已取得资格的内检员每年还需完成网上继续教育培训。

（3）中心建立统一的网上培训平台，省级工作机构自行建立的培训平台须报国家绿中心审核备案。

（五）内检员注册管理

（1）内检员培训合格后，首次注册的由本人申请，经企业推荐，省级工作机构资格审核并在绿色食品工作系统中进行上报，国家绿中心统一注册编号发文生效。

（2）内检员完成网上继续教育培训后，进入绿色食品工作系统完成年度注册；未进行年度注册的，到期自动取消内检员资格。

（3）内检员未按照规定履行职责，违反职业道德、弄虚作假、玩忽职守的，国家绿中心将取消其内检员资格。

（4）内检员变更服务企业时，需经过省级工作机构和变更后的企业确认，并由省级工作机构向国家绿中心备案。

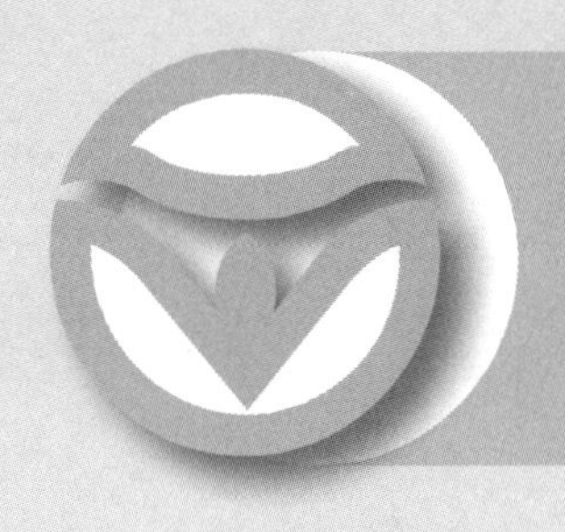

企业案例

老手艺“京一根”粉条助力农业增效和农民增收

——北京德润通农业科技有限公司

北京德润通农业科技有限公司建于2010年，投资1.7亿元，是一家以“农业、科技、贸易”为核心，集种植、加工、生产、销售为一体的农业产业链企业，主营品牌“京一根”粉条系列产品。企业被评为国家高新技术企业、中关村高新企业及国家级、北京市农业产业化重点龙头企业。公司从事无明矾粉条研发，与中国农业科学院共同制定了鲜湿粉条行业标准。拥有自营进出口许可权，出口免检，是进出口“三同认证”单位。主营品牌“京一根”无明矾老手艺粉条制作技艺是北京市房山区非物质文化遗产，距今已有150多年的历史。“京一根”系列粉条产品于2016年获得绿色食品证书。

一、非物质文化遗产老手艺与现代工业化生产完美融合

尹氏老手艺粉条（无明矾粉条）传统制作技艺始创于清同治十一年（公元1872年），由老手艺人尹文创制，距今已有151年历史。尹文，祖籍河北涿州，是尹氏老手艺粉条传统制作技艺的创始人，一生痴迷于粉条制作，其创制的尹氏老手艺粉条需10多道加工工艺烦琐，完全不用明矾，食用口感弹性大、嚼劲足，被人戏称“一根筋”。

1. 优质的淀粉原料是基础

无明矾添加是尹氏老手艺粉条传统制作技艺的核心精神，需要严谨的工艺、完整的流程、独特的制作技术，为此，必须深入挖掘非遗技术的精髓。由于尹氏老手艺粉条完全不使用包括黏合剂在内的任何添加剂，所以，必须选取最优质的淀粉。该公司的原料主要来自内蒙古乌兰察布高纬度地区种植基地产出的优质马铃薯，淀粉的品质，从薯类的生长基地、土壤、薯种都有着严格的要求，达到绿色食品标准，保证生产过程的绿色，最终生产出绿色粉条，进一步提升产品的品质。

2. 先进的生产设备是保障

尹氏老手艺粉条传统制作技艺的独特性在于绝无明矾添加，以纯手工方式使粉条成型。为此，要将淀粉通过高温蒸熟、静置冷凝的方式成型为粉皮，达到不断裂的要求，然后再通过手工刀切的方式制成湿粉条，晾晒后成型，整个传统工艺流程共10道工序，严谨而复杂。该技艺流程有着特定的比例配比要求，需要结合现代技术，工艺流程化，实现量化。该公司与国外公司合作，成功研发出国内首家自动化粉条生产包装生产线3条。独创冷却工艺，现代化生产设备实现全程封闭，无人工接触，一次性出成品。公司与中国农业科学院、清华大学、中国农业大学、河北农业大学等国内多所院校建立长期科研合作关系。产品不添加任何化学添加剂，保持粉条自然风味，为“零添加、无明矾”优质产品的生产、提供稳定可靠的技术保障，实现真正意义上的绿

色、健康。

3. 权威的产品认证是保证

公司专设质量管理机构，建有严格的质量管理制度，严格按照ISO生产和质量管理体系进行管理和生产。企业有国家二级实验室设备，下线产品批次检验。公司通过了ISO 9001:2008质量管理体系认证、HACCP体系认证、国家QS认证、出口资质认证、原产地认证、FDA认证、绿色食品认证。2018年企业通过了BRC、IFS两项国际标准认证。

二、老手艺助力农业增效和农民增收

近3年该公司平均在岗职工人数280多人，85%为当地村民和40岁、50岁的下岗职工。该公司自成立至今，为房山区城关街道当地村民、下岗职工解决了大量的就业问题。有力地带动当地农业经济的发展。为房山地区美丽乡村、绿色产业、健康生活做出一定贡献。

按房山区政府产业扶贫的要求，履行企业参与脱贫攻坚的社会责任，在京蒙两地政府的支持引导下，2019年在察右中旗加工制造装备工业园区建设“京一根”无明矾鲜粉项目。该项目是京蒙两地扶贫协作共同推进的重点项目之一。

“京一根”项目总投资1.8亿元，占地面积70亩，建筑面积23 000多m^2。建设10条无矾粉条生产线。其中，一期建设5 000 t粉条生产线5条，目前已完成投资60%。该项目全部建成投产后，预计可实现年产值3亿元，每年上缴税金3 000万元。年产无明矾鲜粉条26 000 t，可实现全旗30万亩马铃薯由原产品销售向精深加工转变，提高产品的附加值，延伸产业发展链条。项目依托中旗农投平台以“龙头企业+村集体经济+贫困户”产业联结机制，直接带动2 000余名建档立卡贫困人口增收。同时，该项目可带动当地400多农牧民进入企业就近就业，进一步拓宽农牧民增收渠道，实现稳定脱贫。

该公司无明矾鲜粉条生产项目全面建成投产后。察右中旗通过扶贫资金入股项目，让扶贫资金变成项目股金，让贫困户变成股东，把贫困人口、扶贫资金和项目三者有机地结合在一起，每年可为3 432名贫困人口及18个村级集体经济实现资产收益260万元。该项目成为集种植产品研发加工、产品展示销售、文化旅游体验为一体的融合现代化全产业链企业，实现种植、加工、餐饮、文创的深度融合，引领带动当地的一二三产业融合发展。

【获得荣誉】

北京市新型农民培养先进单位；北京市房山区先进民营企业文明单位；北京市农业好品牌；2020年中国农业影响力产品品牌；第四届创业创新大赛优秀奖；非物质文化遗产传承人；2021年北京榜样；北京优农品牌；2022年北京市专、精、特、新中小企业。

中华老字号白玉豆腐与绿色食品共成长

——北京二商希杰食品有限责任公司

北京二商希杰食品有限责任公司是目前北京市唯一一家专业化生产豆腐和豆制品的中华老字号国有控股企业，固定资产 1.37 亿元，豆腐、豆浆、豆制品年产量超过 3 万余 t。公司年销售额 4.3 亿元，产量和销售额均位居全国豆制品行业前列。产品包括包装豆腐、豆浆、豆制品、豆芽菜和凉货五大系列，北京地区市场占有率在 70% 以上，“白玉”牌系列产品成为京城市场上最为畅销的豆制食品。

从 2000 年开始，为适应新世纪的消费趋势，向首都市民提供安全无污染的绿色食品，该公司实施“绿色放心计划”，对“白玉”品牌系列豆腐和豆制品实施“从土地到餐桌”的全程质量控制，拟将所有包装产品达到或超过国家绿色食品标准，通过积极宣传引导市民健康消费。2002 年，“白玉”北豆腐通过了国家绿中心绿色食品认证，成为全国第一个通过绿色食品认证的豆腐产品。2003 年 10 月，公司生产的韧豆腐、豆浆和内酯盒豆腐也获得了绿色食品证书。

该公司将传统的制作工艺和现代化的生产技术相结合，按照国际上通行的食品安全控制体系 HACCP 的要求，对生产过程严格实施全程质量控制。

一、原辅料实施严格的检验和退货制度

主要原料大豆产自东北的牡丹江平原绿色食品板料标准化基地，是非转基因的优良品种，蛋白质含量达到 40% 以上，含杂率不超过 0.5%，无霉豆。所有的原辅料都坚持从知名的大企业采购，进厂后要进行严格的检验，对不符合采购标准要求的原辅料一律退货。对蛋白质含量不达标、杂质超标的大豆，2022 年实施了 3 次退货。由于实行了严格的进货把关，使产品的卫生质量和食品安全有了可靠的保证。

二、原料磨制前经过 6 次筛选或清洗

大豆的清选要经过多道工序：三层振动负压筛选、比重去石、负压筛选机械水洗、去杂、浸泡、滤杂、净水冲洗机械、水洗、净水漂洗、磁选，真正做到了豆浆“一尘不染”。

三、严格的灭菌工艺保证食品的卫生安全

在整个生产工艺流程中，特别强化了灭菌的标准要求和控制程序。包装豆腐的灭菌温度为 90～95℃，持续 35 min；袋装豆浆瞬时超灭菌温度为 120～128℃，持续 4 s；豆制品的灭菌温度为 100～110℃，持续时间 45 min。经过高温灭菌后，产品的各类有害菌被消除，细菌的含量也被控制在极低的标准范围内。

四、严格执行 HACCP 体系要求

在所有存在物理性、化学性和生物性可控制危害的生产工序建立关键控制点，设专人进行连续性的监控。监控的目的是保证生产现场的工序实际运行参数符合关键控制点的标准要求。监控人通过监控措施保证工艺参数在标准范围内波动；当偏离范围时，监控人采取纠偏措施，并对产生的不合格品进行返工，直到重新检验合格后方可放行。目前，企业生产全过程共设置了 36 个关键控制点，涵盖了所有生产线的全部关键工序。通过这一科学的管理手段，消除了豆腐、豆制品生产各阶段可能产生的所有危害，从根本上保证了产品的安全和卫生。

五、重视硬件设施的配置和改进

近年来用于改造和引进设备的投资达 1 600 万元。企业先后从日本引进 3 条盒装北豆腐生产线，其中 2 条机械化生产线，1 条全自动生产线，实现了从烧浆、点脑、压制到成型的 90% 以上的工序全自动化，避免了人工操作产生的交叉污染。

六、污水排放环保达标

为了解决制作豆腐产生的黄浆水 COD 污染问题，该公司通州区潞城生产基地投资 1 000 多万元安装了廊道式污水处理系统。经该系统处理的黄浆水，COD 含量远低于国家规定的排放标准，达到了环保要求。

科学有效的食品安全质量管理使得公司生产的产品在检测机构的例行检验和抽检过程中从未出现不合格情况，投放市场的产品也未出现过重大质量事故。“白玉”品牌是北京市民最为信赖的食品品牌之一。安全的全程质量控制，积极向上的绿色消费理念，赋予了北京二商希杰食品有限责任公司新的生机和活力，给企业带来了广阔的市场和发展空间。目前该公司拥有固定销售网点近 2 000 个，产品覆盖了北京市的所有连锁商场超市和绝大部分农贸市场。

【获得荣誉】

该公司是全国首家通过 ISO 9001、ISO 14001、HACCP 和 GB/T 28001 四标管理体系认证的豆制品行业企业。“白玉”商标被国家市场监督管理总局认定为中国驰名商标，“白玉”食品被评为北京名牌产品。2004 年，“白玉”在首都消费者名牌评选中，被评为消费者喜爱的北京十大名牌之一。2005 年，公司被农业部评定为首批全国农产品加工示范企业。2006 年 1 月，公司被中国商业联合会评为中国商业信用企业。2007 年，公司被选定为北京 2008 年奥运会餐饮第一批备选企业，绿色北豆腐、绿色鲜豆浆、内酯豆腐成为 2008 年奥运会服务保障产品。2009 年 6 月，黄豆芽、绿豆芽通过有机产品认证。2010 年 4 月，公司被北京市农村工作委员会、北京市发展和改革委员会等 12 家政府单位认定为北京市农业产业化重点龙头企业。2013 年，“白玉”被认定为中国驰名商标。

“八统一”成就绿色蜂产业

——北京京纯养蜂专业合作社

北京京纯养蜂专业合作社成立于2004年，位于首都重要饮用水源基地密云水库东南岸——白龙潭风景区，是集蜜蜂养殖、蜂产品加工销售、蜂产品研发、蜂产品出口、蜂文化旅游于一体的国家级农民专业合作社。已形成合作社+公司+基地+农户的运作模式，合作社拥有加工车间和养殖基地25万m^2，存栏蜜蜂6.3万群，成员达到800余户，成员涉及密云区14个镇102个自然村，并辐射带动河北承德、秦皇岛、张家口，天津等地农户200余户。

一、“京纯”专注成熟好蜜

该合作社专注成熟好蜜18年，严选蜜源地——密云水库之畔，好蜜源造就好蜂蜜，每一滴蜂蜜浓度≥42°Bé。合作社生产的成熟荆花蜜100%由蜜蜂采集无污染野生荆条，经过蜜蜂半月酿造成熟而得，物理加工过程简单，无浓缩、无添加，保留成熟蜂蜜原始口感和营养，从养殖基地到餐桌严格按照绿色蜂产品标准进行严格管理，实现全程可追溯，液体蜜呈琥珀色、结晶乳白细腻、味道香醇、口感甜润，入口留香，是荆花蜜中的极品。

合作社对原料进行感官、理化指标、兽药残留、杀虫剂、微生物、掺假、重金属等70多项进行检测，合格后方可回收。合作社建有实验室，配备了液相色谱仪、酶标仪等实验器材，保证出厂的每批次产品都经过严格检测。合作社“京密”“京纯”品牌荆花蜜已获得绿色食品证书11年，每年经区级抽检、市级抽检、国家抽检、风险监测等多部门抽检，均为合格。

二、“八统一”确保好蜜品质

合作社对农户进行“八统一”管理，即统一培训、统一引进优良品种、统一供应生产资料、统一产品标准、统一回收、统一检测、统一品牌、统一销售。

（1）统一培训。合作社每年聘请中国农业科学院蜜蜂研究所、北京市农林科学院等单位专家开展蜜蜂病虫害防治、绿色蜂蜜生产技术、多箱体养殖技术等多个内容的培训，通过课堂讲解、基地指导等方式开展，保证了农户养殖技术水平的持续提高、同时保证蜂产品的质量。每年进行员工食品安全法、产品标准、管理标准、操作标准等内容的培训，提升员工的综合素质，提升公司的管理水平和质量标准。

（2）统一引进优良品种。种蜂王除由密云区园林绿化局种蜂场供应外，合作社统一采购发放。合作社先后从吉林省养蜂科学研究所、长兴意蜂蜂业科技有限公司引进喀尔巴阡、卡尼鄂拉种蜂王 8 000 余只。

（3）统一供应生产资料。合作社统一为农户采购蜂箱、巢础、框梁、摇蜜机、隔王板、采胶器、巢蜜盒等生产用具，即保证生产资料的质量又降低了农户的投入成本。合作社为基地配备了养殖技术员，并分片到户进行技术指导、监督生产过程、针对问题及时提出整改。

（4）统一产品标准。合作社基地和车间执行国际标准、国家标准、行业标准、地方标准、企业标准 70 多项，涉及绿色食品产地要求、养蜂基地管理制度、生产操作规程等，取得了 HACCP 体系、ISO 9001 质量管理体系、ISO 22000 食品安全管理体系认证。

（5）统一回收。合作社对基地的产品采取上门回收的形式，为保证产品质量可追溯，在抽样环节合作社留存农户样品，在封桶环节抽取完样品后进行封口处理，实验室对样品进行检测，提供检测数据，合作社上门回收合格的产品。

（6）统一检测。合作社有 2 名高级职称化验员，实验室配备了液相色谱仪、示差检测器、酶标仪、减压干燥箱、培养箱、离心机等检测设备，可对蜂蜜、蜂王浆理化指标、兽药残留、微生物等 30 多项指标进行检测。

（7）统一品牌。合作社蜂蜜产品拥有“京密”（北京市著名商标）和“京纯”2 个注册商标，目前有荆花成熟蜜、巢蜜、蜂王浆、王台蜂王浆、蜂胶、蜂蛹、蜂蜡和蜂妆等 8 类 50 余种产品，主打产品以成熟荆花蜜为主，包装形式多样化，适合不同需求的人群。

（8）统一销售。合作社产品进入了多个互联网销售平台进行销售，有京东商城、微信商城、善融商城、邮乐购、春播科技，还有诸多淘宝电商平台销售系统。合作社还建立了微信公众号——京纯蜜蜂大世界，互联网销售平台为合作社产品销售增加了 30% 的销量，销售额正稳步提升，产品通过网络销往全国各地。

【获得荣誉】

2009 年荆花蜜产品获第七届中国国际农产品交易会金奖；2012 年荆花蜜获第十届中国国际农产品交易会金奖；2015 年被农业部办公厅评为全国农民合作社加工示范单位；2016 年获北京市农业产业化重点龙头企业；2018 年“京密”获北京市农业好品牌称号、第十九届中国绿色食品博览会金奖、北京市农业信息化龙头企业、北京市社会资源大课堂资源单位、北京园林绿化科普教育基地；2019 年获中国养蜂学会全国蜂业优秀成熟蜜基地、全国蜂业优秀合作社；2020 年健康产业示范基地、中国慈善总会健康惠民基金药食同源示范基地、荆花蜜获第二十一届中国绿色食品博览会金奖、全国农产品质量安全与营养健康科普基地、2020 年度诚信服务先进单位；2021 年全国名特优新农产品、第五届蜂蜜感官品质大赛荆条蜂蜜银奖、北京市休闲农业园区五星级、2021 年度北京市消费者协会诚信服务承诺活动先进单位；2022 年消费教育示范基地、北京市知识产权试点示范单位；2023 年国家 AAA 景区。

校企联动保障首都“菜篮子”安全

——北京中农富通园艺有限公司

北京中农富通园艺有限公司成立于2008年，注册资金6 500万元，是一家以高等科研院校专家和技术为依托的农业高科技服务企业，被评为国家高新技术企业、农业产业化国家重点龙头企业、科技部国际合作基地、国家现代农业科技示范展示基地。该公司自成立以来已获批院士专家工作站、博士后科研工作站、国家级星创天地等100余项荣誉资质。该公司始终秉承“聚世界一流农业人才、建国际优秀推广平台”的发展愿景，紧跟“京津冀一体化”“一带一路”“农业走出去”等国家发展战略，以集聚国内外先进农业技术、产品及人才，引进全国各大农业高等院校、涉农研究机构的科研项目为特色，以创新发展为灵魂，以技术孵化为手段，逐渐探索出了一套“富通经营模式”，打造了农业嘉年华、农业奥特莱斯、设施产业集群等十余种农业特色发展模式，创新了农业科技推广的模式，取得了良好的社会效果。

该公司在全国建成各类农业项目600余个，研发推广设施面积500万 m^2，规模化生产面积100万 m^2，输出高新技术600多项，示范推广植物新奇特品种1 000多个。在全国拥有10个千亩示范基地，在北京市通州区潞城镇建有总占地面积1 200亩的北京国际都市农业科技园（简称科技园），始建于2008年9月，年生产能力5 000 t，主要生产西甜瓜、辣椒、番茄、南瓜、樱桃、葡萄等。基地按照绿色食品标准生产，34个产品获得绿色食品证书，面积近1 000亩。

科技园发展以农业科技为中心赋能产业发展，坚持绿色低碳化、生态循环化的发展理念。经过不断摸索，引进果蔬高效栽培技术等300余项先进农业科技成果，采用集约化育苗、绿色防控、全程机械、特色生态循环等先进技术及模式，构建了果蔬全产业链绿色生态发展技术体系，创建了一套绿色优质果蔬产品的生态农业样板，保障了市民“菜篮子”供给，同时辐射推广果蔬产品绿色生产栽培技术，助推北京市农业高质量发展。

一、育好苗助力蔬菜产业提质增效

公司基地建设集环境调控智能化、管理过程可视化、运营体系数字化、肥水一体化于一体的现代化、集约化育苗场近4 000 m^2，采用了先进的育苗技术、嫁接技术和植保技术，育苗场可实现年产叶菜类、茄果类、瓜类壮苗1 500万株，优质种苗率达到85%，育苗整齐度达90%。设施蔬菜产业集群集约化育苗实现秧苗的标准化生产，技术体系完善，为园区周边行政村或蔬菜生产者提供优质种苗，保障通州区乃至北京市对叶类蔬菜和部分果菜类蔬菜秧苗的需求。

二、绿色防控技术培育优质农产品

园区农作物病虫害防治采用“统防统治、绿色防控”的模式，农业防治方面是种植白玉大根萝卜、硬粉 8 号番茄、旱宝五号黄瓜、隋珠草莓以及园区自主选育的富绿 60 结球甘蓝等强抗性品种，从源头上减少农药的使用量；物理防治方面采用太阳能杀虫灯、防虫网、蛾类诱捕器、土壤消毒机、色板等进行病虫害的诱杀；生物防治采用释放捕食螨等天敌生物作为防治手段，能够有效改变传统的防治方式，有效地减少农药的使用量，降低农事操作对空气和土壤的破坏，提高生态效益和经济效益。

三、引进改良机械设备建设标准化园区

园区自成立以来，高度重视农业机械化生产模式，引进百余台国内外自动化程度较高的农业机械，其中移栽机、作畦机、覆膜机、指盘式除草机等 6 台；苗盘蔬菜播种机、菜秧粉碎机、果园高效弥雾机、设施农业智能运输车等 143 台，配合农业设备在园区进行应用。园区集合中国农业大学和各大农业高等院校机械专家，进行各种规格设备的改进升级，开发出符合我国国情的全程机械化生产设备，推动机械化生产的发展，实现农业生产的全程机械化，达到国内领先水平，机械化设备应用于实际生产中可提高劳动效率达 20 倍以上，同时降低劳动力成本，实现农业标准化生产，推动集约化、专业化园区发展。

四、特色循环技术助力园区绿色发展

园区以农业科技为中心，坚持绿色低碳化、生态循环化的发展理念，打造科技引领型的生态技术研发与示范基地。农场重点研发推广废弃物植物残体耦合技术体系、食用菌循环农业技术体系以及鱼菜共生系统三大特色技术，废弃物植物残体耦合技术体系充分利用细菌、放线菌和真菌等各种有益微生物群特定条件下发酵有机废弃物，并对发酵过程各个阶段的温、湿、水、气全程调控，有效地做到节本增效，提高园区的经济效益，同时植物残体的回收再利用，舒缓了园区的垃圾处理工作量。

食用菌循环农业技术体系是将修剪后的果树枝条，通过一整套高效设备，集中粉碎成长度 1 cm 左右，宽度 0.5 cm 左右的木屑，完成粉碎、发酵、翻堆、装袋、消毒等菌棒制作工序，再通过集约化的用工管理，在短时间内可完成人工接种、上架等暗室培养过程，在出菇、采收后，将已经微生物分解的菌棒原料还田，回到果园土壤中成为优质有机肥，重新滋养果树，废弃菌棒还可以堆放在果树林下，再次栽培草菇、鸡腿菇等。

园区鱼菜共生系统是将高密度循环水养殖系统与无土栽培系统相融合，利用养殖产生的有机物质作为无土栽培植物生长的营养源，经植物吸收及净化之后的养殖尾水再输送到养殖系统循环利用，达到“养鱼不换水，种菜不施肥”的效果，从而实现养殖与种植的生态循环，园区已建立多种鱼类与叶菜、果菜组合生产循环体系，同时研

发示范“虾菜共生”等新种养结合体系。

【取得的成效】

（1）节本增效。园区通过绿色生产技术的推广使用，全面提升了果蔬的营养、安全和外观品质，实现了节本增效、增产增效、减损增效和提质增效。每年可为节省化肥、农药、灌溉用水 25% 以上，增加产量 15%～20%，节约人工 60% 左右。

（2）生态环保。园区绿色农产品生产环境符合绿色、有机和 GAP 检测认证标准，通过种植绿色抗性植物品种，结合物理防治和生物防治方法，降低了农事操作对空气和土壤的破坏，每年引进的植物新品种，在提高园区展示效果的同时，也可以增加园区生物多样性，废弃物植物残体耦合技术、鱼菜共生等生态技术，不仅可以减少化学肥料的使用，还能够提高土壤有机质含量，改善土壤质量，改善和保护生态环境，加快推进农业绿色发展。

（3）带动发展。公司在进行绿色农业的发展建设过程中为自身带来巨大收益的同时，也带动了周边农户的发展，对周边农业进行社会化服务，为推广“统防统治、绿色防控”病虫害防治方法，公司专门成立对外农业技术和植保服务团队推广相关的技术，服务面积超 6 000 亩，示范带动千余户农户提升栽培相关技能，向社会提供各类种苗共计 1 000 万株。通过签订托管合作协议等方式，带动在潞城镇等周边区县发展土地托管 1 000 亩，使 500 户农民受益。

【获得荣誉】

获得第三届京津冀鲜食黄瓜擂台赛优秀奖和第六届北京草莓之星三星奖等荣誉，纳入北京优农品牌产品目录。科技园荣获了国家级生态农场、国家农业科技示范展示基地、首批 100 个全国农作物病虫害绿色防控技术示范推广基地、第二批全国种植业三品一标基地、京津冀共建绿色防控基地、北京市全程农产品质量安全标准化示范基地等多项荣誉。

绿色食品产业促进生态环境保护

——北京绿惠种植专业合作社

北京绿惠种植专业合作社是一家以绿色蔬菜种植生产销售为一体的种植专业合作社，位于北京市延庆区大榆树镇高庙屯村，占地 400 亩，其中设施大棚 120 亩，露地 270 余亩，现有社员 100 户。合作社种植以生菜、青花菜为主，年市场供应蔬菜 2 000 余 t。合作社专注于绿色、安全农产品的生产和经营，并努力打造一家集种植、养殖、生产加工、生态观光、休闲旅游、农业科普于一体的现代化合作社，公司应用了一系列绿色生态技术，保护生产环境。

一、智能纳米膜堆肥技术

合作社引进应用了由中国农业科学院自主研发的纳米膜堆肥发酵处理技术，针对牛粪、羊粪、猪粪、鸡粪、树枝、秸秆、药渣、湿垃圾等有机废弃物进行无害化处理及资源化利用。新建了 2 160 m^2 的简易除尘室和简易储肥库，购置了智能堆肥发酵设备、铲车、翻抛机、粉碎机、滚筒筛分机、脱袋机、抓草机、地泵、粪肥破碎机、粪肥包装机、粪肥输送机等设备，该处理方式依托高温发酵联动技术，使高压气体交换供氧、多因素智能联动，有效控制微生物活性，具备 4 个方面的特点。一是环保无臭，采用特殊材料膜覆盖，依托其高温发酵联动技术杀死有害虫卵、草种、病菌；纳米膜微孔结构阻挡氨气、硫化氢等臭气大分子的外溢，堆体 1 m 以外完全无臭。二是投资少，无须建厂，可完全替代厂房或棚体等建筑，无须建发酵槽，是槽式发酵投资的 2/3，是发酵罐等一体设备投资的 1/5，使用寿命 8～10 年。三是运行成本低，无须频繁翻堆，远程智能控制，节约人工；每吨有机肥耗电 2 kW · h，节能降耗；有机肥生产成本 20～30 元 /t。四是处理速度快。能将整个处理过程由原来的 1～2 个月缩短至现在的 2 周左右。

二、农作物病虫全程绿控技术

合作社遵循可持续发展的原则，严格贯彻落实以轮作等农业措施为基础的病虫害全程绿色防控技术体系，包括全园清洁、无病虫育苗、产前棚室和土壤消毒、产中综合防控和产后蔬菜残体无害处理等环节，具体包括蔬菜残体处理技术、棚室土壤消毒处理技术、农药精准配套量具使用技术、太阳能害虫诱杀灯控制害虫技术、性诱捕诱杀害虫技术、色板诱杀害虫技术、遮阳网、防虫网两网覆盖防治蔬菜病虫技术等 20 余项绿色技术。合作社平均施药次数减少 3～5 次，减少化学农药用量 27%～42%。

三、有益植物、昆虫循环利用技术

在园区闲地种植蜜源植物涵养有益昆虫并增加生物多样性。一是在园区的裸露地、空闲地种植小叶芝麻菜、黄芪、益母草、板蓝根、黄芩、丹参、柴胡、防风共 8 种以中草药为主的有益植物，在增加园区物种多样性的同时，具有保水、保肥、改良土壤的作用。二是根据园区内虫口种类及数量调查，通过释放人工繁育捕食螨、异色瓢虫、丽蚜小蜂、蚜茧蜂等天敌产品，调节物种平衡。在蜜源植物周边设置昆虫酒店涵养天敌昆虫来控制害虫。在园区种植蜜源植物的基础上，设计安装了多个昆虫酒店，根据各类天敌昆虫的习居习惯，为昆虫提供可供选择的不同生存空间，增加田间天敌种类及数量，减少周边环境害虫数量，有效调节昆虫益害比；同时还可为蜜蜂等授粉昆虫提供栖息场所。通过设置昆虫酒店，提高田间生物多样性，调节生态平衡，减少病虫害发生。

四、产品质量追溯技术

基地管理者负责对绿色生产地块编号，对绿色产品的生产批号以“地块编号＋产品代号＋收获日期”来编制，对绿色产品的追溯以生产批号为依据。为确保产品追踪的有效性，建立生产记录，包括农事记录、采收记录、用药记录、农作物生长状况、运输、销售等记录，建立《绿色产品销售台账》，详细记录产品销售情况。通过追溯技术和制度，保证了合作社社员完全按照统一的生产规范组织生产和生产技术的落地。

【取得的成效】

1. 推动了全镇废弃物资源化利用和种养循环工作的快速发展

大榆树镇域每年种植过程中产生的玉米秸秆、蔬菜类秸秆（尾菜及菜秧）、蘑菇渣等废弃物4万余t，以往都是露天焚烧或乱堆乱倒，造成了严重的大气环境污染和防火安全隐患。利用智能覆膜发酵设备等技术，将秸秆等种植废弃物回收，循环利用堆肥处理生产出的土壤改良有机质，含有丰富的微量元素，作物生长不可或缺，施用于大田、果园和菜地等处有助于显著改良土壤结构，提升耕地地力，减少化学投入品施用，降低土壤污染风险。2021年合作社共处理秸秆1.26万t、鸡粪1.08万t，采用以尾菜、秸秆、菌渣换肥的方式还田1.25万t，减少了环境污染，真正做到绿色种植，变废为宝、节本增效两不误，推动农业种养循环的快速发展。

2. 农产品质量、品牌效益和经济收益实现三提升

通过应用病虫害全程绿色防控技术体系，在显著降低化学农药用量的同时，产品品质也有了较大的提高，通过内在产品品质的提升、绿色食品证书以及外在多方面的宣传，合作社产品品牌知名度不断提高，品牌效益逐步体现，蔬菜平均售价由原来的1.1元/500 g，提高到了现在的1.9元/500 g。通过引进社外种植大户，种植高附加值蔬菜品种等方式，进一步提高社员收益和种植积极性。合作社社员年均收益从2020年的18 000元增加到2021年的26 000元。合作社以效益为依托，引导社员不断引进先进、绿色、安全生产技术，不断提高产品产量和品质，并进一步促进品牌价值提升，逐步形成了“技、产、销”一体化的良性循环发展模式。

3. 园区生态环境得到显著改善

合作社在应用病虫害全程绿色防控技术体系后，病虫害发生种类以及发生程度都有了明显减少，全年化学农药用量平均减少了34.5%，生物农药、天敌昆虫、色板等非化学药剂占比显著提高。通过在闲地种植多种蜜源植物以及释放天敌昆虫、安置昆虫酒店等多种技术措施，园区内的生物多样性也有了显著提高。园区内蜜源植物种类增加了9种、昆虫种类增加了12种，益害比分别提高了11%，园区整体生态环境改善显著。

【获得荣誉】

2015年成为北京市“菜篮子”工程农业标准化生产基地，2018年评为北京市市级示范合作社，2021年获得绿色食品证书。

小芋头带动生态环境改善

——北京纯然生态科技有限公司

北京纯然生态科技有限公司创办于2008年，创始成员毕业于中国农业大学，依托中国农业大学科技力量，重视土壤养护和生态系统的平衡，积极发展绿色生态农业，从最初的50亩逐渐发展到112亩，到现在的350亩。目前大棚共计50余座，常年种植蔬菜百十余种，周年供应北京市场。着手打造以芋头为特色的绿色生态农业休闲庄园，开发新品引进、产品加工、自然教育、食农教育、农业文化体验、地方非遗文化等创新项目，促进一二三产业融合，为乡村振兴、现代农业及生态保护做出应有贡献。公司先后获评北京市农业标准化基地、农广校实训基地、巾帼文明岗、中国农业大学实践教学基地、全国十佳返乡创业项目、顺义区优秀农村实用人才创业项目、双学双比实训基地、巾帼科技示范园、北京市休闲农业四星级园区等荣誉，公司创始人李艳还获得北京市休闲农业十大创业女庄主称号。

一、采取生态多样化种植和轮作方式

农场主要种植黄瓜、番茄、茄子、辣椒、豆角、芹菜、各种叶菜，也种植部分玉米、大豆等作物轮作，保证每茬作物的下一茬不能连茬种植，农场还尝试南菜北种，成功引种种植了芋头，已经成为农场的特色作物品种。

二、使用有机肥改良土壤

土壤是农业生产的根本之母，坚持使用有机肥逐步改良土壤，不使用人工合成的肥料，而是采用传统的动物粪便 + 作物秸秆堆肥的方式进行土壤改良，并外购一部分微生物肥、氨基酸肥等高效的现代化生物有机肥料提供作物营养。每年农场秸秆残余消耗约100 t，外购附近农场的牛粪，利用微生物发酵，每亩使用纯有机肥约3.5 t。

三、不断探索无化学除草剂的绿色除草方式

杂草是绿色生态农业的世界性难题，杂草不仅与作物争夺养分，影响作物产量，杂草还是各种病虫害的宿主，往往杂草丛生的地块病虫害也发生严重，农场不断学习、探索各种非化学除草方式，如覆膜除草、人工除草、机械除草。种植时覆盖薄膜，不仅能够保墒节水，还能够防止杂草生长，一般都是采用黑色薄膜，可以有效降低光线透过，杂草在膜下也很难生长。做好行垄之间的覆盖，尽量减少土地的裸露，减少杂草的生长，最后仍有部分杂草从缝隙长出，采取人工除草的方式，基本可以控制杂草的生长，减少杂草对营养的竞争和作物生长的影响。

四、节水灌溉技术

根据每种作物需水规律，采用棚内滴管，覆膜渗灌的方式，同时还在农场内做好排涝和干旱季节利用雨水的措施，综合与常规农业用水相比，降低用水量 60% 以上，自建园以来总计节约地下淡水约 40 万 m^3。

五、病虫害生态防控技术

保护农场内的天敌，奉行“容忍哲学”，允许部分病虫害的存在，只要不达到防治阈值，就是正常状态。除了不使用化学农药，减少对天敌的危害，农场还人为地设置一些保护措施，如设置天敌旅馆，保护农场的蜘蛛、鸟等天敌。同时采用一系列物理或生物措施替代化学农药，主要措施如下。

（1）种植显花植物，吸引授粉及天敌昆虫，如金盏菊、波斯菊、百日草、万寿菊、金莲花、薰衣草等品种。

（2）保护地种植利用防虫网做好物理隔离。在温室种植的区域，严格做好通风口及出入口的防虫网隔离，可以有效避免蚜虫、鳞翅目等害虫的进入，很大程度上减少外部害虫的迁入，有效降低害虫的基数。

（3）充分利用杀虫灯等物理方式防虫。园区内设置了一定数量的太阳能黑光灯，可以吸引杀死大部分夜间活动的天敌。

（4）利用性诱剂等信息素产品诱杀害虫，如使用小菜蛾诱芯产品，可以有效降低园区内小菜蛾的危害。

（5）释放人工天敌。目前商品化的人工天敌已经有很多种类，北京地区大力支持农田使用人工天敌防治害虫，目前可以使用的人工天敌有丽蚜小蜂、捕食螨、小花蝽、瓢虫、斯氏钝绥螨等。

（6）使用生物农药。生物农药是园区病虫害防治的最后一道防线。北京地区大力推广和应用生物农药，虽然效果无法和化学农药相比，但是只要在适当时机对症下药，就能起到很好的防治效果。

六、积极推进废弃物还田技术

农场注重环境保护，尽量减少废弃物对环境的影响。每年使用的各类肥料、植保用品包装以及农膜棚膜等均采用回收并卖给回收单位。同时农场所产生的秸秆和蔬菜下脚料等均作为肥料的原料与动物粪便发酵处理后还田处理。

【取得的成效】

1. 生态效益显著提升

一是土壤有机质和综合指标有很大程度的提高，自建园以来从事绿色生态种植已经有 13 年的历史，有机质从最开始的 10.8 g/kg 提到现在的 14.5 g/kg。土壤活力逐年提升，各种蚯蚓等生态指标大大提高。土壤的各种理化及微生物指标也得到了很大的改善，更加有利于作物的根系生长和养分吸收。农场自建园以来，与常规农业相比，综合减少化肥投入量约 160 t。通过采用预防为主，综合防治的绿色防控技术，综合计算与常规农业比，自建园以来，农场总计减少各类化学农药使用量约 2 200 kg。

园区内生态环境得到很大的改善和提升。各种鸟类、蜘蛛、蛇等天敌种类多，数量大。通过中国农业科学院设置的实验采集结果，农场内天敌昆虫类群较大。目前在双翅目的一个科（长足虻科 Diptera：Dolichopodidae）中，已经鉴定出有 8 个种；食蚜蝇虫量较高，有 5 个种（北京地区的食蚜蝇只有 6～7 种）；也发现一些中华草蛉幼虫（优良的天敌昆虫，食性广、食量大）。

2. “纯然生态”品牌知名度不断提升

通过多年的建设，“纯然生态”（purelife）商标在北京地区有一定的知名度，北京日报、北京广播电台等多家媒体均报道过纯然农场的事迹。

3. “纯然生态”质量名声渐起

“纯然生态”的品牌和质量一直相辅相成。公司自成立以来非常注重质量和口碑，为消费者提供满意的产品和服务。通过绿色生态方式种植安全营养的农产品，还原食材的本真。13 年来，纯然农场每年的市区两级产品抽检合格率 100%。

4. 市场销路和经济效益稳步提升

基地形成了“以芋头为主，南北蔬菜相融合”的种植模式，依靠科技，形成成熟的蔬菜种植技术，赢得市场先机，为多家市场终端和知名平台供货，同时公司不断稳定发展会员，增加了产品的附加值。

附 录

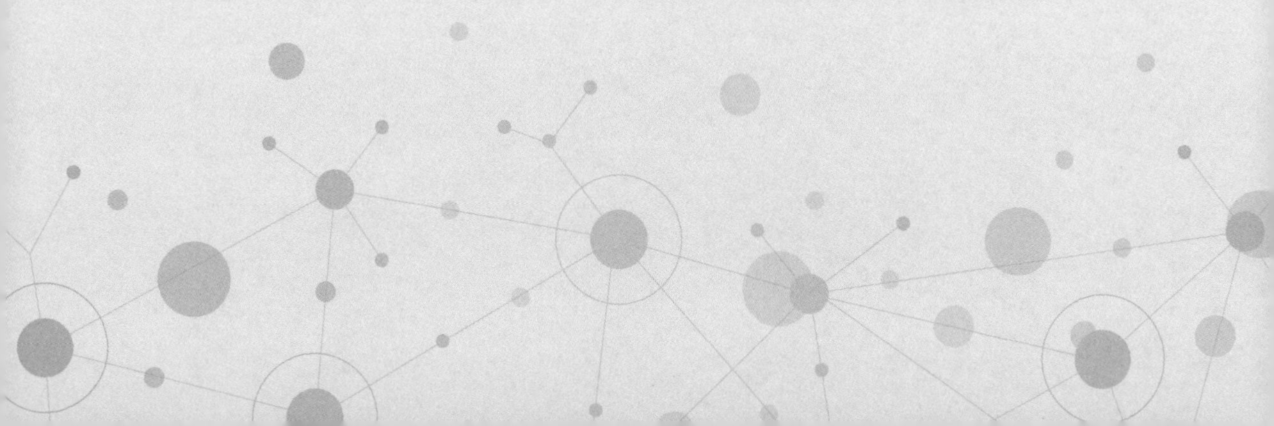

附录 1-1

中华人民共和国农产品质量安全法

（2006 年 4 月 29 日第十届全国人民代表大会常务委员会第二十一次会议通过　根据 2018 年 10 月 26 日第十三届全国人民代表大会常务委员会第六次会议《关于修改〈中华人民共和国野生动物保护法〉等十五部法律的决定》修正　2022 年 9 月 2 日第十三届全国人民代表大会常务委员会第三十六次会议修订）

第一章　总　则

第一条　为了保障农产品质量安全，维护公众健康，促进农业和农村经济发展，制定本法。

第二条　本法所称农产品，是指来源于种植业、林业、畜牧业和渔业等的初级产品，即在农业活动中获得的植物、动物、微生物及其产品。

本法所称农产品质量安全，是指农产品质量达到农产品质量安全标准，符合保障人的健康、安全的要求。

第三条　与农产品质量安全有关的农产品生产经营及其监督管理活动，适用本法。

《中华人民共和国食品安全法》对食用农产品的市场销售、有关质量安全标准的制定、有关安全信息的公布和农业投入品已经作出规定的，应当遵守其规定。

第四条　国家加强农产品质量安全工作，实行源头治理、风险管理、全程控制，建立科学、严格的监督管理制度，构建协同、高效的社会共治体系。

第五条　国务院农业农村主管部门、市场监督管理部门依照本法和规定的职责，对农产品质量安全实施监督管理。

国务院其他有关部门依照本法和规定的职责承担农产品质量安全的有关工作。

第六条　县级以上地方人民政府对本行政区域的农产品质量安全工作负责，统一领导、组织、协调本行政区域的农产品质量安全工作，建立健全农产品质量安全工作机制，提高农产品质量安全水平。

县级以上地方人民政府应当依照本法和有关规定，确定本级农业农村主管部门、市场监督管理部门和其他有关部门的农产品质量安全监督管理工作职责。各有关部门在职责范围内负责本行政区域的农产品质量安全监督管理工作。

乡镇人民政府应当落实农产品质量安全监督管理责任，协助上级人民政府及其有关部门做好农产品质量安全监督管理工作。

第七条　农产品生产经营者应当对其生产经营的农产品质量安全负责。

农产品生产经营者应当依照法律、法规和农产品质量安全标准从事生产经营活动，诚信自律，接受社会监督，承担社会责任。

第八条 县级以上人民政府应当将农产品质量安全管理工作纳入本级国民经济和社会发展规划，所需经费列入本级预算，加强农产品质量安全监督管理能力建设。

第九条 国家引导、推广农产品标准化生产，鼓励和支持生产绿色优质农产品，禁止生产、销售不符合国家规定的农产品质量安全标准的农产品。

第十条 国家支持农产品质量安全科学技术研究，推行科学的质量安全管理方法，推广先进安全的生产技术。国家加强农产品质量安全科学技术国际交流与合作。

第十一条 各级人民政府及有关部门应当加强农产品质量安全知识的宣传，发挥基层群众性自治组织、农村集体经济组织的优势和作用，指导农产品生产经营者加强质量安全管理，保障农产品消费安全。

新闻媒体应当开展农产品质量安全法律、法规和农产品质量安全知识的公益宣传，对违法行为进行舆论监督。有关农产品质量安全的宣传报道应当真实、公正。

第十二条 农民专业合作社和农产品行业协会等应当及时为其成员提供生产技术服务，建立农产品质量安全管理制度，健全农产品质量安全控制体系，加强自律管理。

第二章 农产品质量安全风险管理和标准制定

第十三条 国家建立农产品质量安全风险监测制度。

国务院农业农村主管部门应当制定国家农产品质量安全风险监测计划，并对重点区域、重点农产品品种进行质量安全风险监测。省、自治区、直辖市人民政府农业农村主管部门应当根据国家农产品质量安全风险监测计划，结合本行政区域农产品生产经营实际，制定本行政区域的农产品质量安全风险监测实施方案，并报国务院农业农村主管部门备案。县级以上地方人民政府农业农村主管部门负责组织实施本行政区域的农产品质量安全风险监测。

县级以上人民政府市场监督管理部门和其他有关部门获知有关农产品质量安全风险信息后，应当立即核实并向同级农业农村主管部门通报。接到通报的农业农村主管部门应当及时上报。制定农产品质量安全风险监测计划、实施方案的部门应当及时研究分析，必要时进行调整。

第十四条 国家建立农产品质量安全风险评估制度。

国务院农业农村主管部门应当设立农产品质量安全风险评估专家委员会，对可能影响农产品质量安全的潜在危害进行风险分析和评估。国务院卫生健康、市场监督管理等部门发现需要对农产品进行质量安全风险评估的，应当向国务院农业农村主管部门提出风险评估建议。

农产品质量安全风险评估专家委员会由农业、食品、营养、生物、环境、医学、化工等方面的专家组成。

第十五条 国务院农业农村主管部门应当根据农产品质量安全风险监测、风险评估结果采取相应的管理措施，并将农产品质量安全风险监测、风险评估结果及时通报国务院市场监督管理、卫生健康等部门和有关省、自治区、直辖市人民政府农业农村主管部门。

县级以上人民政府农业农村主管部门开展农产品质量安全风险监测和风险评估工作时，可以根据需要进入农产品产地、储存场所及批发、零售市场。采集样品应当按照市场价格支付费用。

第十六条 国家建立健全农产品质量安全标准体系，确保严格实施。农产品质量安全标准是强制执行的标准，包括以下与农产品质量安全有关的要求：

（一）农业投入品质量要求、使用范围、用法、用量、安全间隔期和休药期规定；

（二）农产品产地环境、生产过程管控、储存、运输要求；

（三）农产品关键成分指标等要求；

（四）与屠宰畜禽有关的检验规程；

（五）其他与农产品质量安全有关的强制性要求。

《中华人民共和国食品安全法》对食用农产品的有关质量安全标准作出规定的，依照其规定执行。

第十七条 农产品质量安全标准的制定和发布，依照法律、行政法规的规定执行。

制定农产品质量安全标准应当充分考虑农产品质量安全风险评估结果，并听取农产品生产经营者、消费者、有关部门、行业协会等的意见，保障农产品消费安全。

第十八条 农产品质量安全标准应当根据科学技术发展水平以及农产品质量安全的需要，及时修订。

第十九条 农产品质量安全标准由农业农村主管部门商有关部门推进实施。

第三章 农产品产地

第二十条 国家建立健全农产品产地监测制度。

县级以上地方人民政府农业农村主管部门应当会同同级生态环境、自然资源等部门制定农产品产地监测计划，加强农产品产地安全调查、监测和评价工作。

第二十一条 县级以上地方人民政府农业农村主管部门应当会同同级生态环境、自然资源等部门按照保障农产品质量安全的要求，根据农产品品种特性和产地安全调查、监测、评价结果，依照土壤污染防治等法律、法规的规定提出划定特定农产品禁止生产区域的建议，报本级人民政府批准后实施。

任何单位和个人不得在特定农产品禁止生产区域种植、养殖、捕捞、采集特定农产品和建立特定农产品生产基地。

特定农产品禁止生产区域划定和管理的具体办法由国务院农业农村主管部门商国务院生态环境、自然资源等部门制定。

第二十二条 任何单位和个人不得违反有关环境保护法律、法规的规定向农产品产地排放或者倾倒废水、废气、固体废物或者其他有毒有害物质。

农业生产用水和用作肥料的固体废物，应当符合法律、法规和国家有关强制性标准的要求。

第二十三条 农产品生产者应当科学合理使用农药、兽药、肥料、农用薄膜等农业投入品，防止对农产品产地造成污染。

农药、肥料、农用薄膜等农业投入品的生产者、经营者、使用者应当按照国家有关规定回收并妥善处置包装物和废弃物。

第二十四条 县级以上人民政府应当采取措施，加强农产品基地建设，推进农业标准化示范建设，改善农产品的生产条件。

第四章 农产品生产

第二十五条 县级以上地方人民政府农业农村主管部门应当根据本地区的实际情况，制定保障农产品质量安全的生产技术要求和操作规程，并加强对农产品生产经营者的培训和指导。

农业技术推广机构应当加强对农产品生产经营者质量安全知识和技能的培训。国家鼓励科研教育机构开展农产品质量安全培训。

第二十六条 农产品生产企业、农民专业合作社、农业社会化服务组织应当加强农产品质量安全管理。

农产品生产企业应当建立农产品质量安全管理制度，配备相应的技术人员；不具备配备条件的，应当委托具有专业技术知识的人员进行农产品质量安全指导。

国家鼓励和支持农产品生产企业、农民专业合作社、农业社会化服务组织建立和实施危害分析和关键控制点体系，实施良好农业规范，提高农产品质量安全管理水平。

第二十七条 农产品生产企业、农民专业合作社、农业社会化服务组织应当建立农产品生产记录，如实记载下列事项：

（一）使用农业投入品的名称、来源、用法、用量和使用、停用的日期；

（二）动物疫病、农作物病虫害的发生和防治情况；

（三）收获、屠宰或者捕捞的日期。

农产品生产记录应当至少保存二年。禁止伪造、变造农产品生产记录。

国家鼓励其他农产品生产者建立农产品生产记录。

第二十八条 对可能影响农产品质量安全的农药、兽药、饲料和饲料添加剂、肥料、兽医器械，依照有关法律、行政法规的规定实行许可制度。

省级以上人民政府农业农村主管部门应当定期或者不定期组织对可能危及农产品质量安全的农药、兽药、饲料和饲料添加剂、肥料等农业投入品进行监督抽查，并公布抽查结果。

农药、兽药经营者应当依照有关法律、行政法规的规定建立销售台账，记录购买者、销售日期和药品施用范围等内容。

第二十九条 农产品生产经营者应当依照有关法律、行政法规和国家有关强制性标准、国务院农业农村主管部门的规定，科学合理使用农药、兽药、饲料和饲料添加剂、肥料等农业投入品，严格执行农业投入品使用安全间隔期或者休药期的规定；不得超范围、超剂量使用农业投入品危及农产品质量安全。

禁止在农产品生产经营过程中使用国家禁止使用的农业投入品以及其他有毒有害物质。

第三十条 农产品生产场所以及生产活动中使用的设施、设备、消毒剂、洗涤剂等应当符合国家有关质量安全规定，防止污染农产品。

第三十一条 县级以上人民政府农业农村主管部门应当加强对农业投入品使用的监督管理和指导，建立健全农业投入品的安全使用制度，推广农业投入品科学使用技术，普及安全、环保农业投入品的使用。

第三十二条 国家鼓励和支持农产品生产经营者选用优质特色农产品品种，采用绿色生产技术和全程质量控制技术，生产绿色优质农产品，实施分等分级，提高农产品品质，打造农产品品牌。

第三十三条 国家支持农产品产地冷链物流基础设施建设，健全有关农产品冷链物流标准、服务规范和监管保障机制，保障冷链物流农产品畅通高效、安全便捷，扩大高品质市场供给。

从事农产品冷链物流的生产经营者应当依照法律、法规和有关农产品质量安全标准，加强冷链技术创新与应用、质量安全控制，执行对冷链物流农产品及其包装、运输工具、作业环境等的检验检测检疫要求，保证冷链农产品质量安全。

第五章 农产品销售

第三十四条 销售的农产品应当符合农产品质量安全标准。

农产品生产企业、农民专业合作社应当根据质量安全控制要求自行或者委托检测机构对农产品质量安全进行检测；经检测不符合农产品质量安全标准的农产品，应当及时采取管控措施，且不得销售。

农业技术推广等机构应当为农户等农产品生产经营者提供农产品检测技术服务。

第三十五条 农产品在包装、保鲜、储存、运输中所使用的保鲜剂、防腐剂、添加剂、包装材料等，应当符合国家有关强制性标准以及其他农产品质量安全规定。

储存、运输农产品的容器、工具和设备应当安全、无害。禁止将农产品与有毒有害物质一同储存、运输，防止污染农产品。

第三十六条 有下列情形之一的农产品，不得销售：

（一）含有国家禁止使用的农药、兽药或者其他化合物；

（二）农药、兽药等化学物质残留或者含有的重金属等有毒有害物质不符合农产品质量安全标准；

（三）含有的致病性寄生虫、微生物或者生物毒素不符合农产品质量安全标准；

（四）未按照国家有关强制性标准以及其他农产品质量安全规定使用保鲜剂、防腐剂、添加剂、包装材料等，或者使用的保鲜剂、防腐剂、添加剂、包装材料等不符合国家有关强制性标准以及其他质量安全规定；

（五）病死、毒死或者死因不明的动物及其产品；

（六）其他不符合农产品质量安全标准的情形。

对前款规定不得销售的农产品，应当依照法律、法规的规定进行处置。

第三十七条 农产品批发市场应当按照规定设立或者委托检测机构，对进场销售的农产品质量安全状况进行抽查检测；发现不符合农产品质量安全标准的，应当要求销售者立即停止销售，并向所在地市场监督管理、农业农村等部门报告。

农产品销售企业对其销售的农产品，应当建立健全进货检查验收制度；经查验不符合农产品质量安全标准的，不得销售。

食品生产者采购农产品等食品原料，应当依照《中华人民共和国食品安全法》的规定查验许可证和合格证明，对无法提供合格证明的，应当按照规定进行检验。

第三十八条 农产品生产企业、农民专业合作社以及从事农产品收购的单位或者个人销售的农产品，按照规定应当包装或者附加承诺达标合格证等标识的，须经包装或者附加标识后方可销售。包装物或者标识上应当按照规定标明产品的品名、产地、生产者、生产日期、保质期、产品质量等级等内容；使用添加剂的，还应当按照规定标明添加剂的名称。具体办法由国务院农业农村主管部门制定。

第三十九条 农产品生产企业、农民专业合作社应当执行法律、法规的规定和国家有关强制性标准，保证其销售的农产品符合农产品质量安全标准，并根据质量安全控制、检测结果等开具承诺达标合格证，承诺不使用禁用的农药、兽药及其他化合物且使用的常规农药、兽药残留不超标等。鼓励和支持农户销售农产品时开具承诺达标合格证。法律、行政法规对畜禽产品的质量安全合格证明有特别规定的，应当遵守其规定。

从事农产品收购的单位或者个人应当按照规定收取、保存承诺达标合格证或者其他质量安全合格证明，对其收购的农产品进行混装或者分装后销售的，应当按照规定开具承诺达标合格证。

农产品批发市场应当建立健全农产品承诺达标合格证查验等制度。

县级以上人民政府农业农村主管部门应当做好承诺达标合格证有关工作的指导服务，加强日常监督检查。

农产品质量安全承诺达标合格证管理办法由国务院农业农村主管部门会同国务院有关部门制定。

第四十条 农产品生产经营者通过网络平台销售农产品的，应当依照本法和《中华人民共和国电子商务法》、《中华人民共和国食品安全法》等法律、法规的规定，严格落实质量安全责任，保证其销售的农产品符合质量安全标准。网络平台经营者应当依法加强对农产品生产经营者的管理。

第四十一条 国家对列入农产品质量安全追溯目录的农产品实施追溯管理。国务院农业农村主管部门应当会同国务院市场监督管理等部门建立农产品质量安全追溯协作机制。农产品质量安全追溯管理办法和追溯目录由国务院农业农村主管部门会同国务院市场监督管理等部门制定。

国家鼓励具备信息化条件的农产品生产经营者采用现代信息技术手段采集、留存生产记录、购销记录等生产经营信息。

第四十二条 农产品质量符合国家规定的有关优质农产品标准的，农产品生产经营者可以申请使用农产品质量标志。禁止冒用农产品质量标志。

国家加强地理标志农产品保护和管理。

第四十三条 属于农业转基因生物的农产品，应当按照农业转基因生物安全管理的有关规定进行标识。

第四十四条 依法需要实施检疫的动植物及其产品，应当附具检疫标志、检疫证明。

第六章 监督管理

第四十五条 县级以上人民政府农业农村主管部门和市场监督管理等部门应当建立健全农产品质量安全全程监督管理协作机制，确保农产品从生产到消费各环节的质量安全。

县级以上人民政府农业农村主管部门和市场监督管理部门应当加强收购、储存、运输过程中农产品质量安全监督管理的协调配合和执法衔接，及时通报和共享农产品质量安全监督管理信息，并按照职责权限，发布有关农产品质量安全日常监督管理信息。

第四十六条 县级以上人民政府农业农村主管部门应当根据农产品质量安全风险监测、风险评估结果和农产品质量安全状况等，制定监督抽查计划，确定农产品质量安全监督抽查的重点、方式和频次，并实施农产品质量安全风险分级管理。

第四十七条 县级以上人民政府农业农村主管部门应当建立健全随机抽查机制，按照监督抽查计划，组织开展农产品质量安全监督抽查。

农产品质量安全监督抽查检测应当委托符合本法规定条件的农产品质量安全检测机构进行。监督抽查不得向被抽查人收取费用，抽取的样品应当按照市场价格支付费用，并不得超过国务院农业农村主管部门规定的数量。

上级农业农村主管部门监督抽查的同批次农产品，下级农业农村主管部门不得另行重复抽查。

第四十八条 农产品质量安全检测应当充分利用现有的符合条件的检测机构。

从事农产品质量安全检测的机构，应当具备相应的检测条件和能力，由省级以上人民政府农业农村主管部门或者其授权的部门考核合格。具体办法由国务院农业农村主管部门制定。

农产品质量安全检测机构应当依法经资质认定。

第四十九条 从事农产品质量安全检测工作的人员，应当具备相应的专业知识和实际操作技能，遵纪守法，恪守职业道德。

农产品质量安全检测机构对出具的检测报告负责。检测报告应当客观公正，检测数据应当真实可靠，禁止出具虚假检测报告。

第五十条　县级以上地方人民政府农业农村主管部门可以采用国务院农业农村主管部门会同国务院市场监督管理等部门认定的快速检测方法，开展农产品质量安全监督抽查检测。抽查检测结果确定有关农产品不符合农产品质量安全标准的，可以作为行政处罚的证据。

第五十一条　农产品生产经营者对监督抽查检测结果有异议的，可以自收到检测结果之日起五个工作日内，向实施农产品质量安全监督抽查的农业农村主管部门或者其上一级农业农村主管部门申请复检。复检机构与初检机构不得为同一机构。

采用快速检测方法进行农产品质量安全监督抽查检测，被抽查人对检测结果有异议的，可以自收到检测结果时起四小时内申请复检。复检不得采用快速检测方法。

复检机构应当自收到复检样品之日起七个工作日内出具检测报告。

因检测结果错误给当事人造成损害的，依法承担赔偿责任。

第五十二条　县级以上地方人民政府农业农村主管部门应当加强对农产品生产的监督管理，开展日常检查，重点检查农产品产地环境、农业投入品购买和使用、农产品生产记录、承诺达标合格证开具等情况。

国家鼓励和支持基层群众性自治组织建立农产品质量安全信息员工作制度，协助开展有关工作。

第五十三条　开展农产品质量安全监督检查，有权采取下列措施：

（一）进入生产经营场所进行现场检查，调查了解农产品质量安全的有关情况；

（二）查阅、复制农产品生产记录、购销台账等与农产品质量安全有关的资料；

（三）抽样检测生产经营的农产品和使用的农业投入品以及其他有关产品；

（四）查封、扣押有证据证明存在农产品质量安全隐患或者经检测不符合农产品质量安全标准的农产品；

（五）查封、扣押有证据证明可能危及农产品质量安全或者经检测不符合产品质量标准的农业投入品以及其他有毒有害物质；

（六）查封、扣押用于违法生产经营农产品的设施、设备、场所以及运输工具；

（七）收缴伪造的农产品质量标志。

农产品生产经营者应当协助、配合农产品质量安全监督检查，不得拒绝、阻挠。

第五十四条　县级以上人民政府农业农村等部门应当加强农产品质量安全信用体系建设，建立农产品生产经营者信用记录，记载行政处罚等信息，推进农产品质量安全信用信息的应用和管理。

第五十五条　农产品生产经营过程中存在质量安全隐患，未及时采取措施消除的，县级以上地方人民政府农业农村主管部门可以对农产品生产经营者的法定代表人或者主要负责人进行责任约谈。农产品生产经营者应当立即采取措施，进行整改，消除隐患。

第五十六条 国家鼓励消费者协会和其他单位或者个人对农产品质量安全进行社会监督，对农产品质量安全监督管理工作提出意见和建议。任何单位和个人有权对违反本法的行为进行检举控告、投诉举报。

县级以上人民政府农业农村主管部门应当建立农产品质量安全投诉举报制度，公开投诉举报渠道，收到投诉举报后，应当及时处理。对不属于本部门职责的，应当移交有权处理的部门并书面通知投诉举报人。

第五十七条 县级以上地方人民政府农业农村主管部门应当加强对农产品质量安全执法人员的专业技术培训并组织考核。不具备相应知识和能力的，不得从事农产品质量安全执法工作。

第五十八条 上级人民政府应当督促下级人民政府履行农产品质量安全职责。对农产品质量安全责任落实不力、问题突出的地方人民政府，上级人民政府可以对其主要负责人进行责任约谈。被约谈的地方人民政府应当立即采取整改措施。

第五十九条 国务院农业农村主管部门应当会同国务院有关部门制定国家农产品质量安全突发事件应急预案，并与国家食品安全事故应急预案相衔接。

县级以上地方人民政府应当根据有关法律、行政法规的规定和上级人民政府的农产品质量安全突发事件应急预案，制定本行政区域的农产品质量安全突发事件应急预案。

发生农产品质量安全事故时，有关单位和个人应当采取控制措施，及时向所在地乡镇人民政府和县级人民政府农业农村等部门报告；收到报告的机关应当按照农产品质量安全突发事件应急预案及时处理并报本级人民政府、上级人民政府有关部门。发生重大农产品质量安全事故时，按照规定上报国务院及其有关部门。

任何单位和个人不得隐瞒、谎报、缓报农产品质量安全事故，不得隐匿、伪造、毁灭有关证据。

第六十条 县级以上地方人民政府市场监督管理部门依照本法和《中华人民共和国食品安全法》等法律、法规的规定，对农产品进入批发、零售市场或者生产加工企业后的生产经营活动进行监督检查。

第六十一条 县级以上人民政府农业农村、市场监督管理等部门发现农产品质量安全违法行为涉嫌犯罪的，应当及时将案件移送公安机关。对移送的案件，公安机关应当及时审查；认为有犯罪事实需要追究刑事责任的，应当立案侦查。

公安机关对依法不需要追究刑事责任但应当给予行政处罚的，应当及时将案件移送农业农村、市场监督管理等部门，有关部门应当依法处理。

公安机关商请农业农村、市场监督管理、生态环境等部门提供检验结论、认定意见以及对涉案农产品进行无害化处理等协助的，有关部门应当及时提供、予以协助。

第七章　法律责任

第六十二条　违反本法规定，地方各级人民政府有下列情形之一的，对直接负责的主管人员和其他直接责任人员给予警告、记过、记大过处分；造成严重后果的，给予降级或者撤职处分：

（一）未确定有关部门的农产品质量安全监督管理工作职责，未建立健全农产品质量安全工作机制，或者未落实农产品质量安全监督管理责任；

（二）未制定本行政区域的农产品质量安全突发事件应急预案，或者发生农产品质量安全事故后未按照规定启动应急预案。

第六十三条　违反本法规定，县级以上人民政府农业农村等部门有下列行为之一的，对直接负责的主管人员和其他直接责任人员给予记大过处分；情节较重的，给予降级或者撤职处分；情节严重的，给予开除处分；造成严重后果的，其主要负责人还应当引咎辞职：

（一）隐瞒、谎报、缓报农产品质量安全事故或者隐匿、伪造、毁灭有关证据；

（二）未按照规定查处农产品质量安全事故，或者接到农产品质量安全事故报告未及时处理，造成事故扩大或者蔓延；

（三）发现农产品质量安全重大风险隐患后，未及时采取相应措施，造成农产品质量安全事故或者不良社会影响；

（四）不履行农产品质量安全监督管理职责，导致发生农产品质量安全事故。

第六十四条　县级以上地方人民政府农业农村、市场监督管理等部门在履行农产品质量安全监督管理职责过程中，违法实施检查、强制等执法措施，给农产品生产经营者造成损失的，应当依法予以赔偿，对直接负责的主管人员和其他直接责任人员依法给予处分。

第六十五条　农产品质量安全检测机构、检测人员出具虚假检测报告的，由县级以上人民政府农业农村主管部门没收所收取的检测费用，检测费用不足一万元的，并处五万元以上十万元以下罚款，检测费用一万元以上的，并处检测费用五倍以上十倍以下罚款；对直接负责的主管人员和其他直接责任人员处一万元以上五万元以下罚款；使消费者的合法权益受到损害的，农产品质量安全检测机构应当与农产品生产经营者承担连带责任。

因农产品质量安全违法行为受到刑事处罚或者因出具虚假检测报告导致发生重大农产品质量安全事故的检测人员，终身不得从事农产品质量安全检测工作。农产品质量安全检测机构不得聘用上述人员。

农产品质量安全检测机构有前两款违法行为的，由授予其资质的主管部门或者机构吊销该农产品质量安全检测机构的资质证书。

第六十六条　违反本法规定，在特定农产品禁止生产区域种植、养殖、捕捞、采集特定农产品或者建立特定农产品生产基地的，由县级以上地方人民政府农业农村主管部门责令停止违法行为，没收农产品和违法所得，并处违法所得一倍以上三倍以下罚款。

违反法律、法规规定，向农产品产地排放或者倾倒废水、废气、固体废物或者其他有毒有害物质的，依照有关环境保护法律、法规的规定处理、处罚；造成损害的，依法承担赔偿责任。

第六十七条 农药、肥料、农用薄膜等农业投入品的生产者、经营者、使用者未按照规定回收并妥善处置包装物或者废弃物的，由县级以上地方人民政府农业农村主管部门依照有关法律、法规的规定处理、处罚。

第六十八条 违反本法规定，农产品生产企业有下列情形之一的，由县级以上地方人民政府农业农村主管部门责令限期改正；逾期不改正的，处五千元以上五万元以下罚款：

（一）未建立农产品质量安全管理制度；

（二）未配备相应的农产品质量安全管理技术人员，且未委托具有专业技术知识的人员进行农产品质量安全指导。

第六十九条 农产品生产企业、农民专业合作社、农业社会化服务组织未依照本法规定建立、保存农产品生产记录，或者伪造、变造农产品生产记录的，由县级以上地方人民政府农业农村主管部门责令限期改正；逾期不改正的，处二千元以上二万元以下罚款。

第七十条 违反本法规定，农产品生产经营者有下列行为之一，尚不构成犯罪的，由县级以上地方人民政府农业农村主管部门责令停止生产经营、追回已经销售的农产品，对违法生产经营的农产品进行无害化处理或者予以监督销毁，没收违法所得，并可以没收用于违法生产经营的工具、设备、原料等物品；违法生产经营的农产品货值金额不足一万元的，并处十万元以上十五万元以下罚款，货值金额一万元以上的，并处货值金额十五倍以上三十倍以下罚款；对农户，并处一千元以上一万元以下罚款；情节严重的，有许可证的吊销许可证，并可以由公安机关对其直接负责的主管人员和其他直接责任人员处五日以上十五日以下拘留：

（一）在农产品生产经营过程中使用国家禁止使用的农业投入品或者其他有毒有害物质；

（二）销售含有国家禁止使用的农药、兽药或者其他化合物的农产品；

（三）销售病死、毒死或者死因不明的动物及其产品。

明知农产品生产经营者从事前款规定的违法行为，仍为其提供生产经营场所或者其他条件的，由县级以上地方人民政府农业农村主管部门责令停止违法行为，没收违法所得，并处十万元以上二十万元以下罚款；使消费者的合法权益受到损害的，应当与农产品生产经营者承担连带责任。

第七十一条 违反本法规定，农产品生产经营者有下列行为之一，尚不构成犯罪的，由县级以上地方人民政府农业农村主管部门责令停止生产经营、追回已经销售的农产品，对违法生产经营的农产品进行无害化处理或者予以监督销毁，没收违法所得，并可以没收用于违法生产经营的工具、设备、原料等物品；违法生产经营的农产品货值金额不足一万元的，并处五万元以上十万元以下罚款，货值金额一万元以上的，并处货值金额十倍以上二十倍以下罚款；对农户，并处五百元以上五千元以下罚款：

（一）销售农药、兽药等化学物质残留或者含有的重金属等有毒有害物质不符合农产品质量安全标准的农产品；

（二）销售含有的致病性寄生虫、微生物或者生物毒素不符合农产品质量安全标准的农产品；

（三）销售其他不符合农产品质量安全标准的农产品。

第七十二条 违反本法规定，农产品生产经营者有下列行为之一的，由县级以上地方人民政府农业农村主管部门责令停止生产经营、追回已经销售的农产品，对违法生产经营的农产品进行无害化处理或者予以监督销毁，没收违法所得，并可以没收用于违法生产经营的工具、设备、原料等物品；违法生产经营的农产品货值金额不足一万元的，并处五千元以上五万元以下罚款，货值金额一万元以上的，并处货值金额五倍以上十倍以下罚款；对农户，并处三百元以上三千元以下罚款：

（一）在农产品生产场所以及生产活动中使用的设施、设备、消毒剂、洗涤剂等不符合国家有关质量安全规定；

（二）未按照国家有关强制性标准或者其他农产品质量安全规定使用保鲜剂、防腐剂、添加剂、包装材料等，或者使用的保鲜剂、防腐剂、添加剂、包装材料等不符合国家有关强制性标准或者其他质量安全规定；

（三）将农产品与有毒有害物质一同储存、运输。

第七十三条 违反本法规定，有下列行为之一的，由县级以上地方人民政府农业农村主管部门按照职责给予批评教育，责令限期改正；逾期不改正的，处一百元以上一千元以下罚款：

（一）农产品生产企业、农民专业合作社、从事农产品收购的单位或者个人未按照规定开具承诺达标合格证；

（二）从事农产品收购的单位或者个人未按照规定收取、保存承诺达标合格证或者其他合格证明。

第七十四条 农产品生产经营者冒用农产品质量标志，或者销售冒用农产品质量标志的农产品的，由县级以上地方人民政府农业农村主管部门按照职责责令改正，没收违法所得；违法生产经营的农产品货值金额不足五千元的，并处五千元以上五万元以下罚款，货值金额五千元以上的，并处货值金额十倍以上二十倍以下罚款。

第七十五条 违反本法关于农产品质量安全追溯规定的，由县级以上地方人民政府农业农村主管部门按照职责责令限期改正；逾期不改正的，可以处一万元以下罚款。

第七十六条 违反本法规定，拒绝、阻挠依法开展的农产品质量安全监督检查、事故调查处理、抽样检测和风险评估的，由有关主管部门按照职责责令停产停业，并处二千元以上五万元以下罚款；构成违反治安管理行为的，由公安机关依法给予治安管理处罚。

第七十七条 《中华人民共和国食品安全法》对食用农产品进入批发、零售市场或者生产加工企业后的违法行为和法律责任有规定的，由县级以上地方人民政府市场监督管理部门依照其规定进行处罚。

第七十八条 违反本法规定，构成犯罪的，依法追究刑事责任。

第七十九条 违反本法规定，给消费者造成人身、财产或者其他损害的，依法承担民事赔偿责任。生产经营者财产不足以同时承担民事赔偿责任和缴纳罚款、罚金时，先承担民事赔偿责任。

食用农产品生产经营者违反本法规定，污染环境、侵害众多消费者合法权益，损害社会公共利益的，人民检察院可以依照《中华人民共和国民事诉讼法》、《中华人民共和国行政诉讼法》等法律的规定向人民法院提起诉讼。

第八章 附 则

第八十条 粮食收购、储存、运输环节的质量安全管理，依照有关粮食管理的法律、行政法规执行。

第八十一条 本法自2023年1月1日起施行。

附录 1-2

中华人民共和国食品安全法

（2009 年 2 月 28 日第十一届全国人民代表大会常务委员会第七次会议通过　2015 年 4 月 24 日第十二届全国人民代表大会常务委员会第十四次会议修订　根据 2018 年 12 月 29 日第十三届全国人民代表大会常务委员会第七次会议《关于修改〈中华人民共和国产品质量法〉等五部法律的决定》第一次修正　根据 2021 年 4 月 29 日第十三届全国人民代表大会常务委员会第二十八次会议《关于修改〈中华人民共和国道路交通安全法〉等八部法律的决定》第二次修正）

第一章　总　则

第一条　为了保证食品安全，保障公众身体健康和生命安全，制定本法。

第二条　在中华人民共和国境内从事下列活动，应当遵守本法：

（一）食品生产和加工（以下称食品生产），食品销售和餐饮服务（以下称食品经营）；

（二）食品添加剂的生产经营；

（三）用于食品的包装材料、容器、洗涤剂、消毒剂和用于食品生产经营的工具、设备（以下称食品相关产品）的生产经营；

（四）食品生产经营者使用食品添加剂、食品相关产品；

（五）食品的贮存和运输；

（六）对食品、食品添加剂、食品相关产品的安全管理。

供食用的源于农业的初级产品（以下称食用农产品）的质量安全管理，遵守《中华人民共和国农产品质量安全法》的规定。但是，食用农产品的市场销售、有关质量安全标准的制定、有关安全信息的公布和本法对农业投入品作出规定的，应当遵守本法的规定。

第三条　食品安全工作实行预防为主、风险管理、全程控制、社会共治，建立科学、严格的监督管理制度。

第四条　食品生产经营者对其生产经营食品的安全负责。

食品生产经营者应当依照法律、法规和食品安全标准从事生产经营活动，保证食品安全，诚信自律，对社会和公众负责，接受社会监督，承担社会责任。

第五条　国务院设立食品安全委员会，其职责由国务院规定。

国务院食品安全监督管理部门依照本法和国务院规定的职责，对食品生产经营活动实施监督管理。

国务院卫生行政部门依照本法和国务院规定的职责，组织开展食品安全风险监测和风险评估，会同国务院食品安全监督管理部门制定并公布食品安全国家标准。

国务院其他有关部门依照本法和国务院规定的职责，承担有关食品安全工作。

第六条 县级以上地方人民政府对本行政区域的食品安全监督管理工作负责，统一领导、组织、协调本行政区域的食品安全监督管理工作以及食品安全突发事件应对工作，建立健全食品安全全程监督管理工作机制和信息共享机制。

县级以上地方人民政府依照本法和国务院的规定，确定本级食品安全监督管理、卫生行政部门和其他有关部门的职责。有关部门在各自职责范围内负责本行政区域的食品安全监督管理工作。

县级人民政府食品安全监督管理部门可以在乡镇或者特定区域设立派出机构。

第七条 县级以上地方人民政府实行食品安全监督管理责任制。上级人民政府负责对下一级人民政府的食品安全监督管理工作进行评议、考核。县级以上地方人民政府负责对本级食品安全监督管理部门和其他有关部门的食品安全监督管理工作进行评议、考核。

第八条 县级以上人民政府应当将食品安全工作纳入本级国民经济和社会发展规划，将食品安全工作经费列入本级政府财政预算，加强食品安全监督管理能力建设，为食品安全工作提供保障。

县级以上人民政府食品安全监督管理部门和其他有关部门应当加强沟通、密切配合，按照各自职责分工，依法行使职权，承担责任。

第九条 食品行业协会应当加强行业自律，按照章程建立健全行业规范和奖惩机制，提供食品安全信息、技术等服务，引导和督促食品生产经营者依法生产经营，推动行业诚信建设，宣传、普及食品安全知识。

消费者协会和其他消费者组织对违反本法规定，损害消费者合法权益的行为，依法进行社会监督。

第十条 各级人民政府应当加强食品安全的宣传教育，普及食品安全知识，鼓励社会组织、基层群众性自治组织、食品生产经营者开展食品安全法律、法规以及食品安全标准和知识的普及工作，倡导健康的饮食方式，增强消费者食品安全意识和自我保护能力。

新闻媒体应当开展食品安全法律、法规以及食品安全标准和知识的公益宣传，并对食品安全违法行为进行舆论监督。有关食品安全的宣传报道应当真实、公正。

第十一条 国家鼓励和支持开展与食品安全有关的基础研究、应用研究，鼓励和支持食品生产经营者为提高食品安全水平采用先进技术和先进管理规范。

国家对农药的使用实行严格的管理制度，加快淘汰剧毒、高毒、高残留农药，推动替代产品的研发和应用，鼓励使用高效低毒低残留农药。

第十二条 任何组织或者个人有权举报食品安全违法行为，依法向有关部门了解食品安全信息，对食品安全监督管理工作提出意见和建议。

第十三条 对在食品安全工作中做出突出贡献的单位和个人，按照国家有关规定给予表彰、奖励。

第二章 食品安全风险监测和评估

第十四条 国家建立食品安全风险监测制度，对食源性疾病、食品污染以及食品中的有害因素进行监测。

国务院卫生行政部门会同国务院食品安全监督管理等部门，制定、实施国家食品安全风险监测计划。

国务院食品安全监督管理部门和其他有关部门获知有关食品安全风险信息后，应当立即核实并向国务院卫生行政部门通报。对有关部门通报的食品安全风险信息以及医疗机构报告的食源性疾病等有关疾病信息，国务院卫生行政部门应当会同国务院有关部门分析研究，认为必要的，及时调整国家食品安全风险监测计划。

省、自治区、直辖市人民政府卫生行政部门会同同级食品安全监督管理等部门，根据国家食品安全风险监测计划，结合本行政区域的具体情况，制定、调整本行政区域的食品安全风险监测方案，报国务院卫生行政部门备案并实施。

第十五条 承担食品安全风险监测工作的技术机构应当根据食品安全风险监测计划和监测方案开展监测工作，保证监测数据真实、准确，并按照食品安全风险监测计划和监测方案的要求报送监测数据和分析结果。

食品安全风险监测工作人员有权进入相关食用农产品种植养殖、食品生产经营场所采集样品、收集相关数据。采集样品应当按照市场价格支付费用。

第十六条 食品安全风险监测结果表明可能存在食品安全隐患的，县级以上人民政府卫生行政部门应当及时将相关信息通报同级食品安全监督管理等部门，并报告本级人民政府和上级人民政府卫生行政部门。食品安全监督管理等部门应当组织开展进一步调查。

第十七条 国家建立食品安全风险评估制度，运用科学方法，根据食品安全风险监测信息、科学数据以及有关信息，对食品、食品添加剂、食品相关产品中生物性、化学性和物理性危害因素进行风险评估。

国务院卫生行政部门负责组织食品安全风险评估工作，成立由医学、农业、食品、营养、生物、环境等方面的专家组成的食品安全风险评估专家委员会进行食品安全风险评估。食品安全风险评估结果由国务院卫生行政部门公布。

对农药、肥料、兽药、饲料和饲料添加剂等的安全性评估，应当有食品安全风险评估专家委员会的专家参加。

食品安全风险评估不得向生产经营者收取费用，采集样品应当按照市场价格支付费用。

第十八条 有下列情形之一的，应当进行食品安全风险评估：

（一）通过食品安全风险监测或者接到举报发现食品、食品添加剂、食品相关产品可能存在安全隐患的；

（二）为制定或者修订食品安全国家标准提供科学依据需要进行风险评估的；

（三）为确定监督管理的重点领域、重点品种需要进行风险评估的；

（四）发现新的可能危害食品安全因素的；

（五）需要判断某一因素是否构成食品安全隐患的；

（六）国务院卫生行政部门认为需要进行风险评估的其他情形。

第十九条 国务院食品安全监督管理、农业行政等部门在监督管理工作中发现需要进行食品安全风险评估的，应当向国务院卫生行政部门提出食品安全风险评估的建议，并提供风险来源、相关检验数据和结论等信息、资料。属于本法第十八条规定情形的，国务院卫生行政部门应当及时进行食品安全风险评估，并向国务院有关部门通报评估结果。

第二十条 省级以上人民政府卫生行政、农业行政部门应当及时相互通报食品、食用农产品安全风险监测信息。

国务院卫生行政、农业行政部门应当及时相互通报食品、食用农产品安全风险评估结果等信息。

第二十一条 食品安全风险评估结果是制定、修订食品安全标准和实施食品安全监督管理的科学依据。

经食品安全风险评估，得出食品、食品添加剂、食品相关产品不安全结论的，国务院食品安全监督管理等部门应当依据各自职责立即向社会公告，告知消费者停止食用或者使用，并采取相应措施，确保该食品、食品添加剂、食品相关产品停止生产经营；需要制定、修订相关食品安全国家标准的，国务院卫生行政部门应当会同国务院食品安全监督管理部门立即制定、修订。

第二十二条 国务院食品安全监督管理部门应当会同国务院有关部门，根据食品安全风险评估结果、食品安全监督管理信息，对食品安全状况进行综合分析。对经综合分析表明可能具有较高程度安全风险的食品，国务院食品安全监督管理部门应当及时提出食品安全风险警示，并向社会公布。

第二十三条 县级以上人民政府食品安全监督管理部门和其他有关部门、食品安全风险评估专家委员会及其技术机构，应当按照科学、客观、及时、公开的原则，组织食品生产经营者、食品检验机构、认证机构、食品行业协会、消费者协会以及新闻媒体等，就食品安全风险评估信息和食品安全监督管理信息进行交流沟通。

第三章　食品安全标准

第二十四条 制定食品安全标准，应当以保障公众身体健康为宗旨，做到科学合理、安全可靠。

第二十五条 食品安全标准是强制执行的标准。除食品安全标准外，不得制定其他食品强制性标准。

第二十六条 食品安全标准应当包括下列内容：

（一）食品、食品添加剂、食品相关产品中的致病性微生物，农药残留、兽药残留、生物毒素、重金属等污染物质以及其他危害人体健康物质的限量规定；

（二）食品添加剂的品种、使用范围、用量；

（三）专供婴幼儿和其他特定人群的主辅食品的营养成分要求；

（四）对与卫生、营养等食品安全要求有关的标签、标志、说明书的要求；

（五）食品生产经营过程的卫生要求；

（六）与食品安全有关的质量要求；

（七）与食品安全有关的食品检验方法与规程；

（八）其他需要制定为食品安全标准的内容。

第二十七条 食品安全国家标准由国务院卫生行政部门会同国务院食品安全监督管理部门制定、公布，国务院标准化行政部门提供国家标准编号。

食品中农药残留、兽药残留的限量规定及其检验方法与规程由国务院卫生行政部门、国务院农业行政部门会同国务院食品安全监督管理部门制定。

屠宰畜、禽的检验规程由国务院农业行政部门会同国务院卫生行政部门制定。

第二十八条 制定食品安全国家标准，应当依据食品安全风险评估结果并充分考虑食用农产品安全风险评估结果，参照相关的国际标准和国际食品安全风险评估结果，并将食品安全国家标准草案向社会公布，广泛听取食品生产经营者、消费者、有关部门等方面的意见。

食品安全国家标准应当经国务院卫生行政部门组织的食品安全国家标准审评委员会审查通过。食品安全国家标准审评委员会由医学、农业、食品、营养、生物、环境等方面的专家以及国务院有关部门、食品行业协会、消费者协会的代表组成，对食品安全国家标准草案的科学性和实用性等进行审查。

第二十九条 对地方特色食品，没有食品安全国家标准的，省、自治区、直辖市人民政府卫生行政部门可以制定并公布食品安全地方标准，报国务院卫生行政部门备案。食品安全国家标准制定后，该地方标准即行废止。

第三十条 国家鼓励食品生产企业制定严于食品安全国家标准或者地方标准的企业标准，在本企业适用，并报省、自治区、直辖市人民政府卫生行政部门备案。

第三十一条 省级以上人民政府卫生行政部门应当在其网站上公布制定和备案的食品安全国家标准、地方标准和企业标准，供公众免费查阅、下载。

对食品安全标准执行过程中的问题，县级以上人民政府卫生行政部门应当会同有关部门及时给予指导、解答。

第三十二条 省级以上人民政府卫生行政部门应当会同同级食品安全监督管理、农业行政等部门，分别对食品安全国家标准和地方标准的执行情况进行跟踪评价，并根据评价结果及时修订食品安全标准。

省级以上人民政府食品安全监督管理、农业行政等部门应当对食品安全标准执行中存在的问题进行收集、汇总，并及时向同级卫生行政部门通报。

食品生产经营者、食品行业协会发现食品安全标准在执行中存在问题的，应当立即向卫生行政部门报告。

第四章　食品生产经营

第一节　一般规定

第三十三条　食品生产经营应当符合食品安全标准，并符合下列要求：

（一）具有与生产经营的食品品种、数量相适应的食品原料处理和食品加工、包装、贮存等场所，保持该场所环境整洁，并与有毒、有害场所以及其他污染源保持规定的距离；

（二）具有与生产经营的食品品种、数量相适应的生产经营设备或者设施，有相应的消毒、更衣、盥洗、采光、照明、通风、防腐、防尘、防蝇、防鼠、防虫、洗涤以及处理废水、存放垃圾和废弃物的设备或者设施；

（三）有专职或者兼职的食品安全专业技术人员、食品安全管理人员和保证食品安全的规章制度；

（四）具有合理的设备布局和工艺流程，防止待加工食品与直接入口食品、原料与成品交叉污染，避免食品接触有毒物、不洁物；

（五）餐具、饮具和盛放直接入口食品的容器，使用前应当洗净、消毒，炊具、用具用后应当洗净，保持清洁；

（六）贮存、运输和装卸食品的容器、工具和设备应当安全、无害，保持清洁，防止食品污染，并符合保证食品安全所需的温度、湿度等特殊要求，不得将食品与有毒、有害物品一同贮存、运输；

（七）直接入口的食品应当使用无毒、清洁的包装材料、餐具、饮具和容器；

（八）食品生产经营人员应当保持个人卫生，生产经营食品时，应当将手洗净，穿戴清洁的工作衣、帽等；销售无包装的直接入口食品时，应当使用无毒、清洁的容器、售货工具和设备；

（九）用水应当符合国家规定的生活饮用水卫生标准；

（十）使用的洗涤剂、消毒剂应当对人体安全、无害；

（十一）法律、法规规定的其他要求。

非食品生产经营者从事食品贮存、运输和装卸的，应当符合前款第六项的规定。

第三十四条　禁止生产经营下列食品、食品添加剂、食品相关产品：

（一）用非食品原料生产的食品或者添加食品添加剂以外的化学物质和其他可能危害人体健康物质的食品，或者用回收食品作为原料生产的食品；

（二）致病性微生物，农药残留、兽药残留、生物毒素、重金属等污染物质以及其他危害人体健康的物质含量超过食品安全标准限量的食品、食品添加剂、食品相关产品；

（三）用超过保质期的食品原料、食品添加剂生产的食品、食品添加剂；

（四）超范围、超限量使用食品添加剂的食品；

（五）营养成分不符合食品安全标准的专供婴幼儿和其他特定人群的主辅食品；

（六）腐败变质、油脂酸败、霉变生虫、污秽不洁、混有异物、掺假掺杂或者感官性状异常的食品、食品添加剂；

（七）病死、毒死或者死因不明的禽、畜、兽、水产动物肉类及其制品；

（八）未按规定进行检疫或者检疫不合格的肉类，或者未经检验或者检验不合格的肉类制品；

（九）被包装材料、容器、运输工具等污染的食品、食品添加剂；

（十）标注虚假生产日期、保质期或者超过保质期的食品、食品添加剂；

（十一）无标签的预包装食品、食品添加剂；

（十二）国家为防病等特殊需要明令禁止生产经营的食品；

（十三）其他不符合法律、法规或者食品安全标准的食品、食品添加剂、食品相关产品。

第三十五条 国家对食品生产经营实行许可制度。从事食品生产、食品销售、餐饮服务，应当依法取得许可。但是，销售食用农产品和仅销售预包装食品的，不需要取得许可。仅销售预包装食品的，应当报所在地县级以上地方人民政府食品安全监督管理部门备案。

县级以上地方人民政府食品安全监督管理部门应当依照《中华人民共和国行政许可法》的规定，审核申请人提交的本法第三十三条第一款第一项至第四项规定要求的相关资料，必要时对申请人的生产经营场所进行现场核查；对符合规定条件的，准予许可；对不符合规定条件的，不予许可并书面说明理由。

第三十六条 食品生产加工小作坊和食品摊贩等从事食品生产经营活动，应当符合本法规定的与其生产经营规模、条件相适应的食品安全要求，保证所生产经营的食品卫生、无毒、无害，食品安全监督管理部门应当对其加强监督管理。

县级以上地方人民政府应当对食品生产加工小作坊、食品摊贩等进行综合治理，加强服务和统一规划，改善其生产经营环境，鼓励和支持其改进生产经营条件，进入集中交易市场、店铺等固定场所经营，或者在指定的临时经营区域、时段经营。

食品生产加工小作坊和食品摊贩等的具体管理办法由省、自治区、直辖市制定。

第三十七条 利用新的食品原料生产食品，或者生产食品添加剂新品种、食品相关产品新品种，应当向国务院卫生行政部门提交相关产品的安全性评估材料。国务院卫生行政部门应当自收到申请之日起六十日内组织审查；对符合食品安全要求的，准予许可并公布；对不符合食品安全要求的，不予许可并书面说明理由。

第三十八条 生产经营的食品中不得添加药品，但是可以添加按照传统既是食品又是中药材的物质。按照传统既是食品又是中药材的物质目录由国务院卫生行政部门会同国务院食品安全监督管理部门制定、公布。

第三十九条 国家对食品添加剂生产实行许可制度。从事食品添加剂生产，应当具有与所生产食品添加剂品种相适应的场所、生产设备或者设施、专业技术人员和管理制度，并依照本法第三十五条第二款规定的程序，取得食品添加剂生产许可。

生产食品添加剂应当符合法律、法规和食品安全国家标准。

第四十条 食品添加剂应当在技术上确有必要且经过风险评估证明安全可靠，方可列入允许使用的范围；有关食品安全国家标准应当根据技术必要性和食品安全风险评估结果及时修订。

食品生产经营者应当按照食品安全国家标准使用食品添加剂。

第四十一条 生产食品相关产品应当符合法律、法规和食品安全国家标准。对直接接触食品的包装材料等具有较高风险的食品相关产品，按照国家有关工业产品生产许可证管理的规定实施生产许可。食品安全监督管理部门应当加强对食品相关产品生产活动的监督管理。

第四十二条 国家建立食品安全全程追溯制度。

食品生产经营者应当依照本法的规定，建立食品安全追溯体系，保证食品可追溯。国家鼓励食品生产经营者采用信息化手段采集、留存生产经营信息，建立食品安全追溯体系。

国务院食品安全监督管理部门会同国务院农业行政等有关部门建立食品安全全程追溯协作机制。

第四十三条 地方各级人民政府应当采取措施鼓励食品规模化生产和连锁经营、配送。

国家鼓励食品生产经营企业参加食品安全责任保险。

第二节 生产经营过程控制

第四十四条 食品生产经营企业应当建立健全食品安全管理制度，对职工进行食品安全知识培训，加强食品检验工作，依法从事生产经营活动。

食品生产经营企业的主要负责人应当落实企业食品安全管理制度，对本企业的食品安全工作全面负责。

食品生产经营企业应当配备食品安全管理人员，加强对其培训和考核。经考核不具备食品安全管理能力的，不得上岗。食品安全监督管理部门应当对企业食品安全管理人员随机进行监督抽查考核并公布考核情况。监督抽查考核不得收取费用。

第四十五条 食品生产经营者应当建立并执行从业人员健康管理制度。患有国务院卫生行政部门规定的有碍食品安全疾病的人员，不得从事接触直接入口食品的工作。

从事接触直接入口食品工作的食品生产经营人员应当每年进行健康检查，取得健康证明后方可上岗工作。

第四十六条 食品生产企业应当就下列事项制定并实施控制要求，保证所生产的食品符合食品安全标准：

（一）原料采购、原料验收、投料等原料控制；

（二）生产工序、设备、贮存、包装等生产关键环节控制；

（三）原料检验、半成品检验、成品出厂检验等检验控制；

（四）运输和交付控制。

第四十七条 食品生产经营者应当建立食品安全自查制度，定期对食品安全状况进行检查评价。生产经营条件发生变化，不再符合食品安全要求的，食品生产经营者应当立即采取整改措施；有发生食品安全事故潜在风险的，应当立即停止食品生产经营活动，并向所在地县级人民政府食品安全监督管理部门报告。

第四十八条 国家鼓励食品生产经营企业符合良好生产规范要求，实施危害分析与关键控制点体系，提高食品安全管理水平。

对通过良好生产规范、危害分析与关键控制点体系认证的食品生产经营企业，认证机构应当依法实施跟踪调查；对不再符合认证要求的企业，应当依法撤销认证，及时向县级以上人民政府食品安全监督管理部门通报，并向社会公布。认证机构实施跟踪调查不得收取费用。

第四十九条 食用农产品生产者应当按照食品安全标准和国家有关规定使用农药、肥料、兽药、饲料和饲料添加剂等农业投入品，严格执行农业投入品使用安全间隔期或者休药期的规定，不得使用国家明令禁止的农业投入品。禁止将剧毒、高毒农药用于蔬菜、瓜果、茶叶和中草药材等国家规定的农作物。

食用农产品的生产企业和农民专业合作经济组织应当建立农业投入品使用记录制度。

县级以上人民政府农业行政部门应当加强对农业投入品使用的监督管理和指导，建立健全农业投入品安全使用制度。

第五十条 食品生产者采购食品原料、食品添加剂、食品相关产品，应当查验供货者的许可证和产品合格证明；对无法提供合格证明的食品原料，应当按照食品安全标准进行检验；不得采购或者使用不符合食品安全标准的食品原料、食品添加剂、食品相关产品。

食品生产企业应当建立食品原料、食品添加剂、食品相关产品进货查验记录制度，如实记录食品原料、食品添加剂、食品相关产品的名称、规格、数量、生产日期或者生产批号、保质期、进货日期以及供货者名称、地址、联系方式等内容，并保存相关凭证。记录和凭证保存期限不得少于产品保质期满后六个月；没有明确保质期的，保存期限不得少于二年。

第五十一条 食品生产企业应当建立食品出厂检验记录制度，查验出厂食品的检验合格证和安全状况，如实记录食品的名称、规格、数量、生产日期或者生产批号、保质期、检验合格证号、销售日期以及购货者名称、地址、联系方式等内容，并保存相关凭证。记录和凭证保存期限应当符合本法第五十条第二款的规定。

第五十二条 食品、食品添加剂、食品相关产品的生产者，应当按照食品安全标准对所生产的食品、食品添加剂、食品相关产品进行检验，检验合格后方可出厂或者销售。

第五十三条 食品经营者采购食品，应当查验供货者的许可证和食品出厂检验合格证或者其他合格证明（以下称合格证明文件）。

食品经营企业应当建立食品进货查验记录制度，如实记录食品的名称、规格、数量、生产日期或者生产批号、保质期、进货日期以及供货者名称、地址、联系方式等内容，并保存相关凭证。记录和凭证保存期限应当符合本法第五十条第二款的规定。

实行统一配送经营方式的食品经营企业，可以由企业总部统一查验供货者的许可证和食品合格证明文件，进行食品进货查验记录。

从事食品批发业务的经营企业应当建立食品销售记录制度，如实记录批发食品的名称、规格、数量、生产日期或者生产批号、保质期、销售日期以及购货者名称、地址、联系方式等内容，并保存相关凭证。记录和凭证保存期限应当符合本法第五十条第二款的规定。

第五十四条 食品经营者应当按照保证食品安全的要求贮存食品，定期检查库存食品，及时清理变质或者超过保质期的食品。

食品经营者贮存散装食品，应当在贮存位置标明食品的名称、生产日期或者生产批号、保质期、生产者名称及联系方式等内容。

第五十五条 餐饮服务提供者应当制定并实施原料控制要求，不得采购不符合食品安全标准的食品原料。倡导餐饮服务提供者公开加工过程，公示食品原料及其来源等信息。

餐饮服务提供者在加工过程中应当检查待加工的食品及原料，发现有本法第三十四条第六项规定情形的，不得加工或者使用。

第五十六条 餐饮服务提供者应当定期维护食品加工、贮存、陈列等设施、设备；定期清洗、校验保温设施及冷藏、冷冻设施。

餐饮服务提供者应当按照要求对餐具、饮具进行清洗消毒，不得使用未经清洗消毒的餐具、饮具；餐饮服务提供者委托清洗消毒餐具、饮具的，应当委托符合本法规定条件的餐具、饮具集中消毒服务单位。

第五十七条 学校、托幼机构、养老机构、建筑工地等集中用餐单位的食堂应当严格遵守法律、法规和食品安全标准；从供餐单位订餐的，应当从取得食品生产经营许可的企业订购，并按照要求对订购的食品进行查验。供餐单位应当严格遵守法律、法规和食品安全标准，当餐加工，确保食品安全。

学校、托幼机构、养老机构、建筑工地等集中用餐单位的主管部门应当加强对集中用餐单位的食品安全教育和日常管理，降低食品安全风险，及时消除食品安全隐患。

第五十八条 餐具、饮具集中消毒服务单位应当具备相应的作业场所、清洗消毒设备或者设施，用水和使用的洗涤剂、消毒剂应当符合相关食品安全国家标准和其他国家标准、卫生规范。

餐具、饮具集中消毒服务单位应当对消毒餐具、饮具进行逐批检验，检验合格后方可出厂，并应当随附消毒合格证明。消毒后的餐具、饮具应当在独立包装上标注单位名称、地址、联系方式、消毒日期以及使用期限等内容。

第五十九条 食品添加剂生产者应当建立食品添加剂出厂检验记录制度，查验出厂产品的检验合格证和安全状况，如实记录食品添加剂的名称、规格、数量、生产日期或者生产批号、保质期、检验合格证号、销售日期以及购货者名称、地址、联系方式等相关内容，并保存相关凭证。记录和凭证保存期限应当符合本法第五十条第二款的规定。

第六十条 食品添加剂经营者采购食品添加剂，应当依法查验供货者的许可证和产品合格证明文件，如实记录食品添加剂的名称、规格、数量、生产日期或者生产批号、保质期、进货日期以及供货者名称、地址、联系方式等内容，并保存相关凭证。记录和凭证保存期限应当符合本法第五十条第二款的规定。

第六十一条 集中交易市场的开办者、柜台出租者和展销会举办者，应当依法审查入场食品经营者的许可证，明确其食品安全管理责任，定期对其经营环境和条件进行检查，发现其有违反本法规定行为的，应当及时制止并立即报告所在地县级人民政府食品安全监督管理部门。

第六十二条 网络食品交易第三方平台提供者应当对入网食品经营者进行实名登记，明确其食品安全管理责任；依法应当取得许可证的，还应当审查其许可证。

网络食品交易第三方平台提供者发现入网食品经营者有违反本法规定行为的，应当及时制止并立即报告所在地县级人民政府食品安全监督管理部门；发现严重违法行为的，应当立即停止提供网络交易平台服务。

第六十三条 国家建立食品召回制度。食品生产者发现其生产的食品不符合食品安全标准或者有证据证明可能危害人体健康的，应当立即停止生产，召回已经上市销售的食品，通知相关生产经营者和消费者，并记录召回和通知情况。

食品经营者发现其经营的食品有前款规定情形的，应当立即停止经营，通知相关生产经营者和消费者，并记录停止经营和通知情况。食品生产者认为应当召回的，应当立即召回。由于食品经营者的原因造成其经营的食品有前款规定情形的，食品经营者应当召回。

食品生产经营者应当对召回的食品采取无害化处理、销毁等措施，防止其再次流入市场。但是，对因标签、标志或者说明书不符合食品安全标准而被召回的食品，食品生产者在采取补救措施且能保证食品安全的情况下可以继续销售；销售时应当向消费者明示补救措施。

食品生产经营者应当将食品召回和处理情况向所在地县级人民政府食品安全监督管理部门报告；需要对召回的食品进行无害化处理、销毁的，应当提前报告时间、地点。食品安全监督管理部门认为必要的，可以实施现场监督。

食品生产经营者未依照本条规定召回或者停止经营的，县级以上人民政府食品安全监督管理部门可以责令其召回或者停止经营。

第六十四条 食用农产品批发市场应当配备检验设备和检验人员或者委托符合本法规定的食品检验机构，对进入该批发市场销售的食用农产品进行抽样检验；发现不符合食品安全标准的，应当要求销售者立即停止销售，并向食品安全监督管理部门报告。

第六十五条 食用农产品销售者应当建立食用农产品进货查验记录制度，如实记录食用农产品的名称、数量、进货日期以及供货者名称、地址、联系方式等内容，并保存相关凭证。记录和凭证保存期限不得少于六个月。

第六十六条 进入市场销售的食用农产品在包装、保鲜、贮存、运输中使用保鲜剂、防腐剂等食品添加剂和包装材料等食品相关产品，应当符合食品安全国家标准。

第三节 标签、说明书和广告

第六十七条 预包装食品的包装上应当有标签。标签应当标明下列事项：

（一）名称、规格、净含量、生产日期；

（二）成分或者配料表；

（三）生产者的名称、地址、联系方式；

（四）保质期；

（五）产品标准代号；

（六）贮存条件；

（七）所使用的食品添加剂在国家标准中的通用名称；

（八）生产许可证编号；

（九）法律、法规或者食品安全标准规定应当标明的其他事项。

专供婴幼儿和其他特定人群的主辅食品，其标签还应当标明主要营养成分及其含量。

食品安全国家标准对标签标注事项另有规定的，从其规定。

第六十八条 食品经营者销售散装食品，应当在散装食品的容器、外包装上标明食品的名称、生产日期或者生产批号、保质期以及生产经营者名称、地址、联系方式等内容。

第六十九条 生产经营转基因食品应当按照规定显著标示。

第七十条 食品添加剂应当有标签、说明书和包装。标签、说明书应当载明本法第六十七条第一款第一项至第六项、第八项、第九项规定的事项，以及食品添加剂的使用范围、用量、使用方法，并在标签上载明“食品添加剂”字样。

第七十一条 食品和食品添加剂的标签、说明书，不得含有虚假内容，不得涉及疾病预防、治疗功能。生产经营者对其提供的标签、说明书的内容负责。

食品和食品添加剂的标签、说明书应当清楚、明显，生产日期、保质期等事项应当显著标注，容易辨识。

食品和食品添加剂与其标签、说明书的内容不符的，不得上市销售。

第七十二条 食品经营者应当按照食品标签标示的警示标志、警示说明或者注意事项的要求销售食品。

第七十三条 食品广告的内容应当真实合法，不得含有虚假内容，不得涉及疾病预防、治疗功能。食品生产经营者对食品广告内容的真实性、合法性负责。

县级以上人民政府食品安全监督管理部门和其他有关部门以及食品检验机构、食品行业协会不得以广告或者其他形式向消费者推荐食品。消费者组织不得以收取费用或者其他牟取利益的方式向消费者推荐食品。

第四节 特殊食品

第七十四条 国家对保健食品、特殊医学用途配方食品和婴幼儿配方食品等特殊食品实行严格监督管理。

第七十五条 保健食品声称保健功能，应当具有科学依据，不得对人体产生急性、亚急性或者慢性危害。

保健食品原料目录和允许保健食品声称的保健功能目录，由国务院食品安全监督管理部门会同国务院卫生行政部门、国家中医药管理部门制定、调整并公布。

保健食品原料目录应当包括原料名称、用量及其对应的功效；列入保健食品原料目录的原料只能用于保健食品生产，不得用于其他食品生产。

第七十六条 使用保健食品原料目录以外原料的保健食品和首次进口的保健食品应当经国务院食品安全监督管理部门注册。但是，首次进口的保健食品中属于补充维生素、矿物质等营养物质的，应当报国务院食品安全监督管理部门备案。其他保健食品应当报省、自治区、直辖市人民政府食品安全监督管理部门备案。

进口的保健食品应当是出口国（地区）主管部门准许上市销售的产品。

第七十七条 依法应当注册的保健食品，注册时应当提交保健食品的研发报告、产品配方、生产工艺、安全性和保健功能评价、标签、说明书等材料及样品，并提供相关证明文件。国务院食品安全监督管理部门经组织技术审评，对符合安全和功能声称要求的，准予注册；对不符合要求的，不予注册并书面说明理由。对使用保健食品原料目录以外原料的保健食品作出准予注册决定的，应当及时将该原料纳入保健食品原料目录。

依法应当备案的保健食品，备案时应当提交产品配方、生产工艺、标签、说明书以及表明产品安全性和保健功能的材料。

第七十八条 保健食品的标签、说明书不得涉及疾病预防、治疗功能，内容应当真实，与注册或者备案的内容相一致，载明适宜人群、不适宜人群、功效成分或者标志性成分及其含量等，并声明“本品不能代替药物”。保健食品的功能和成分应当与标签、说明书相一致。

第七十九条 保健食品广告除应当符合本法第七十三条第一款的规定外，还应当声明“本品不能代替药物”；其内容应当经生产企业所在地省、自治区、直辖市人民政府食品安全监督管理部门审查批准，取得保健食品广告批准文件。省、自治区、直辖市人民政府食品安全监督管理部门应当公布并及时更新已经批准的保健食品广告目录以及批准的广告内容。

第八十条 特殊医学用途配方食品应当经国务院食品安全监督管理部门注册。注册时，应当提交产品配方、生产工艺、标签、说明书以及表明产品安全性、营养充足性和特殊医学用途临床效果的材料。

特殊医学用途配方食品广告适用《中华人民共和国广告法》和其他法律、行政法规关于药品广告管理的规定。

第八十一条 婴幼儿配方食品生产企业应当实施从原料进厂到成品出厂的全过程质量控制，对出厂的婴幼儿配方食品实施逐批检验，保证食品安全。

生产婴幼儿配方食品使用的生鲜乳、辅料等食品原料、食品添加剂等，应当符合法律、行政法规的规定和食品安全国家标准，保证婴幼儿生长发育所需的营养成分。

婴幼儿配方食品生产企业应当将食品原料、食品添加剂、产品配方及标签等事项向省、自治区、直辖市人民政府食品安全监督管理部门备案。

婴幼儿配方乳粉的产品配方应当经国务院食品安全监督管理部门注册。注册时，应当提交配方研发报告和其他表明配方科学性、安全性的材料。

不得以分装方式生产婴幼儿配方乳粉，同一企业不得用同一配方生产不同品牌的婴幼儿配方乳粉。

第八十二条 保健食品、特殊医学用途配方食品、婴幼儿配方乳粉的注册人或者备案人应当对其提交材料的真实性负责。

省级以上人民政府食品安全监督管理部门应当及时公布注册或者备案的保健食品、特殊医学用途配方食品、婴幼儿配方乳粉目录，并对注册或者备案中获知的企业商业秘密予以保密。

保健食品、特殊医学用途配方食品、婴幼儿配方乳粉生产企业应当按照注册或者备案的产品配方、生产工艺等技术要求组织生产。

第八十三条 生产保健食品，特殊医学用途配方食品、婴幼儿配方食品和其他专供特定人群的主辅食品的企业，应当按照良好生产规范的要求建立与所生产食品相适应的生产质量管理体系，定期对该体系的运行情况进行自查，保证其有效运行，并向所在地县级人民政府食品安全监督管理部门提交自查报告。

第五章 食品检验

第八十四条 食品检验机构按照国家有关认证认可的规定取得资质认定后，方可从事食品检验活动。但是，法律另有规定的除外。

食品检验机构的资质认定条件和检验规范，由国务院食品安全监督管理部门规定。

符合本法规定的食品检验机构出具的检验报告具有同等效力。

县级以上人民政府应当整合食品检验资源，实现资源共享。

第八十五条 食品检验由食品检验机构指定的检验人独立进行。

检验人应当依照有关法律、法规的规定，并按照食品安全标准和检验规范对食品进行检验，尊重科学，恪守职业道德，保证出具的检验数据和结论客观、公正，不得出具虚假检验报告。

第八十六条 食品检验实行食品检验机构与检验人负责制。食品检验报告应当加盖食品检验机构公章，并有检验人的签名或者盖章。食品检验机构和检验人对出具的食品检验报告负责。

第八十七条 县级以上人民政府食品安全监督管理部门应当对食品进行定期或者不定期的抽样检验，并依据有关规定公布检验结果，不得免检。进行抽样检验，应当购买抽取的样品，委托符合本法规定的食品检验机构进行检验，并支付相关费用；不得向食品生产经营者收取检验费和其他费用。

第八十八条 对依照本法规定实施的检验结论有异议的，食品生产经营者可以自收到检验结论之日起七个工作日内向实施抽样检验的食品安全监督管理部门或者其上一级食品安全监督管理部门提出复检申请，由受理复检申请的食品安全监督管理部门在公布的复检机构名录中随机确定复检机构进行复检。复检机构出具的复检结论为最终检验结论。复检机构与初检机构不得为同一机构。复检机构名录由国务院认证认可监督管理、食品安全监督管理、卫生行政、农业行政等部门共同公布。

采用国家规定的快速检测方法对食用农产品进行抽查检测，被抽查人对检测结果有异议的，可以自收到检测结果时起四小时内申请复检。复检不得采用快速检测方法。

第八十九条 食品生产企业可以自行对所生产的食品进行检验，也可以委托符合本法规定的食品检验机构进行检验。

食品行业协会和消费者协会等组织、消费者需要委托食品检验机构对食品进行检验的，应当委托符合本法规定的食品检验机构进行。

第九十条 食品添加剂的检验，适用本法有关食品检验的规定。

第六章 食品进出口

第九十一条 国家出入境检验检疫部门对进出口食品安全实施监督管理。

第九十二条 进口的食品、食品添加剂、食品相关产品应当符合我国食品安全国家标准。

进口的食品、食品添加剂应当经出入境检验检疫机构依照进出口商品检验相关法律、行政法规的规定检验合格。

进口的食品、食品添加剂应当按照国家出入境检验检疫部门的要求随附合格证明材料。

第九十三条 进口尚无食品安全国家标准的食品，由境外出口商、境外生产企业或者其委托的进口商向国务院卫生行政部门提交所执行的相关国家（地区）标准或者国际标准。国务院卫生行政部门对相关标准进行审查，认为符合食品安全要求的，决定暂予适用，并及时制定相应的食品安全国家标准。进口利用新的食品原料生产的食品或者进口食品添加剂新品种、食品相关产品新品种，依照本法第三十七条的规定办理。

出入境检验检疫机构按照国务院卫生行政部门的要求，对前款规定的食品、食品添加剂、食品相关产品进行检验。检验结果应当公开。

第九十四条 境外出口商、境外生产企业应当保证向我国出口的食品、食品添加剂、食品相关产品符合本法以及我国其他有关法律、行政法规的规定和食品安全国家标准的要求，并对标签、说明书的内容负责。

进口商应当建立境外出口商、境外生产企业审核制度，重点审核前款规定的内容；审核不合格的，不得进口。

发现进口食品不符合我国食品安全国家标准或者有证据证明可能危害人体健康的，进口商应当立即停止进口，并依照本法第六十三条的规定召回。

第九十五条 境外发生的食品安全事件可能对我国境内造成影响，或者在进口食品、食品添加剂、食品相关产品中发现严重食品安全问题的，国家出入境检验检疫部门应当及时采取风险预警或者控制措施，并向国务院食品安全监督管理、卫生行政、农业行政部门通报。接到通报的部门应当及时采取相应措施。

县级以上人民政府食品安全监督管理部门对国内市场上销售的进口食品、食品添加剂实施监督管理。发现存在严重食品安全问题的，国务院食品安全监督管理部门应当及时向国家出入境检验检疫部门通报。国家出入境检验检疫部门应当及时采取相应措施。

第九十六条 向我国境内出口食品的境外出口商或者代理商、进口食品的进口商应当向国家出入境检验检疫部门备案。向我国境内出口食品的境外食品生产企业应当经国家出入境检验检疫部门注册。已经注册的境外食品生产企业提供虚假材料，或者因其自身的原因致使进口食品发生重大食品安全事故的，国家出入境检验检疫部门应当撤销注册并公告。

国家出入境检验检疫部门应当定期公布已经备案的境外出口商、代理商、进口商和已经注册的境外食品生产企业名单。

第九十七条 进口的预包装食品、食品添加剂应当有中文标签；依法应当有说明书的，还应当有中文说明书。标签、说明书应当符合本法以及我国其他有关法律、行政法规的规定和食品安全国家标准的要求，并载明食品的原产地以及境内代理商的名称、地址、联系方式。预包装食品没有中文标签、中文说明书或者标签、说明书不符合本条规定的，不得进口。

第九十八条 进口商应当建立食品、食品添加剂进口和销售记录制度，如实记录食品、食品添加剂的名称、规格、数量、生产日期、生产或者进口批号、保质期、境外出口商和购货者名称、地址及联系方式、交货日期等内容，并保存相关凭证。记录和凭证保存期限应当符合本法第五十条第二款的规定。

第九十九条 出口食品生产企业应当保证其出口食品符合进口国（地区）的标准或者合同要求。

出口食品生产企业和出口食品原料种植、养殖场应当向国家出入境检验检疫部门备案。

第一百条 国家出入境检验检疫部门应当收集、汇总下列进出口食品安全信息，并及时通报相关部门、机构和企业：

（一）出入境检验检疫机构对进出口食品实施检验检疫发现的食品安全信息；

（二）食品行业协会和消费者协会等组织、消费者反映的进口食品安全信息；

（三）国际组织、境外政府机构发布的风险预警信息及其他食品安全信息，以及境外食品行业协会等组织、消费者反映的食品安全信息；

（四）其他食品安全信息。

国家出入境检验检疫部门应当对进出口食品的进口商、出口商和出口食品生产企业实施信用管理，建立信用记录，并依法向社会公布。对有不良记录的进口商、出口商和出口食品生产企业，应当加强对其进出口食品的检验检疫。

第一百零一条 国家出入境检验检疫部门可以对向我国境内出口食品的国家（地区）的食品安全管理体系和食品安全状况进行评估和审查，并根据评估和审查结果，确定相应检验检疫要求。

第七章 食品安全事故处置

第一百零二条 国务院组织制定国家食品安全事故应急预案。

县级以上地方人民政府应当根据有关法律、法规的规定和上级人民政府的食品安全事故应急预案以及本行政区域的实际情况，制定本行政区域的食品安全事故应急预案，并报上一级人民政府备案。

食品安全事故应急预案应当对食品安全事故分级、事故处置组织指挥体系与职责、预防预警机制、处置程序、应急保障措施等作出规定。

食品生产经营企业应当制定食品安全事故处置方案，定期检查本企业各项食品安全防范措施的落实情况，及时消除事故隐患。

第一百零三条 发生食品安全事故的单位应当立即采取措施，防止事故扩大。事故单位和接收病人进行治疗的单位应当及时向事故发生地县级人民政府食品安全监督管理、卫生行政部门报告。

县级以上人民政府农业行政等部门在日常监督管理中发现食品安全事故或者接到事故举报，应当立即向同级食品安全监督管理部门通报。

发生食品安全事故，接到报告的县级人民政府食品安全监督管理部门应当按照应急预案的规定向本级人民政府和上级人民政府食品安全监督管理部门报告。县级人民政府和上级人民政府食品安全监督管理部门应当按照应急预案的规定上报。

任何单位和个人不得对食品安全事故隐瞒、谎报、缓报，不得隐匿、伪造、毁灭有关证据。

第一百零四条 医疗机构发现其接收的病人属于食源性疾病病人或者疑似病人的，应当按照规定及时将相关信息向所在地县级人民政府卫生行政部门报告。县级人民政府卫生行政部门认为与食品安全有关的，应当及时通报同级食品安全监督管理部门。

县级以上人民政府卫生行政部门在调查处理传染病或者其他突发公共卫生事件中发现与食品安全相关的信息，应当及时通报同级食品安全监督管理部门。

第一百零五条 县级以上人民政府食品安全监督管理部门接到食品安全事故的报告后，应当立即会同同级卫生行政、农业行政等部门进行调查处理，并采取下列措施，防止或者减轻社会危害：

（一）开展应急救援工作，组织救治因食品安全事故导致人身伤害的人员；

（二）封存可能导致食品安全事故的食品及其原料，并立即进行检验；对确认属于被污染的食品及其原料，责令食品生产经营者依照本法第六十三条的规定召回或者停止经营；

（三）封存被污染的食品相关产品，并责令进行清洗消毒；

（四）做好信息发布工作，依法对食品安全事故及其处理情况进行发布，并对可能产生的危害加以解释、说明。

发生食品安全事故需要启动应急预案的，县级以上人民政府应当立即成立事故处置指挥机构，启动应急预案，依照前款和应急预案的规定进行处置。

发生食品安全事故，县级以上疾病预防控制机构应当对事故现场进行卫生处理，并对与事故有关的因素开展流行病学调查，有关部门应当予以协助。县级以上疾病预防控制机构应当向同级食品安全监督管理、卫生行政部门提交流行病学调查报告。

第一百零六条 发生食品安全事故，设区的市级以上人民政府食品安全监督管理部门应当立即会同有关部门进行事故责任调查，督促有关部门履行职责，向本级人民政府和上一级人民政府食品安全监督管理部门提出事故责任调查处理报告。

涉及两个以上省、自治区、直辖市的重大食品安全事故由国务院食品安全监督管理部门依照前款规定组织事故责任调查。

第一百零七条 调查食品安全事故，应当坚持实事求是、尊重科学的原则，及时、准确查清事故性质和原因，认定事故责任，提出整改措施。

调查食品安全事故，除了查明事故单位的责任，还应当查明有关监督管理部门、食品检验机构、认证机构及其工作人员的责任。

第一百零八条 食品安全事故调查部门有权向有关单位和个人了解与事故有关的情况，并要求提供相关资料和样品。有关单位和个人应当予以配合，按照要求提供相关资料和样品，不得拒绝。

任何单位和个人不得阻挠、干涉食品安全事故的调查处理。

第八章 监督管理

第一百零九条 县级以上人民政府食品安全监督管理部门根据食品安全风险监测、风险评估结果和食品安全状况等，确定监督管理的重点、方式和频次，实施风险分级管理。

县级以上地方人民政府组织本级食品安全监督管理、农业行政等部门制定本行政区域的食品安全年度监督管理计划，向社会公布并组织实施。

食品安全年度监督管理计划应当将下列事项作为监督管理的重点：

（一）专供婴幼儿和其他特定人群的主辅食品；

（二）保健食品生产过程中的添加行为和按照注册或者备案的技术要求组织生产的情况，保健食品标签、说明书以及宣传材料中有关功能宣传的情况；

（三）发生食品安全事故风险较高的食品生产经营者；

（四）食品安全风险监测结果表明可能存在食品安全隐患的事项。

第一百一十条 县级以上人民政府食品安全监督管理部门履行食品安全监督管理职责，有权采取下列措施，对生产经营者遵守本法的情况进行监督检查：

（一）进入生产经营场所实施现场检查；

（二）对生产经营的食品、食品添加剂、食品相关产品进行抽样检验；

（三）查阅、复制有关合同、票据、账簿以及其他有关资料；

（四）查封、扣押有证据证明不符合食品安全标准或者有证据证明存在安全隐患以及用于违法生产经营的食品、食品添加剂、食品相关产品；

（五）查封违法从事生产经营活动的场所。

第一百一十一条 对食品安全风险评估结果证明食品存在安全隐患，需要制定、修订食品安全标准的，在制定、修订食品安全标准前，国务院卫生行政部门应当及时会同国务院有关部门规定食品中有害物质的临时限量值和临时检验方法，作为生产经营和监督管理的依据。

第一百一十二条 县级以上人民政府食品安全监督管理部门在食品安全监督管理工作中可以采用国家规定的快速检测方法对食品进行抽查检测。

对抽查检测结果表明可能不符合食品安全标准的食品，应当依照本法第八十七条的规定进行检验。抽查检测结果确定有关食品不符合食品安全标准的，可以作为行政处罚的依据。

第一百一十三条 县级以上人民政府食品安全监督管理部门应当建立食品生产经营者食品安全信用档案，记录许可颁发、日常监督检查结果、违法行为查处等情况，依法向社会公布并实时更新；对有不良信用记录的食品生产经营者增加监督检查频次，对违法行为情节严重的食品生产经营者，可以通报投资主管部门、证券监督管理机构和有关的金融机构。

第一百一十四条 食品生产经营过程中存在食品安全隐患，未及时采取措施消除的，县级以上人民政府食品安全监督管理部门可以对食品生产经营者的法定代表人或者主要负责人进行责任约谈。食品生产经营者应当立即采取措施，进行整改，消除隐患。责任约谈情况和整改情况应当纳入食品生产经营者食品安全信用档案。

第一百一十五条 县级以上人民政府食品安全监督管理等部门应当公布本部门的电子邮件地址或者电话，接受咨询、投诉、举报。接到咨询、投诉、举报，对属于本部门职责的，应当受理并在法定期限内及时答复、核实、处理；对不属于本部门职责的，应当移交有权处理的部门并书面通知咨询、投诉、举报人。有权处理的部门应当在法定期限内及时处理，不得推诿。对查证属实的举报，给予举报人奖励。

有关部门应当对举报人的信息予以保密，保护举报人的合法权益。举报人举报所在企业的，该企业不得以解除、变更劳动合同或者其他方式对举报人进行打击报复。

第一百一十六条 县级以上人民政府食品安全监督管理等部门应当加强对执法人员食品安全法律、法规、标准和专业知识与执法能力等的培训，并组织考核。不具备相应知识和能力的，不得从事食品安全执法工作。

食品生产经营者、食品行业协会、消费者协会等发现食品安全执法人员在执法过程中有违反法律、法规规定的行为以及不规范执法行为的，可以向本级或者上级人民政府食品安全监督管理等部门或者监察机关投诉、举报。接到投诉、举报的部门或者机关应当进行核实，并将经核实的情况向食品安全执法人员所在部门通报；涉嫌违法违纪的，按照本法和有关规定处理。

第一百一十七条 县级以上人民政府食品安全监督管理等部门未及时发现食品安全系统性风险，未及时消除监督管理区域内的食品安全隐患的，本级人民政府可以对其主要负责人进行责任约谈。

地方人民政府未履行食品安全职责，未及时消除区域性重大食品安全隐患的，上级人民政府可以对其主要负责人进行责任约谈。

被约谈的食品安全监督管理等部门、地方人民政府应当立即采取措施，对食品安全监督管理工作进行整改。

责任约谈情况和整改情况应当纳入地方人民政府和有关部门食品安全监督管理工作评议、考核记录。

第一百一十八条 国家建立统一的食品安全信息平台，实行食品安全信息统一公布制度。国家食品安全总体情况、食品安全风险警示信息、重大食品安全事故及其调查处理信息和国务院确定需要统一公布的其他信息由国务院食品安全监督管理部门统一公布。食品安全风险警示信息和重大食品安全事故及其调查处理信息的影响限于特定区域的，也可以由有关省、自治区、直辖市人民政府食品安全监督管理部门公布。未经授权不得发布上述信息。

县级以上人民政府食品安全监督管理、农业行政部门依据各自职责公布食品安全日常监督管理信息。

公布食品安全信息，应当做到准确、及时，并进行必要的解释说明，避免误导消费者和社会舆论。

第一百一十九条 县级以上地方人民政府食品安全监督管理、卫生行政、农业行政部门获知本法规定需要统一公布的信息，应当向上级主管部门报告，由上级主管部门立即报告国务院食品安全监督管理部门；必要时，可以直接向国务院食品安全监督管理部门报告。

县级以上人民政府食品安全监督管理、卫生行政、农业行政部门应当相互通报获知的食品安全信息。

第一百二十条 任何单位和个人不得编造、散布虚假食品安全信息。

县级以上人民政府食品安全监督管理部门发现可能误导消费者和社会舆论的食品安全信息，应当立即组织有关部门、专业机构、相关食品生产经营者等进行核实、分析，并及时公布结果。

第一百二十一条 县级以上人民政府食品安全监督管理等部门发现涉嫌食品安全犯罪的，应当按照有关规定及时将案件移送公安机关。对移送的案件，公安机关应当及时审查；认为有犯罪事实需要追究刑事责任的，应当立案侦查。

公安机关在食品安全犯罪案件侦查过程中认为没有犯罪事实，或者犯罪事实显著轻微，不需要追究刑事责任，但依法应当追究行政责任的，应当及时将案件移送食品安全监督管理等部门和监察机关，有关部门应当依法处理。

公安机关商请食品安全监督管理、生态环境等部门提供检验结论、认定意见以及对涉案物品进行无害化处理等协助的，有关部门应当及时提供，予以协助。

第九章 法律责任

第一百二十二条 违反本法规定，未取得食品生产经营许可从事食品生产经营活动，或者未取得食品添加剂生产许可从事食品添加剂生产活动的，由县级以上人民政府食品安全监督管理部门没收违法所得和违法生产经营的食品、食品添加剂以及用于违法生产经营的工具、设备、原料等物品；违法生产经营的食品、食品添加剂货值金额不足一万元的，并处五万元以上十万元以下罚款；货值金额一万元以上的，并处货值金额十倍以上二十倍以下罚款。

明知从事前款规定的违法行为，仍为其提供生产经营场所或者其他条件的，由县级以上人民政府食品安全监督管理部门责令停止违法行为，没收违法所得，并处五万元以上十万元以下罚款；使消费者的合法权益受到损害的，应当与食品、食品添加剂生产经营者承担连带责任。

第一百二十三条 违反本法规定，有下列情形之一，尚不构成犯罪的，由县级以上人民政府食品安全监督管理部门没收违法所得和违法生产经营的食品，并可以没收用于违法生产经营的工具、设备、原料等物品；违法生产经营的食品货值金额不足一万元的，并处十万元以上十五万元以下罚款；货值金额一万元以上的，并处货值金额十五倍以上三十倍以下罚款；情节严重的，吊销许可证，并可以由公安机关对其直接负责的主管人员和其他直接责任人员处五日以上十五日以下拘留：

（一）用非食品原料生产食品、在食品中添加食品添加剂以外的化学物质和其他可能危害人体健康的物质，或者用回收食品作为原料生产食品，或者经营上述食品；

（二）生产经营营养成分不符合食品安全标准的专供婴幼儿和其他特定人群的主辅食品；

（三）经营病死、毒死或者死因不明的禽、畜、兽、水产动物肉类，或者生产经营其制品；

（四）经营未按规定进行检疫或者检疫不合格的肉类，或者生产经营未经检验或者检验不合格的肉类制品；

（五）生产经营国家为防病等特殊需要明令禁止生产经营的食品；

（六）生产经营添加药品的食品。

明知从事前款规定的违法行为，仍为其提供生产经营场所或者其他条件的，由县级以上人民政府食品安全监督管理部门责令停止违法行为，没收违法所得，并处十万元以上二十万元以下罚款；使消费者的合法权益受到损害的，应当与食品生产经营者承担连带责任。

违法使用剧毒、高毒农药的，除依照有关法律、法规规定给予处罚外，可以由公安机关依照第一款规定给予拘留。

第一百二十四条 违反本法规定，有下列情形之一，尚不构成犯罪的，由县级以上人民政府食品安全监督管理部门没收违法所得和违法生产经营的食品、食品添加剂，并可以没收用于违法生产经营的工具、设备、原料等物品；违法生产经营的食品、食品添加剂货值金额不足一万元的，并处五万元以上十万元以下罚款；货值金额一万元以上的，并处货值金额十倍以上二十倍以下罚款；情节严重的，吊销许可证：

（一）生产经营致病性微生物，农药残留、兽药残留、生物毒素、重金属等污染物质以及其他危害人体健康的物质含量超过食品安全标准限量的食品、食品添加剂；

（二）用超过保质期的食品原料、食品添加剂生产食品、食品添加剂，或者经营上述食品、食品添加剂；

（三）生产经营超范围、超限量使用食品添加剂的食品；

（四）生产经营腐败变质、油脂酸败、霉变生虫、污秽不洁、混有异物、掺假掺杂或者感官性状异常的食品、食品添加剂；

（五）生产经营标注虚假生产日期、保质期或者超过保质期的食品、食品添加剂；

（六）生产经营未按规定注册的保健食品、特殊医学用途配方食品、婴幼儿配方乳粉，或者未按注册的产品配方、生产工艺等技术要求组织生产；

（七）以分装方式生产婴幼儿配方乳粉，或者同一企业以同一配方生产不同品牌的婴幼儿配方乳粉；

（八）利用新的食品原料生产食品，或者生产食品添加剂新品种，未通过安全性评估；

（九）食品生产经营者在食品安全监督管理部门责令其召回或者停止经营后，仍拒不召回或者停止经营。

除前款和本法第一百二十三条、第一百二十五条规定的情形外，生产经营不符合法律、法规或者食品安全标准的食品、食品添加剂的，依照前款规定给予处罚。

生产食品相关产品新品种，未通过安全性评估，或者生产不符合食品安全标准的食品相关产品的，由县级以上人民政府食品安全监督管理部门依照第一款规定给予处罚。

第一百二十五条 违反本法规定，有下列情形之一的，由县级以上人民政府食品安全监督管理部门没收违法所得和违法生产经营的食品、食品添加剂，并可以没收用于违法生产经营的工具、设备、原料等物品；违法生产经营的食品、食品添加剂货值金额不足一万元的，并处五千元以上五万元以下罚款；货值金额一万元以上的，并处货值金额五倍以上十倍以下罚款；情节严重的，责令停产停业，直至吊销许可证：

（一）生产经营被包装材料、容器、运输工具等污染的食品、食品添加剂；

（二）生产经营无标签的预包装食品、食品添加剂或者标签、说明书不符合本法规定的食品、食品添加剂；

（三）生产经营转基因食品未按规定进行标示；

（四）食品生产经营者采购或者使用不符合食品安全标准的食品原料、食品添加剂、食品相关产品。

生产经营的食品、食品添加剂的标签、说明书存在瑕疵但不影响食品安全且不会对消费者造成误导的，由县级以上人民政府食品安全监督管理部门责令改正；拒不改正的，处二千元以下罚款。

第一百二十六条 违反本法规定，有下列情形之一的，由县级以上人民政府食品安全监督管理部门责令改正，给予警告；拒不改正的，处五千元以上五万元以下罚款；情节严重的，责令停产停业，直至吊销许可证：

（一）食品、食品添加剂生产者未按规定对采购的食品原料和生产的食品、食品添加剂进行检验；

（二）食品生产经营企业未按规定建立食品安全管理制度，或者未按规定配备或者培训、考核食品安全管理人员；

（三）食品、食品添加剂生产经营者进货时未查验许可证和相关证明文件，或者未按规定建立并遵守进货查验记录、出厂检验记录和销售记录制度；

（四）食品生产经营企业未制定食品安全事故处置方案；

（五）餐具、饮具和盛放直接入口食品的容器，使用前未经洗净、消毒或者清洗消毒不合格，或者餐饮服务设施、设备未按规定定期维护、清洗、校验；

（六）食品生产经营者安排未取得健康证明或者患有国务院卫生行政部门规定的有碍食品安全疾病的人员从事接触直接入口食品的工作；

（七）食品经营者未按规定要求销售食品；

（八）保健食品生产企业未按规定向食品安全监督管理部门备案，或者未按备案的产品配方、生产工艺等技术要求组织生产；

（九）婴幼儿配方食品生产企业未将食品原料、食品添加剂、产品配方、标签等向食品安全监督管理部门备案；

（十）特殊食品生产企业未按规定建立生产质量管理体系并有效运行，或者未定期提交自查报告；

（十一）食品生产经营者未定期对食品安全状况进行检查评价，或者生产经营条件发生变化，未按规定处理；

（十二）学校、托幼机构、养老机构、建筑工地等集中用餐单位未按规定履行食品安全管理责任；

（十三）食品生产企业、餐饮服务提供者未按规定制定、实施生产经营过程控制要求。

餐具、饮具集中消毒服务单位违反本法规定用水，使用洗涤剂、消毒剂，或者出厂的餐具、饮具未按规定检验合格并随附消毒合格证明，或者未按规定在独立包装上标注相关内容的，由县级以上人民政府卫生行政部门依照前款规定给予处罚。

食品相关产品生产者未按规定对生产的食品相关产品进行检验的，由县级以上人民政府食品安全监督管理部门依照第一款规定给予处罚。

食用农产品销售者违反本法第六十五条规定的，由县级以上人民政府食品安全监督管理部门依照第一款规定给予处罚。

第一百二十七条 对食品生产加工小作坊、食品摊贩等的违法行为的处罚，依照省、自治区、直辖市制定的具体管理办法执行。

第一百二十八条 违反本法规定，事故单位在发生食品安全事故后未进行处置、报告的，由有关主管部门按照各自职责分工责令改正，给予警告；隐匿、伪造、毁灭有关证据的，责令停产停业，没收违法所得，并处十万元以上五十万元以下罚款；造成严重后果的，吊销许可证。

第一百二十九条 违反本法规定，有下列情形之一的，由出入境检验检疫机构依照本法第一百二十四条的规定给予处罚：

（一）提供虚假材料，进口不符合我国食品安全国家标准的食品、食品添加剂、食品相关产品；

（二）进口尚无食品安全国家标准的食品，未提交所执行的标准并经国务院卫生行政部门审查，或者进口利用新的食品原料生产的食品或者进口食品添加剂新品种、食品相关产品新品种，未通过安全性评估；

（三）未遵守本法的规定出口食品；

（四）进口商在有关主管部门责令其依照本法规定召回进口的食品后，仍拒不召回。

违反本法规定，进口商未建立并遵守食品、食品添加剂进口和销售记录制度、境外出口商或者生产企业审核制度的，由出入境检验检疫机构依照本法第一百二十六条的规定给予处罚。

第一百三十条 违反本法规定，集中交易市场的开办者、柜台出租者、展销会的举办者允许未依法取得许可的食品经营者进入市场销售食品，或者未履行检查、报告等义务的，由县级以上人民政府食品安全监督管理部门责令改正，没收违法所得，并处五万元以上二十万元以下罚款；造成严重后果的，责令停业，直至由原发证部门吊销许可证；使消费者的合法权益受到损害的，应当与食品经营者承担连带责任。

食用农产品批发市场违反本法第六十四条规定的，依照前款规定承担责任。

第一百三十一条 违反本法规定，网络食品交易第三方平台提供者未对入网食品经营者进行实名登记、审查许可证，或者未履行报告、停止提供网络交易平台服务等义务的，由县级以上人民政府食品安全监督管理部门责令改正，没收违法所得，并处五万元以上二十万元以下罚款；造成严重后果的，责令停业，直至由原发证部门吊销许可证；使消费者的合法权益受到损害的，应当与食品经营者承担连带责任。

消费者通过网络食品交易第三方平台购买食品，其合法权益受到损害的，可以向入网食品经营者或者食品生产者要求赔偿。网络食品交易第三方平台提供者不能提供入网食品经营者的真实名称、地址和有效联系方式的，由网络食品交易第三方平台提供者赔偿。网络食品交易第三方平台提供者赔偿后，有权向入网食品经营者或者食品生产者追偿。网络食品交易第三方平台提供者作出更有利于消费者承诺的，应当履行其承诺。

第一百三十二条 违反本法规定，未按要求进行食品贮存、运输和装卸的，由县级以上人民政府食品安全监督管理等部门按照各自职责分工责令改正，给予警告；拒不改正的，责令停产停业，并处一万元以上五万元以下罚款；情节严重的，吊销许可证。

第一百三十三条 违反本法规定，拒绝、阻挠、干涉有关部门、机构及其工作人员依法开展食品安全监督检查、事故调查处理、风险监测和风险评估的，由有关主管部门按照各自职责分工责令停产停业，并处二千元以上五万元以下罚款；情节严重的，吊销许可证；构成违反治安管理行为的，由公安机关依法给予治安管理处罚。

违反本法规定，对举报人以解除、变更劳动合同或者其他方式打击报复的，应当依照有关法律的规定承担责任。

第一百三十四条 食品生产经营者在一年内累计三次因违反本法规定受到责令停产停业、吊销许可证以外处罚的，由食品安全监督管理部门责令停产停业，直至吊销许可证。

第一百三十五条 被吊销许可证的食品生产经营者及其法定代表人、直接负责的主管人员和其他直接责任人员自处罚决定作出之日起五年内不得申请食品生产经营许可，或者从事食品生产经营管理工作、担任食品生产经营企业食品安全管理人员。

因食品安全犯罪被判处有期徒刑以上刑罚的，终身不得从事食品生产经营管理工作，也不得担任食品生产经营企业食品安全管理人员。

食品生产经营者聘用人员违反前两款规定的，由县级以上人民政府食品安全监督管理部门吊销许可证。

第一百三十六条 食品经营者履行了本法规定的进货查验等义务，有充分证据证明其不知道所采购的食品不符合食品安全标准，并能如实说明其进货来源的，可以免予处罚，但应当依法没收其不符合食品安全标准的食品；造成人身、财产或者其他损害的，依法承担赔偿责任。

第一百三十七条 违反本法规定，承担食品安全风险监测、风险评估工作的技术机构、技术人员提供虚假监测、评估信息的，依法对技术机构直接负责的主管人员和技术人员给予撤职、开除处分；有执业资格的，由授予其资格的主管部门吊销执业证书。

第一百三十八条 违反本法规定，食品检验机构、食品检验人员出具虚假检验报告的，由授予其资质的主管部门或者机构撤销该食品检验机构的检验资质，没收所收取的检验费用，并处检验费用五倍以上十倍以下罚款，检验费用不足一万元的，并处五万元以上十万元以下罚款；依法对食品检验机构直接负责的主管人员和食品检验人员给予撤职或者开除处分；导致发生重大食品安全事故的，对直接负责的主管人员和食品检验人员给予开除处分。

违反本法规定，受到开除处分的食品检验机构人员，自处分决定作出之日起十年内不得从事食品检验工作；因食品安全违法行为受到刑事处罚或者因出具虚假检验报告导致发生重大食品安全事故受到开除处分的食品检验机构人员，终身不得从事食品检验工作。食品检验机构聘用不得从事食品检验工作的人员的，由授予其资质的主管部门或者机构撤销该食品检验机构的检验资质。

食品检验机构出具虚假检验报告，使消费者的合法权益受到损害的，应当与食品生产经营者承担连带责任。

第一百三十九条 违反本法规定，认证机构出具虚假认证结论，由认证认可监督管理部门没收所收取的认证费用，并处认证费用五倍以上十倍以下罚款，认证费用不足一万元的，并处五万元以上十万元以下罚款；情节严重的，责令停业，直至撤销认证机构批准文件，并向社会公布；对直接负责的主管人员和负有直接责任的认证人员，撤销其执业资格。

认证机构出具虚假认证结论，使消费者的合法权益受到损害的，应当与食品生产经营者承担连带责任。

第一百四十条 违反本法规定，在广告中对食品作虚假宣传，欺骗消费者，或者发布未取得批准文件、广告内容与批准文件不一致的保健食品广告的，依照《中华人民共和国广告法》的规定给予处罚。

广告经营者、发布者设计、制作、发布虚假食品广告，使消费者的合法权益受到损害的，应当与食品生产经营者承担连带责任。

社会团体或者其他组织、个人在虚假广告或者其他虚假宣传中向消费者推荐食品，使消费者的合法权益受到损害的，应当与食品生产经营者承担连带责任。

违反本法规定，食品安全监督管理等部门、食品检验机构、食品行业协会以广告或者其他形式向消费者推荐食品，消费者组织以收取费用或者其他牟取利益的方式向消费者推荐食品的，由有关主管部门没收违法所得，依法对直接负责的主管人员和其他直接责任人员给予记大过、降级或者撤职处分；情节严重的，给予开除处分。

对食品作虚假宣传且情节严重的，由省级以上人民政府食品安全监督管理部门决定暂停销售该食品，并向社会公布；仍然销售该食品的，由县级以上人民政府食品安全监督管理部门没收违法所得和违法销售的食品，并处二万元以上五万元以下罚款。

第一百四十一条　违反本法规定，编造、散布虚假食品安全信息，构成违反治安管理行为的，由公安机关依法给予治安管理处罚。

媒体编造、散布虚假食品安全信息的，由有关主管部门依法给予处罚，并对直接负责的主管人员和其他直接责任人员给予处分；使公民、法人或者其他组织的合法权益受到损害的，依法承担消除影响、恢复名誉、赔偿损失、赔礼道歉等民事责任。

第一百四十二条　违反本法规定，县级以上地方人民政府有下列行为之一的，对直接负责的主管人员和其他直接责任人员给予记大过处分；情节较重的，给予降级或者撤职处分；情节严重的，给予开除处分；造成严重后果的，其主要负责人还应当引咎辞职：

（一）对发生在本行政区域内的食品安全事故，未及时组织协调有关部门开展有效处置，造成不良影响或者损失；

（二）对本行政区域内涉及多环节的区域性食品安全问题，未及时组织整治，造成不良影响或者损失；

（三）隐瞒、谎报、缓报食品安全事故；

（四）本行政区域内发生特别重大食品安全事故，或者连续发生重大食品安全事故。

第一百四十三条　违反本法规定，县级以上地方人民政府有下列行为之一的，对直接负责的主管人员和其他直接责任人员给予警告、记过或者记大过处分；造成严重后果的，给予降级或者撤职处分：

（一）未确定有关部门的食品安全监督管理职责，未建立健全食品安全全程监督管理工作机制和信息共享机制，未落实食品安全监督管理责任制；

（二）未制定本行政区域的食品安全事故应急预案，或者发生食品安全事故后未按规定立即成立事故处置指挥机构、启动应急预案。

第一百四十四条　违反本法规定，县级以上人民政府食品安全监督管理、卫生行政、农业行政等部门有下列行为之一的，对直接负责的主管人员和其他直接责任人员给予记大过处分；情节较重的，给予降级或者撤职处分；情节严重的，给予开除处分；造成严重后果的，其主要负责人还应当引咎辞职：

（一）隐瞒、谎报、缓报食品安全事故；

（二）未按规定查处食品安全事故，或者接到食品安全事故报告未及时处理，造成事故扩大或者蔓延；

（三）经食品安全风险评估得出食品、食品添加剂、食品相关产品不安全结论后，未及时采取相应措施，造成食品安全事故或者不良社会影响；

（四）对不符合条件的申请人准予许可，或者超越法定职权准予许可；

（五）不履行食品安全监督管理职责，导致发生食品安全事故。

第一百四十五条　违反本法规定，县级以上人民政府食品安全监督管理、卫生行政、农业行政等部门有下列行为之一，造成不良后果的，对直接负责的主管人员和其他直接责任人员给予警告、记过或者记大过处分；情节较重的，给予降级或者撤职处分；情节严重的，给予开除处分：

（一）在获知有关食品安全信息后，未按规定向上级主管部门和本级人民政府报告，或者未按规定相互通报；

（二）未按规定公布食品安全信息；

（三）不履行法定职责，对查处食品安全违法行为不配合，或者滥用职权、玩忽职守、徇私舞弊。

第一百四十六条　食品安全监督管理等部门在履行食品安全监督管理职责过程中，违法实施检查、强制等执法措施，给生产经营者造成损失的，应当依法予以赔偿，对直接负责的主管人员和其他直接责任人员依法给予处分。

第一百四十七条　违反本法规定，造成人身、财产或者其他损害的，依法承担赔偿责任。生产经营者财产不足以同时承担民事赔偿责任和缴纳罚款、罚金时，先承担民事赔偿责任。

第一百四十八条　消费者因不符合食品安全标准的食品受到损害的，可以向经营者要求赔偿损失，也可以向生产者要求赔偿损失。接到消费者赔偿要求的生产经营者，应当实行首负责任制，先行赔付，不得推诿；属于生产者责任的，经营者赔偿后有权向生产者追偿；属于经营者责任的，生产者赔偿后有权向经营者追偿。

生产不符合食品安全标准的食品或者经营明知是不符合食品安全标准的食品，消费者除要求赔偿损失外，还可以向生产者或者经营者要求支付价款十倍或者损失三倍的赔偿金；增加赔偿的金额不足一千元的，为一千元。但是，食品的标签、说明书存在不影响食品安全且不会对消费者造成误导的瑕疵的除外。

第一百四十九条　违反本法规定，构成犯罪的，依法追究刑事责任。

第十章　附　则

第一百五十条　本法下列用语的含义：

食品，指各种供人食用或者饮用的成品和原料以及按照传统既是食品又是中药材的物品，但是不包括以治疗为目的的物品。

食品安全，指食品无毒、无害，符合应当有的营养要求，对人体健康不造成任何急性、亚急性或者慢性危害。

预包装食品，指预先定量包装或者制作在包装材料、容器中的食品。

食品添加剂，指为改善食品品质和色、香、味以及为防腐、保鲜和加工工艺的需要而加入食品中的人工合成或者天然物质，包括营养强化剂。

用于食品的包装材料和容器，指包装、盛放食品或者食品添加剂用的纸、竹、木、金属、搪瓷、陶瓷、塑料、橡胶、天然纤维、化学纤维、玻璃等制品和直接接触食品或者食品添加剂的涂料。

用于食品生产经营的工具、设备，指在食品或者食品添加剂生产、销售、使用过程中直接接触食品或者食品添加剂的机械、管道、传送带、容器、用具、餐具等。

用于食品的洗涤剂、消毒剂，指直接用于洗涤或者消毒食品、餐具、饮具以及直接接触食品的工具、设备或者食品包装材料和容器的物质。

食品保质期，指食品在标明的贮存条件下保持品质的期限。

食源性疾病，指食品中致病因素进入人体引起的感染性、中毒性等疾病，包括食物中毒。

食品安全事故，指食源性疾病、食品污染等源于食品，对人体健康有危害或者可能有危害的事故。

第一百五十一条 转基因食品和食盐的食品安全管理，本法未作规定的，适用其他法律、行政法规的规定。

第一百五十二条 铁路、民航运营中食品安全的管理办法由国务院食品安全监督管理部门会同国务院有关部门依照本法制定。

保健食品的具体管理办法由国务院食品安全监督管理部门依照本法制定。

食品相关产品生产活动的具体管理办法由国务院食品安全监督管理部门依照本法制定。

国境口岸食品的监督管理由出入境检验检疫机构依照本法以及有关法律、行政法规的规定实施。

军队专用食品和自供食品的食品安全管理办法由中央军事委员会依照本法制定。

第一百五十三条 国务院根据实际需要，可以对食品安全监督管理体制作出调整。

第一百五十四条 本法自 2015 年 10 月 1 日起施行。

附录 1-3

中华人民共和国商标法

（1982 年 8 月 23 日第五届全国人民代表大会常务委员会第二十四次会议通过　根据 1993 年 2 月 22 日第七届全国人民代表大会常务委员会第三十次会议《关于修改〈中华人民共和国商标法〉的决定》第一次修正　根据 2001 年 10 月 27 日第九届全国人民代表大会常务委员会第二十四次会议《关于修改〈中华人民共和国商标法〉的决定》第二次修正　根据 2013 年 8 月 30 日第十二届全国人民代表大会常务委员会第四次会议《关于修改〈中华人民共和国商标法〉的决定》第三次修正　根据 2019 年 4 月 23 日第十三届全国人民代表大会常务委员会第十次会议《关于修改〈中华人民共和国建筑法〉等八部法律的决定》第四次修正）

第一章　总　则

第一条　为了加强商标管理，保护商标专用权，促使生产、经营者保证商品和服务质量，维护商标信誉，以保障消费者和生产、经营者的利益，促进社会主义市场经济的发展，特制定本法。

第二条　国务院工商行政管理部门商标局主管全国商标注册和管理的工作。

国务院工商行政管理部门设立商标评审委员会，负责处理商标争议事宜。

第三条　经商标局核准注册的商标为注册商标，包括商品商标、服务商标和集体商标、证明商标；商标注册人享有商标专用权，受法律保护。

本法所称集体商标，是指以团体、协会或者其他组织名义注册，供该组织成员在商事活动中使用，以表明使用者在该组织中的成员资格的标志。

本法所称证明商标，是指由对某种商品或者服务具有监督能力的组织所控制，而由该组织以外的单位或者个人使用于其商品或者服务，用以证明该商品或者服务的原产地、原料、制造方法、质量或者其他特定品质的标志。

集体商标、证明商标注册和管理的特殊事项，由国务院工商行政管理部门规定。

第四条　自然人、法人或者其他组织在生产经营活动中，对其商品或者服务需要取得商标专用权的，应当向商标局申请商标注册。不以使用为目的的恶意商标注册申请，应当予以驳回。

本法有关商品商标的规定，适用于服务商标。

第五条　两个以上的自然人、法人或者其他组织可以共同向商标局申请注册同一商标，共同享有和行使该商标专用权。

第六条　法律、行政法规规定必须使用注册商标的商品，必须申请商标注册，未经核准注册的，不得在市场销售。

第七条 申请注册和使用商标，应当遵循诚实信用原则。

商标使用人应当对其使用商标的商品质量负责。各级工商行政管理部门应当通过商标管理，制止欺骗消费者的行为。

第八条 任何能够将自然人、法人或者其他组织的商品与他人的商品区别开的标志，包括文字、图形、字母、数字、三维标志、颜色组合和声音等，以及上述要素的组合，均可以作为商标申请注册。

第九条 申请注册的商标，应当有显著特征，便于识别，并不得与他人在先取得的合法权利相冲突。

商标注册人有权标明“注册商标”或者注册标记。

第十条 下列标志不得作为商标使用：

（一）同中华人民共和国的国家名称、国旗、国徽、国歌、军旗、军徽、军歌、勋章等相同或者近似的，以及同中央国家机关的名称、标志、所在地特定地点的名称或者标志性建筑物的名称、图形相同的；

（二）同外国的国家名称、国旗、国徽、军旗等相同或者近似的，但经该国政府同意的除外；

（三）同政府间国际组织的名称、旗帜、徽记等相同或者近似的，但经该组织同意或者不易误导公众的除外；

（四）与表明实施控制、予以保证的官方标志、检验印记相同或者近似的，但经授权的除外；

（五）同“红十字”、“红新月”的名称、标志相同或者近似的；

（六）带有民族歧视性的；

（七）带有欺骗性，容易使公众对商品的质量等特点或者产地产生误认的；

（八）有害于社会主义道德风尚或者有其他不良影响的。

县级以上行政区划的地名或者公众知晓的外国地名，不得作为商标。但是，地名具有其他含义或者作为集体商标、证明商标组成部分的除外；已经注册的使用地名的商标继续有效。

第十一条 下列标志不得作为商标注册：

（一）仅有本商品的通用名称、图形、型号的；

（二）仅直接表示商品的质量、主要原料、功能、用途、重量、数量及其他特点的；

（三）其他缺乏显著特征的。

前款所列标志经过使用取得显著特征，并便于识别的，可以作为商标注册。

第十二条 以三维标志申请注册商标的，仅由商品自身的性质产生的形状、为获得技术效果而需有的商品形状或者使商品具有实质性价值的形状，不得注册。

第十三条 为相关公众所熟知的商标，持有人认为其权利受到侵害时，可以依照本法规定请求驰名商标保护。

就相同或者类似商品申请注册的商标是复制、摹仿或者翻译他人未在中国注册的驰名商标，容易导致混淆的，不予注册并禁止使用。

就不相同或者不相类似商品申请注册的商标是复制、摹仿或者翻译他人已经在中国注册的驰名商标，误导公众，致使该驰名商标注册人的利益可能受到损害的，不予注册并禁止使用。

第十四条 驰名商标应当根据当事人的请求，作为处理涉及商标案件需要认定的事实进行认定。认定驰名商标应当考虑下列因素：

（一）相关公众对该商标的知晓程度；

（二）该商标使用的持续时间；

（三）该商标的任何宣传工作的持续时间、程度和地理范围；

（四）该商标作为驰名商标受保护的记录；

（五）该商标驰名的其他因素。

在商标注册审查、工商行政管理部门查处商标违法案件过程中，当事人依照本法第十三条规定主张权利的，商标局根据审查、处理案件的需要，可以对商标驰名情况作出认定。

在商标争议处理过程中，当事人依照本法第十三条规定主张权利的，商标评审委员会根据处理案件的需要，可以对商标驰名情况作出认定。

在商标民事、行政案件审理过程中，当事人依照本法第十三条规定主张权利的，最高人民法院指定的人民法院根据审理案件的需要，可以对商标驰名情况作出认定。

生产、经营者不得将“驰名商标”字样用于商品、商品包装或者容器上，或者用于广告宣传、展览以及其他商业活动中。

第十五条 未经授权，代理人或者代表人以自己的名义将被代理人或者被代表人的商标进行注册，被代理人或者被代表人提出异议的，不予注册并禁止使用。

就同一种商品或者类似商品申请注册的商标与他人在先使用的未注册商标相同或者近似，申请人与该他人具有前款规定以外的合同、业务往来关系或者其他关系而明知该他人商标存在，该他人提出异议的，不予注册。

第十六条 商标中有商品的地理标志，而该商品并非来源于该标志所标示的地区，误导公众的，不予注册并禁止使用；但是，已经善意取得注册的继续有效。

前款所称地理标志，是指标示某商品来源于某地区，该商品的特定质量、信誉或者其他特征，主要由该地区的自然因素或者人文因素所决定的标志。

第十七条 外国人或者外国企业在中国申请商标注册的，应当按其所属国和中华人民共和国签订的协议或者共同参加的国际条约办理，或者按对等原则办理。

第十八条 申请商标注册或者办理其他商标事宜，可以自行办理，也可以委托依法设立的商标代理机构办理。

外国人或者外国企业在中国申请商标注册和办理其他商标事宜的，应当委托依法设立的商标代理机构办理。

第十九条 商标代理机构应当遵循诚实信用原则，遵守法律、行政法规，按照被代理人的委托办理商标注册申请或者其他商标事宜；对在代理过程中知悉的被代理人的商业秘密，负有保密义务。

委托人申请注册的商标可能存在本法规定不得注册情形的，商标代理机构应当明确告知委托人。

商标代理机构知道或者应当知道委托人申请注册的商标属于本法第四条、第十五条和第三十二条规定情形的，不得接受其委托。

商标代理机构除对其代理服务申请商标注册外，不得申请注册其他商标。

第二十条 商标代理行业组织应当按照章程规定，严格执行吸纳会员的条件，对违反行业自律规范的会员实行惩戒。商标代理行业组织对其吸纳的会员和对会员的惩戒情况，应当及时向社会公布。

第二十一条 商标国际注册遵循中华人民共和国缔结或者参加的有关国际条约确立的制度，具体办法由国务院规定。

第二章　商标注册的申请

第二十二条 商标注册申请人应当按规定的商品分类表填报使用商标的商品类别和商品名称，提出注册申请。

商标注册申请人可以通过一份申请就多个类别的商品申请注册同一商标。

商标注册申请等有关文件，可以以书面方式或者数据电文方式提出。

第二十三条 注册商标需要在核定使用范围之外的商品上取得商标专用权的，应当另行提出注册申请。

第二十四条 注册商标需要改变其标志的，应当重新提出注册申请。

第二十五条 商标注册申请人自其商标在外国第一次提出商标注册申请之日起六个月内，又在中国就相同商品以同一商标提出商标注册申请的，依照该外国同中国签订的协议或者共同参加的国际条约，或者按照相互承认优先权的原则，可以享有优先权。

依照前款要求优先权的，应当在提出商标注册申请的时候提出书面声明，并且在三个月内提交第一次提出的商标注册申请文件的副本；未提出书面声明或者逾期未提交商标注册申请文件副本的，视为未要求优先权。

第二十六条 商标在中国政府主办的或者承认的国际展览会展出的商品上首次使用的，自该商品展出之日起六个月内，该商标的注册申请人可以享有优先权。

依照前款要求优先权的，应当在提出商标注册申请的时候提出书面声明，并且在三个月内提交展出其商品的展览会名称、在展出商品上使用该商标的证据、展出日期等证明文件；未提出书面声明或者逾期未提交证明文件的，视为未要求优先权。

第二十七条 为申请商标注册所申报的事项和所提供的材料应当真实、准确、完整。

第三章 商标注册的审查和核准

第二十八条 对申请注册的商标，商标局应当自收到商标注册申请文件之日起九个月内审查完毕，符合本法有关规定的，予以初步审定公告。

第二十九条 在审查过程中，商标局认为商标注册申请内容需要说明或者修正的，可以要求申请人做出说明或者修正。申请人未做出说明或者修正的，不影响商标局做出审查决定。

第三十条 申请注册的商标，凡不符合本法有关规定或者同他人在同一种商品或者类似商品上已经注册的或者初步审定的商标相同或者近似的，由商标局驳回申请，不予公告。

第三十一条 两个或者两个以上的商标注册申请人，在同一种商品或者类似商品上，以相同或者近似的商标申请注册的，初步审定并公告申请在先的商标；同一天申请的，初步审定并公告使用在先的商标，驳回其他人的申请，不予公告。

第三十二条 申请商标注册不得损害他人现有的在先权利，也不得以不正当手段抢先注册他人已经使用并有一定影响的商标。

第三十三条 对初步审定公告的商标，自公告之日起三个月内，在先权利人、利害关系人认为违反本法第十三条第二款和第三款、第十五条、第十六条第一款、第三十条、第三十一条、第三十二条规定的，或者任何人认为违反本法第四条、第十条、第十一条、第十二条、第十九条第四款规定的，可以向商标局提出异议。公告期满无异议的，予以核准注册，发给商标注册证，并予公告。

第三十四条 对驳回申请、不予公告的商标，商标局应当书面通知商标注册申请人。商标注册申请人不服的，可以自收到通知之日起十五日内向商标评审委员会申请复审。商标评审委员会应当自收到申请之日起九个月内做出决定，并书面通知申请人。有特殊情况需要延长的，经国务院工商行政管理部门批准，可以延长三个月。当事人对商标评审委员会的决定不服的，可以自收到通知之日起三十日内向人民法院起诉。

第三十五条 对初步审定公告的商标提出异议的，商标局应当听取异议人和被异议人陈述事实和理由，经调查核实后，自公告期满之日起十二个月内做出是否准予注册的决定，并书面通知异议人和被异议人。有特殊情况需要延长的，经国务院工商行政管理部门批准，可以延长六个月。

商标局做出准予注册决定的，发给商标注册证，并予公告。异议人不服的，可以依照本法第四十四条、第四十五条的规定向商标评审委员会请求宣告该注册商标无效。

商标局做出不予注册决定，被异议人不服的，可以自收到通知之日起十五日内向商标评审委员会申请复审。商标评审委员会应当自收到申请之日起十二个月内做出复审决定，并书面通知异议人和被异议人。有特殊情况需要延长的，经国务院工商行政管理部门批准，可以延长六个月。被异议人对商标评审委员会的决定不服的，可以自收到通知之日起三十日内向人民法院起诉。人民法院应当通知异议人作为第三人参加诉讼。

商标评审委员会在依照前款规定进行复审的过程中，所涉及的在先权利的确定必须以人民法院正在审理或者行政机关正在处理的另一案件的结果为依据的，可以中止审查。中止原因消除后，应当恢复审查程序。

第三十六条 法定期限届满，当事人对商标局做出的驳回申请决定、不予注册决定不申请复审或者对商标评审委员会做出的复审决定不向人民法院起诉的，驳回申请决定、不予注册决定或者复审决定生效。

经审查异议不成立而准予注册的商标，商标注册申请人取得商标专用权的时间自初步审定公告三个月期满之日起计算。自该商标公告期满之日起至准予注册决定做出前，对他人在同一种或者类似商品上使用与该商标相同或者近似的标志的行为不具有追溯力；但是，因该使用人的恶意给商标注册人造成的损失，应当给予赔偿。

第三十七条 对商标注册申请和商标复审申请应当及时进行审查。

第三十八条 商标注册申请人或者注册人发现商标申请文件或者注册文件有明显错误的，可以申请更正。商标局依法在其职权范围内作出更正，并通知当事人。

前款所称更正错误不涉及商标申请文件或者注册文件的实质性内容。

第四章 注册商标的续展、变更、转让和使用许可

第三十九条 注册商标的有效期为十年，自核准注册之日起计算。

第四十条 注册商标有效期满，需要继续使用的，商标注册人应当在期满前十二个月内按照规定办理续展手续；在此期间未能办理的，可以给予六个月的宽展期。每次续展注册的有效期为十年，自该商标上一届有效期满次日起计算。期满未办理续展手续的，注销其注册商标。

商标局应当对续展注册的商标予以公告。

第四十一条 注册商标需要变更注册人的名义、地址或者其他注册事项的，应当提出变更申请。

第四十二条 转让注册商标的，转让人和受让人应当签订转让协议，并共同向商标局提出申请。受让人应当保证使用该注册商标的商品质量。

转让注册商标的，商标注册人对其在同一种商品上注册的近似的商标，或者在类似商品上注册的相同或者近似的商标，应当一并转让。

对容易导致混淆或者有其他不良影响的转让，商标局不予核准，书面通知申请人并说明理由。

转让注册商标经核准后，予以公告。受让人自公告之日起享有商标专用权。

第四十三条 商标注册人可以通过签订商标使用许可合同，许可他人使用其注册商标。许可人应当监督被许可人使用其注册商标的商品质量。被许可人应当保证使用该注册商标的商品质量。

经许可使用他人注册商标的，必须在使用该注册商标的商品上标明被许可人的名称和商品产地。

许可他人使用其注册商标的，许可人应当将其商标使用许可报商标局备案，由商标局公告。商标使用许可未经备案不得对抗善意第三人。

第五章　注册商标的无效宣告

第四十四条　已经注册的商标，违反本法第四条、第十条、第十一条、第十二条、第十九条第四款规定的，或者是以欺骗手段或者其他不正当手段取得注册的，由商标局宣告该注册商标无效；其他单位或者个人可以请求商标评审委员会宣告该注册商标无效。

商标局做出宣告注册商标无效的决定，应当书面通知当事人。当事人对商标局的决定不服的，可以自收到通知之日起十五日内向商标评审委员会申请复审。商标评审委员会应当自收到申请之日起九个月内做出决定，并书面通知当事人。有特殊情况需要延长的，经国务院工商行政管理部门批准，可以延长三个月。当事人对商标评审委员会的决定不服的，可以自收到通知之日起三十日内向人民法院起诉。

其他单位或者个人请求商标评审委员会宣告注册商标无效的，商标评审委员会收到申请后，应当书面通知有关当事人，并限期提出答辩。商标评审委员会应当自收到申请之日起九个月内做出维持注册商标或者宣告注册商标无效的裁定，并书面通知当事人。有特殊情况需要延长的，经国务院工商行政管理部门批准，可以延长三个月。当事人对商标评审委员会的裁定不服的，可以自收到通知之日起三十日内向人民法院起诉。人民法院应当通知商标裁定程序的对方当事人作为第三人参加诉讼。

第四十五条　已经注册的商标，违反本法第十三条第二款和第三款、第十五条、第十六条第一款、第三十条、第三十一条、第三十二条规定的，自商标注册之日起五年内，在先权利人或者利害关系人可以请求商标评审委员会宣告该注册商标无效。对恶意注册的，驰名商标所有人不受五年的时间限制。

商标评审委员会收到宣告注册商标无效的申请后，应当书面通知有关当事人，并限期提出答辩。商标评审委员会应当自收到申请之日起十二个月内做出维持注册商标或者宣告注册商标无效的裁定，并书面通知当事人。有特殊情况需要延长的，经国务院工商行政管理部门批准，可以延长六个月。当事人对商标评审委员会的裁定不服的，可以自收到通知之日起三十日内向人民法院起诉。人民法院应当通知商标裁定程序的对方当事人作为第三人参加诉讼。

商标评审委员会在依照前款规定对无效宣告请求进行审查的过程中，所涉及的在先权利的确定必须以人民法院正在审理或者行政机关正在处理的另一案件的结果为依据的，可以中止审查。中止原因消除后，应当恢复审查程序。

第四十六条　法定期限届满，当事人对商标局宣告注册商标无效的决定不申请复审或者对商标评审委员会的复审决定、维持注册商标或者宣告注册商标无效的裁定不向人民法院起诉的，商标局的决定或者商标评审委员会的复审决定、裁定生效。

第四十七条 依照本法第四十四条、第四十五条的规定宣告无效的注册商标，由商标局予以公告，该注册商标专用权视为自始即不存在。

宣告注册商标无效的决定或者裁定，对宣告无效前人民法院做出并已执行的商标侵权案件的判决、裁定、调解书和工商行政管理部门做出并已执行的商标侵权案件的处理决定以及已经履行的商标转让或者使用许可合同不具有追溯力。但是，因商标注册人的恶意给他人造成的损失，应当给予赔偿。

依照前款规定不返还商标侵权赔偿金、商标转让费、商标使用费，明显违反公平原则的，应当全部或者部分返还。

第六章 商标使用的管理

第四十八条 本法所称商标的使用，是指将商标用于商品、商品包装或者容器以及商品交易文书上，或者将商标用于广告宣传、展览以及其他商业活动中，用于识别商品来源的行为。

第四十九条 商标注册人在使用注册商标的过程中，自行改变注册商标、注册人名义、地址或者其他注册事项的，由地方工商行政管理部门责令限期改正；期满不改正的，由商标局撤销其注册商标。

注册商标成为其核定使用的商品的通用名称或者没有正当理由连续三年不使用的，任何单位或者个人可以向商标局申请撤销该注册商标。商标局应当自收到申请之日起九个月内做出决定。有特殊情况需要延长的，经国务院工商行政管理部门批准，可以延长三个月。

第五十条 注册商标被撤销、被宣告无效或者期满不再续展的，自撤销、宣告无效或者注销之日起一年内，商标局对与该商标相同或者近似的商标注册申请，不予核准。

第五十一条 违反本法第六条规定的，由地方工商行政管理部门责令限期申请注册，违法经营额五万元以上的，可以处违法经营额百分之二十以下的罚款，没有违法经营额或者违法经营额不足五万元的，可以处一万元以下的罚款。

第五十二条 将未注册商标冒充注册商标使用的，或者使用未注册商标违反本法第十条规定的，由地方工商行政管理部门予以制止，限期改正，并可以予以通报，违法经营额五万元以上的，可以处违法经营额百分之二十以下的罚款，没有违法经营额或者违法经营额不足五万元的，可以处一万元以下的罚款。

第五十三条 违反本法第十四条第五款规定的，由地方工商行政管理部门责令改正，处十万元罚款。

第五十四条 对商标局撤销或者不予撤销注册商标的决定，当事人不服的，可以自收到通知之日起十五日内向商标评审委员会申请复审。商标评审委员会应当自收到申请之日起九个月内做出决定，并书面通知当事人。有特殊情况需要延长的，经国务院工商行政管理部门批准，可以延长三个月。当事人对商标评审委员会的决定不服的，可以自收到通知之日起三十日内向人民法院起诉。

第五十五条 法定期限届满，当事人对商标局做出的撤销注册商标的决定不申请复审或者对商标评审委员会做出的复审决定不向人民法院起诉的，撤销注册商标的决定、复审决定生效。

被撤销的注册商标，由商标局予以公告，该注册商标专用权自公告之日起终止。

第七章 注册商标专用权的保护

第五十六条 注册商标的专用权，以核准注册的商标和核定使用的商品为限。

第五十七条 有下列行为之一的，均属侵犯注册商标专用权：

（一）未经商标注册人的许可，在同一种商品上使用与其注册商标相同的商标的；

（二）未经商标注册人的许可，在同一种商品上使用与其注册商标近似的商标，或者在类似商品上使用与其注册商标相同或者近似的商标，容易导致混淆的；

（三）销售侵犯注册商标专用权的商品的；

（四）伪造、擅自制造他人注册商标标识或者销售伪造、擅自制造的注册商标标识的；

（五）未经商标注册人同意，更换其注册商标并将该更换商标的商品又投入市场的；

（六）故意为侵犯他人商标专用权行为提供便利条件，帮助他人实施侵犯商标专用权行为的；

（七）给他人的注册商标专用权造成其他损害的。

第五十八条 将他人注册商标、未注册的驰名商标作为企业名称中的字号使用，误导公众，构成不正当竞争行为的，依照《中华人民共和国反不正当竞争法》处理。

第五十九条 注册商标中含有的本商品的通用名称、图形、型号，或者直接表示商品的质量、主要原料、功能、用途、重量、数量及其他特点，或者含有的地名，注册商标专用权人无权禁止他人正当使用。

三维标志注册商标中含有的商品自身的性质产生的形状、为获得技术效果而需有的商品形状或者使商品具有实质性价值的形状，注册商标专用权人无权禁止他人正当使用。

商标注册人申请商标注册前，他人已经在同一种商品或者类似商品上先于商标注册人使用与注册商标相同或者近似并有一定影响的商标的，注册商标专用权人无权禁止该使用人在原使用范围内继续使用该商标，但可以要求其附加适当区别标识。

第六十条 有本法第五十七条所列侵犯注册商标专用权行为之一，引起纠纷的，由当事人协商解决；不愿协商或者协商不成的，商标注册人或者利害关系人可以向人民法院起诉，也可以请求工商行政管理部门处理。

工商行政管理部门处理时，认定侵权行为成立的，责令立即停止侵权行为，没收、销毁侵权商品和主要用于制造侵权商品、伪造注册商标标识的工具，违法经营额五万元以上的，可以处违法经营额五倍以下的罚款，没有违法经营额或者违法经营额不足五万元的，可以处二十五万元以下的罚款。对五年内实施两次以上商标侵权行为或者有其他严重情节的，应当从重处罚。销售不知道是侵犯注册商标专用权的商品，能证明该商品是自己合法取得并说明提供者的，由工商行政管理部门责令停止销售。

对侵犯商标专用权的赔偿数额的争议，当事人可以请求进行处理的工商行政管理部门调解，也可以依照《中华人民共和国民事诉讼法》向人民法院起诉。经工商行政管理部门调解，当事人未达成协议或者调解书生效后不履行的，当事人可以依照《中华人民共和国民事诉讼法》向人民法院起诉。

第六十一条 对侵犯注册商标专用权的行为，工商行政管理部门有权依法查处；涉嫌犯罪的，应当及时移送司法机关依法处理。

第六十二条 县级以上工商行政管理部门根据已经取得的违法嫌疑证据或者举报，对涉嫌侵犯他人注册商标专用权的行为进行查处时，可以行使下列职权：

（一）询问有关当事人，调查与侵犯他人注册商标专用权有关的情况；

（二）查阅、复制当事人与侵权活动有关的合同、发票、账簿以及其他有关资料；

（三）对当事人涉嫌从事侵犯他人注册商标专用权活动的场所实施现场检查；

（四）检查与侵权活动有关的物品；对有证据证明是侵犯他人注册商标专用权的物品，可以查封或者扣押。

工商行政管理部门依法行使前款规定的职权时，当事人应当予以协助、配合，不得拒绝、阻挠。

在查处商标侵权案件过程中，对商标权属存在争议或者权利人同时向人民法院提起商标侵权诉讼的，工商行政管理部门可以中止案件的查处。中止原因消除后，应当恢复或者终结案件查处程序。

第六十三条 侵犯商标专用权的赔偿数额，按照权利人因被侵权所受到的实际损失确定；实际损失难以确定的，可以按照侵权人因侵权所获得的利益确定；权利人的损失或者侵权人获得的利益难以确定的，参照该商标许可使用费的倍数合理确定。对恶意侵犯商标专用权，情节严重的，可以在按照上述方法确定数额的一倍以上五倍以下确定赔偿数额。赔偿数额应当包括权利人为制止侵权行为所支付的合理开支。

人民法院为确定赔偿数额，在权利人已经尽力举证，而与侵权行为相关的账簿、资料主要由侵权人掌握的情况下，可以责令侵权人提供与侵权行为相关的账簿、资料；侵权人不提供或者提供虚假的账簿、资料的，人民法院可以参考权利人的主张和提供的证据判定赔偿数额。

权利人因被侵权所受到的实际损失、侵权人因侵权所获得的利益、注册商标许可使用费难以确定的，由人民法院根据侵权行为的情节判决给予五百万元以下的赔偿。

人民法院审理商标纠纷案件，应权利人请求，对属于假冒注册商标的商品，除特殊情况外，责令销毁；对主要用于制造假冒注册商标的商品的材料、工具，责令销毁，且不予补偿；或者在特殊情况下，责令禁止前述材料、工具进入商业渠道，且不予补偿。

假冒注册商标的商品不得在仅去除假冒注册商标后进入商业渠道。

第六十四条 注册商标专用权人请求赔偿，被控侵权人以注册商标专用权人未使用注册商标提出抗辩的，人民法院可以要求注册商标专用权人提供此前三年内实际使用该注册商标的证据。注册商标专用权人不能证明此前三年内实际使用过该注册商标，也不能证明因侵权行为受到其他损失的，被控侵权人不承担赔偿责任。

销售不知道是侵犯注册商标专用权的商品，能证明该商品是自己合法取得并说明提供者的，不承担赔偿责任。

第六十五条 商标注册人或者利害关系人有证据证明他人正在实施或者即将实施侵犯其注册商标专用权的行为，如不及时制止将会使其合法权益受到难以弥补的损害的，可以依法在起诉前向人民法院申请采取责令停止有关行为和财产保全的措施。

第六十六条 为制止侵权行为，在证据可能灭失或者以后难以取得的情况下，商标注册人或者利害关系人可以依法在起诉前向人民法院申请保全证据。

第六十七条 未经商标注册人许可，在同一种商品上使用与其注册商标相同的商标，构成犯罪的，除赔偿被侵权人的损失外，依法追究刑事责任。

伪造、擅自制造他人注册商标标识或者销售伪造、擅自制造的注册商标标识，构成犯罪的，除赔偿被侵权人的损失外，依法追究刑事责任。

销售明知是假冒注册商标的商品，构成犯罪的，除赔偿被侵权人的损失外，依法追究刑事责任。

第六十八条 商标代理机构有下列行为之一的，由工商行政管理部门责令限期改正，给予警告，处一万元以上十万元以下的罚款；对直接负责的主管人员和其他直接责任人员给予警告，处五千元以上五万元以下的罚款；构成犯罪的，依法追究刑事责任：

（一）办理商标事宜过程中，伪造、变造或者使用伪造、变造的法律文件、印章、签名的；

（二）以诋毁其他商标代理机构等手段招徕商标代理业务或者以其他不正当手段扰乱商标代理市场秩序的；

（三）违反本法第四条、第十九条第三款和第四款规定的。

商标代理机构有前款规定行为的，由工商行政管理部门记入信用档案；情节严重的，商标局、商标评审委员会并可以决定停止受理其办理商标代理业务，予以公告。

商标代理机构违反诚实信用原则，侵害委托人合法利益的，应当依法承担民事责任，并由商标代理行业组织按照章程规定予以惩戒。

对恶意申请商标注册的，根据情节给予警告、罚款等行政处罚；对恶意提起商标诉讼的，由人民法院依法给予处罚。

第六十九条 从事商标注册、管理和复审工作的国家机关工作人员必须秉公执法，廉洁自律，忠于职守，文明服务。

商标局、商标评审委员会以及从事商标注册、管理和复审工作的国家机关工作人员不得从事商标代理业务和商品生产经营活动。

第七十条 工商行政管理部门应当建立健全内部监督制度，对负责商标注册、管理和复审工作的国家机关工作人员执行法律、行政法规和遵守纪律的情况，进行监督检查。

第七十一条 从事商标注册、管理和复审工作的国家机关工作人员玩忽职守、滥用职权、徇私舞弊，违法办理商标注册、管理和复审事项，收受当事人财物，牟取不正当利益，构成犯罪的，依法追究刑事责任；尚不构成犯罪的，依法给予处分。

第八章 附 则

第七十二条 申请商标注册和办理其他商标事宜的，应当缴纳费用，具体收费标准另定。

第七十三条 本法自 1983 年 3 月 1 日起施行。1963 年 4 月 10 日国务院公布的《商标管理条例》同时废止；其他有关商标管理的规定，凡与本法抵触的，同时失效。

本法施行前已经注册的商标继续有效。

附录 1-4

农产品产地安全管理办法

（2006 年 10 月 17 日农业部令第 71 号公布）

第一章　总　则

第一条　为加强农产品产地管理，改善产地条件，保障产地安全，依据《中华人民共和国农产品质量安全法》，制定本办法。

第二条　本办法所称农产品产地，是指植物、动物、微生物及其产品生产的相关区域。

本办法所称农产品产地安全，是指农产品产地的土壤、水体和大气环境质量等符合生产质量安全农产品要求。

第三条　农业部负责全国农产品产地安全的监督管理。

县级以上地方人民政府农业行政主管部门负责本行政区域内农产品产地的划分和监督管理。

第二章　产地监测与评价

第四条　县级以上人民政府农业行政主管部门应当建立健全农产品产地安全监测管理制度，加强农产品产地安全调查、监测和评价工作，编制农产品产地安全状况及发展趋势年度报告，并报上级农业行政主管部门备案。

第五条　省级以上人民政府农业行政主管部门应当在下列地区分别设置国家和省级监测点，监控农产品产地安全变化动态，指导农产品产地安全管理和保护工作。

（一）工矿企业周边的农产品生产区；

（二）污水灌溉区；

（三）大中城市郊区农产品生产区；

（四）重要农产品生产区；

（五）其他需要监测的区域。

第六条　农产品产地安全调查、监测和评价应当执行国家有关标准等技术规范。

监测点的设置、变更、撤销应当通过专家论证。

第七条　县级以上人民政府农业行政主管部门应当加强农产品产地安全信息统计工作，健全农产品产地安全监测档案。

监测档案应当准确记载产地安全变化状况，并长期保存。

第三章　禁止生产区划定与调整

第八条　农产品产地有毒有害物质不符合产地安全标准，并导致农产品中有毒有害物质不符合农产品质量安全标准的，应当划定为农产品禁止生产区。

禁止生产食用农产品的区域可以生产非食用农产品。

第九条　符合本办法第八条规定情形的，由县级以上地方人民政府农业行政主管部门提出划定禁止生产区的建议，报省级农业行政主管部门。省级农业行政主管部门应当组织专家论证，并附具下列材料报本级人民政府批准后公布。

（一）产地安全监测结果和农产品检测结果；

（二）产地安全监测评价报告，包括产地污染原因分析、产地与农产品污染的相关性分析、评价方法与结论等；

（三）专家论证报告；

（四）农业生产结构调整及相关处理措施的建议。

第十条　禁止生产区划定后，不得改变耕地、基本农田的性质，不得降低农用地征地补偿标准。

第十一条　县级人民政府农业行政主管部门应当在禁止生产区设置标示牌，载明禁止生产区地点、四至范围、面积、禁止生产的农产品种类、主要污染物种类、批准单位、立牌日期等。

任何单位和个人不得擅自移动和损毁标示牌。

第十二条　禁止生产区安全状况改善并符合相关标准的，县级以上地方人民政府农业行政主管部门应当及时提出调整建议。

禁止生产区的调整依照本办法第九条的规定执行。禁止生产区调整的，应当变更标示牌内容或者撤除标示牌。

第十三条　县级以上地方人民政府农业行政主管部门应当及时将本行政区域内农产品禁止生产区划定与调整结果逐级上报农业部备案。

第四章　产 地 保 护

第十四条　县级以上人民政府农业行政主管部门应当推广清洁生产技术和方法，发展生态农业。

第十五条　县级以上地方人民政府农业行政主管部门应当制定农产品产地污染防治与保护规划，并纳入本地农业和农村经济发展规划。

第十六条　县级以上人民政府农业行政主管部门应当采取生物、化学、工程等措施，对农产品禁止生产区和有毒有害物质不符合产地安全标准的其他农产品生产区域进行修复和治理。

第十七条　县级以上人民政府农业行政主管部门应当采取措施，加强产地污染修复和治理的科学研究、技术推广、宣传培训工作。

第十八条　农业建设项目的环境影响评价文件应当经县级以上人民政府农业行政主管部门依法审核后，报有关部门审批。

已经建成的企业或者项目污染农产品产地的，当地人民政府农业行政主管部门应当报请本级人民政府采取措施，减少或消除污染危害。

第十九条 任何单位和个人不得在禁止生产区生产、捕捞、采集禁止的食用农产品和建立农产品生产基地。

第二十条 禁止任何单位和个人向农产品产地排放或者倾倒废气、废水、固体废物或者其他有毒有害物质。

禁止在农产品产地堆放、贮存、处置工业固体废物。在农产品产地周围堆放、贮存、处置工业固体废物的，应当采取有效措施，防止对农产品产地安全造成危害。

第二十一条 任何单位和个人提供或者使用农业用水和用作肥料的城镇垃圾、污泥等固体废物，应当经过无害化处理并符合国家有关标准。

第二十二条 农产品生产者应当合理使用肥料、农药、兽药、饲料和饲料添加剂、农用薄膜等农业投入品。禁止使用国家明令禁止、淘汰的或者未经许可的农业投入品。

农产品生产者应当及时清除、回收农用薄膜、农业投入品包装物等，防止污染农产品产地环境。

第五章 监督检查

第二十三条 县级以上人民政府农业行政主管部门负责农产品产地安全的监督检查。

农业行政执法人员履行监督检查职责时，应当向被检查单位或者个人出示行政执法证件。有关单位或者个人应当如实提供有关情况和资料，不得拒绝检查或者提供虚假情况。

第二十四条 县级以上人民政府农业行政主管部门发现农产品产地受到污染威胁时，应当责令致害单位或者个人采取措施，减少或者消除污染威胁。有关单位或者个人拒不采取措施的，应当报请本级人民政府处理。

农产品产地发生污染事故时，县级以上人民政府农业行政主管部门应当依法调查处理。

发生农业环境污染突发事件时，应当依照农业环境污染突发事件应急预案的规定处理。

第二十五条 产地安全监测和监督检查经费应当纳入本级人民政府农业行政主管部门年度预算。开展产地安全监测和监督检查不得向被检查单位或者个人收取任何费用。

第二十六条 违反《中华人民共和国农产品质量安全法》和本办法规定的划定标准和程序划定的禁止生产区无效。

违反本办法规定，擅自移动、损毁禁止生产区标牌的，由县级以上地方人民政府农业行政主管部门责令限期改正，可处以一千元以下罚款。

其他违反本办法规定的，依照有关法律法规处罚。

第六章 附 则

第二十七条 本办法自 2006 年 11 月 1 日起施行。

附录 1-5

农产品包装和标识管理办法

第一章 总 则

第一条 为规范农产品生产经营行为，加强农产品包装和标识管理，建立健全农产品可追溯制度，保障农产品质量安全，依据《中华人民共和国农产品质量安全法》，制定本办法。

第二条 农产品的包装和标识活动应当符合本办法规定。

第三条 农业部负责全国农产品包装和标识的监督管理工作。

县级以上地方人民政府农业行政主管部门负责本行政区域内农产品包装和标识的监督管理工作。

第四条 国家支持农产品包装和标识科学研究，推行科学的包装方法，推广先进的标识技术。

第五条 县级以上人民政府农业行政主管部门应当将农产品包装和标识管理经费纳入年度预算。

第六条 县级以上人民政府农业行政主管部门对在农产品包装和标识工作中做出突出贡献的单位和个人，予以表彰和奖励。

第二章 农产品包装

第七条 农产品生产企业、农民专业合作经济组织以及从事农产品收购的单位或者个人，用于销售的下列农产品必须包装：

（一）获得无公害农产品、绿色食品、有机农产品等认证的农产品，但鲜活畜、禽、水产品除外。

（二）省级以上人民政府农业行政主管部门规定的其他需要包装销售的农产品。

符合规定包装的农产品拆包后直接向消费者销售的，可以不再另行包装。

第八条 农产品包装应当符合农产品储藏、运输、销售及保障安全的要求，便于拆卸和搬运。

第九条 包装农产品的材料和使用的保鲜剂、防腐剂、添加剂等物质必须符合国家强制性技术规范要求。

包装农产品应当防止机械损伤和二次污染。

第三章 农产品标识

第十条 农产品生产企业、农民专业合作经济组织以及从事农产品收购的单位或者个人包装销售的农产品，应当在包装物上标注或者附加标识标明品名、产地、生产者或者销售者名称、生产日期。

有分级标准或者使用添加剂的，还应当标明产品质量等级或者添加剂名称。

未包装的农产品，应当采取附加标签、标识牌、标识带、说明书等形式标明农产品的品名、生产地、生产者或者销售者名称等内容。

第十一条 农产品标识所用文字应当使用规范的中文。标识标注的内容应当准确、清晰、显著。

第十二条 销售获得无公害农产品、绿色食品、有机农产品等质量标志使用权的农产品，应当标注相应标志和发证机构。

禁止冒用无公害农产品、绿色食品、有机农产品等质量标志。

第十三条 畜禽及其产品、属于农业转基因生物的农产品，还应当按照有关规定进行标识。

第四章 监督检查

第十四条 农产品生产企业、农民专业合作经济组织以及从事农产品收购的单位或者个人，应当对其销售农产品的包装质量和标识内容负责。

第十五条 县级以上人民政府农业行政主管部门依照《中华人民共和国农产品质量安全法》对农产品包装和标识进行监督检查。

第十六条 有下列情形之一的，由县级以上人民政府农业行政主管部门按照《中华人民共和国农产品质量安全法》第四十八条、四十九条、五十一条、五十二条的规定处理、处罚：

（一）使用的农产品包装材料不符合强制性技术规范要求的；

（二）农产品包装过程中使用的保鲜剂、防腐剂、添加剂等材料不符合强制性技术规范要求的；

（三）应当包装的农产品未经包装销售的；

（四）冒用无公害农产品、绿色食品等质量标志的；

（五）农产品未按照规定标识的。

第五章 附 则

第十七条 本办法下列用语的含义：

（一）农产品包装：是指对农产品实施装箱、装盒、装袋、包裹、捆扎等。

（二）保鲜剂：是指保持农产品新鲜品质，减少流通损失，延长贮存时间的人工合成化学物质或者天然物质。

（三）防腐剂：是指防止农产品腐烂变质的人工合成化学物质或者天然物质。

（四）添加剂：是指为改善农产品品质和色、香、味以及加工性能加入的人工合成化学物质或者天然物质。

（五）生产日期：植物产品是指收获日期；畜禽产品是指屠宰或者产出日期；水产品是指起捕日期；其他产品是指包装或者销售时的日期。

第十八条 本办法自 2006 年 11 月 1 日起施行。

附录 1-6

绿色食品标志管理办法

（2012 年 7 月 30 日农业部令 2012 年第 6 号公布，2019 年 4 月 25 日农业农村部令 2019 年第 2 号、2022 年 1 月 7 日农业农村部令 2022 年第 1 号修订）

第一章　总　　则

第一条　为加强绿色食品标志使用管理，确保绿色食品信誉，促进绿色食品事业健康发展，维护生产经营者和消费者合法权益，根据《中华人民共和国农业法》、《中华人民共和国食品安全法》、《中华人民共和国农产品质量安全法》和《中华人民共和国商标法》，制定本办法。

第二条　本办法所称绿色食品，是指产自优良生态环境、按照绿色食品标准生产、实行全程质量控制并获得绿色食品标志使用权的安全、优质食用农产品及相关产品。

第三条　绿色食品标志依法注册为证明商标，受法律保护。

第四条　县级以上人民政府农业行政主管部门依法对绿色食品及绿色食品标志进行监督管理。

第五条　中国绿色食品发展中心负责全国绿色食品标志使用申请的审查、颁证和颁证后跟踪检查工作。

省级人民政府农业行政主管部门所属绿色食品工作机构（以下简称省级工作机构）负责本行政区域绿色食品标志使用申请的受理、初审和颁证后跟踪检查工作。

第六条　绿色食品产地环境、生产技术、产品质量、包装贮运等标准和规范，由农业部制定并发布。

第七条　承担绿色食品产品和产地环境检测工作的技术机构，应当具备相应的检测条件和能力，并依法经过资质认定，由中国绿色食品发展中心按照公平、公正、竞争的原则择优指定并报农业部备案。

第八条　县级以上地方人民政府农业行政主管部门应当鼓励和扶持绿色食品生产，将其纳入本地农业和农村经济发展规划，支持绿色食品生产基地建设。

第二章　标志使用申请与核准

第九条　申请使用绿色食品标志的产品，应当符合《中华人民共和国食品安全法》和《中华人民共和国农产品质量安全法》等法律法规规定，在国家知识产权局商标局核定的范围内，并具备下列条件：

（一）产品或产品原料产地环境符合绿色食品产地环境质量标准；

（二）农药、肥料、饲料、兽药等投入品使用符合绿色食品投入品使用准则；

（三）产品质量符合绿色食品产品质量标准；

（四）包装贮运符合绿色食品包装贮运标准。

第十条 申请使用绿色食品标志的生产单位（以下简称申请人），应当具备下列条件：

（一）能够独立承担民事责任；

（二）具有绿色食品生产的环境条件和生产技术；

（三）具有完善的质量管理和质量保证体系；

（四）具有与生产规模相适应的生产技术人员和质量控制人员；

（五）具有稳定的生产基地；

（六）申请前三年内无质量安全事故和不良诚信记录。

第十一条 申请人应当向省级工作机构提出申请，并提交下列材料：

（一）标志使用申请书；

（二）产品生产技术规程和质量控制规范；

（三）预包装产品包装标签或其设计样张；

（四）中国绿色食品发展中心规定提交的其他证明材料。

第十二条 省级工作机构应当自收到申请之日起十个工作日内完成材料审查。符合要求的，予以受理，并在产品及产品原料生产期内组织有资质的检查员完成现场检查；不符合要求的，不予受理，书面通知申请人并告知理由。

现场检查合格的，省级工作机构应当书面通知申请人，由申请人委托符合第七条规定的检测机构对申请产品和相应的产地环境进行检测；现场检查不合格的，省级工作机构应当退回申请并书面告知理由。

第十三条 检测机构接受申请人委托后，应当及时安排现场抽样，并自产品样品抽样之日起二十个工作日内、环境样品抽样之日起三十个工作日内完成检测工作，出具产品质量检验报告和产地环境监测报告，提交省级工作机构和申请人。

检测机构应当对检测结果负责。

第十四条 省级工作机构应当自收到产品检验报告和产地环境监测报告之日起二十个工作日内提出初审意见。初审合格的，将初审意见及相关材料报送中国绿色食品发展中心。初审不合格的，退回申请并书面告知理由。

省级工作机构应当对初审结果负责。

第十五条 中国绿色食品发展中心应当自收到省级工作机构报送的申请材料之日起三十个工作日内完成书面审查，并在二十个工作日内组织专家评审。必要时，应当进行现场核查。

第十六条 中国绿色食品发展中心应当根据专家评审的意见，在五个工作日内作出是否颁证的决定。同意颁证的，与申请人签订绿色食品标志使用合同，颁发绿色食品标志使用证书，并公告；不同意颁证的，书面通知申请人并告知理由。

第十七条 绿色食品标志使用证书是申请人合法使用绿色食品标志的凭证，应当载明准许使用的产品名称、商标名称、获证单位及其信息编码、核准产量、产品编号、标志使用有效期、颁证机构等内容。

绿色食品标志使用证书分中文、英文版本，具有同等效力。

第十八条 绿色食品标志使用证书有效期三年。

证书有效期满，需要继续使用绿色食品标志的，标志使用人应当在有效期满三个月前向省级工作机构书面提出续展申请。省级工作机构应当在四十个工作日内组织完成相关检查、检测及材料审核。初审合格的，由中国绿色食品发展中心在十个工作日内作出是否准予续展的决定。准予续展的，与标志使用人续签绿色食品标志使用合同，颁发新的绿色食品标志使用证书并公告；不予续展的，书面通知标志使用人并告知理由。

标志使用人逾期未提出续展申请，或者申请续展未获通过的，不得继续使用绿色食品标志。

第三章 标志使用管理

第十九条 标志使用人在证书有效期内享有下列权利：

（一）在获证产品及其包装、标签、说明书上使用绿色食品标志；

（二）在获证产品的广告宣传、展览展销等市场营销活动中使用绿色食品标志；

（三）在农产品生产基地建设、农业标准化生产、产业化经营、农产品市场营销等方面优先享受相关扶持政策。

第二十条 标志使用人在证书有效期内应当履行下列义务：

（一）严格执行绿色食品标准，保持绿色食品产地环境和产品质量稳定可靠；

（二）遵守标志使用合同及相关规定，规范使用绿色食品标志；

（三）积极配合县级以上人民政府农业行政主管部门的监督检查及其所属绿色食品工作机构的跟踪检查。

第二十一条 未经中国绿色食品发展中心许可，任何单位和个人不得使用绿色食品标志。

禁止将绿色食品标志用于非许可产品及其经营性活动。

第二十二条 在证书有效期内，标志使用人的单位名称、产品名称、产品商标等发生变化的，应当经省级工作机构审核后向中国绿色食品发展中心申请办理变更手续。

产地环境、生产技术等条件发生变化，导致产品不再符合绿色食品标准要求的，标志使用人应当立即停止标志使用，并通过省级工作机构向中国绿色食品发展中心报告。

第四章 监督检查

第二十三条 标志使用人应当健全和实施产品质量控制体系，对其生产的绿色食品质量和信誉负责。

第二十四条 县级以上地方人民政府农业行政主管部门应当加强绿色食品标志的监督管理工作，依法对辖区内绿色食品产地环境、产品质量、包装标识、标志使用等情况进行监督检查。

第二十五条 中国绿色食品发展中心和省级工作机构应当建立绿色食品风险防范及应急处置制度，组织对绿色食品及标志使用情况进行跟踪检查。

省级工作机构应当组织对辖区内绿色食品标志使用人使用绿色食品标志的情况实施年度检查。检查合格的，在标志使用证书上加盖年度检查合格章。

第二十六条 标志使用人有下列情形之一的，由中国绿色食品发展中心取消其标志使用权，收回标志使用证书，并予公告：

（一）生产环境不符合绿色食品环境质量标准的；

（二）产品质量不符合绿色食品产品质量标准的；

（三）年度检查不合格的；

（四）未遵守标志使用合同约定的；

（五）违反规定使用标志和证书的；

（六）以欺骗、贿赂等不正当手段取得标志使用权的。

标志使用人依照前款规定被取消标志使用权的，三年内中国绿色食品发展中心不再受理其申请；情节严重的，永久不再受理其申请。

第二十七条 任何单位和个人不得伪造、转让绿色食品标志和标志使用证书。

第二十八条 国家鼓励单位和个人对绿色食品和标志使用情况进行社会监督。

第二十九条 从事绿色食品检测、审核、监管工作的人员，滥用职权、徇私舞弊和玩忽职守的，依照有关规定给予行政处罚或行政处分；构成犯罪的，依法移送司法机关追究刑事责任。

承担绿色食品产品和产地环境检测工作的技术机构伪造检测结果的，除依法予以处罚外，由中国绿色食品发展中心取消指定，永久不得再承担绿色食品产品和产地环境检测工作。

第三十条 其他违反本办法规定的行为，依照《中华人民共和国食品安全法》、《中华人民共和国农产品质量安全法》和《中华人民共和国商标法》等法律法规处罚。

第五章 附　　则

第三十一条 绿色食品标志有关收费办法及标准，依照国家相关规定执行。

第三十二条 本办法自 2012 年 10 月 1 日起施行。农业部 1993 年 1 月 11 日印发的《绿色食品标志管理办法》（1993 农（绿）字第 1 号）同时废止。

附录 2-1

NY

中华人民共和国农业行业标准

NY/T 391—2021

代替 NY/T 391—2013

绿色食品　产地环境质量

Green food—Environmental quality for production area

2021-05-07 发布　　　　2021-11-01 实施

中华人民共和国农业农村部　发布

前　言

本文件按照 GB/T 1.1—2020《标准化工作导则　第 1 部分：标准化文件的结构和起草规则》的规定起草。

本文件代替 NY/T 391—2013《绿色食品　产地环境质量》，与 NY/T 391—2013 相比，除编辑性修改外，主要技术变化如下：

——修改了产地生态环境基本要求、隔离保护要求、产地环境质量通用要求内容；

——增加了舍区的术语和定义、畜禽养殖业空气环境质量要求；

——增加了渔业养殖用水中的高锰酸钾指数和氨氮要求，删除溶解氧要求；

——删除土壤肥力中阳离子交换量指标。

本文件由农业农村部农产品质量安全监管司提出。

本文件由中国绿色食品发展中心归口。

本文件起草单位：中国科学院沈阳应用生态研究所、北京昊颖环境科技发展中心、中国绿色食品发展中心、辽宁三源健康科技股份有限公司、东周丰源（北京）有机农业有限公司。

本文件主要起草人：张红、王颜红、张志华、方放、张宪、张朝晖、都雪利、王世成、王莹、郝明、辛绪红。

本文件所代替文件的历次版本的发布情况为：

——2000 年首次发布为 NY/T 391—2000，2013 年第一次修订；

——本次为第二次修订。

绿色食品　产地环境质量

1　范围

本文件规定了绿色食品产地的术语和定义、产地生态环境基本要求、隔离保护要求、产地环境质量通用要求、环境可持续发展要求。

本文件适用于绿色食品生产。

2　规范性引用文件

下列文件中的内容通过文中的规范性引用而构成本文件必不可少的条款。其中，注日期的引用文件，仅该日期对应的版本适用于本文件；不注日期的引用文件，其最新版本（包括所有的修改单）适用于本文件。

GB/T 5750.4　生活饮用水标准检验方法　感官性状和物理指标

GB/T 5750.5　生活饮用水标准检验方法　无机非金属指标

GB/T 5750.6　生活饮用水标准检验方法　金属指标

GB/T 5750.12　生活饮用水标准检验方法　微生物指标

GB/T 7467　水质　六价铬的测定　二苯碳酰二肼分光光度法

GB/T 7484　水质　氟化物的测定　离子选择电极法

GB/T 11892　水质　高锰酸盐指数的测定

GB/T 12763.4　海洋调查规范　第 4 部分：海水化学要素调查

GB/T 14675　空气质量　恶臭的测定　三点比较式臭袋法

GB/T 14678　空气质量　硫化氢、甲硫醇、甲硫醚和二甲二硫的测定　气相色谱法

GB/T 15432　环境空气　总悬浮颗粒物的测定　重量法

GB/T 17141　土壤质量　铅、镉的测定　石墨炉原子吸收分光光度法

GB/T 22105.1　土壤质量　总汞、总砷、总铅的测定　原子荧光法　第 1 部分：土壤中总汞的测定

GB/T 22105.2　土壤质量　总汞、总砷、总铅的测定　原子荧光法　第 2 部分：土壤中总砷的测定

HJ 479　环境空气　氮氧化物（一氧化氮和二氧化氮）的测定　盐酸萘乙二胺分光光度法

HJ 482　环境空气　二氧化硫的测定　甲醛吸收 - 副玫瑰苯胺分光光度法

HJ 491　土壤和沉积物　铜、锌、铅、镍、铬的测定　火焰原子吸收分光光度法

HJ 503　水质　挥发酚的测定　4- 氨基安替比林分光光度法

HJ 505　水质　五日生化需氧量（BOD_5）的测定　稀释与接种法
HJ 533　环境空气和废气　氨的测定　纳氏试剂分光光度法
HJ 536　水质　氨氮的测定　水杨酸分光光度法
HJ 694　水质　汞、砷、硒、铋和锑的测定　原子荧光法
HJ 700　水质　65 种元素的测定　电感耦合等离子体质谱法
HJ 717　土壤质量　全氮的测定　凯氏法
HJ 828　水质　化学需氧量的测定　重铬酸盐法
HJ 870　固定污染源废气　二氧化碳的测定　非分散红外吸收法
HJ 955　环境空气　氟化物的测定　滤膜采样 / 氟离子选择电极法
HJ 970　水质石油类的测定　紫外分光光度法
HJ 1147　水质　pH 值的测定　电极法
LY/T 1232　森林土壤磷的测定
LY/T 1234　森林土壤钾的测定
NY/T 1121.6　土壤检测　第 6 部分：土壤有机质的测定
NY/T 1377　土壤 pH 的测定
SL 355　水质　粪大肠菌群的测定——多管发酵法

3　术语和定义

下列术语和定义适用于本文件。

3.1　环境空气标准状态　ambient air standard state

温度为 298.15 K，压力为 101.325 kPa 时的环境空气状态。

3.2　舍区　living area for livestock and poultry

畜禽所处的封闭或半封闭生活区域，即畜禽直接生活环境区。

4　产地生态环境基本要求

4.1　绿色食品生产应选择生态环境良好、无污染的地区，远离工矿区、公路铁路干线和生活区，避开污染源。

4.2　产地应距离公路、铁路、生活区 50 m 以上，距离工矿企业 1 km 以上。

4.3　产地要远离污染源，配备切断有毒有害物进入产地的措施。

4.4　产地不应受外来污染威胁，产地上风向和灌溉水上游不应有排放有毒有害物质的工矿企业，灌溉水源应是深井水或水库等清洁水源，不应使用污水或塘水等被污染的地表水；园地土壤不应是施用含有毒有害物质的工业废渣改良过土壤。

4.5　应建立生物栖息地，保护基因多样性、物种多样性和生态系统多样性，以维持生态平衡。

4.6　应保证产地具有可持续生产能力，不对环境或周边其他生物产生污染。

4.7　利用上一年度产地区域空气质量数据，综合分析产区空气质量。

5 隔离保护要求

5.1 应在绿色食品和常规生产区域之间设置有效的缓冲带或物理屏障，以防止绿色食品产地受到污染。

5.2 绿色食品产地应与常规生产区保持一定距离，或在两者之间设立物理屏障，或利用地表水、山岭分割等其他方法，两者交界处应有明显可识别的界标。

5.3 绿色食品种植产地与常规生产区农田间建立缓冲隔离带，可在绿色食品种植区边缘 5 m～10 m 处种植树木作为双重篱墙，隔离带宽度 8 m 左右，隔离带种植缓冲作物。

6 产地环境质量通用要求

6.1 空气质量要求

除畜禽养殖业外，空气质量应符合表 1 要求。

表 1 空气质量要求（标准状态）

项目	指标		检验方法
	日平均[a]	1 h[b]	
总悬浮颗粒物，mg/m³	≤0.30	—	GB/T 15432
二氧化硫，mg/m³	≤0.15	≤0.50	HJ 482
二氧化氮，mg/m³	≤0.08	≤0.20	HJ 479
氟化物，μg/m³	≤7	≤20	HJ 955

[a] 日平均指任何一日的平均指标。
[b] 1 h 指任何 1 h 的指标。

畜禽养殖业空气质量应符合表 2 要求。

表 2 畜禽养殖业空气质量要求（标准状态）

单位为毫克每立方米

项目	禽舍区（日平均）		畜舍区（日平均）	检验方法
	雏	成		
总悬浮颗粒物	≤8		≤3	GB/T 15432
二氧化碳	≤1 500		≤1 500	HJ 870
硫化氢	≤2	≤10	≤8	GB/T 14678
氨气	≤10	≤15	≤20	HJ 533
恶臭（稀释倍数，无量纲）	≤70		≤70	GB/T 14675

6.2 水质要求

6.2.1 农田灌溉水水质要求

农田灌溉水包括用于农田灌溉的地表水、地下水，以及水培蔬菜、水生植物生产用水和食用菌生产用水等，应符合表3要求。

表3 农田灌溉水水质要求

项目	指标	检验方法
pH	5.5～8.5	HJ 1147
总汞，mg/L	≤0.001	HJ 694
总镉，mg/L	≤0.005	HJ 700
总砷，mg/L	≤0.05	HJ 694
总铅，mg/L	≤0.1	HJ 700
六价铬，mg/L	≤0.1	GB/T 7467
氟化物，mg/L	≤2.0	GB/T 7484
化学需氧量（COD_{cr}），mg/L	≤60	HJ 828
石油类，mg/L	≤1.0	HJ 970
粪大肠菌群[a]，MPN/L	≤10 000	SL 355
[a] 仅适用于灌溉蔬菜、瓜类和草本水果的地表水。		

6.2.2 渔业水水质要求

应符合表4要求。

表4 渔业水水质要求

项目	指标		检验方法
	淡水	海水	
色、臭、味	不应有异色、异臭、异味		GB/T 5750.4
pH	6.5～9.0		HJ 1147
生化需氧量（BOD_5），mg/L	≤5	≤3	HJ 505
总大肠菌群，MPN/100 mL	≤500（贝类 50）		GB/T 5750.12
总汞，mg/L	≤0.000 5	≤0.000 2	HJ 694
总镉，mg/L	≤0.005		HJ 700
总铅，mg/L	≤0.05	≤0.005	HJ 700
总铜，mg/L	≤0.01		HJ 700
总砷，mg/L	≤0.05	≤0.03	HJ 694
六价铬，mg/L	≤0.1	≤0.01	GB/T 7467
挥发酚，mg/L	≤0.005		HJ 503

（续）

项目	指标		检验方法
	淡水	海水	
石油类，mg/L	≤0.05		HJ 970
活性磷酸盐（以 P 计），mg/L	—	≤0.03	GB/T 12763.4
高锰酸盐指数，mg/L	≤6	—	GB/T 11892
氨氮（NH_3-N），mg/L	≤1.0	—	HJ 536
漂浮物质应满足水面不出现油膜或浮沫的要求。			

6.2.3 畜牧养殖用水水质要求

畜牧养殖用水包括畜禽养殖用水和养蜂用水，应符合表 5 的要求。

表 5 畜牧养殖用水水质要求

项目	指标	检验方法
色度 [a]，度	≤15，并不应呈现其他异色	GB/T 5750.4
浑浊度 [a]（散射浑浊度单位），NTU	≤3	GB/T 5750.4
臭和味	不应有异臭、异味	GB/T 5750.4
肉眼可见物 [a]	不应含有	GB/T 5750.4
pH	6.5～8.5	GB/T 5750.4
氟化物，mg/L	≤1.0	GB/T 5750.5
氰化物，mg/L	≤0.05	GB/T 5750.5
总砷，mg/L	≤0.05	GB/T 5750.6
总汞，mg/L	≤0.001	GB/T 5750.6
总镉，mg/L	≤0.01	GB/T 5750.6
六价铬，mg/L	≤0.05	GB/T 5750.6
总铅，mg/L	≤0.05	GB/T 5750.6
菌落总数 [a]，CFU/mL	≤100	GB/T 5750.12
总大肠菌群，MPN/100 mL	不得检出	GB/T 5750.12
[a] 散养模式免测该指标。		

6.2.4 加工用水水质要求

加工用水（含食用盐生产用水等）应符合表 6 的要求。

表 6 加工用水水质要求

项目	指标	检验方法
pH	6.5～8.5	GB/T 5750.4
总汞，mg/L	≤0.001	GB/T 5750.6
总砷，mg/L	≤0.01	GB/T 5750.6
总镉，mg/L	≤0.005	GB/T 5750.6

（续）

项目	指标	检验方法
总铅，mg/L	≤0.01	GB/T 5750.6
六价铬，mg/L	≤0.05	GB/T 5750.6
氰化物，mg/L	≤0.05	GB/T 5750.5
氟化物，mg/L	≤1.0	GB/T 5750.5
菌落总数，CFU/mL	≤100	GB/T 5750.12
总大肠菌群，MPN/100 mL	不得检出	GB/T 5750.12

6.2.5 食用盐原料水水质要求

食用盐原料水包括海水、湖盐或井矿盐天然卤水，应符合表 7 的要求。

表 7 食用盐原料水水质要求

单位为毫克每升

项目	指标	检验方法
总汞	≤0.001	GB/T 5750.6
总砷	≤0.03	GB/T 5750.6
总镉	≤0.005	GB/T 5750.6
总铅	≤0.01	GB/T 5750.6

6.3 土壤环境质量要求

土壤环境质量按土壤耕作方式的不同分为旱田和水田两大类，每类又根据土壤 pH 的高低分为 3 种情况，即 pH＜6.5，6.5≤pH≤7.5，pH＞7.5，应符合表 8 的要求。

表 8 土壤质量要求

单位为毫克每千克

项目	旱田			水田			检验方法
	pH＜6.5	6.5≤pH≤7.5	pH＞7.5	pH＜6.5	6.5≤pH≤7.5	pH＞7.5	NY/T 1377
总镉	≤0.30	≤0.30	≤0.40	≤0.30	≤0.30	≤0.40	GB/T 17141
总汞	≤0.25	≤0.30	≤0.35	≤0.30	≤0.40	≤0.40	GB/T 22105.1
总砷	≤25	≤20	≤20	≤20	≤20	≤15	GB/T 22105.2
总铅	≤50	≤50	≤50	≤50	≤50	≤50	GB/T 17141
总铬	≤120	≤120	≤120	≤120	≤120	≤120	HJ 491
总铜	≤50	≤60	≤60	≤50	≤60	≤60	HJ 491
果园土壤中铜限量值为旱田中铜限量值的 2 倍； 水旱轮作用的标准值取严不取宽； 底泥按照水田标准执行。							

6.4 食用菌栽培基质质量要求

栽培基质应符合表 9 的要求，栽培过程中使用的土壤应符合 6.3 的要求。

表 9 食用菌栽培基质质量要求

单位为毫克每千克

项目	指标	检验方法
总汞	≤0.1	GB/T 22105.1
总砷	≤0.8	GB/T 22105.2
总镉	≤0.3	GB/T 17141
总铅	≤35	GB/T 17141

7 环境可持续发展要求

7.1 应持续保持土壤地力水平，土壤肥力应维持在同一等级或不断提升。土壤肥力分级参考指标见表 10。

表 10 土壤肥力分级参考指标

项目	级别	旱地	水田	菜地	园地	牧地	检验方法
有机质，g/kg	Ⅰ Ⅱ Ⅲ	＞15 10～15 ＜10	＞25 20～25 ＜20	＞30 20～30 ＜20	＞20 15～20 ＜15	＞20 15～20 ＜15	NY/T 1121.6
全氮，g/kg	Ⅰ Ⅱ Ⅲ	＞1.0 0.8～1.0 ＜0.8	＞1.2 1.0～1.2 ＜1.0	＞1.2 1.0～1.2 ＜1.0	＞1.0 0.8～1.0 ＜0.8	— — —	HJ 717
有效磷，mg/kg	Ⅰ Ⅱ Ⅲ	＞10 5～10 ＜5	＞15 10～15 ＜10	＞40 20～40 ＜20	＞10 5～10 ＜5	＞10 5～10 ＜5	LY/T 1232
速效钾，mg/kg	Ⅰ Ⅱ Ⅲ	＞120 80～120 ＜80	＞100 50～100 ＜50	＞150 100～150 ＜100	＞100 50～100 ＜50	— — —	LY/T 1234
底泥、食用菌栽培基质不做土壤肥力检测。							

7.2 应通过合理施用投入品和环境保护措施，保持产地环境指标在同等水平或逐步递减。

附录 2-2

中华人民共和国农业行业标准

NY/T 1054—2021

代替 NY/T 1054—2013

绿色食品　产地环境调查、监测与评价规范

Green food—Specification for field environmental investigation, monitoring and assessment

2021-05-07 发布　　**2021-11-01 实施**

中华人民共和国农业农村部 发布

前 言

本文件按照 GB/T 1.1—2020《标准化工作导则　第 1 部分：标准化文件的结构和起草规则》的规定起草。

本文件代替 NY/T 1054—2013《绿色食品　产地环境调查、监测与评价规范》，与 NY/T 1054—2013 相比，除结构调整和编辑性修改外，主要技术变化如下：

——修改了调查方法和内容；

——调整了空气、水质、土壤监测采样点布设方法；

——调整了部分环境质量免测条件和采样布设点数；

——依据 NY/T 391 修改了评价方法。

本文件由农业农村部农产品质量安全监管司提出。

本文件由中国绿色食品发展中心归口。

本文件起草单位：中国科学院沈阳应用生态研究所、北京昊颖环境科技发展中心、辽宁三源健康科技股份有限公司、东周丰源（北京）有机农业有限公司、中国绿色食品发展中心。

本文件主要起草人：王世成、张志华、方放、王颜红、李国琛、崔杰华、张朝晖、张宪、张红、李玲、徐志祥、王瑜。

本文件及其所代替文件的历次版本发布情况为：

——2006 年首次发布为 NY/T 1054—2006，2013 第一次修订；

——本次为第二次修订。

绿色食品　产地环境调查、监测与评价规范

1　范围

本文件规定了绿色食品产地环境调查、产地环境质量监测和产地环境质量评价。

本文件适用于绿色食品产地环境。

2　规范性引用文件

下列文件中的内容通过文中的规范性引用而构成本文件必不可少的条款。其中，注日期的引用文件，仅该日期对应的版本适用于本文件；不注日期的引用文件，其最新版本（包括所有的修改单）适用于本文件。

NY/T 391　绿色食品　产地环境质量

NY/T 395　农田土壤环境质量监测技术规范

NY/T 396　农用水源环境质量监测技术规范

NY/T 397　农区环境空气质量监测技术规范

3　术语和定义

本文件没有需要界定的术语和定义。

4　产地环境调查

4.1　调查目的和原则

产地环境质量调查的目的是科学、准确地了解产地环境质量现状，为优化监测布点和有效评价提供科学依据。根据绿色食品产地环境质量要求特点，兼顾重要性、典型性、代表性，重点调查产地环境质量现状和发展趋势，兼顾产地自然环境、社会经济及工农业生产对产地环境质量的影响。

4.2　调查方法

省级绿色食品工作机构负责组织绿色食品产地的环境质量现状调查工作。现状调查应采用现场调查方法，调查过程包括：资料收集、资料核查、现场查勘、人员访谈或问卷调查。

4.3　调查内容

4.3.1　自然地理：地理位置、地形地貌。

4.3.2　气候与气象：该区域的主要气候特性，常年平均风速和主导风向，常年平均气温、极端气温与月平均气温，常年平均相对湿度，常年平均降水量，降水天数，降水

量极值，日照时数。

4.3.3 水文状况：该区域地表水、水系、流域面积、水文特征、地下水资源总量及开发利用情况等。

4.3.4 土地资源：土壤类型、土壤背景值、土壤利用情况。

4.3.5 植被及生物资源：林木植被覆盖率、植物资源、动物资源等。

4.3.6 自然灾害：旱、涝、风灾、冰雹、低温、病虫草鼠害等。

4.3.7 社会经济概况：行政区划、人口状况、工业布局、农田水利和农村能源结构情况。

4.3.8 农业生产方式：农业种植结构、养殖模式。

4.3.9 工农业污染：包括污染源分布、污染物排放、农业投入品使用情况。

4.3.10 土壤培肥投入情况。

4.3.11 生态环境保护措施：废弃物处理、农业自然资源合理利用，生态农业、循环农业、清洁生产、节能减排等情况。

4.4 产地环境调查报告内容

根据调查、了解、掌握的资料情况，对申报产品及其原料生产基地的环境质量状况进行初步分析，出具调查分析报告，报告包括如下内容：

a）产地基本情况、地理位置及分布图；

b）产地灌溉用水环境质量分析；

c）产地环境空气质量分析；

d）产地土壤环境质量分析；

e）农业生产方式、工农业污染、土壤培肥投入、生态环境保护措施等；

f）综合分析产地环境质量现状，建议布点监测方案；

g）调查单位、调查人及调查时间。

5 产地环境质量监测

5.1 空气监测

5.1.1 布点原则

依据产地环境调查分析结论和产品工艺特点，确定是否进行空气质量监测。进行产地环境空气质量监测的地区，可根据当年生物生长期内的主导风向，重点监测可能对产地环境造成污染的污染源的下风向。

5.1.2 样点数量

5.1.2.1 样点布设点数应充分考虑产地布局、工矿污染源情况和生产工艺等特点，按表1规定执行；同时还应根据空气质量稳定性以及污染物对原料生长的影响程度适当增减，有些类型产地可以减免布设点数，具体要求详见表2。

5.1.2.2 畜禽养殖区内拥有30个以下舍区的，选取1个舍区采样；拥有31个～60个舍区，选取2个舍区采样；拥有60个以上的舍区，选取3个舍区采样。每个舍区内设置1个空气采样点。

表 1　不同产地类型空气点数布设表

产地类型	布设点数，个
布局相对集中，≤80 hm^2	1
布局相对集中，80 hm^2～200 hm^2	2
布局相对集中，>200 hm^2	3
布局相对分散	适当增加采样点

表 2　减免布设空气点数的区域情况表

产地类型	减免情况
产地周围 5 km，且主导风向的上风向 20 km 内无工矿污染源的种植业区	免测
设施种植业区	只测温室大棚外空气
水产养殖业区	免测
矿泉水等水源地和食用盐原料产区	免测

5.1.3　采样方法

5.1.3.1　空气监测点应选择在远离树木、城市建筑及公路、铁路的开阔地带，若为地势平坦区域，沿主导风向 45°～90° 夹角内布点；若为山谷地貌区域，应沿山谷走向布点。各监测点之间的设置条件相对一致，间距一般不超过 5 km，保证各监测点所获数据具有可比性。

5.1.3.2　采样时间应选择在空气污染对生产质量影响较大的时期进行，种植业、养殖业选择生长期内采集。周围有污染源的，重点监测可能对产地环境造成污染的污染源的下风向，在距离污染源较近的产地区域内布设采样点，没有污染源的在产地中心区域附近设置采样点。采样频率为 1 d 4 次，上下午各 2 次，连续采集 2 d。采样时间分别为：晨起、午前、午后和黄昏，其中总悬浮颗粒物监测每次采样量不得低于 10 m^3。遇雨雪等降水天气停采，时间顺延。取 4 次平均值，作为日均值。

5.1.3.3　其他要求按 NY/T 397 的规定执行。

5.1.4　监测项目和分析方法

按 NY/T 391 的规定执行。

5.2　水质监测

5.2.1　布点原则

坚持从水污染对产地环境质量的影响和危害出发，突出重点，照顾一般。即优先布点监测代表性强，最有可能对产地环境造成污染的方位、水源（系）或产品生产过程中对其质量有直接影响的水源。

5.2.2　样点数量

对于水资源丰富，水质相对稳定的同一水源（系），样点布设 1 个～2 个，若不同水源（系）则依次叠加，具体布设点数按表 3 的规定执行。水资源相对贫乏、水质稳定性较差的水源及对水质要求较高的作物产地，则根据实际情况适当增设采样点数；对水质要求较低的粮油作物、禾本植物等，采样点数可适当减少，有些情况可以免测水质，详见表 4。

表 3 不同产地类型水质点数布设表

产地类型		布设点数（以每个水源或水系计），个
种植业（包括水培蔬菜和水生植物）		1
近海（包括滩涂）渔业		2
养殖业	集中养殖	2
	分散养殖	1
食用盐原料用水		1
加工用水		1

表 4 免测水质的产地类型情况表

产地类型	布设点数（以每个水源或水系计）
灌溉水系天然降水的作物	免测
深海渔业	免测
矿泉水水源	免测
生活饮用水、饮用水水源、深井水	免测

5.2.3 采样方法

5.2.3.1 采样时间和频率：种植业用水，在农作物生长过程中灌溉用水的主要灌期采样 1 次；水产养殖业用水，在其生长期采样 1 次；畜禽养殖业用水，宜与原料产地灌溉用水同步采集饮用水水样 1 次；加工用水每个水源采集水样 1 次。

5.2.3.2 其他要求按 NY/T 396 的规定执行。

5.2.4 监测项目和分析方法

按 NY/T 391 的规定执行。

5.3 土壤监测

5.3.1 布点原则

绿色食品产地土壤监测点布设以能代表整个产地监测区域为原则；不同的功能区采取不同的布点原则，宜选择代表性强、可能造成污染的最不利的方位、地块。

5.3.2 样点数量

5.3.2.1 大田种植区

按表 5 的规定执行，种植区相对分散，适当增加采样点数。

表 5 大田种植区土壤样点数量布设表

产地面积	布设点数，个
≤500 hm^2	3
500 hm^2～2 000 hm^2	5
＞2 000 hm^2	每增加 1 000 hm^2，增加 1 个采样点

5.3.2.2 蔬菜露地种植区

按表 6 的规定执行。

表 6 蔬菜露地种植区土壤样点数量布设表

产地面积	布设点数，个
≤200 hm^2	3
＞200 hm^2	每增加 100 hm^2，增加 1 个采样点
莲藕、荸荠等水生植物采集底泥	

5.3.2.3 设施种植业区

按表 7 的规定执行，栽培品种较多、管理措施和水平差异较大，应适当增加采样点数。

表 7 设施种植业区土壤样点数量布设表

产地面积	布设点数，个
≤100 hm^2	3
100 hm^2～300 hm^2	5
＞300 hm^2	每增加 100 hm^2，增加 1 个采样点

5.3.2.4 食用菌种植区

根据品种和组成不同，每种基质采集不少于 3 个。

5.3.2.5 野生产品生产区

按照表 8 的规定执行。

表 8 野生产品生产区土壤样点数量布设表

产地面积	布设点数，个
≤2 000 hm^2	3
2 000 hm^2～5 000 hm^2（含 5 000 hm^2）	5
5 000 hm^2～10 000 hm^2	7
＞10 000 hm^2	每增加 5 000 hm^2，增加 1 个采样点

5.3.2.6 其他生产区域

按表 9 的规定执行。

表 9 其他生产区域土壤样点数量布设表

产地类型	布设点数，个
近海（包括滩涂）渔业	≥3（底泥）
淡水养殖区	≥3（底泥）
深海和网箱养殖区、食用盐原料产区、矿泉水、加工业区免测	

5.3.3 采样方法

5.3.3.1 在环境因素分布比较均匀的监测区域，采取网格法或梅花法布点；在环境因素分布比较复杂的监测区域，采取随机布点法布点；在可能受污染的监测区域，可采用放射法布点。

5.3.3.2 土壤样品原则上要求安排在作物生长期内采样，采样层次按表 10 的规定执行，对于基地区域内同时种植一年生和多年生作物，采样点数量按照申报品种分别计算面积进行确定。

5.3.3.3 其他要求按 NY/T 395 的规定执行。

表 10 不同产地类型土壤采样层次表

产地类型	采样层次
一般农作物	0 cm～20 cm
果林类农作物	0 cm～60 cm
水生作物和水产养殖底泥	0 cm～20 cm
可食部位为地下 20 cm 以上根茎的农作物，参照果林类农作物	

5.3.4 监测项目和分析方法

土壤和食用菌栽培基质的监测项目和分析方法按 NY/T 391 的规定执行。

6 产地环境质量评价

6.1 概述

绿色食品产地环境质量评价的目的是为保证绿色食品安全和优质，从源头上为生产基地选择优良的生态环境，为绿色食品管理部门的决策提供科学依据，实现农业可持续发展。环境质量现状评价是根据环境（包括污染源）的调查与监测资料，应用具有代表性、简便性和适用性的环境质量指数系统进行综合处理，然后对这一区域的环境质量现状做出定量描述，并提出该区域环境污染综合防治措施。产地环境质量评价包括污染指数评价、土壤肥力等级划分和生态环境质量分析等。水产养殖区土壤不做肥力评价。

6.2 评价程序

应按图 1 的规定执行。

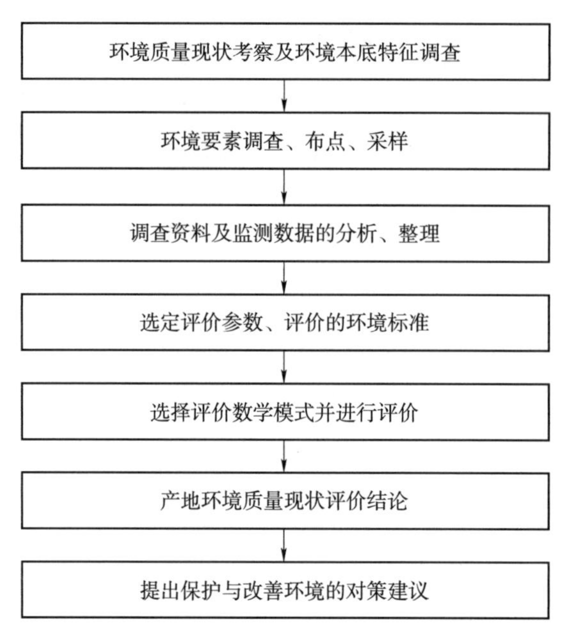

图 1　绿色食品产地环境质量评价工作程序图

6.3　评价标准

按 NY/T 391 的规定执行。

6.4　评价原则和方法

6.4.1　污染指数评价

6.4.1.1　首先进行单项污染指数评价，按照公式（1）计算。有一项单项污染指数大于 1，视为该产地环境质量不符合要求，不适宜发展绿色食品。对于有检出限的未检出项目，污染物实测值取检出限的一半进行计算，而没有检出限的未检出项目如总大肠菌群，污染物实测值取 0 进行计算。对于水质 pH 的单项污染指数按公式（2）计算。

$$P_i = \frac{C_i}{S_i} \quad \cdots\cdots (1)$$

式中：

P_i——监测项目 i 的污染指数（无量纲）；

C_i——监测项目 i 的实测值；

S_i——监测项目 i 的评价标准值。

计算结果保留到小数点后 2 位。

$$P_{\text{pH}} = \frac{|\text{pH} - \text{pH}_{\text{sm}}|}{(\text{pH}_{\text{su}} - \text{pH}_{\text{sd}})/2} \quad \cdots\cdots (2)$$

其中，$\text{pH}_{\text{sm}} = \frac{1}{2}(\text{pH}_{\text{su}} + \text{pH}_{\text{sd}})$

式中：

P_{pH}——pH 的污染指数；

pH ——pH 的实测值；

pH_{su} ——pH 允许幅度的上限值；

pH_{sd} ——pH 允许幅度的下限值。

计算结果保留到小数点后 2 位

6.4.1.2 单项污染指数均小于等于 1，则继续进行综合污染指数评价。综合污染指数分别按照公式（3）和公式（4）计算，并按表 11 的规定进行分级。综合污染指数可作为长期绿色食品生产环境变化趋势的评价指标。

$$P_{综}=\sqrt{\frac{(C_i/S_i)_{max}^2+(C_i/S_i)_{ave}^2}{2}} \quad \cdots\cdots (3)$$

式中：

$P_{综}$ ——水质（或土壤）的综合污染指数；

$(C_i/S_i)_{max}$ ——水质（或土壤）污染物中污染指数的最大值；

$(C_i/S_i)_{ave}$ ——水质（或土壤）污染物中污染指数的平均值。

计算结果保留到小数点后 2 位。

$$P'_{综}=\sqrt{(C'_i/S'_i)_{max}\times(C'_i/S'_i)_{ave}} \quad \cdots\cdots (4)$$

式中：

$P'_{综}$ ——空气的综合污染指数；

$(C'_i/S'_i)_{max}$ ——空气污染物中污染指数的最大值；

$(C'_i/S'_i)_{ave}$ ——空气污染物中污染指数的平均值。

计算结果保留到小数点后 2 位

表 11 综合污染指数分级标准

土壤综合污染指数	水质综合污染指数	空气综合污染指数	等级
≤0.7	≤0.5	≤0.6	清洁
0.7～1.0	0.5～1.0	0.6～1.0	尚清洁

6.4.2 土壤肥力评价

土壤肥力仅进行分级划定，不作为判定产地环境质量合格的依据，但可用于评价农业活动对环境土壤养分的影响及变化趋势。初次申报应作为产地环境质量的基础资料，当生产主体发生变更、周边环境发生较大变化或第二次及后续申报时，需要评价土壤肥力分级指标的变化趋势。

6.4.3 生态环境质量分析

根据调查掌握的资料情况，对产地生态环境质量做出描述，包括农业产业结构的合理性、污染源状况与分布、生态环境保护措施及其生态环境效应分析。当生产主体发生变更、周边环境发生较大变化或第二次及后续申报时，通过综合污染指数变化趋势，评估农业生产中环境保护措施的效果。

6.5 评价报告内容

评价报告应包括如下内容：

a）前言，包括评价任务的来源、区域基本情况和产品概述；

b）产地环境状况，包括自然状况、工农业比例、农业生产方式、污染源分布和生态环境保护措施等；

c）产地环境质量监测，包括布点原则、分析项目、分析方法和测定结果；

d）产地环境评价，包括评价方法、评价标准、评价结果与分析；

e）结论；

f）附件，包括产地方位图和采样点分布图等。

附录 2-3

NY

中华人民共和国农业行业标准

NY/T 393—2020
代替 NY/T 393—2013

绿色食品 农药使用准则

Green food—Guideline for application of pesticide

2020-07-27 发布 **2020-11-01 实施**

中华人民共和国农业农村部 发布

前　言

本标准按照 GB/T 1.1—2009 给出的规则起草。

本标准代替 NY/T 393—2013《绿色食品　农药使用准则》。与 NY/T 393—2013 相比，除编辑性修改外主要技术变化如下：

——增加了农药的定义（见 3.3）。

——修改了有害生物防治原则（见 4）。

——修改了农药选用的法规要求（见 5.1）。

——修改了绿色食品农药残留要求（见 7）。

——在 AA 级和 A 级绿色食品生产均允许使用的农药清单中，删除了（硫酸）链霉素，增加了具有诱杀作用的植物（如香根草等）、烯腺嘌呤和松脂酸钠；删除了 2 个表注，增加了 1 个表的脚注（见表 A.1）。

——在 A 级绿色食品生产允许使用的其他农药清单中，删除了 7 种杀虫杀螨剂（S- 氰戊菊酯、丙溴磷、毒死蜱、联苯菊酯、氯氟氰菊酯、氯菊酯和氯氰菊酯），1 种杀菌剂（甲霜灵），12 种除草剂（草甘膦、敌草隆、噁草酮、二氯喹啉酸、禾草丹、禾草敌、西玛津、野麦畏、乙草胺、异丙甲草胺、莠灭净和仲丁灵）及 2 种植物生长调节剂（多效唑和噻苯隆）；增加了 9 种杀虫杀螨剂（虫螨腈、氟啶虫胺腈、甲氧虫酰肼、硫酰氟、氰氟虫腙、杀虫双、杀铃脲、虱螨脲和溴氰虫酰胺），16 种杀菌剂（苯醚甲环唑、稻瘟灵、噁唑菌酮、氟吡菌酰胺、氟硅唑、氟吗啉、氟酰胺、氟唑环菌胺、喹啉铜、嘧菌环胺、氰氨化钙、噻呋酰胺、噻唑锌、三环唑、肟菌酯和烯肟菌胺），7 种除草剂（苄嘧磺隆、丙草胺、丙炔噁草酮、精异丙甲草胺、双草醚、五氟磺草胺、酰嘧磺隆）及 1 种植物生长调节剂（1- 甲基环丙烯）；删除了 2 个条文的注，在条文中增加了关于根据国家新的禁限用规定自动调整允许使用清单的规定（见 A.2）。

本标准由农业农村部农产品质量安全监管司提出。

本标准由中国绿色食品发展中心归口。

本标准起草单位：浙江省农业科学院农产品质量标准研究所、中国绿色食品发展中心、中国农业大学理学院、农业农村部农产品及加工品质量安全监督检验测试中心（杭州）、浙江省农产品质量安全中心。

本标准主要起草人：张志恒、王强、张志华、张宪、潘灿平、郑永利、于国光、李艳杰、李政、戴芬、郑蔚然、徐明飞、胡秀卿。

本标准所代替标准的历次版本发布情况为：

——NY/T 393—2000；NY/T 393—2013。

引　言

绿色食品是在优良生态环境中按照绿色食品标准生产，实行全程质量控制并获得绿色食品标志使用权的安全、优质食用农产品及相关产品。规范绿色食品生产中的农药使用行为，是保证绿色食品符合性的一个重要方面。

本标准用于规范绿色食品生产中的农药使用行为。2013年版标准在前版标准的基础上，已经建立起了比较完整有效的标准框架，包括规定有害生物防治原则，要求农药的使用是最后的必要选择；规定允许使用的农药清单，确保所用农药是经过系统评估和充分验证的低风险品种；规范农药使用过程，进一步减缓农药使用的健康和环境影响；规定了与农药使用要求协调的残留要求，在确保绿色食品更高安全要求的同时，也作为追溯生产过程是否存在农药违规使用的验证措施。

本次修订延续上一版的标准框架，主要根据近年国内外在农药开发、风险评估、标准法规、使用登记和生产实践等方面取得的新进展、新数据和新经验，更多地从农药对健康和环境影响的综合风险控制出发，适当兼顾绿色食品生产对农药品种的实际需求，对标准作局部修改。

绿色食品　农药使用准则

1　范围

本标准规定了绿色食品生产和储运中的有害生物防治原则、农药选用、农药使用规范和绿色食品农药残留要求。

本标准适用于绿色食品的生产和储运。

2　规范性引用文件

下列文件对于本文件的应用是必不可少的。凡是注日期的引用文件，仅注日期的版本适用于本文件。凡是不注日期的引用文件，其最新版本（包括所有的修改单）适用于本文件。

GB 2763　食品安全国家标准　食品中农药最大残留限量

GB/T 8321（所有部分）　农药合理使用准则

GB 12475　农药储运、销售和使用的防毒规程

NY/T 391　绿色食品　产地环境质量

NY/T 1667（所有部分）　农药登记管理术语

3　术语和定义

NY/T 1667 界定的以及下列术语和定义适用于本文件。

3.1　AA 级绿色食品　AA grade green food

产地环境质量符合 NY/T 391 的要求，遵照绿色食品生产标准生产，生产过程中遵循自然规律和生态学原理，协调种植业和养殖业的平衡，不使用化学合成的肥料、农药、兽药、渔药、添加剂等物质，产品质量符合绿色食品产品标准，经专门机构许可使用绿色食品标志的产品。

3.2　A 级绿色食品　A grade green food

产地环境质量符合 NY/T 391 的要求，遵照绿色食品生产标准生产，生产过程中遵循自然规律和生态学原理，协调种植业和养殖业的平衡，限量使用限定的化学合成生产资料，产品质量符合绿色食品产品标准，经专门机构许可使用绿色食品标志的产品。

3.3　农药　pesticide

用于预防、控制危害农业、林业的病、虫、草、鼠和其他有害生物以及有目的地调节植物、昆虫生长的化学合成或者来源于生物、其他天然物质的一种物质或者几种物质的混合物及其制剂。

注：既包括属于国家农药使用登记管理范围的物质，也包括不属于登记管理范围的物质。

4 有害生物防治原则

绿色食品生产中有害生物的防治可遵循以下原则：

——以保持和优化农业生态系统为基础：建立有利于各类天敌繁衍和不利于病虫草害孳生的环境条件，提高生物多样性，维持农业生态系统的平衡；

——优先采用农业措施：如选用抗病虫品种、实施种子种苗检疫、培育壮苗、加强栽培管理、中耕除草、耕翻晒垡、清洁田园、轮作倒茬、间作套种等；

——尽量利用物理和生物措施：如温汤浸种控制种传病虫害，机械捕捉害虫，机械或人工除草，用灯光、色板、性诱剂和食物诱杀害虫，释放害虫天敌和稻田养鸭控制害虫等；

——必要时合理使用低风险农药：如没有足够有效的农业、物理和生物措施，在确保人员、产品和环境安全的前提下，按照第 5、6 章的规定配合使用农药。

5 农药选用

5.1 所选用的农药应符合相关的法律法规，并获得国家在相应作物上的使用登记或省级农业主管部门的临时用药措施，不属于农药使用登记范围的产品（如薄荷油、食醋、蜂蜡、香根草、乙醇、海盐等）除外。

5.2 AA 级绿色食品生产应按照附录 A 中 A.1 的规定选用农药，A 级绿色食品生产应按照附录 A 的规定选用农药，提倡兼治和不同作用机理农药交替使用。

5.3 农药剂型宜选用悬浮剂、微囊悬浮剂、水剂、水乳剂、颗粒剂、水分散粒剂和可溶性粒剂等环境友好型剂型。

6 农药使用规范

6.1 应根据有害生物的发生特点、危害程度和农药特性，在主要防治对象的防治适期，选择适当的施药方式。

6.2 应按照农药产品标签或按 GB/T 8321 和 GB 12475 的规定使用农药，控制施药剂量（或浓度）、施药次数和安全间隔期。

7 绿色食品农药残留要求

7.1 按照 5 的规定允许使用的农药，其残留量应符合 GB 2763 的要求。

7.2 其他农药的残留量不得超过 0.01 mg/kg，并应符合 GB 2763 的要求。

附 录 A
（规范性附录）
绿色食品生产允许使用的农药清单

A.1 AA 级和 A 级绿色食品生产均允许使用的农药清单

AA 级和 A 级绿色食品生产可按照农药产品标签或 GB/T 8321 的规定（不属于农药使用登记范围的产品除外）使用表 A.1 中的农药。

表 A.1 AA 级和 A 级绿色食品生产均允许使用的农药清单 [a]

类别	物质名称	备注
Ⅰ. 植物和动物来源	楝素（苦楝、印楝等提取物，如印楝素等）	杀虫
	天然除虫菊素（除虫菊科植物提取液）	杀虫
	苦参碱及氧化苦参碱（苦参等提取物）	杀虫
	蛇床子素（蛇床子提取物）	杀虫、杀菌
	小檗碱（黄连、黄柏等提取物）	杀菌
	大黄素甲醚（大黄、虎杖等提取物）	杀菌
	乙蒜素（大蒜提取物）	杀菌
	苦皮藤素（苦皮藤提取物）	杀虫
	藜芦碱（百合科藜芦属和喷嚏草属植物提取物）	杀虫
	桉油精（桉树叶提取物）	杀虫
	植物油（如薄荷油、松树油、香菜油、八角茴香油等）	杀虫、杀螨、杀真菌、抑制发芽
	寡聚糖（甲壳素）	杀菌、植物生长调节
	天然诱集和杀线虫剂（如万寿菊、孔雀草、芥子油等）	杀线虫
	具有诱杀作用的植物（如香根草等）	杀虫
	植物醋（如食醋、木醋、竹醋等）	杀菌
	菇类蛋白多糖（菇类提取物）	杀菌
	水解蛋白质	引诱
	蜂蜡	保护嫁接和修剪伤口
	明胶	杀虫
	具有驱避作用的植物提取物（大蒜、薄荷、辣椒、花椒、薰衣草、柴胡、艾草、辣根等的提取物）	驱避
	害虫天敌（如寄生蜂、瓢虫、草蛉、捕食螨等）	控制虫害
Ⅱ. 微生物来源	真菌及真菌提取物（白僵菌、轮枝菌、木霉菌、耳霉菌、淡紫拟青霉、金龟子绿僵菌、寡雄腐霉菌等）	杀虫、杀菌、杀线虫
	细菌及细菌提取物（芽孢杆菌类、荧光假单胞杆菌、短稳杆菌等）	杀虫、杀菌

表 A.1（续）

类别	物质名称	备注
Ⅱ.微生物来源	病毒及病毒提取物（核型多角体病毒、质型多角体病毒、颗粒体病毒等）	杀虫
	多杀霉素、乙基多杀菌素	杀虫
	春雷霉素、多抗霉素、井冈霉素、嘧啶核苷类抗菌素、宁南霉素、申嗪霉素、中生菌素	杀菌
	S-诱抗素	植物生长调节
Ⅲ.生物化学产物	氨基寡糖素、低聚糖素、香菇多糖	杀菌、植物诱抗
	几丁聚糖	杀菌、植物诱抗、植物生长调节
	苄氨基嘌呤、超敏蛋白、赤霉酸、烯腺嘌呤、羟烯腺嘌呤、三十烷醇、乙烯利、吲哚丁酸、吲哚乙酸、芸苔素内酯	植物生长调节
Ⅳ.矿物来源	石硫合剂	杀菌、杀虫、杀螨
	铜盐（如波尔多液、氢氧化铜等）	杀菌，每年铜使用量不能超过 6 kg/hm^2
	氢氧化钙（石灰水）	杀菌、杀虫
	硫黄	杀菌、杀螨、驱避
	高锰酸钾	杀菌，仅用于果树和种子处理
	碳酸氢钾	杀菌
	矿物油	杀虫、杀螨、杀菌
	氯化钙	用于治疗缺钙带来的抗性减弱
	硅藻土	杀虫
	黏土（如斑脱土、珍珠岩、蛭石、沸石等）	杀虫
	硅酸盐（硅酸钠，石英）	驱避
	硫酸铁（3 价铁离子）	杀软体动物
Ⅴ.其他	二氧化碳	杀虫，用于储存设施
	过氧化物类和含氯类消毒剂（如过氧乙酸、二氧化氯、二氯异氰尿酸钠、三氯异氰尿酸等）	杀菌，用于土壤、培养基质、种子和设施消毒
	乙醇	杀菌
	海盐和盐水	杀菌，仅用于种子（如稻谷等）处理
	软皂（钾肥皂）	杀虫
	松脂酸钠	杀虫
	乙烯	催熟等
	石英砂	杀菌、杀螨、驱避
	昆虫性信息素	引诱或干扰
	磷酸氢二铵	引诱
[a] 国家新禁用或列入《限制使用农药名录》的农药自动从该清单中删除。		

A.2　A 级绿色食品生产允许使用的其他农药清单

当表 A.1 所列农药不能满足生产需要时，A 级绿色食品生产还可按照农药产品标签或 GB/T 8321 的规定使用下列农药：

a）杀虫杀螨剂

1）苯丁锡　fenbutatin oxide

2）吡丙醚　pyriproxifen

3）吡虫啉　imidacloprid

4）吡蚜酮　pymetrozine

5）虫螨腈　chlorfenapyr

6）除虫脲　diflubenzuron

7）啶虫脒　acetamiprid

8）氟虫脲　flufenoxuron

9）氟啶虫胺腈　sulfoxaflor

10）氟啶虫酰胺　flonicamid

11）氟铃脲　hexaflumuron

12）高效氯氰菊酯　beta-cypermethrin

13）甲氨基阿维菌素苯甲酸盐　emamectin benzoate

14）甲氰菊酯　fenpropathrin

15）甲氧虫酰肼　methoxyfenozide

16）抗蚜威　pirimicarb

17）喹螨醚　fenazaquin

18）联苯肼酯　bifenazate

19）硫酰氟　sulfuryl fluoride

20）螺虫乙酯　spirotetramat

21）螺螨酯　spirodiclofen

22）氯虫苯甲酰胺　chlorantraniliprole

23）灭蝇胺　cyromazine

24）灭幼脲　chlorbenzuron

25）氰氟虫腙　metaflumizone

26）噻虫啉　thiacloprid

27）噻虫嗪　thiamethoxam

28）噻螨酮　hexythiazox

29）噻嗪酮　buprofezin

30）杀虫双　bisultap thiosultapdisodium

31）杀铃脲　triflumuron

32）虱螨脲　lufenuron

33）四聚乙醛　metaldehyde

34）四螨嗪　clofentezine

35）辛硫磷　phoxim

36）溴氰虫酰胺　cyantraniliprole

37）乙螨唑　etoxazole

38）茚虫威　indoxacard

39）唑螨酯　fenpyroximate

b）杀菌剂

1）苯醚甲环唑　difenoconazole

2）吡唑醚菌酯　pyraclostrobin

3）丙环唑　propiconazol

4）代森联　metriam

5）代森锰锌　mancozeb

6）代森锌　zineb

7）稻瘟灵　isoprothiolane

8）啶酰菌胺　boscalid

9）啶氧菌酯　picoxystrobin

10）多菌灵　carbendazim

11）噁霉灵　hymexazol

12）噁霜灵　oxadixyl

13）噁唑菌酮　famoxadone

14）粉唑醇　flutriafol

15）氟吡菌胺　fluopicolide

16）氟吡菌酰胺　fluopyram

17）氟啶胺 fluazinam
18）氟环唑 epoxiconazole
19）氟菌唑 triflumizole
20）氟硅唑 flusilazole
21）氟吗啉 flumorph
22）氟酰胺 flutolanil
23）氟唑环菌胺 sedaxane
24）腐霉利 procymidone
25）咯菌腈 fludioxonil
26）甲基立枯磷 tolclofos-methyl
27）甲基硫菌灵 thiophanate-methyl
28）腈苯唑 fenbuconazole
29）腈菌唑 myclobutanil
30）精甲霜灵 metalaxyl-M
31）克菌丹 captan
32）喹啉铜 oxine-copper
33）醚菌酯 kresoxim-methyl
34）嘧菌环胺 cyprodinil
35）嘧菌酯 azoxystrobin
36）嘧霉胺 pyrimethanil
37）棉隆 dazomet
38）氰霜唑 cyazofamid
39）氰氨化钙 calcium cyanamide
40）噻呋酰胺 thifluzamide
41）噻菌灵 thiabendazole
42）噻唑锌
43）三环唑 tricyclazole
44）三乙膦酸铝 fosetyl-aluminium
45）三唑醇 triadimenol
46）三唑酮 triadimefon
47）双炔酰菌胺 mandipropamid
48）霜霉威 propamocarb
49）霜脲氰 cymoxanil
50）威百亩 metam-sodium
51）萎锈灵 carboxin
52）肟菌酯 trifloxystrobin
53）戊唑醇 tebuconazole
54）烯肟菌胺
55）烯酰吗啉 dimethomorph
56）异菌脲 iprodione
57）抑霉唑 imazalil

c）除草剂

1）2 甲 4 氯 MCPA
2）氨氯吡啶酸 picloram
3）苄嘧磺隆 bensulfuron-methyl
4）丙草胺 pretilachlor
5）丙炔噁草酮 oxadiargyl
6）丙炔氟草胺 flumioxazin
7）草铵膦 glufosinate-ammonium
8）二甲戊灵 pendimethalin
9）二氯吡啶酸 clopyralid
10）氟唑磺隆 flucarbazone-sodium
11）禾草灵 diclofop-methyl
12）环嗪酮 hexazinone
13）磺草酮 sulcotrione
14）甲草胺 alachlor
15）精吡氟禾草灵 fluazifop-P
16）精喹禾灵 quizalofop-P
17）精异丙甲草胺 s-metolachlor
18）绿麦隆 chlortoluron
19）氯氟吡氧乙酸（异辛酸） fluroxypyr
20）氯氟吡氧乙酸异辛酯 fluroxypyr-mepthyl
21）麦草畏 dicamba
22）咪唑喹啉酸 imazaquin
23）灭草松 bentazone

24）氰氟草酯　cyhalofop butyl
25）炔草酯　clodinafop-propargyl
26）乳氟禾草灵　lactofen
27）噻吩磺隆　thifensulfuron-methyl
28）双草醚　bispyribac-sodium
29）双氟磺草胺　florasulam
30）甜菜安　desmedipham
31）甜菜宁　phenmedipham
32）五氟磺草胺　penoxsulam
33）烯草酮　clethodim
34）烯禾啶　sethoxydim
35）酰嘧磺隆　amidosulfuron
36）硝磺草酮　mesotrione
37）乙氧氟草醚　oxyfluorfen
38）异丙隆　isoproturon
39）唑草酮　carfentrazone-ethyl

d）植物生长调节剂

1）1-甲基环丙烯　1-methylcyclopropene
2）2,4-滴　2,4-D（只允许作为植物生长调节剂使用）
3）矮壮素　chlormequat
4）氯吡脲　forchlorfenuron
5）萘乙酸　1-naphthal acetic acid
6）烯效唑　uniconazole

国家新禁用或列入《限制使用农药名录》的农药自动从上述清单中删除。

附录 2-4

中华人民共和国农业行业标准

NY/T 394—2021

代替 NY/T 394—2013

绿色食品　肥料使用准则

Green Food—Fertilizer Application Guideline

2021-05-07 发布　　2021-11-01 实施

中华人民共和国农业农村部　发布

前　　言

本文件按 GB/T 1.1—2009《标准化工作导则　第 1 部分：标准化文件的结构和起草规则》的规定起草。

本文件代替 NY/T 394—2013《绿色食品　肥料使用准则》。与 NY/T 394—2013 相比，除结构调整和编辑性改动外，主要技术变化如下：

——修改了肥料使用原则，补充了微量养分，增加了肥料中有害物质限量要求；

——修改了肥料使用规定，体现了绿色、减肥、生态发展的理念。

本文件由农业农村部农产品质量安全监管司提出。

本文件由中国绿色食品发展中心归口。

本文件主要起草单位：中国农业大学资源与环境学院、中国绿色食品发展中心、中国农业科学院农业资源与农业区划研究所、石河子大学农学院、河南菡香生态农业专业合作社、北京德青源农业科技股份有限公司。

本文件主要起草人：李学贤、徐玖亮、张志华、张宪、袁亮、赵秉强、李季、危常州、张青松、张福锁。

本文件及其所代替文件的历次版本发布情况为：

——2000 年首次发布为 NY/T 394—2000，2013 年第一次修订；

——本次为第二次修订。

引 言

合理使用肥料是保障绿色食品生产的重要环节，同时也是降低化学肥料投入和环境代价、保障土壤健康和生物多样性、提高养分利用效率和作物品质的重要措施。绿色食品的发展对生产用肥提出了新的要求，现有标准已经不能满足新的生产发展形势和需求。

本文件在原文件基础上进行了修订，对肥料使用方法作了更详细的定性和定量规定。本文件按照促进农业绿色发展与养分循环、保证食品安全与优质的原则，规定优先使用有机肥料，充分减控化学肥料，禁止使用可能含有安全隐患的肥料。本文件的实施将对绿色食品生产中的肥料使用发挥重要指导作用。

绿色食品　肥料使用准则

1　范围

本文件规定了绿色食品生产中肥料使用原则、肥料种类及使用规定。

本文件适用于绿色食品的生产。

2　规范性引用文件

下列文件中的内容通过文中的规范性引用而构成本文件必不可少的条款。其中，注日期的引用文件，仅该日期对应的版本适用于本文件；不注日期的引用文件，其最新版本（包括所有的修改单）适用于本文件。

GB 15063　复合肥料

GB/T 17419　含有机质叶面肥料

GB 18877　有机 - 无机复合肥料

GB 20287　农用微生物菌剂

GB/T 23348　缓释肥料

GB/T 23349　肥料中砷、镉、铅、铬、汞生态指标

GB/T 34763　脲醛缓释肥料

GB/T 35113　稳定性肥料

GB 38400　肥料中有毒有害物质的限量要求

HG/T 5045　含腐植酸尿素

HG/T 5046　腐植酸复合肥料

HG/T 5049　含海藻酸尿素

HG/T 5514　含腐植酸磷酸一铵、磷酸二铵

HG/T 5515　含海藻酸磷酸一铵、磷酸二铵

NY 227　微生物肥料

NY/T 391　绿色食品　产地环境质量

NY 525　有机肥料

NY/T 798　复合微生物肥料

NY 884　生物有机肥

NY/T 1868　肥料合理使用准则　有机肥料

NY/T 3034　土壤调理剂

NY/T 3442　畜禽粪便堆肥技术规范

3 术语和定义

下列术语和定义适用于本文件。

3.1 AA 级绿色食品 AA grade green food

产地环境质量符合 NY/T 391 的要求，遵照绿色食品生产标准生产，生产过程中遵循自然规律和生态学原理，协调种植业和养殖业的平衡，不使用化学合成的肥料、农药、兽药、渔药、添加剂等物质，产品质量符合绿色食品产品标准，经专门机构许可使用绿色食品标志的产品。

3.2 A 级绿色食品 A grade green food

产地环境质量符合 NY/T 391 的要求，遵照绿色食品生产标准生产，生产过程中遵循自然规律和生态学原理，协调种植业和养殖业的平衡，限量使用限定的化学合成生产资料，产品质量符合绿色食品产品标准，经专门机构许可使用绿色食品标志的产品。

3.3 农家肥料 farmyard manure

由就地取材的主要由植物、动物粪便等富含有机物的物料制作而成的肥料。包括秸秆肥、绿肥、厩肥、堆肥、沤肥、沼肥、饼肥等。

3.3.1 秸秆肥 straw manure

成熟植物体收获之外的部分以麦秸、稻草、玉米秸、豆秸、油菜秸等形式直接还田的肥料。

3.3.2 绿肥 green manure

新鲜植物体就地翻压还田或异地施用的肥料，主要分为豆科绿肥和非豆科绿肥。

3.3.3 厩肥 barnyard manure

圈养畜禽排泄物与秸秆等垫料发酵腐熟而成的肥料。

3.3.4 堆肥 compost

植物、动物排泄物等有机物料在人工控制条件下（水分、碳氮比和通风等），通过微生物的发酵，使有机物被降解，并生产出一种适宜于土地利用的肥料。

3.3.5 沤肥 wate

植物、动物排泄物等有机物料在淹水条件下发酵腐熟而成的肥料。

3.3.6 沼肥 anaerobic digestate fertilizer

以农业有机物经厌氧消化产生的沼气沼液为载体，加工成的肥料。主要包括沼渣和沼液肥。

3.3.7 饼肥 cake fertilizer

由含油较多的植物种子压榨去油后的残渣制成的肥料。

3.4 有机肥料 organic fertilizer

植物秸秆等废弃物和（或）动物粪便等经发酵腐熟的含碳有机物料，其功能是改善土壤理化性质、持续稳定供给植物养分、提高作物品质。

3.5　微生物肥料　microbial fertilizer

含有特定微生物活体的制品，应用于农业生产，通过其中所含微生物的生命活动，增加植物养分的供应量或促进植物生长，提高产量，改善农产品品质及农业生态环境的肥料。

3.6　有机-无机复混肥料　organic-inorganic compound fertilizer

含有一定量有机肥料的复混肥料。

注：其中复混肥料是指，氮、磷、钾 3 种养分中，至少有 2 种养分标明量的由化学方法和（或）掺混方法制成的肥料。

3.7　无机肥料　inorganic fertilizer

主要以无机盐形式存在的能直接为植物提供矿质养分的肥料。

3.8　土壤调理剂　soil amendment

加入土壤中用于改善土壤的物理、化学和（或）生物性状的物料，功能包括改良土壤结构、降低土壤盐碱危害、调节土壤酸碱度、改善土壤水分状况、修复土壤污染等。

4　肥料使用原则

4.1　土壤健康原则。坚持有机与无机养分相结合、提高土壤有机质含量和肥力的原则，逐渐提高作物秸秆、畜禽粪便循环利用比例，通过增施有机肥或有机物料改善土壤物理、化学与生物性质，构建高产、抗逆的健康土壤。

4.2　化肥减控原则。在保障养分充足供给的基础上，无机氮素用量不得高于当季作物需求量的一半，根据有机肥磷钾投入量相应减少无机磷钾肥施用量。

4.3　合理增施有机肥原则。根据土壤性质、作物需肥规律、肥料特征，合理地使用有机肥，改善土壤理化性质，提高作物产量和品质。

4.4　补充中微量养分原则。因地制宜地根据土壤肥力状况和作物养分需求规律，适当补充钙、镁、硫、锌、硼等养分。

4.5　安全优质原则。使用安全、优质的肥料产品，有机肥的腐熟应符合 NY/T 3442 的要求，肥料中重金属、有害微生物、抗生素等有毒有害物质限量应符合 GB 38400 的要求，肥料的使用不应对作物感官、安全和营养等品质以及环境造成不良影响。

4.6　生态绿色原则。增加轮作、填闲作物，重视绿肥特别是豆科绿肥栽培，增加生物多样性与生物固氮，阻遏养分损失。

5　可使用的肥料种类

5.1　AA 级绿色食品生产可使用的肥料种类

可使用 3.3、3.4、3.5 规定的肥料。

5.2　A 级绿色食品生产可使用的肥料种类

除 5.1 规定的肥料外，还可以使用 3.6、3.7 及 3.8 规定的肥料。

6 禁止使用的肥料种类

6.1 未经发酵腐熟的人畜粪尿。
6.2 生活垃圾、未经处理的污泥和含有害物质（如病原微生物、重金属、有害气体等）的工业垃圾。
6.3 成分不明确或含有安全隐患成分的肥料。
6.4 添加有稀土元素的肥料。
6.5 转基因品种（产品）及其副产品为原料生产的肥料。
6.6 国家法律法规规定禁用的肥料。

7 使用规定

7.1 AA 级绿色食品生产用肥料使用规定

7.1.1 应选用 5.1 所列肥料种类，不应使用化学合成肥料。
7.1.2 可使用完全腐熟的农家肥料或符合 NY/T 3442 规范的堆肥，宜利用秸秆和绿肥，配合施用具有生物固氮、腐熟秸秆等功效的微生物肥料。不应在土壤重金属局部超标地区使用秸秆肥或绿肥，肥料的重金属限量指标应符合 NY 525 和 GB/T 23349 的要求，粪大肠菌群数、蛔虫卵死亡率应符合 NY 884 的要求。
7.1.3 有机肥料应达到 GB/T 17419、GB/T 23349 或 NY 525 的指标，按照 NY/T 1868 的规定使用。根据肥料性质（养分含量、C/N、腐熟程度）、作物种类、土壤肥力水平和理化性质、气候条件等选择肥料品种，可配施腐熟农家肥和微生物肥提高肥效。
7.1.4 微生物肥料符合 GB 20287 或 NY 884 或 NY 227 或 NY/T 798 的要求，可与 5.1 所列肥料配合施用，用于拌种、基肥或追肥。
7.1.5 无土栽培可使用农家肥料、有机肥料和微生物肥料，掺混在基质中使用。

7.2 A 级绿色食品生产用肥料使用规定

7.2.1 应选用 5.2 所列肥料种类。
7.2.2 农家肥料的使用按 7.1.2 的规定执行。按照 C/N≤25：1 的比例补充化学氮素。
7.2.3 有机肥料的使用按 7.1.3 的规定执行。可配施 5.2 所列其他肥料。
7.2.4 微生物肥料的使用按 7.1.4 的规定执行。可配施 5.2 所列其他肥料。
7.2.5 使用符合 GB 15063、GB 18877、GB/T 23348、GB/T 34763、GB/T 35113、HG/T 5045、HG/T 5046、HG/T 5049、HG/T 5514、HG/T 5515 等要求的无机、有机 - 无机复混肥料作为有机肥料、农家肥料、微生物肥料的辅助肥料。化肥减量遵循 4.2 的规定，提高水肥一体化程度，利用硝化抑制剂或脲酶抑制剂等提高氮肥利用效率。
7.2.6 根据土壤障碍因子选用符合 NY/T 3034 要求的土壤调理剂改良土壤。

附录 2-5

NY

中华人民共和国农业行业标准

NY/T 472—2022

代替 NY/T 472—2013

绿色食品　兽药使用准则

Green food—Veterinary drug application guideline

2022-07-11 发布　　**2022-10-01 实施**

中华人民共和国农业农村部 发布

前 言

本文件按照 GB/T 1.1—2020《标准化工作导则 第1部分：标准化文件的结构和起草规则》的规定起草。

本文件代替 NY/T 472—2013《绿色食品 兽药使用准则》，与 NY/T 472—2013 相比，除结构性调整和编辑性修改外，主要技术变化如下：

a）修改了β-受体激动剂类药物名称栏的内容（见附录 A 表 A.1，2013 年版附录 A 表 A.1）；

b）修改了激素类药物栏名称，并增加了药物（见附录 A 表 A.1，2013 年版附录 A 表 A.1）；

c）增加了苯巴比妥（phenobarbital）等 4 种药物（见附录 A 表 A.1）；

d）删除了琥珀氯霉素（见 2013 年版附录 A 表 A.1）；

e）修改了磺胺类及其增效剂药物名称栏的内容（见附录 A 表 A.1，2013 年版附录 A 表 A.1）；

f）增加了恩诺沙星（enrofloxacin）（见附录 A 表 A.1）；

g）增加了大环内酯类、糖肽类、多肽类栏，并增加有关药物（见附录 A 表 A.1）；

h）调整有机胂制剂至抗菌类药物单设一栏（见附录 A 表 A.1，2013 年版附录 A 表 A.1）；

i）修改了苯并咪唑类栏内的药物（见附录 A 表 A.1，2013 年版附录 A 表 A.1）；

j）更改了“二氯二甲吡啶酚”的名称，增加了盐霉素（salinomycin）（见附录 A 表 A.1，2013 年版附录 A 表 A.1）；

k）增加了洛硝达唑（ronidazole）（见附录 A 表 A.1）；

l）调整汞制剂药物单列一栏（见附录 A 表 A.1，2013 年版附录 A 表 A.1）；

m）增加了潮霉素 B（hygromycin B）和非泼罗尼（氟虫腈，fipronil）（见附录 A 表 A.1）；

n）更改青霉素类栏名，并增加一些药物（见附录 B 表 B.1，2013 年版附录 B 表 B.1）；

o）增加了寡糖类药物（见附录 B 表 B.1）；

p）增加了卡那霉素（kanamycin）调整越霉素 A 位置（见附录 B 表 B.1）；

q）将磺胺类栏删除（见 2013 年版附录 B 表 B.1）；

r）增加了甲砜霉素（thiamphenicol）（见附录 B 表 B.1）；

s）增加了噁喹酸（oxolinic acid）（见附录 B 表 B.1）；

t）删除了黏霉素（见 2013 年版附录 B 表 B.1）；

u）更改了“马杜霉素”名称；删除了氯羟吡啶、氯苯胍和盐霉素钠，转入越霉素A（destomycin A），增加了托曲珠利（toltrazuril）等4种药物（见附录B表B.1，2013年版附录B表B.1）；

v）增加了阿司匹林（aspirin）、卡巴匹林钙（carbasalate calcium）（见附录B表B.1）；

w）更改了青霉素类栏名，更改了苄星邻氯青霉素名称（见附录B表B.2，2013年版附录B表B.1）；

x）增加了酰胺醇类、喹诺酮类、氨基糖苷类栏，并增加了有关药物（见附录B表B.2）；

y）删除了奥芬达唑（oxfendazole）和双甲脒（amitraz）；增加了托曲珠利（toltrazuril）等7种药物（见附录B表B.2，2013年版附录B表B.1）；

z）增加了镇静类、性激素、解热镇痛类栏，并增加了有关药物（见附录B表B.2）。

本文件由农业农村部农产品质量安全监管司提出。

本文件由中国绿色食品发展中心归口。

本文件起草单位：农业农村部动物及动物产品卫生质量监督检验测试中心、江西省农业科学院农产品质量安全与标准研究所、北京中农劲腾生物技术股份有限公司、中国兽医药品监察所、中国绿色食品发展中心、青岛市农产品质量安全中心、山东省绿色食品发展中心、青岛农业大学、青岛田瑞科技集团有限公司。

本文件主要起草人：宋翠平、王玉东、戴廷灿、李伟红、张世新、汪霞、贾付从、张宪、董国强、王文杰、付红蕾、孟浩、曲晓青、王冬根、苗在京、王淑婷、刘坤、孙京新、朱伟民、赵思俊、秦立得、曹旭敏、郑增忍。

本文件及其所代替文件的历次版本发布情况为：

——2001年首次发布为NY/T 472，2006年第一次修订，2013年第二次修订；

——2013年第二次修订时，删除了最高残留限量的定义，补充了泌乳期、执业兽医等术语和定义，修改完善了可使用的兽药种类，补充了2006年以来农业部发布的相关禁用药物；补充了产蛋期和泌乳期不应使用的兽药；

——本次为第三次修订。

引　言

绿色食品是指产自优良生态环境、按照绿色食品标准生产、实行全程质量控制并获得绿色食品标志使用权的安全、优质食用农产品及相关产品。从食品安全和生态环境保护两方面考虑，规范绿色食品畜禽养殖过程中的兽药使用行为，确立兽药使用的基本要求、使用规定和使用记录，是保证绿色食品符合性的一个重要方面。

本文件用于规范绿色食品畜禽养殖过程中的兽药使用和管理行为。2013 年版标准已经建立起比较完善有效的标准框架，确定了兽药使用的基本原则、生产 AA 级和 A 级绿色食品的兽药使用原则，对可使用的兽药种类和不应使用的兽药种类进行了严格规定，并以列表形式规范了不应使用的药物名录。该标准为规范我国绿色食品生产中的兽药使用，提高动物性绿色食品安全水平发挥了重要作用。

随着国家新颁布的《中华人民共和国兽药典》、《食品安全国家标准　食品中兽药最大残留限量》（GB 31650）等法律、法规、标准和公告，以及畜禽养殖技术水平、规模和兽药使用种类、方法的不断变化，结合绿色食品“安全、优质”的特性和要求，急需对原标准进行修订完善。

本次修订主要根据国家最新标准及相关法律法规，结合实际兽药使用、例行监测和风险评估等情况，重新评估并选定了不应使用的药物种类，同时对文本框架及有关内容进行了部分修改。修订后的 NY/T 472 对绿色食品畜禽生产中兽药的使用和管理更有指导意义。

绿色食品　　兽药使用准则

1　范围

本文件规定了绿色食品生产中兽药使用的术语和定义、基本要求、生产绿色食品的兽药使用规定和兽药使用记录。

本文件适用于绿色食品畜禽养殖过程中兽药的使用和管理。

2　规范性引用文件

下列文件中的内容通过文中的规范性引用而构成本文件必不可少的条款。其中，注日期的引用文件，仅该日期对应的版本适用于本文件；不注日期的引用文件，其最新版本（包括所有的修改单）适用于本文件。

GB/T 19630　有机产品　生产　加工　标识与管理体系要求

GB 31650　食品安全国家标准　食品中兽药最大残留限量

NY/T 391　绿色食品　产地环境质量

NY/T 473　绿色食品　畜禽卫生防疫准则

NY/T 3445　畜禽养殖场档案规范

中华人民共和国兽药典

中华人民共和国国务院令　第 726 号　国务院关于修改和废止部分行政法规的决定　兽药管理条例

中华人民共和国农业部公告　第 176 号　禁止在饲料和动物饮用水中使用的药物品种目录

中华人民共和国农业农村部公告　第 194 号　停止生产、进口、经营、使用部分药物饲料添加剂，并对相关管理政策作出调整

中华人民共和国农业农村部公告　第 250 号　食品动物中禁止使用的药品及其他化合物清单

中华人民共和国农业农村部　海关总署公告　第 369 号　进口兽药管理目录

中华人民共和国农业部公告　第 1519 号　禁止在饲料和动物饮水中使用的物质名单

中华人民共和国农业部公告　第 2292 号　在食品动物中停止、使用洛美沙星、培氟沙星、氧氟沙星、诺氟沙星 4 种兽药，撤销相关兽药产品批准文号

中华人民共和国农业部公告　第 2428 号　停止硫酸黏菌素用于动物促生长

中华人民共和国农业部公告　第 2513 号　兽药质量标准

中华人民共和国农业部公告　第 2583 号　禁止非泼罗尼及相关制剂用于食品动物

中华人民共和国农业部公告　第 2638 号　停止在食品动物中使用喹乙醇、氨苯胂酸、洛克沙胂等 3 种兽药

3　术语和定义

下列术语和定义适用于本文件。

3.1　AA 级绿色食品　AA grade green food

产地环境质量符合 NY/T 391 的要求，遵照绿色食品标准生产，生产过程遵循自然规律和生态学原理，协调种植业和养殖业的平衡，不使用化学合成的肥料、农药、兽药、渔药、添加剂等物质，产品质量符合绿色食品产品标准，经专门机构许可使用绿色食品标志的产品。

3.2　A 级绿色食品　A grade green food

产地环境质量符合 NY/T 391 的要求，遵照绿色食品标准生产，生产过程遵循自然规律和生态学原理，协调种植业和养殖业的平衡，限量使用限定的化学合成生产资料，产品质量符合绿色食品产品标准，经专门机构许可使用绿色食品标志的产品。

3.3　兽药　veterinary drug

用于预防、治疗、诊断动物疾病或者有目的地调节动物生理机能的物质（含药物饲料添加剂），主要包括血清制品、疫苗、诊断制品、微生态制品、中药材、中成药、化学药品、抗生素、生化药品、放射性药品及外用杀虫剂、消毒剂等。

3.4　微生态制品　probiotics

运用微生态学原理，利用对宿主有益的乳酸菌类、芽孢杆菌类和酵母菌类等微生物及其代谢产物，经特殊工艺用一种或多种微生物制成的制品。

3.5　消毒剂　disinfectant

是杀灭传播媒介上病原微生物的制剂。

3.6　休药期　withdrawal time

从畜禽停止用药到允许屠宰或其产品（肉、蛋、乳）许可上市的间隔时间。

3.7　执业兽医　licensed veterinarian

具备兽医相关技能，依照国家相关规定取得兽医执业资格，依法从事动物诊疗和动物保健等经营活动的兽医。

4　要求

4.1　基本要求

4.1.1　动物饲养环境应符合 NY/T 391 的规定。应加强饲养管理，供给动物充足的营养。按 NY/T 473 的规定，做好动物卫生防疫工作，建立生物安全体系，采取各种措施减少应激，增强动物的免疫力和抗病力。

4.1.2　按《中华人民共和国动物防疫法》和《中华人民共和国畜牧法》的规定，进行动物疫病的预防和控制，合理使用饲料、饲料添加剂和兽药等投入品。

4.1.3 在养殖过程中宜不用或少用药物。确需使用兽药时，应在执业兽医指导下，按本文件规定，在可使用的兽药中选择使用，并严格执行药物用量、用药时间和休药期等。

4.1.4 所用兽药应来自取得兽药生产许可证和具有批准文号的生产企业，或在中国取得进口兽药注册证书的供应商。使用的兽药质量应符合《中华人民共和国兽药典》和农业部公告第 2513 号的规定。

4.1.5 不应使用假、劣兽药以及国务院兽医行政管理部门规定禁止使用的药品和其他化合物；不应将未批准兽用的人用药物用于动物。

4.1.6 按照国家有关规定和要求，使用有国家兽药批准文号或经农业农村部备案的药物残留检测或动物疫病诊断的胶体金试剂卡、酶联免疫吸附试验（ELISA）反应试剂以及聚合酶链式反应（PCR）诊断试剂等诊断制品。

4.1.7 兽药使用应符合《中华人民共和国兽药典》、国务院令第 726 号、农业部公告第 2513 号、GB 31650、农业农村部　海关总署公告第 369 号、农业农村部公告第 250 号和其他有关农业农村部公告的规定，建立兽药使用记录。

4.2　生产 AA 级绿色食品的兽药使用规定

执行 GB/T 19630 的相关规定。

4.3　生产 A 级绿色食品的兽药使用规定

4.3.1 可使用的药物种类

4.3.1.1 优先使用 GB/T 19630 规定的兽药、GB 31650 允许用于食品动物但不需要制定残留限量的兽药、《中华人民共和国兽药典》和农业部公告第 2513 号中无休药期要求的兽药。

4.3.1.2 国务院兽医行政管理部门批准的微生态制品、中药制剂和生物制品。

4.3.1.3 中药类的促生长药物饲料添加剂。

4.3.1.4 国家兽医行政管理部门批准的高效、低毒和对环境污染低的消毒剂。

4.3.2 不应使用的药物种类

4.3.2.1 GB 31650 中规定的禁用药物，超出《中华人民共和国兽药典》和农业部公告第 2513 号中作用与用途的规定范围使用药物。

4.3.2.2 农业部公告第 176 号、农业农村部公告第 250 号、农业部公告第 1519 号、农业部公告第 2292 号、农业部公告第 2428 号、农业部公告第 2583 号、农业部公告第 2638 号等国家明令禁止在饲料、动物饮水和食品动物中使用的药物。

4.3.2.3 农业农村部公告第 194 号规定的含促生长类药物的药物饲料添加剂；任何促生长类的化学药物。

4.3.2.4 附录 A 中表 A.1 所列药物。产蛋供人食用的家禽，在产蛋期不应使用附录 B 中表 B.1 所列药物；产乳供人食用的牛、羊等，在泌乳期不应使用附录附录 B 中表 B.2 所列药物。

4.3.2.5 酚类消毒剂。产蛋期同时不应使用醛类消毒剂。

4.3.2.6 国家新禁用或列入限制使用兽药名录的药物。

4.3.2.7 附录 A 和附录 B 中所列的药物在国家新颁布标准或法规以后，若允许食品动物使用且无残留限量要求时，将自动从附录中移除。若有限量要求时应在安全评估后，决定是否从附录中移除。

4.4 兽药使用记录

4.4.1 建立兽药使用记录和档案管理应符合 NY/T 3445 的规定。

4.4.2 应建立兽药采购入库记录，记录内容包括商品名称、通用名称、主要成分、生产单位、采购来源、生产批号、规格、数量、有效期、储存条件等。

4.4.3 应建立兽药使用、消毒、动物免疫、动物疫病诊疗、诊断制品使用等记录。各种记录应包括以下所列内容：

a）兽药使用记录，包括商品名称、通用名称、生产单位、采购来源、生产批号、规格、有效期、使用目的、使用剂量、给药途径、给药时间、不良反应、休药期、给药人员等；

b）消毒记录，包括商品名称、通用名称、消毒剂浓度、配制比例、消毒方式、消毒场所、消毒日期、消毒人员等；

c）动物免疫记录，包括疫苗通用名称、商品名称、生产单位、生产批号、剂量、免疫方法、免疫时间、免疫持续期、免疫人员等；

d）动物疫病诊疗记录，包括动物种类、发病数量、圈（舍）号、发病时间、症状、诊断结论、用药名称、用药剂量、使用方法、使用时间、休药期、诊断人员等；

e）诊断制品使用记录，包括诊断制品名称、生产单位、生产批号、规格、有效期、使用数量、使用方法、诊断结果、诊断时间、诊断人员、审核人员等。

4.4.4 每年应对兽药生产供应商和兽药使用效果进行一次评价，为下一年兽药采购和使用提供依据。

4.4.5 兽药使用记录档案应由专人负责归档，妥善保管。兽药使用记录档案保存时间符合 NY/T 3445 的规定，应在产品上市后保存 2 年以上。

附 录 A
（规范性）
生产 A 级绿色食品不应使用的药物

生产 A 级绿色食品不应使用表 A.1 所列的药物。

表 A.1　生产 A 级绿色食品不应使用的药物目录

序号	种类		药物名称	用途
1	β- 受体激动剂类		所有 β- 受体激动剂（β-agonists）类及其盐、酯及制剂	所有用途
2	激素类	性激素类	己烯雌酚（diethylstilbestrol）、己二烯雌酚（dienoestrol）、己烷雌酚（hexestrol）、雌二醇（estradiol）、戊酸雌二醇（estradiol valcrate）、苯甲酸雌二醇（estradiol benzoate）及其盐、酯及制剂	所有用途
		同化激素类	甲基睾丸酮（methytestosterone）、丙酸睾酮（testosterone propinate）、群勃龙（去甲雄三烯醇酮，trenbolone）、苯丙酸诺龙（nandrolone phenylpropionate）、及其盐、酯及制剂	所有用途
		具雌激素样作用的物质	醋酸甲孕酮（mengestrolacetate）、醋酸美仑孕酮（melengestrol acetate）、玉米赤霉醇类（zeranol）、醋酸氯地孕酮（chlormadinone Acetate）	所有用途
3	催眠、镇静类		安眠酮（methaqualone）	所有用途
			氯丙嗪（chlorpromazine）、地西泮（安定，diazepam）、苯巴比妥（phenobarbital）、盐酸可乐定（clonidine hydrochloride）、盐酸赛庚啶（cyproheptadine hydrochloride）、盐酸异丙嗪（promethazine hydrochloride）	所有用途
4	抗菌药类	砜类抑菌剂	氨苯砜（dapsone）	所有用途
		酰胺醇类	氯霉素（chloramphenicol）及其盐、酯	所有用途
		硝基呋喃类	呋喃唑酮（furazolidone）、呋喃西林（furacillin）、呋喃妥因（nitrofurantoin）、呋喃它酮（furaltadone）、呋喃苯烯酸钠（nifurstyrenate sodium）	所有用途
		硝基化合物	硝基酚钠（sodium nitrophenolate）、硝呋烯腙（nitrovin）	所有用途
		磺胺类及其增效剂	所有磺胺类（sulfonamides）及其增效剂（temper）的盐及制剂	所有用途
		喹诺酮类	诺氟沙星（norfloxacin）、氧氟沙星（ofloxacin）、培氟沙星（pefloxacin）、洛美沙星（lomefloxacin）	所有用途

表 A.1（续）

序号	种类		药物名称	用途
4	抗菌药类	喹诺酮类	恩诺沙星（enrofloxacin）	乌鸡养殖
		大环内酯类	阿奇霉素（azithromycin）	所有用途
		糖肽类	万古霉素（vancomycin）及其盐、酯	所有用途
		喹噁啉类	卡巴氧（carbadox）、喹乙醇（olaquindox）、喹烯酮（quinocetone）、乙酰甲喹（mequindox）及其盐、酯及制剂	所有用途
		多肽类	硫酸黏菌素（colistin sulfate）	促生长
		有机胂制剂	洛克沙胂（roxarsone）、氨苯胂酸（阿散酸，arsanilic acid）	所有用途
		抗生素滤渣	抗生素滤渣（antibiotic filter residue）	所有用途
5	抗寄生虫类	苯并咪唑类	阿苯达唑（albendazole）、氟苯达唑（flubendazole）、噻苯达唑（thiabendazole）、甲苯咪唑（mebendazole）、奥苯达唑（oxibendazole）、三氯苯达唑（triclabendazole）、非班太尔（fenbantel）、芬苯达唑（fenbendazole）、奥芬达唑（oxfendazole）及制剂	所有用途
		抗球虫类	氯羟吡啶（clopidol）、氨丙啉（amprolini）、氯苯胍（robenidine）、盐霉素（salinomycin）及其盐和制剂	所有用途
		硝基咪唑类	甲硝唑（metronidazole）、地美硝唑（dimetronidazole）、替硝唑（tinidazole）、洛硝达唑（ronidazole）及其盐、酯及制剂	所有用途
		氨基甲酸酯类	甲萘威（carbaryl）、呋喃丹（克百威，carbofuran）及制剂	杀虫剂
		有机氯杀虫剂	六六六（BHC，benzene hexachloride）、滴滴涕（DDT，dichlorodiphenyl-tricgloroethane）、林丹（lindane）、毒杀芬（氯化烯，camahechlor）及制剂	杀虫剂
		有机磷杀虫剂	敌百虫（trichlorfon）、敌敌畏（DDV，dichlorvos）、皮蝇磷（fenchlorphos）、氧硫磷（oxinothiophos）、二嗪农（diazinon）、倍硫磷（fenthion）、毒死蜱（chlorpyrifos）、蝇毒磷（coumaphos）、马拉硫磷（malathion）及制剂	杀虫剂
		汞制剂	氯化亚汞（甘汞，calomel）、硝酸亚汞（mercurous nitrate）、醋酸汞（mercurous acetate）、吡啶基醋酸汞（pyridyl mercurous acetate）及制剂	杀虫剂
		其他杀虫剂	杀虫脒（克死螨，chlordimeform）、双甲脒（amitraz）、酒石酸锑钾（antimony potassium tartrate）、锥虫胂胺（tryparsamide）、孔雀石绿（malachite green）、五氯酚酸钠（pentachlorophenol sodium）、潮霉素B（hygromycin B）、非泼罗尼（氟虫腈，fipronil）	杀虫剂
6	抗病毒类药物		金刚烷胺（amantadine）、金刚乙胺（rimantadine）、阿昔洛韦（aciclovir）、吗啉（双）胍（病毒灵）（moroxydine）、利巴韦林（ribavirin）等及其盐、酯及单、复方制剂	抗病毒

附 录 B

（规范性）

生产 A 级绿色食品产蛋期和泌乳期不应使用的药物

B.1 产蛋期不应使用的药物

见表 B.1。

表 B.1 产蛋期不应使用的药物目录

序号	种类		药物名称
1	抗菌药类	四环素类	四环素（tetracycline）、多西环素（doxycycline）
		β- 内酰胺类	阿莫西林（amoxicillin）、氨苄西林（ampicillin）、青霉素 / 普鲁卡因青霉素（benzylpenicillin/procaine benzylpenicillin）、苯唑西林（oxacillin）、氯唑西林（cloxacillin）及制剂
		寡糖类	阿维拉霉素（avilamycin）
		氨基糖苷类	新霉素（neomycin）、安普霉素（apramycin）、大观霉素（spectinomycin）、卡那霉素（kanamycin）
		酰胺醇类	氟苯尼考（florfenicol）、甲砜霉素（thiamphenicol）
		林可胺类	林可霉素（lincomycin）
		大环内酯类	红霉素（erythromycin）、泰乐菌素（tylosin）、吉他霉素（kitasamycin）、替米考星（tilmicosin）、泰万菌素（tylvalosin）
		喹诺酮类	达氟沙星（danofloxacin）、恩诺沙星（enrofloxacin）、环丙沙星（ciprofloxacin）、沙拉沙星（sarafloxacin）、二氟沙星（difloxacin）、氟甲喹（flumequine）、噁喹酸（oxolinic acid）
		多肽类	那西肽（nosiheptide）、恩拉霉素（enramycin）、维吉尼亚霉素（virginiamycin）
		聚醚类	海南霉素钠（hainanmycin sodium）
2	抗寄生虫类		越霉素 A（destomycin A）、二硝托胺（dinitolmide）、马度米星铵（maduramicin ammonium）、地克珠利（diclazuril）、托曲珠利（toltrazuril）、左旋咪唑（levamisole）、癸氧喹酯（decoquinate）、尼卡巴嗪（nicarbazin）
3	解热镇痛类		阿司匹林（aspirin）、卡巴匹林钙（carbasalate calcium）

B.2　泌乳期不应使用的药物

见表 B.2。

表 B.2　泌乳期不应使用的药物目录

<table>
<tr><th>序号</th><th colspan="2">种类</th><th>药物名称</th></tr>
<tr><td rowspan="6">1</td><td rowspan="6">抗菌药类</td><td>四环素类</td><td>四环素（tetracycline）、多西环素（doxycycline）</td></tr>
<tr><td>β- 内酰胺类</td><td>苄星氯唑西林（benzathine cloxacillin）</td></tr>
<tr><td>大环内酯类</td><td>替米考星（tilmicosin）、泰拉霉素（tulathromycin）</td></tr>
<tr><td>酰胺醇类</td><td>氟苯尼考（florfenicol）</td></tr>
<tr><td>喹诺酮类</td><td>二氟沙星（difloxacin）</td></tr>
<tr><td>氨基糖苷类</td><td>安普霉素（apramycin）</td></tr>
<tr><td>2</td><td colspan="2">抗寄生虫类</td><td>阿维菌素（avermectin）、伊维菌素（ivermectin）、左旋咪唑（levamisole）、碘醚柳胺（rafoxanide）、托曲珠利（toltrazuril）、环丙氨嗪（cyromazine）、氟氯苯氰菊酯（flumethrin）、常山酮（halofuginone）、巴胺磷（propetamphos）、癸氧喹酯（decoquinate）、吡喹酮（praziquantel）</td></tr>
<tr><td>3</td><td colspan="2">镇静类</td><td>赛拉嗪（xylazine）</td></tr>
<tr><td>4</td><td colspan="2">性激素</td><td>黄体酮（progesterone）</td></tr>
<tr><td>5</td><td colspan="2">解热镇痛类</td><td>阿司匹林（aspirin）、水杨酸钠（sodium salicylate）</td></tr>
</table>

附录 2-6

NY

中华人民共和国农业行业标准

NY/T 755—2022
代替 NY/T 755—2013

绿色食品　渔药使用准则

Green food—Guideline for application of fishery drugs

2022-07-11 发布　　2022-10-01 实施

中华人民共和国农业农村部　发布

前 言

本文件按照 GB/T 1.1—2020《标准化工作导则 第 1 部分 标准化文件的结构和起草规则》的规定起草。

本文件代替 NY/T 755—2013《绿色食品 渔药使用准则》，与 NY/T 755—2013 相比，除结构性调整和编辑性修改外，主要技术变化如下：

a）修改了基本要求（见 4.1，2013 年版第 4 章）；

b）修改了生产 A 级绿色食品渔药使用规定（见 4.1，2013 年版第 6 章）；

c）修改了渔药使用记录要求（见 4.4，2013 年版 6.6）；

d）修改了附录 A 中 A 级绿色食品生产允许使用的渔药清单（见附录 A，2013 版附录 A、附录 B）；

e）允许使用的中药成方制剂和单方制剂渔药清单中，列出 37 种，包括七味板蓝根散、三黄散、大黄五倍子散、大黄末、大黄解毒散、山青五黄散、川楝陈皮散、五倍子末、六味黄龙散、双黄白头翁散、双黄苦参散、石知散、龙胆泻肝散、地锦草末、地锦鹤草散、百部贯众散、肝胆利康散、驱虫散、板蓝根大黄散、芪参散、苍术香连散、虎黄合剂、连翘解毒散、青板黄柏散、青连白贯散、青莲散、穿梅三黄散、苦参末、虾蟹脱壳促长散、柴黄益肝散、根莲解毒散、清热散、清健散、银翘板蓝根散、黄连解毒散、雷丸槟榔散、蒲甘散（见附录 A 表 A.1，2013 年版附录 A 中的 A.1、附录 B 中的 B.1）；

f）允许使用的化学渔药清单中，删除了 9 种，包括溴氯海因、复合碘溶液、高碘酸钠、苯扎溴铵溶液、过硼酸钠、过氧化钙、三氯异氰脲酸粉、盐酸氯苯胍粉、石灰（见 2013 年版附录 A 中的表 A.1、附录 B 中的表 B.1）；增加了 3 种，包括亚硫酸氢钠甲萘醌粉、注射用复方绒促性素 A 型、注射用复方绒促性素 B 型（见附录 A 中的表 A.2）；修订了 1 种，硫酸锌霉素改为硫酸新霉素粉（见附录 A 中的表 A.2，2013 年版附录 B 中的表 B.1）；

h）允许使用的渔用疫苗清单，增加了 2 种，包括大菱鲆迟钝爱德华氏菌活疫苗（EIBAV1 株）、草鱼出血病灭活疫苗；修订了 1 种，鱼嗜水气单胞菌败血症灭活疫苗改为嗜水气单胞菌败血症灭活疫苗；删除了 1 种，鲕鱼格氏乳球菌灭活疫苗（BY1 株）（见附录 A 中的表 A.3，2013 年版附录 A 中的表 A.1）。

本文件由农业农村部农产品质量安全监管司提出。

本文件由中国绿色食品发展中心归口。

本文件起草单位：中国水产科学研究院东海水产研究所、中国绿色食品发展中心、农业农村部渔业环境及水产品质量监督检验测试中心（西安）、上海海洋大学、中国水产科学研究院黄海水产研究所。

本文件主要起草人：么宗利、张宪、杨元昊、胡鲲、周德庆、来琦芳、周凯、高鹏程。

本文件及其所代替文件的历次版本发布情况为：

——2003 年首次发布为 NY/T 755—2003，2013 年第一次修订；

——本次为第二次修订。

引 言

绿色食品是指产自优良生态环境、按照绿色食品标准生产、实行全程质量控制并获得绿色食品标志使用权的安全、优质食用农产品及相关产品。绿色食品水产养殖用药坚持生态环保原则，渔药使用应保证水资源不遭受破坏，保护生物安全和生物多样性，保障生产水域质量稳定。

科学规范使用渔药是保证水产绿色食品质量安全的重要手段，2013 年版规范了水产绿色食品的渔药使用，促进了水产绿色食品质量安全水平的提高。但是，随着新的兽药国家标准、食品安全国家标准、水产养殖业绿色发展要求陆续出台，渔药种类、使用限量和管理等出现了新变化、新规定，原版标准已不能满足水产绿色食品生产和管理新要求，急需对标准进行修订。

本次修订在遵循现有兽药国家标准和食品安全国家标准的基础上，立足绿色食品安全优质的要求，突出强调要建立良好养殖环境，提倡绿色健康养殖，尽量不用或者少用渔药，通过增强水产养殖动物自身的抗病力，减少疾病的发生。

绿色食品　渔药使用准则

1　范围

本文件规定了绿色食品生产中渔药使用的术语和定义、基本要求、生产绿色食品的渔药使用规定和渔药使用记录。

本文件适用于绿色食品水产养殖过程中渔药的使用和管理。

2　规范性引用文件

下列文件中的内容通过文中的规范性引用而构成本文件必不可少的条款。其中，注日期的引用文件，仅注日期对应的版本适用于本文件；不注日期的引用文件，其最新版本（包括所有的修改单）适用于本文件。

GB 11607　渔业水质标准

GB/T 19630　有机产品　生产、加工、标识与管理体系要求

GB 31650　食品安全国家标准　食品中兽药最大残留限量

NY/T 391　绿色食品　产地环境质量

SC/T 0004　水产养殖质量安全管理规范

SC/T 1132　渔药使用规范

中华人民共和国兽药典

中华人民共和国农业部公告　第 2513 号　兽药质量标准

中华人民共和国农业部令　第 31 号　水产养殖质量安全管理规定

3　术语和定义

下列术语和定义适用于本文件。

3.1　AA 级绿色食品　AA grade green food

产地环境质量符合 NY/T 391 的要求，遵照绿色食品标准生产，生产过程遵循自然规律和生态学原理，协调种植业和养殖业的平衡，不使用化学合成的肥料、农药、兽药、渔药、添加剂等物质，产品质量符合绿色食品产品标准，经专门机构许可使用绿色食品标志的产品。

3.2　A 级绿色食品　A grade green food

产地环境质量符合 NY/T 391 的要求，遵照绿色食品标准生产，生产过程遵循自然规律和生态学原理，协调种植业和养殖业的平衡，限量使用限定的化学合成生产资料，产品质量符合绿色食品产品标准，经专门机构许可使用绿色食品标志的产品。

3.3 渔药 fishery drug

水产养殖用兽药，用于预防、治疗、诊断水产养殖动物疾病或者有目的地调节其生理机能的物质。

3.4 渔用抗微生物药 fishery antimicrobial drug

抑制或杀灭病原微生物的渔药。

3.5 渔用抗寄生虫药 fishery antiparasitic drug

杀灭或驱除水产养殖动物体内、外或养殖环境中寄生虫的渔药。

3.6 渔用消毒剂 fishery disinfectant

用于水产动物体表、渔具和养殖环境消毒的渔药。

3.7 渔用环境改良剂 fishery environmental modifier

用于改善养殖水域环境的渔药。

3.8 渔用疫苗 fishery vaccine

预防水产养殖动物传染性疾病的生物制品。

3.9 渔用生理调节剂 fishery physiological regulator

调节水产养殖动物生理机能的血清制品、中药材、中成药、化学药品等。

3.10 休药期 withdrawal period withdrawal time

从停止给药到水产养殖对象作为食品允许上市或加工的最短间隔时间。

4 要求

4.1 基本要求

4.1.1 水产品生产环境质量应符合 NY/T 391 的要求。生产者应按中华人民共和国农业部令第 31 号的规定实施健康养殖。采取各种措施避免应激，增强水产养殖动物自身的抗病力，减少疾病的发生。

4.1.2 按《中华人民共和国动物防疫法》的规定，加强水产养殖动物疾病的预防，在养殖生产过程中尽量不用或者少用药物。确需使用渔药时，应保证水资源不遭受破坏，保护生物安全和生物多样性，保障生产水域质量免受污染，用药后水质应满足 GB 11607 的要求。

4.1.3 渔药使用应符合《中华人民共和国兽药典》《兽药质量标准》《兽药管理条例》等有关规定。

4.1.4 在水产动物病害防控过程中，处方药应在执业兽医（水生动物类）的指导下使用。

4.1.5 严格按照说明书的用法、用量、休药期等使用渔药，禁止滥用药、减少用药量。

4.2 生产 AA 级绿色食品的渔药使用规定

执行 GB/T 19630 的相关规定。

4.3 生产 A 级绿色食品的渔药使用规定

4.3.1 可使用的药物种类

4.3.1.1 所选用的渔药应符合相关法律法规，获得国家兽药登记许可，并纳入国家基础兽药数据库兽药产品批准文号数据。

4.3.1.2 优先使用 GB/T 19630 规定的物质或投入品、GB 31650 规定的无最大残留限量要求的渔药。

4.3.1.3 允许使用的渔药清单见附录 A，附录中渔药使用规范参照 SC/T 1132 的规定执行。

4.3.2 不应使用的药物种类

4.3.2.1 不应使用国务院兽医行政管理部门规定禁止使用和中华人民共和国农业农村部公告中禁用和停用的药物。

4.3.2.2 不应使用药物饲料添加剂。

4.3.2.3 不应为了促进养殖水产动物生长而使用抗菌药物、激素或其他生长促进剂。

4.3.2.4 不使用假劣兽药和原料药、人用药、农药。

4.4 渔药使用记录

4.4.1 建立渔药使用记录，应符合 SC/T 0004 和 SC/T 1132 的规定，满足健康养殖的记录要求。

4.4.2 应建立渔药购买和出入库登记制度，记录至少包括药物的商品名称、通用名称、主要成分、生产单位、批号、数量、有效期、储存条件、出入库日期等。

4.4.3 应建立消毒、水产动物免疫、水产动物治疗等记录。各种记录应包括以下所列内容：

a）消毒记录，包括消毒剂名称、批号、生产单位、剂量、消毒方式、消毒频率或时间、养殖种类、规格、数量、水体面积、水深、水温、pH、溶解氧、氨氮、亚硝酸盐、消毒人员等。

b）水产动物免疫记录，包括疫苗名称、批号、生产单位、剂量、免疫方法、免疫时间、免疫持续时间、养殖种类、规格、数量、免疫人员等。

c）水产动物治疗记录，包括养殖种类、规格、数量、发病时间、症状、病死情况、药物名称、批号、生产单位、使用方法、剂量、用药时间、疗程、休药期、施药人员等，使用外用药还应记录用药时水体面积、水深、水温、pH、溶解氧、氨氮、亚硝酸盐等。

4.4.4 所有用药记录应当保存至该批水产品全部销售后 2 年以上。

附 录 A
（规范性）
A 级绿色食品生产允许使用的渔药清单

A.1 A 级绿色食品生产允许使用的中药成方制剂和单方制剂渔药清单

见表 A.1。

表 A.1 A 级绿色食品生产允许使用的中药成方制剂和单方制剂渔药清单

名称	备注
七味板蓝根散	清热解毒，益气固表。主治甲鱼白底板病、腮腺炎
三黄散（水产用）	清热解毒。主治细菌性败血症、烂鳃、肠炎和赤皮
大黄五倍子散	清热解毒，收湿敛疮。主治细菌性肠炎、烂鳃、烂肢、疖疮与腐皮病
大黄末（水产用）	健胃消食，泻热通肠，凉血解毒，破积行瘀。主治细菌性烂鳃，赤皮病、腐皮和烂尾病
大黄解毒散	清热燥湿，杀虫。主治败血症
山青五黄散	清热泻火、理气活血。主治细菌性烂鳃、肠炎、赤皮和败血症
川楝陈皮散	驱虫，消食。主治绦虫病、线虫病
五倍子末	敛疮止血。主治水产养殖动物水霉病、鳃霉病
六味黄龙散	清热燥湿，健脾理气。预防虾白斑综合症
双黄白头翁散	清热解毒、凉血止痢。主治细菌性肠炎
双黄苦参散	清热解毒。主治细菌性肠炎，烂鳃与赤皮
石知散（水产用）	泻火解毒，清热凉血。主治鱼细菌性败血症病
龙胆泻肝散（水产用）	泻肝胆实火，清三焦湿热。主要用于治疗鱼类、虾、蟹等水产动物的脂肪肝、肝中毒、急性或亚急性肝坏死及胆囊肿大、胆汁变色等病症
地锦草末	清热解毒，凉血止血。防治由弧菌、气单胞菌等引起鱼肠炎、败血症等细菌性疾病
地锦鹤草散	清热解毒，止血止痢。主治烂鳃、赤皮、肠炎、白头白嘴等细菌性疾病
百部贯众散	杀虫，止血。主治黏孢子虫病
肝胆利康散	清肝利胆。主治肝胆综合征
驱虫散（水产用）	驱虫。辅助性用于寄生虫的驱除
板蓝根大黄散	清热解毒。主治鱼类细菌性败血症，细菌性肠炎
芪参散	扶正固本。用于增强水产动物的免疫功能，提高抗应激能力
苍术香连散（水产用）	清热燥湿。主治细菌性肠炎
虎黄合剂	清热，解毒，杀虫。主治嗜水气单胞菌感染
连翘解毒散	清热解毒，祛风除湿。主治黄鳝、鳗鲡发狂病
青板黄柏散	清热解毒。主治细菌性败血症、肠炎、烂鳃、竖鳞与腐皮
青连白贯散	清热解毒，凉血止血。主治细菌性败血症、肠炎、赤皮病、打印病与烂尾病

表 A.1（续）

名称	备注
青莲散	清热解毒。主治细菌感染引起的肠炎、出血与败血症
穿梅三黄散	清热解毒。主治细菌性败血症、肠炎、烂鳃与赤皮病
苦参末	清热燥湿，驱虫杀虫。主治鱼类车轮虫、指环虫、三代虫病等寄生虫病以及细菌性肠炎、出血性败血症
虾蟹脱壳促长散	促脱壳，促生长。用于虾、蟹脱壳迟缓
柴黄益肝散	清热解毒，保肝利胆。主治鱼肝肿大、肝出血和脂肪肝
根莲解毒散	清热解毒，扶正健脾，理气化食。主治细菌性败血症、赤皮和肠炎
清热散（水产用）	清热解毒，凉血消斑。主治鱼病毒性出血病
清健散	清热解毒，益气健胃。主治细菌性肠炎
银翘板蓝根散	清热解毒。主治对虾白斑病，河蟹颤抖病
黄连解毒散（水产用）	泻火解毒。用于鱼类细菌性、病毒性疾病的辅助性防治
雷丸槟榔散	驱杀虫。主治车轮虫病和锚头鳋病
蒲甘散	清热解毒。主治细菌感引起的性败血症、肠炎、烂鳃、竖鳞与腐皮
注：新研制且国家批准用于水产养殖的中草药及其成药制剂渔药适用于本文件。	

A.2　A 级绿色食品生产允许使用的化学渔药清单

见表 A.2。

表 A.2　A 级绿色食品生产允许使用的化学渔药清单

类别	名称	备注
渔用环境改良剂	过氧化氢溶液（水产用）	增氧剂。用于增加水体溶解氧
	过碳酸钠（水产用）	水质改良剂。用于缓解和解除鱼、虾、蟹等水产养殖动物因缺氧引起的浮头和泛塘
渔用抗寄生虫药	地克珠利预混剂（水产用）	抗原虫药。用于防治鲤科鱼类黏孢子虫、碘泡虫、尾孢虫、四极虫、单极虫等孢子虫病
	阿苯达唑粉（水产用）	抗蠕虫药。主要用于治疗海水养殖鱼类由双鳞盘吸虫、贝尼登虫引起的寄生虫病，淡水养殖鱼类由指环虫、三代虫等引起的寄生虫病
	硫酸锌三氯异氰脲酸粉（水产用）	杀虫药。用于杀灭或驱除河蟹、虾类等水产养殖动物的固着类纤毛虫
	硫酸锌粉（水产用）	杀虫剂。用于杀灭或驱除河蟹、虾类等水产养殖动物的固着类纤毛虫
渔用抗微生物药	氟苯尼考注射液	酰胺醇类抗生素。用于巴氏杆菌和大肠埃希菌感染
	氟苯尼考粉	酰胺醇类抗生素。用于巴氏杆菌和大肠埃希菌感染
	盐酸多西环素粉（水产用）	四环素类抗生素。用于治疗鱼类由弧菌、嗜水气单胞菌、爱德华氏菌等引起的细菌性疾病
	硫酸新霉素粉（水产用）	氨基糖苷类抗生素。用于治疗鱼、虾、河蟹等水产动物由气单胞菌、爱德华氏菌及弧菌等引起的肠道疾病

表 A.2（续）

类别	名称	备注
渔用生理调节剂	亚硫酸氢钠甲萘醌粉（水产用）	维生素类药。用于辅助治疗鱼、鳗、鳖等水产养殖动物的出血、败血症
	注射用复方绒促性素 A 型（水产用）	激素类药。用于鲢、鳙亲鱼的催产
	注射用复方绒促性素 B 型（水产用）	用于鲢、鳙亲鱼的催产
	维生素 C 钠粉（水产用）	维生素类药。用于预防和治疗水产动物的维生素 C 缺乏症
渔用消毒剂	次氯酸钠溶液（水产用）	消毒药。用于养殖水体的消毒。防治鱼、虾、蟹等水产养殖动物由细菌性感染引起的出血、烂鳃、腹水、肠炎、疖疮、腐皮等疾病
	含氯石灰（水产用）	消毒药。用于水体的消毒，防治水产养殖动物由弧菌、嗜水气单胞菌、爱德华氏菌等引起的细菌性疾病
	蛋氨酸碘溶液	消毒药。用于对虾白斑综合症。水体、对虾和鱼类体表消毒
	聚维酮碘溶液（水产用）	消毒防腐药。用于养殖水体的消毒。防治水产养殖动物由弧菌、嗜水气单胞菌、爱德华氏菌等引起的细菌性疾病
注：国家新禁用或列入限用的渔药自动从该清单中删除		

A.3 A 级绿色食品生产允许使用的渔用疫苗清单

见表 A.3。

表 A.3 A 级绿色食品生产允许使用的渔用疫苗清单

名称	备注
大菱鲆迟缓爱德华氏菌活疫苗（EIBAV1 株）	预防由迟缓爱德华氏菌引起的大菱鲆腹水病，免疫期为 3 个月
牙鲆鱼溶藻弧菌、鳗弧菌、迟缓爱德华病多联抗独特型抗体疫苗	预防牙鲆鱼溶藻弧菌、鳗弧菌、迟缓爱德华病。免疫期为 5 个月
鱼虹彩病毒病灭活疫苗	预防真鲷、鰤鱼属、拟鲹的虹彩病毒病
草鱼出血病灭活疫苗	预防草鱼出血病。免疫期 12 个月
草鱼出血病活疫苗（GCHV-892 株）	预防草鱼出血病
嗜水气单胞菌败血症灭活疫苗	预防淡水鱼类特别是鲤科鱼的嗜水气单胞菌败血症，免疫期为 6 个月
注：国家新禁用或列入限用的渔药自动从该清单中删除。	

附录 2-7

NY

中华人民共和国农业行业标准

NY/T 471—2023
代替 NY/T 471—2018

绿色食品　饲料及饲料添加剂使用准则

Green food—Guideline for application of feed and feed additives

2023-02-17 发布　　**2023-06-01 实施**

中华人民共和国农业农村部 发布

前　言

本文件按照 GB/T 1.1—2020《标准化工作导则　第 1 部分：标准化文件的结构和起草规则》的规定起草。

本文件代替 NY/T 471—2018《绿色食品　饲料及饲料添加剂使用准则》，与 NY/T 471—2018 相比，除结构调整编辑性改动外，主要技术变化如下：

a）增加了引言（见引言）；

b）增加了 AA 级绿色食品、A 级绿色食品的定义（见 3.1、3.2）；

c）更改了使用原则的部分表述（见 4.1、4.2、4.3，2018 年版的 4.1、4.2、4.3）；

d）更改了基本要求的表述（见 5.1.1、5.1.2、5.1.3、5.1.4、5.1.5、5.1.7，2018 年版的 5.1.1、5.1.2、5.1.3、5.1.4、5.1.5、5.1.7）；

e）更改了卫生要求（见 5.2，2018 年版的 5.2）；

f）增加了生产 A 级和 AA 级绿色食品的饲料及饲料添加剂使用规定（见 6.1、6.2、6.3，2018 年版的 6.1、6.2）；

g）更改了对饲料原料的要求（见 6.2.2、6.2.3、6.2.4，2018 年版的 6.1.2、6.1.4、6.1.5）；

h）更改了对饲料添加剂的规定（见 6.3.1、6.3.2、6.3.3、6.3.4，2018 年版的 6.2.1、6.2.2、6.2.3、6.2.4）；

i）增加了对微生物发酵产物来源的规定（见 6.3.6）；

j）更改并增加了绿色食品饲料和饲料添加剂的加工要求（见 7.1、7.2、7.3，2018 年版的 6.3.1、6.3.2）；

k）增加了氨基酸锌络合物（氨基酸为 L- 赖氨酸和谷氨酸）、L- 硒代蛋氨酸、苏氨酸锌螯合物、碱式氯化锰及其适用范围（见表 A.1）；

l）增加了蛋氨酸羟基类似物异丙酯，适用范围增加了鸭（见表 A.3）；

m）增加了 L- 抗坏血酸钠、姜黄素及其适用范围（见表 A.5）；

n）增加了乙基纤维素、聚乙烯醇、紫胶、羟丙基甲基纤维素（见表 A.7）；

o）增加了植物炭黑、胆汁酸、水飞蓟宾、吡咯并喹啉醌二钠、鞣酸蛋白、三丁酸甘油酯、槲皮万寿菊素、枯草三十七肽、腺苷七肽及其适用范围（见表 A.8）。

请注意本文件的某些内容可能涉及专利。本文件的发布机构不承担识别专利的责任。

本文件由农业农村部农产品质量安全监管司提出。

本文件由中国绿色食品发展中心归口。

本文件起草单位：中国农业科学院饲料研究所、中国绿色食品发展中心、北京昕大洋科技发展有限公司、北京精准动物营养研究中心有限公司、长沙兴嘉生物工程股份有限公司。

本文件主要起草人：屠焰、刁其玉、张志华、张宪、哈丽代·热合木江、刘云龙、孔路欣、李光智、黄逸强、刘杰。

本文件及其所代替文件的历次版本发布情况为：

——NY/T 471—2001《绿色食品　饲料及饲料添加剂使用准则》、NY/T 471—2010《绿色食品　畜禽饲料及饲料添加剂使用准则》、NY/T 2112—2011《绿色食品　渔业饲料及饲料添加剂使用准则》、NY/T 471—2018《绿色食品　饲料及饲料添加剂使用准则》；

——2001 年首次发布为 NY/T 471—2001，2010 年第一次修订；

——2018 年第二次修订时，并入了 NY/T 2112—2011《绿色食品　渔业饲料及饲料添加剂使用准则》的内容；

——本次为第三次修订。

引 言

绿色食品是指产自优良生态环境、按照绿色食品标准生产、实行全程质量控制并获得绿色食品标志使用权的安全、优质食用农产品及相关产品。本文件按照绿色食品要求，规范绿色食品畜牧业、渔业养殖过程中的饲料及饲料添加剂的使用行为。

我国农业农村部针对饲料原料品种、饲料添加剂品种均发布了允许使用的目录，在此基础上，NY/T 471—2018《绿色食品　饲料及饲料添加剂使用准则》列出了可以在绿色食品畜禽、水产动物养殖中应使用的饲料原料和饲料添加剂及相关要求。随着我国国家和行业标准的修订，以及饲料原料品种、饲料添加剂品种的修订和增补，原文件已不适应绿色食品生产需要。

本次修订主要根据国家、行业最新标准及相关法律法规，结合饲料原料和饲料添加剂实际使用情况，重新评估并选定了生产绿色食品的养殖过程中应使用的饲料和饲料添加剂，同时增加了对 AA 级绿色食品生产的要求。修订后的 NY/T 471 对绿色食品生产中饲料和饲料添加剂的使用和管理更具指导性和可操作性。本文件的实施更有利于规范绿色食品的生产，满足绿色食品生态环保、安全优质的要求。

绿色食品　饲料及饲料添加剂使用准则

1　范围

本文件规定了绿色食品畜牧业、渔业养殖过程允许使用的饲料和饲料添加剂的术语和定义、使用原则，要求，使用规定，加工、包装、储存和运输。

本文件适用于绿色食品畜牧业、渔业的养殖。

2　规范性引用文件

下列文件中的内容通过文中的规范性引用而构成本文件必不可少的条款。其中，注日期的引用文件，仅该日期对应的版本适用于本文件；不注日期的引用文件，其最新版本（包括所有的修改单）适用于本文件。

GB/T 10647　饲料工业术语

GB 13078　饲料卫生标准

GB/T 19164　饲料原料　鱼粉

GB/T 19424　天然植物饲料原料通用要求

GB/T 19630　有机产品生产加工标识与管理体系要求

NY/T 391　绿色食品　产地环境质量

NY/T 393　绿色食品　农药使用准则

NY/T 394　绿色食品　肥料使用准则

NY/T 658　绿色食品　包装通用准则

NY/T 1056　绿色食品　储藏运输准则

中华人民共和国农业农村部公告　第 2625 号　饲料添加剂安全使用规范

3　术语和定义

GB/T 10647 界定的以及以下术语和定义适用于本文件。

3.1　AA 级绿色食品　AA grade green food

产地环境质量符合 NY/T 391 的要求，遵照绿色食品标准生产，生产过程遵循自然规律和生态学原理，协调种植业和养殖业的平衡，不使用化学合成的肥料、农药、兽药、渔药、添加剂等物质，产品质量符合绿色食品产品标准，经专门机构许可使用绿色食品标志的产品。

3.2　A 级绿色食品　A grade green food

产地环境质量符合 NY/T 391 的要求，遵照绿色食品标准生产，生产过程遵循自然规律和生态学原理，协调种植业和养殖业的平衡，限量使用限定的化学合成生产资料，产品质量符合绿色食品产品标准，经专门机构许可使用绿色食品标志的产品。

3.3 天然植物饲料添加剂 natural plant feed additive

以一种或多种天然植物全株或其部分为原料，经物理、化学或生物等方法加工的具有营养、促生长、提高饲料利用率和改善动物产品品质等功效的饲料添加剂。

3.4 有机微量元素 organic trace element

微量元素的无机盐与有机物及其分解产物通过络（螯）合形成的化合物或通过发酵形成的产物。

4 使用原则

4.1 安全优质原则

生产过程中，饲料和饲料添加剂的使用应对养殖动物机体健康无不良影响，所生产的动物产品安全、优质、营养，有利于消费者健康且无不良影响。

4.2 绿色环保原则

绿色食品生产中所使用的饲料和饲料添加剂及其代谢产物，应对环境无不良影响，且在畜牧业、渔业产品及排泄物中存留量对环境也无不良影响，有利于生态环境保护和养殖业可持续健康发展。

4.3 以天然饲料原料为主原则

提倡优先使用天然饲料原料、天然植物饲料添加剂、微生物制剂、酶制剂和有机微量元素，限制使用通过化学合成的饲料和饲料添加剂。

5 要求

5.1 基本要求

5.1.1 饲料原料的产地环境应符合 NY/T 391 的要求，植物源性饲料原料种植过程中肥料和农药的使用应符合 NY/T 394 和 NY/T 393 的要求，天然植物饲料原料应符合 GB/T 19424 的要求。

5.1.2 饲料和饲料添加剂，应是国务院农业农村主管部门公布的《饲料原料目录》《饲料添加剂品种目录》中的品种；不在目录内的饲料原料和饲料添加剂应是国务院农业农村主管部门批准使用的品种，或是允许进口的饲料和饲料添加剂品种，且使用范围和用量应符合相关规定；本文件颁布实施后，国务院农业农村主管部门公布的不再允许使用的品种，本文件也不再允许使用。

5.1.3 使用的饲料原料、饲料添加剂、混合型饲料添加剂、配合饲料、浓缩饲料及添加剂预混合饲料应符合其产品质量标准的规定。

5.1.4 根据养殖动物不同生理阶段和营养需求配制饲料，原料组成宜多样化，营养全面，各营养素间相互平衡，饲料的配制应当符合营养、健康、节约、环保的理念。

5.1.5 保证草食动物每天都能得到满足其营养需要的粗饲料。在其日粮中，粗饲料、鲜草、青干草或青贮饲料等所占的比例不应低于60%（以干物质计）；对于育肥期肉用畜和泌乳期的前3个月的乳用畜，此比例可降低为50%（以干物质计）。

5.1.6 购买的商品饲料，其原料来源和生产过程应符合本文件的规定。

5.1.7 绿色食品生产单位和饲料企业，应做好饲料及饲料添加剂的相关记录，确保可查证。

5.2 卫生要求

饲料的卫生指标应符合GB 13078的规定，饲料添加剂应符合相应卫生标准的要求。

6 使用规定

6.1 生产AA级绿色食品的饲料及饲料添加剂

除符合6.2、6.3的要求外，还应按GB/T 19630的相关规定执行。

6.2 生产A级绿色食品的饲料原料

6.2.1 植物源性饲料原料，应是通过认定的绿色食品及其副产品；或来源于绿色食品原料标准化生产基地的产品及其副产品；或是按照绿色食品生产方式生产并经认定的原料基地生产的产品及其副产品。

6.2.2 动物源性饲料原料，应只使用乳及乳制品、鱼粉和其他海洋水产动物产品及副产品，其他动物源性饲料不可使用；鱼粉和其他海洋水产动物产品及副产品，应来自经国务院农业农村主管部门认可的产地或加工厂，并有证据证明符合规定要求，其中鱼粉应符合GB/T 19164的规定。进口的鱼粉和其他海洋水产动物产品及副产品，应有国家检验检疫部门提供的相关证明和质量报告，并符合相关规定。

6.2.3 宜使用国务院农业农村主管部门公布的饲料原料目录中可饲用天然植物。

6.2.4 不应使用：

a）畜禽及餐厨废弃物；

b）畜禽屠宰场副产品及其加工产品；

c）非蛋白氮；

d）鱼及其他海洋水产动物产品及副产品（限反刍动物）。

6.3 生产A级绿色食品的饲料添加剂、混合型饲料添加剂和添加剂预混合饲料

6.3.1 饲料添加剂、混合型饲料添加剂和添加剂预混合饲料，应选自取得生产许可证的厂家，并具符合规定的产品标准，且饲料添加剂应取得产品批准文号，混合型饲料添加剂和添加剂预混合饲料应按要求在农业农村主管部门指定的备案系统进行备案。进口饲料添加剂，应具有进口产品许可证及质量标准和检验方法，并经出入境部门检验检疫合格。

6.3.2 饲料添加剂的使用，应根据养殖动物的营养需求，按照中华人民共和国农业农村部第2625号公告的推荐量合理添加和使用，严防对环境造成污染。

6.3.3 不应使用制药工业副产品（包括生产抗生素、抗寄生虫药、激素等药物的残渣)。

6.3.4 饲料添加剂的使用，应按照附录A的规定；附录A的添加剂中来源于动物蹄角及毛发生产的氨基酸不可使用。

6.3.5 矿物质饲料添加剂中应有不少于60%的种类来源于天然矿物质饲料或有机微量元素产品。

6.3.6 微生物发酵产物来源的饲料添加剂，应符合表A.4的要求。

7 加工、包装、储存和运输

7.1 饲料加工厂房内应有足够的加工场地和充足的光照，以保证生产正常运转，并留有对设备进行日常维修和清理的通道及进出口。

7.2 生产绿色食品的饲料和饲料添加剂，应有专门的加工生产车间、专车运输、专库储存、专人管理、专门台账，避免批次之间发生交叉污染。

7.3 原料或成品存放地、生产车间、包装车间等场所的地面应具有良好的防潮性能，并实时进行日常保洁，确保地面无残存废水、垃圾、废弃物及杂乱的设备等。

7.4 包装应符合NY/T 658的要求。

7.5 储存和运输应符合NY/T 1056的要求。

附 录 A
（规范性）
生产 A 级绿色食品允许使用的饲料添加剂种类

A.1 可用于生产 A 级绿色食品畜牧业、渔业养殖允许使用的矿物质饲料添加剂种类

见表 A.1。

表 A.1 生产 A 级绿色食品畜牧业、渔业养殖允许使用的矿物质饲料添加剂种类

类别	通用名称	适用范围
矿物元素及其络（螯）合物	氯化钠、硫酸钠、磷酸二氢钠、磷酸氢二钠、磷酸二氢钾、磷酸氢二钾、轻质碳酸钙、氯化钙、磷酸氢钙、磷酸二氢钙、磷酸三钙、乳酸钙、葡萄糖酸钙、硫酸镁、氧化镁、氯化镁、柠檬酸亚铁、富马酸亚铁、乳酸亚铁、硫酸亚铁、氯化亚铁、氯化铁、碳酸亚铁、氯化铜、硫酸铜、碱式氯化铜、氧化锌、氯化锌、碳酸锌、硫酸锌、乙酸锌、碱式氯化锌、氯化锰、氧化锰、硫酸锰、碳酸锰、磷酸氢锰、碘化钾、碘化钠、碘酸钾、碘酸钙、氯化钴、乙酸钴、硫酸钴、亚硒酸钠、钼酸钠、蛋氨酸铜络（螯）合物、蛋氨酸铁络（螯）合物、蛋氨酸锰络（螯）合物、蛋氨酸锌络（螯）合物、赖氨酸铜络（螯）合物、赖氨酸锌络（螯）合物、甘氨酸铜络（螯）合物、甘氨酸铁络（螯）合物、酵母铜、酵母铁、酵母锰、酵母硒、氨基酸铜络合物（氨基酸来源于水解植物蛋白）、氨基酸铁络合物（氨基酸来源于水解植物蛋白）、氨基酸锰络合物（氨基酸来源于水解植物蛋白）、氨基酸锌络合物（氨基酸来源于水解植物蛋白）、氨基酸锌络合物（氨基酸为 L- 赖氨酸和谷氨酸）	养殖动物
	蛋白铜、蛋白铁、蛋白锌、蛋白锰	养殖动物（反刍动物除外）
	羟基蛋氨酸类似物络（螯）合锌、羟基蛋氨酸类似物络（螯）合锰、羟基蛋氨酸类似物络（螯）合铜	奶牛、肉牛、家禽和猪
	L- 硒代蛋氨酸	断奶仔猪、产蛋鸡
	烟酸铬、酵母铬、蛋氨酸铬、吡啶甲酸铬	猪
	丙酸铬	猪、肉仔鸡
	甘氨酸锌	猪
	丙酸锌	猪、牛和家禽
	硫酸钾、三氧化二铁、氧化铜	反刍动物
	碳酸钴	反刍动物
	乳酸锌（α- 羟基丙酸锌）	生长育肥猪、家禽
	苏氨酸锌螯合物	猪
	碱式氯化锰	肉仔鸡
注：所列物质包括无水和结晶水形态。		

A.2 生产 A 级绿色食品畜牧业、渔业养殖允许使用的维生素种类

见表 A.2。

表 A.2 生产 A 级绿色食品畜牧业、渔业养殖允许使用的维生素种类

类 别	通用名称	适用范围
维生素及类维生素	维生素 A、维生素 A 乙酸酯、维生素 A 棕榈酸酯、β- 胡萝卜素、盐酸硫胺（维生素 B_1）、硝酸硫胺（维生素 B_1）、核黄素（维生素 B_2）、盐酸吡哆醇（维生素 B_6）、氰钴胺（维生素 B_{12}）、L- 抗坏血酸（维生素 C）、L- 抗坏血酸钙、L- 抗坏血酸钠、L- 抗坏血酸 -2- 磷酸酯、L- 抗坏血酸 -6- 棕榈酸酯、维生素 D_2、维生素 D_3、天然维生素 E、dl-α- 生育酚、dl-α- 生育酚乙酸酯、亚硫酸氢钠甲萘醌（维生素 K_3）、二甲基嘧啶醇亚硫酸甲萘醌、亚硫酸氢烟酰胺甲萘醌、烟酸、烟酰胺、D- 泛醇、D- 泛酸钙、DL- 泛酸钙、叶酸、D- 生物素、氯化胆碱、肌醇、L- 肉碱、L- 肉碱盐酸盐、甜菜碱、甜菜碱盐酸盐	养殖动物
	25- 羟基胆钙化醇（25- 羟基维生素 D_3）	猪、家禽

A.3 生产 A 级绿色食品畜牧业、渔业养殖允许使用的氨基酸种类

见表 A.3。

表 A.3 生产 A 级绿色食品允许使用的氨基酸种类

类 别	通用名称	适用范围
氨基酸、氨基酸盐及其类似物	L- 赖氨酸、液体 L- 赖氨酸（L- 赖氨酸含量不低于 50%）、L- 赖氨酸盐酸盐、L- 赖氨酸硫酸盐及其发酵副产物（产自谷氨酸棒杆菌、乳糖发酵短杆菌，L- 赖氨酸含量不低于 51%）、DL- 蛋氨酸、L- 苏氨酸、L- 色氨酸、L- 精氨酸、L- 精氨酸盐酸盐、甘氨酸、L- 酪氨酸、L- 丙氨酸、天（门）冬氨酸、L- 亮氨酸、异亮氨酸、L- 脯氨酸、苯丙氨酸、丝氨酸、L- 半胱氨酸、L- 组氨酸、谷氨酸、谷氨酰胺、缬氨酸、胱氨酸、牛磺酸	养殖动物
	半胱胺盐酸盐	畜禽
	蛋氨酸羟基类似物、蛋氨酸羟基类似物钙盐	猪、鸡、鸭、牛和水产养殖动物
	N- 羟甲基蛋氨酸钙、蛋氨酸羟基类似物异丙酯	反刍动物
	α- 环丙氨酸	鸡

A.4 生产 A 级绿色食品畜牧业、渔业养殖允许使用的酶制剂、微生物、多糖和寡糖种类

见表 A.4。

表 A.4 生产 A 级绿色食品畜牧业、渔业养殖允许使用的酶制剂、微生物、多糖和寡糖的种类

类别	通用名称	适用范围
酶制剂	淀粉酶（产自黑曲霉、解淀粉芽孢杆菌、地衣芽孢杆菌、枯草芽孢杆菌、长柄木霉、米曲霉、大麦芽、酸解支链淀粉芽孢杆菌）	青贮玉米、玉米、玉米蛋白粉、豆粕、小麦、次粉、大麦、高粱、燕麦、豌豆、木薯、小米、大米
	α- 半乳糖苷酶（产自黑曲霉）	豆粕
	纤维素酶（产自长柄木霉、黑曲霉、孤独腐质霉、绳状青霉）	玉米、大麦、小麦、麦麸、黑麦、高粱
	β- 葡聚糖酶（产自黑曲霉、枯草芽孢杆菌、长柄木霉、绳状青霉、解淀粉芽孢杆菌、棘孢曲霉）	小麦、大麦、菜籽粕、小麦副产物、去壳燕麦、黑麦、黑小麦、高粱
	葡萄糖氧化酶（产自特异青霉、黑曲霉）	葡萄糖
	脂肪酶（产自黑曲霉、米曲霉）	动物或植物源性油脂或脂肪
	麦芽糖酶（产自枯草芽孢杆菌）	麦芽糖
	β- 甘露聚糖酶（产自迟缓芽孢杆菌、黑曲霉、长柄木霉）	玉米、豆粕、椰子粕
	果胶酶（产自黑曲霉、棘孢曲霉）	玉米、小麦
	植酸酶（产自黑曲霉、米曲霉、长柄木霉、毕赤酵母）	玉米、豆粕等含有植酸的植物籽实及其加工副产品类饲料原料
	蛋白酶（产自黑曲霉、米曲霉、枯草芽孢杆菌、长柄木霉）	植物和动物蛋白
	角蛋白酶（产自地衣芽孢杆菌）	植物和动物蛋白
	木聚糖酶（产自米曲霉、孤独腐质霉、长柄木霉、枯草芽孢杆菌、绳状青霉、黑曲霉、毕赤酵母）	玉米、大麦、黑麦、小麦、高粱、黑小麦、燕麦
	饲用黄曲霉毒素 B_1 分解酶（产自发光假蜜环菌）	肉鸡、仔猪
	溶菌酶	仔猪、肉鸡
微生物	地衣芽孢杆菌、枯草芽孢杆菌、两歧双歧杆菌、粪肠球菌、屎肠球菌、乳酸肠球菌、嗜酸乳杆菌、干酪乳杆菌、德式乳杆菌乳酸亚种（原名：乳酸乳杆菌）、植物乳杆菌、乳酸片球菌、戊糖片球菌、产朊假丝酵母、酿酒酵母、沼泽红假单胞菌、婴儿双歧杆菌、长双歧杆菌、短双歧杆菌、青春双歧杆菌、嗜热链球菌、罗伊氏乳杆菌、动物双歧杆菌、黑曲霉、米曲霉、迟缓芽孢杆菌、短小芽孢杆菌、纤维二糖乳杆菌、发酵乳杆菌、德氏乳杆菌保加利亚亚种（原名：保加利亚乳杆菌）	养殖动物
	产丙酸丙酸杆菌、布氏乳杆菌	青贮饲料、牛饲料
	副干酪乳杆菌	青贮饲料

表 A.4（续）

类别	通用名称	适用范围
微生物	凝结芽孢杆菌	肉鸡、生长育肥猪和水产养殖动物
	侧孢短芽孢杆菌（原名：侧孢芽孢杆菌）	肉鸡、肉鸭、猪、虾
	丁酸梭菌	断奶仔猪、肉仔鸡
多糖和寡糖	低聚木糖（木寡糖）	鸡、猪、水产养殖动物
	低聚壳聚糖	猪、鸡和水产养殖动物
	半乳甘露寡糖	猪、肉鸡、兔和水产养殖动物
	果寡糖、甘露寡糖、低聚半乳糖	养殖动物
	壳寡糖（寡聚β-（1-4）-2-氨基-2-脱氧-D-葡萄糖）（n=2～10）	猪、鸡、肉鸭、虹鳟鱼
	β-1,3-D-葡聚糖（源自酿酒酵母）	水产养殖动物
	N,O-羧甲基壳聚糖	猪、鸡
	低聚异麦芽糖	蛋鸡、断奶仔猪
	褐藻酸寡糖	肉鸡、蛋鸡
注 1：酶制剂的适用范围为典型底物，仅作为推荐，并不包括所有可用底物； 注 2：目录中所列长柄木霉亦可称为长枝木霉或李氏木霉。		

A.5 生产 A 级绿色食品畜牧业、渔业养殖允许使用的抗氧化剂种类

见表 A.5。

表 A.5 生产 A 级绿色食品畜牧业、渔业养殖允许使用的抗氧化剂种类

类别	通用名称	适用范围
抗氧化剂	乙氧基喹啉、丁基羟基茴香醚（BHA）、二丁基羟基甲苯（BHT）、没食子酸丙酯、特丁基对苯二酚（TBHQ）、茶多酚、维生素 E、L-抗坏血酸-6-棕榈酸酯、L-抗坏血酸钠	养殖动物
	姜黄素	淡水鱼类

A.6 生产 A 级绿色食品畜牧业、渔业养殖允许使用的防腐剂、防霉剂和酸度调节剂种类

见表 A.6。

表 A.6　生产 A 级绿色食品畜牧业、渔业养殖允许使用的防腐剂、防霉剂和酸度调节剂种类

类别	通用名称	适用范围
防腐剂、防霉剂和酸度调节剂	甲酸、甲酸铵、甲酸钙、乙酸、双乙酸钠、丙酸、丙酸铵、丙酸钠、丙酸钙、丁酸、丁酸钠、乳酸、山梨酸、山梨酸钠、山梨酸钾、富马酸、柠檬酸、柠檬酸钾、柠檬酸钠、柠檬酸钙、酒石酸、苹果酸、磷酸、氢氧化钠、碳酸氢钠、氯化钾、碳酸钠	养殖动物
	乙酸钙	畜禽
	二甲酸钾	猪
	氯化铵	反刍动物
	亚硫酸钠	青贮饲料

A.7　生产 A 级绿色食品畜牧业、渔业养殖允许使用的黏结剂、抗结块剂、稳定剂和乳化剂种类

见表 A.7。

表 A.7　生产 A 级绿色食品畜牧业、渔业养殖允许使用的黏结剂、抗结块剂、稳定剂和乳化剂种类

类别	通用名称	适用范围
黏结剂、抗结块剂、稳定剂和乳化剂	α- 淀粉、三氧化二铝、可食脂肪酸钙盐、可食用脂肪酸单 / 双甘油酯、硅酸钙、硅铝酸钠、硫酸钙、硬脂酸钙、甘油脂肪酸酯、聚丙烯酸树脂Ⅱ、山梨醇酐单硬脂酸酯、丙二醇、二氧化硅（沉淀并经干燥的硅酸）、卵磷脂、海藻酸钠、海藻酸钾、海藻酸铵、琼脂、瓜尔胶、阿拉伯树胶、黄原胶、甘露糖醇、木质素磺酸盐、羧甲基纤维素钠、聚丙烯酸钠、山梨醇酐脂肪酸酯、蔗糖脂肪酸酯、焦磷酸二钠、单硬脂酸甘油酯、聚乙二醇 400、磷脂、聚乙二醇甘油蓖麻酸酯、辛烯基琥珀酸淀粉钠、乙基纤维素、聚乙烯醇、紫胶、羟丙基甲基纤维素	养殖动物
	丙三醇	猪、鸡和鱼
	硬脂酸	猪、牛和家禽

A.8　生产 A 级绿色食品畜牧业、渔业养殖允许使用的其他类饲料添加剂

见表 A.8。

表 A.8　生产 A 级绿色食品畜牧业、渔业养殖允许使用的其他类饲料添加剂

类别	通用名称	适用范围
其他	天然类固醇萨洒皂角苷（源自丝兰）、天然三萜烯皂角苷（源自可来雅皂角树）、二十二碳六烯酸（DHA）	养殖动物
	糖萜素（源自山茶籽饼）	猪和家禽
	乙酰氧肟酸	反刍动物

表 A.8（续）

类别	通用名称	适用范围
其他	苜蓿提取物（有效成分为苜蓿多糖、苜蓿黄酮、苜蓿皂甙）	仔猪、生长育肥猪、肉鸡
	杜仲叶提取物（有效成分为绿原酸、杜仲多糖、杜仲黄酮）	生长育肥猪、鱼、虾
	淫羊藿提取物（有效成分为淫羊藿苷）	鸡、猪、绵羊、奶牛
	共轭亚油酸	仔猪、蛋鸡
	4,7- 二羟基异黄酮（大豆黄酮）	猪、产蛋家禽
	地顶孢霉培养物	猪、鸡、泌乳奶牛
	紫苏籽提取物（有效成分为 α- 亚油酸、亚麻酸、黄酮）	猪、肉鸡和鱼
	植物甾醇（源于大豆油 / 菜籽油，有效成分为 β- 谷甾醇、菜油甾醇、豆甾醇）	家禽、生长育肥猪
	藤茶黄酮	鸡
	植物炭黑	养殖动物
	胆汁酸	产蛋鸡、肉仔鸡、断奶仔猪、淡水鱼
	水飞蓟宾	淡水鱼
	吡咯并喹啉醌二钠	肉仔鸡
	糅酸蛋白	断奶仔猪
	三丁酸甘油酯	肉仔鸡
	槲皮万寿菊素	肉仔鸡
	枯草三十七肽	肉鸡
	腺苷七肽	断奶仔猪

附录 2-8

中华人民共和国农业行业标准

NY/T 473—2016
代替 NY/T 473—2001，NY/T 1892—2010

绿色食品　畜禽卫生防疫准则

Green food—Guideline for health and disease prevention of livestock and poultry

2016-10-26 发布　　2017-04-01 实施

中华人民共和国农业部　发布

前 言

本标准按照 GB/T 1.1—2009 给出的规则起草。

本标准代替 NY/T 473—2001《绿色食品　动物卫生准则》和 NY/T 1892—2010《畜禽饲养防疫准则》。与 NY/T 473—2001 和 NY/T 1892—2010 相比，除编辑性修改外主要技术变化如下：

——增加了畜禽饲养场、屠宰场应配备满足生产需要的兽医场所，并具备常规的化验检验条件；

——增加了畜禽饲养场免疫程序的制定应由执业兽医认可；

——增加了畜禽饲养场应制定畜禽疾病定期监测及早期疫情预报预警制度，并定期对其进行监测；

——增加了畜禽饲养场应具有 1 名以上执业兽医提供稳定的兽医技术服务；

——增加了猪不应患病种类——高致病性猪繁殖与呼吸综合征；

——增加了对有绿色食品畜禽饲养基地和无绿色食品畜禽饲养基地 2 种类别的畜禽屠宰场的卫生防疫要求。

本标准由农业部农产品质量安全监管局提出。

本标准由中国绿色食品发展中心归口。

本标准起草单位：农业部动物及动物产品卫生质量监督检验测试中心、中国绿色食品发展中心、天津农学院、青岛农业大学、黑龙江五方种猪场。

本标准主要起草人：赵思俊、王玉东、宋建德、张志华、张启迪、李雪莲、曹旭敏、陈倩、王恒强、曲志娜、王娟、李存、洪军、王君玮。

本标准的历次版本发布情况为：

——NY/T 473—2001；

——NY/T 1892—2010。

绿色食品　畜禽卫生防疫准则

1　范围

本标准规定了绿色食品畜禽饲养场、屠宰场的动物卫生防疫要求。

本标准适用于绿色食品畜禽饲养、屠宰。

2　规范性引用文件

下列文件对于本文件的应用是必不可少的。凡是注日期的引用文件，仅注日期的版本适用于本文件。凡是不注日期的引用文件，其最新版本（包括所有的修改单）适用于本文件。

GB 16548　病害动物和病害动物产品生物安全处理规程

GB 16549　畜禽产地检疫规范

GB 18596　畜禽养殖业污染物排放标准

GB/T 22569　生猪人道屠宰技术规范

NY/T 388　畜禽场环境质量标准

NY/T 391　绿色食品　产地环境质量

NY 467　畜禽屠宰卫生检疫规范

NY/T 471　绿色食品　畜禽饲料及饲料添加剂使用准则

NY/T 472　绿色食品　兽药使用准则

NY/T 1167　畜禽场环境质量及卫生控制规范

NY/T 1168　畜禽粪便无害化处理技术规范

NY/T 1169　畜禽场环境污染控制技术规范

NY/T 1340　家禽屠宰质量管理规范

NY/T 1341　家畜屠宰质量管理规范

NY/T 1569　畜禽养殖场质量管理体系建设通则

NY/T 2076　生猪屠宰加工场（厂）动物卫生条件

NY/T 2661　标准化养殖场　生猪

NY/T 2662　标准化养殖场　奶牛

NY/T 2663　标准化养殖场　肉牛

NY/T 2664　标准化养殖场　蛋鸡

NY/T 2665　标准化养殖场　肉羊

NY/T 2666　标准化养殖场　肉鸡

3 术语和定义

下列术语和定义适用于本文件。

3.1 动物卫生 animal health

为确保动物的卫生、健康以及人对动物产品消费的安全，在动物生产、屠宰中应采取的条件和措施。

3.2 动物防疫 animal disease prevention

动物疫病的预防、控制、扑灭，以及动物及动物产品的检疫。

3.3 执业兽医 licensed veterinarian

具备兽医相关技能，取得国家执业兽医统一考试或授权具有兽医执业资格，依法从事动物诊疗和动物保健等经营活动的人员，包括执业兽医师、执业助理兽医师和乡村兽医。

4 畜禽饲养场卫生防疫要求

4.1 场址选择、建设条件、规划布局要求

4.1.1 家畜饲养场场址选择、建设条件、规划布局要求应符合NY/T 2661、NY/T 2662、NY/T 2663、NY/T 2665的要求；蛋用、肉用家禽的建设条件、规划布局要求应分别参照NY/T 2664和NY/T 2666的要求。

4.1.2 饲养场周围应具备就地存放粪污的足够场地和排污条件，且应设立无害化处理设施设备。

4.1.3 场区入口应设置能够满足运输工具消毒的设施，人员入口设消毒池，并设置紫外消毒间、喷淋室和淋浴更衣间等。

4.1.4 饲养人员、畜禽和其他生产资料的运转应分别采取不交叉的单一流向，减少污染和动物疫病传播。

4.1.5 畜禽饲养场所环境质量及卫生控制应符合NY/T 1167的相关要求。

4.1.6 绿色食品畜禽饲养场还应满足以下要求：

a）应选择水源充足、无污染和生态条件良好的地区，且应距离交通要道、城镇、居民区、医疗机构、公共场所、工矿企业2 km以上，距离垃圾处理场、垃圾填埋场、风景旅游区、点污染源5 km以上。污染场所或地区应处于场址常年主导风向的下风向；

b）应有足够畜禽自由活动的场所、设施设备，以充分保障动物福利；

c）生态、大气环境和畜禽饮用水水质应符合NY/T 391的要求；

d）应配备满足生产需要的兽医场所，并具备常规的化验检验条件。

4.2 畜禽饲养场饲养管理、防疫要求

4.2.1 畜禽饲养场卫生防疫，宜加强畜禽饲养管理，提高畜禽机体的抗病能力，减少动物应激反应，控制和杜绝传染病的发生、传播和蔓延，建立“预防为主”的策略，

不用或少用防疫用兽药。

4.2.2 畜禽养殖场应建立质量管理体系，并按照 NY/T 1569 的规定执行；建立畜禽饲养场卫生防疫管理制度。

4.2.3 同一饲养场所内不应混养不同种类的畜禽，畜禽的饲养密度、通风设施、采光等条件宜满足动物福利要求。不同畜禽饲养密度应符合表 1 的规定。

表 1　不同畜禽饲养密度要求

畜禽种类		饲养密度
蛋禽	后备家禽	10 只 /m^2～20 只 /m^2
	产蛋家禽	10 只 /m^2～20 只 /m^2（平养）
		10 只 /m^2～15 只 /m^2（笼养）
肉禽	商品肉禽舍	20 kg/m^2～30 kg/m^2
猪	育肥猪	0.7 m^2/ 头～0.9 m^2/ 头（≤50 kg）
		1 m^2/ 头～1.2 m^2/ 头（>50 kg，≤85 kg）
		1.3 m^2/ 头～1.5 m^2/ 头（>85 kg）
	仔猪（40 日龄或≤30 kg）	0.5 m^2/ 头～0.8 m^2/ 头
牛	奶牛	4 m^2/ 头～7 m^2/ 头（栓系式）
		3 m^2/ 头～5 m^2/ 头（散栏式）
	肉牛	1.2 m^2/ 头～1.6 m^2/ 头（≤100 kg）
		2.3 m^2/ 头～2.7 m^2/ 头（>100 kg，≤200 kg）
		3.8 m^2/ 头～4.2 m^2/ 头（>200 kg，≤350 kg）
		5.0 m^2/ 头～5.5 m^2/ 头（>350 kg）
	公牛	7 m^2/ 头～10 m^2/ 头
羊	绵羊、山羊	1 m^2/ 头～1.5 m^2/ 头
	羔羊	0.3 m^2/ 头～0.5 m^2/ 头

4.2.4 畜禽饲养场应建立健全整体防疫体系，各项防疫措施应完整、配套、实用，畜禽疫病监测和控制方案应遵照《中华人民共和国动物防疫法》及其配套法规的规定执行。

4.2.5 应制定合理的饲养管理、防疫消毒、兽药和饲料使用技术规程；免疫程序的制定应由执业兽医认可，国家强制免疫的动物疫病应按照国家的相关制度执行。

4.2.6 病死畜禽尸体的无害化处理和处置应符合 GB 16548 的要求；畜禽饲养场粪便、污水、污物及固体废弃物的处理应符合 NY/T 1168 及国家环保的要求，处理后饲养场污物排放标准应符合 GB 18596 的要求；环境卫生质量应达到 NY/T 388、NY/T 1169 的要求。

4.2.7 绿色食品畜禽饲养场的饲养管理和防疫还应满足以下要求：

a）宜建立无规定疫病区或生物安全隔离区；

b）畜禽圈舍中空气质量应定期进行监测，并符合 NY/T 388 的要求；

c）饲料、饲料添加剂的使用应符合 NY/T 471 的要求；

d）应制定畜禽圈舍、运动场所清洗消毒规程，粪便及废弃物的清理、消毒规程和畜禽体外消毒规程，以提高畜禽饲养场卫生条件水平；消毒剂的使用应符合 NY/T 472 的要求；

e）加强畜禽饲养管理水平，并确保畜禽不应患有附录 A 所列的各种疾病；

f）应制定畜禽疾病定期监测及早期疫情预报预警制度，并定期对其进行监测；在产品申报绿色食品或绿色食品年度抽检时，应提供对附录 A 所列疾病的病原学检测报告；

g）当发生国家规定无须扑杀的动物疫病或其他非传染性疾病时，要开展积极的治疗；必须用药时，应按照 NY/T 472 的规定使用治疗性药物；

h）应具有 1 名以上执业兽医提供稳定的兽医技术服务。

4.3　畜禽繁育或引进的要求

4.3.1　宜“自繁自养”，自养的种畜禽应定期检验检疫。

4.3.2　引进畜禽应来自具有种畜禽生产经营许可证的种畜禽场，按照 GB 16549 的要求实施产地检疫，并取得动物检疫合格证明或无特定动物疫病的证明。对新引进的畜禽，应进行隔离饲养观察，确认健康方可进场饲养。

4.4　记录

畜禽饲养场应对畜禽饲养、清污、消毒、免疫接种、疫病诊断、治疗等做好详细记录，对饲料、兽药等投入品的购买、使用、存储等做好详细记录，对畜禽疾病、尤其是附录 A 所列疾病的监测情况应做好记录并妥善保管，相关记录至少应在清群后保存 3 年以上。

5　畜禽屠宰场卫生防疫要求

5.1　畜禽屠宰场场址选择、建设条件要求

5.1.1　畜禽屠宰场的场址选择、卫生条件、屠宰设施设备应符合 NY/T 2076、NY/T 1340、NY/T 1341 的要求。

5.1.2　绿色食品畜禽屠宰场还应满足以下要求：

a）应选择水源充足、无污染和生态条件良好的地区，距离垃圾处理场、垃圾填埋场、点污染源等污染场所 5 km 以上，污染场所或地区应处于场址常年主导风向的下风向；

b）畜禽待宰圈（区）、可疑病畜观察圈（区）应有充足的活动场所及相关的设施设备，以充分保障动物福利。

5.2　屠宰过程中的卫生防疫要求

5.2.1　对有绿色食品畜禽饲养基地的屠宰场，应对待宰畜禽进行查验并进行检验检疫。

5.2.2　对实施代宰的畜禽屠宰场，应与绿色食品畜禽饲养场签订委托屠宰或购销合同，并应对绿色食品畜禽饲养场进行定期评估和监控，对来自绿色食品畜禽饲养场的畜禽在出栏前进行随机抽样检验，检验不合格批次的畜禽不能进场接收。

5.2.3 只有出具准宰通知书的畜禽才可进入屠宰线。

5.2.4 畜禽屠宰应参照 GB/T 22569 的要求实施人道屠宰，宜满足动物福利要求。

5.3 畜禽屠宰场检验检疫要求

5.3.1 宰前检验

待宰畜禽应来自非疫区，健康状况良好。待宰畜禽入场前应进行相关资料查验。查验内容包括：相关检疫证明；饲料添加剂类型；兽药类型、施用期和休药期；疫苗种类和接种日期。生猪、肉牛、肉羊等进入屠宰场前，还应进行β-受体激动剂自检；检测合格的方可进场。

5.3.2 宰前检疫

宰前检疫发现可疑病畜禽，应隔离观察，并按照 GB 16549 的规定进行详细的个体临床检查，必要时进行实验室检查。健康畜禽在留养待宰期间应随时进行临床观察，送宰前再进行一次群体检疫，剔除患病畜禽。

5.3.3 宰前检疫后的处理

5.3.3.1 发现疑似附录 A 所列疫病时，应按照 NY 467 的规定执行。畜禽待宰圈（区）、可疑病畜观察圈（区）、屠宰场所应严格消毒，采取防疫措施，并立即向当地兽医行政管理部门报告疫情，并按国家相关规定进行处置。

5.3.3.2 发现疑似狂犬病、炭疽、布鲁氏菌病、弓形虫病、结核病、日本血吸虫病、囊尾蚴病、马鼻疽、兔黏液瘤病等疫病时，应实施生物安全处置，按照 GB 16548 的规定执行。畜禽待宰圈（区）、可疑病畜观察圈（区）、屠宰场所应严格消毒，采取防疫措施，并立即向当地兽医行政管理部门报告疫情。

5.3.3.3 发现除上述所列疫病外，患有其他疫病的畜禽，实行急宰，将病变部分剔除并销毁，其余部分按照 GB 16548 的规定进行生物安全处理。

5.3.3.4 对判为健康的畜禽，送宰前应由宰前检疫人员出具准宰通知书。

5.3.4 宰后检验检疫

5.3.4.1 畜禽屠宰后应立即进行宰后检验检疫，宰后检疫应在适宜的光照条件下进行。

5.3.4.2 头、蹄爪、内脏、胴体应按照 NY 467 的规定实施同步检疫，综合判定。必要时进行实验室检验。

5.3.5 宰后检验检疫后的处理

5.3.5.1 通过对内脏、胴体的检疫，做出综合判断和处理意见；检疫合格的畜禽产品，按照 NY 467 的规定进行分割和储存。

5.3.5.2 检疫不合格的胴体和肉品，应按照 GB 16548 的规定进行生物安全处理。

5.3.5.3 检疫合格的胴体和肉品，应加盖统一的检疫合格印章，签发检疫合格证。

5.4 记录

所有畜禽屠宰场的生产、销售和相应的检验检疫、处理记录，应保存 3 年以上。

附 录 A
（规范性附录）
畜禽不应患病种类名录

A.1 人畜共患病

口蹄疫、结核病、布鲁氏菌病、炭疽、狂犬病、钩端螺旋体病。

A.2 不同种属畜禽不应患病种类

A.2.1 猪：猪瘟、猪水疱病、高致病性猪繁殖与呼吸综合征、非洲猪瘟、猪丹毒、猪囊尾蚴病、旋毛虫病。

A.2.2 牛：牛瘟、牛传染性胸膜肺炎、牛海绵状脑病、日本血吸虫病。

A.2.3 羊：绵羊痘和山羊痘、小反刍兽疫、痒病、蓝舌病。

A.2.4 马属动物：非洲马瘟、马传染性贫血、马鼻疽、马流行性淋巴管炎。

A.2.5 免：兔出血病、野兔热、兔黏液瘤病。

A.2.6 禽：高致病性禽流感、鸡新城疫、鸭瘟、小鹅瘟、禽衣原体病。

附录 2-9

中华人民共和国农业行业标准

NY/T 392—2023
代替 NY/T 392—2013

绿色食品　食品添加剂使用准则

Green food—Guideline for application of food additive

2023-02-17 发布　　**2023-06-01 实施**

中华人民共和国农业农村部 发布

前 言

本文件按照 GB/T 1.1—2020《标准化工作导则　第 1 部分：标准化文件的结构和起草规则》的规定起草。

本文件代替 NY/T 392—2013《绿色食品　食品添加剂使用准则》，与 NY/T 392—2013 相比，除结构调整和编辑性改动外，主要技术变化如下：

a）增加了规范性引用文件（见第 2 章，2013 年版的第 2 章）；

b）修改了术语和定义中天然食品添加剂和人工合成食品添加剂的表述（见 3.3、3.4，2013 年版的 3.3、3.4）；

c）修改了食品添加剂使用原则中部分表述（见 4.1、4.3、4.4、4.5，2013 年版的 4.1、4.3、4.4、4.5）；

d）修改了食品添加剂使用规定中部分表述（见 5.1、5.2、5.5，2013 年版的 5.1、5.2、5.5）；

e）删除了“表 1　生产绿色食品不应使用的食品添加剂”，增加了“附录 A　生产绿色食品不应使用的食品添加剂”；

f）修改了 4 种生产绿色食品不应使用的食品添加剂的名称，将“苯甲酸、苯甲酸钠”修改为“苯甲酸及其钠盐”、将“桂醛”修改为“肉桂醛”、将“环己基氨基磺酸钠（又名甜蜜素）及环己基氨基磺酸钙”修改为“环己基氨基磺酸钠（又名甜蜜素），环己基氨基磺酸钙”（见附录 A，2013 年版的表 1）；

g）删除了 5 种生产绿色食品不应使用的食品添加剂，包括仲丁胺、噻苯咪唑、乙萘酚、2- 苯基苯酚钠盐、4- 苯基苯酚（见 2013 年版的表 1）；

h）增加了 3 种生产绿色食品不应使用的食品添加剂功能类别，包括面粉处理剂、被膜剂、稳定剂和凝固剂，并增加了相应食品添加剂（见附录 A）；

i）增加了 11 种生产绿色食品不应使用的食品添加剂，包括植物炭黑、山梨醇酐单硬脂酸酯（又名司盘 60）、山梨醇酐三硬脂酸酯（又名司盘 65）、木糖醇酐单硬脂酸酯、聚氧乙烯（20）山梨醇酐单硬脂酸酯（又名吐温-60）、聚氧乙烯木糖醇酐单硬脂酸酯、偶氮甲酰胺、吗啉脂肪酸盐（又名果蜡）、松香季戊四醇酯、柠檬酸亚锡二钠、硫酸亚铁（见附录 A）；

j）修改了生产绿色食品不应使用的食品添加剂中注的表述（见附录 A，2013 年版的表 1）。

本文件由农业农村部农产品质量安全监管司提出。

本文件由中国绿色食品发展中心归口。

本文件起草单位：农业农村部乳品质量监督检验测试中心、天津市食品安全检测技术研究院、中国绿色食品发展中心、天津市农业发展服务中心、内蒙古自治区农畜产品质量安全中心、山东省农业生态与资源保护总站（山东省绿色食品发展中心）、甘肃华羚乳品股份有限公司、福州大世界橄榄有限公司、陕西省安康市农产品质量安全检验监测中心、陕西省汉中市农产品质量安全监测检验中心。

本文件主要起草人：李婧、庞泉、金一尘、张金环、林霖雨、张志华、张宪、马文宏、高文瑞、郝贵宾、纪祥龙、宋礼、刘清培、朱欢、曲建伟、徐津、李刚、陈潇、熊茂林。

本文件及其所代替文件的历次版本发布情况为：

——2000 年首次发布为 NY/T 392—2000，2013 年第一次修订；

——本次为第二次修订。

引 言

绿色食品是指产自优良生态环境、按照绿色食品标准生产、实行全程质量控制并获得绿色食品标志使用权的安全、优质食用农产品及相关产品。本文件按照绿色食品要求，遵循食品安全国家标准，并参照发达国家和国际组织相关标准编制。除天然食品添加剂外，禁止在绿色食品中使用未通过国家卫生健康部门风险评估的食品添加剂。

我国现有的食品添加剂，广泛用于各类食品，包括部分食用农产品。GB 2760 规定了食品添加剂的品种和使用规定。NY/T 392—2013《绿色食品　食品添加剂使用准则》除列出的品种不应在绿色食品中使用外，其余均按 GB 2760—2011 的规定执行。随着国家标准的修订及我国食品添加剂品种的增减，原标准已不适应绿色食品生产需要。

本次修订主要根据国家最新标准及相关法律法规，结合实际食品添加剂使用情况，重新评估并选定了生产绿色食品不应使用的食品添加剂，同时对文本框架及有关内容进行了部分修改。修订后的 NY/T 392 对绿色食品生产中食品添加剂的使用和管理更具指导性和可操作性。本文件的实施更有利于规范绿色食品的生产，满足绿色食品安全优质的要求。

绿色食品　食品添加剂使用准则

1　范围

本文件规定了绿色食品生产中食品添加剂使用的术语和定义、使用原则和使用规定。

本文件适用于绿色食品生产过程中食品添加剂的使用和管理。

2　规范性引用文件

下列文件中的内容通过文中的规范性引用而构成本文件必不可少的条款。其中，注日期的引用文件，仅该日期对应的版本适用于本文件；不注日期的引用文件，其最新版本（包括所有的修改单）适用于本文件。

GB 2760　食品安全国家标准　食品添加剂使用标准

GB/T 19630　有机产品生产、加工、标识与管理体系要求

GB 26687　食品安全国家标准　复配食品添加剂通则

NY/T 391　绿色食品　产地环境质量

3　术语和定义

GB 2760 界定的以及下列术语和定义适用于本文件。

3.1　AA 级绿色食品　AA grade green food

产地环境质量符合 NY/T 391 的要求，遵照绿色食品标准生产，生产过程遵循自然规律和生态学原理，协调种植业和养殖业的平衡，不使用化学合成的肥料、农药、兽药、渔药、添加剂等物质，产品质量符合绿色食品产品标准，经专门机构许可使用绿色食品标志的产品。

3.2　A 级绿色食品　A grade green food

产地环境质量符合 NY/T 391 的要求，遵照绿色食品标准生产，生产过程遵循自然规律和生态学原理，协调种植业和养殖业的平衡，限量使用限定的化学合成生产资料，产品质量符合绿色食品产品标准，经专门机构许可使用绿色食品标志的产品。

3.3　天然食品添加剂　natural food additive

从天然物质中分离出来，经过毒理学评价确认其食用安全的食品添加剂。

3.4　人工合成食品添加剂　synthetic food additive

通过人工合成，经毒理学评价确认其食用安全的食品添加剂。

4 使用原则

4.1 食品添加剂使用时应符合以下基本要求：

a）不应对人体产生任何健康危害；

b）不应掩盖食品腐败变质；

c）不应掩盖食品本身或加工过程中的质量缺陷或以掺杂、掺假、伪造为目的而使用食品添加剂；

d）不应降低食品本身的营养价值；

e）在达到预期效果的前提下尽可能降低在食品中的使用量。

4.2 在下列情况下可使用食品添加剂：

a）保持或提高食品本身的营养价值；

b）作为某些特殊膳食用食品的必要配料或成分；

c）提高食品的质量和稳定性，改进其感官特性；

d）便于食品的生产、加工、包装、运输或者储藏。

4.3 食品添加剂质量标准

按照本文件使用的食品添加剂应当符合相应的质量规格要求。

4.4 带入原则

4.4.1 在下列情况下食品添加剂可以通过食品配料（含食品添加剂）带入食品中：

a）根据本文件，食品配料中允许使用该食品添加剂；

b）食品配料中该添加剂的用量不应超过允许的最大使用量；

c）应在正常生产工艺条件下使用这些配料，并且食品中该添加剂的含量不应超过由配料带入的水平；

d）由配料带入食品中的该添加剂的含量应明显低于直接将其添加到该食品中通常所需要的水平。

4.4.2 当某食品配料作为特定终产品的原料时，批准用于上述特定终产品的添加剂允许添加到这些食品配料中，同时该添加剂在终产品中的量应符合本文件的要求。在所述特定食品配料的标签上应明确标示该食品配料用于上述特定食品的生产。

4.5 用于界定食品添加剂使用范围的食品分类系统按照 GB 2760 的规定执行。

5 使用规定

5.1 生产 AA 级绿色食品的食品添加剂使用应符合 GB/T 19630 的要求。

5.2 生产 A 级绿色食品首选使用天然食品添加剂。在使用天然食品添加剂不能满足生产需要的情况下，可使用 5.5 以外的人工合成食品添加剂。使用的食品添加剂应符合 GB 2760 的要求。

5.3 同一功能食品添加剂（相同色泽着色剂、甜味剂、防腐剂或抗氧化剂）混合使用时，各自用量占其最大使用量的比例之和不应超过 1。

5.4 复配食品添加剂的使用应符合 GB 26687 的要求。

5.5 在任何情况下，绿色食品生产不应使用附录 A 中的食品添加剂。

附 录 A
（规范性）
生产绿色食品不应使用的食品添加剂

生产绿色食品不应使用的食品添加剂见表 A.1。

表 A.1　生产绿色食品不应使用的食品添加剂

食品添加剂功能类别	食品添加剂名称（中国编码系统 CNS 号）
酸度调节剂	富马酸一钠（01.311）
抗结剂	亚铁氰化钾（02.001）、亚铁氰化钠（02.008）
抗氧化剂	硫代二丙酸二月桂酯（04.012）、4- 己基间苯二酚（04.013）
漂白剂	硫黄（05.007）
膨松剂	硫酸铝钾（又名钾明矾）（06.004）、硫酸铝铵（又名铵明矾）（06.005）
着色剂	赤藓红及其铝色淀（08.003）、新红及其铝色淀（08.004）、二氧化钛（08.011）、焦糖色（亚硫酸铵法）（08.109）、焦糖色（加氨生产）（08.110）、植物炭黑（08.138）
护色剂	硝酸钠（09.001）、亚硝酸钠（09.002）、硝酸钾（09.003）、亚硝酸钾（09.004）
乳化剂	山梨醇酐单硬脂酸酯（又名司盘 60）（10.003）、山梨醇酐三硬脂酸酯（又名司盘 65）（10.004）、山梨醇酐单油酸酯（又名司盘 80）（10.005）、木糖醇酐单硬脂酸酯（10.007）、山梨醇酐单棕榈酸酯（又名司盘 40）（10.008）、聚氧乙烯（20）山梨醇酐单硬脂酸酯（又名吐温 60）（10.015）、聚氧乙烯（20）山梨醇酐单油酸酯（又名吐温 80）（10.016）、聚氧乙烯木糖醇酐单硬脂酸酯（10.017）、山梨醇酐单月桂酸酯（又名司盘 20）（10.024）、聚氧乙烯（20）山梨醇酐单月桂酸酯（又名吐温 20）（10.025）、聚氧乙烯（20）山梨醇酐单棕榈酸酯（又名吐温 40）（10.026）
面粉处理剂	偶氮甲酰胺（13.004）
被膜剂	吗啉脂肪酸盐（又名果蜡）（14.004）、松香季戊四醇酯（14.005）
防腐剂	苯甲酸及其钠盐（17.001，17.002）、乙氧基喹（17.010）、肉桂醛（17.012）、联苯醚（又名二苯醚）（17.022）、2,4- 二氯苯氧乙酸（17.027）
稳定剂和凝固剂	柠檬酸亚锡二钠（18.006）
甜味剂	糖精钠（19.001）、环己基氨基磺酸钠（又名甜蜜素），环己基氨基磺酸钙（19.002）、L-α- 天冬氨酰 -N-（2,2,4,4- 四甲基 -3- 硫化三亚甲基）-D- 丙氨酰胺（又名阿力甜）（19.013）
增稠剂	海萝胶（20.040）
其他	硫酸亚铁（00.022）
胶基糖果中基础剂物质	胶基糖果中基础剂物质
注：多功能食品添加剂，表中功能类别为其主要功能。	

附录 2-10

中华人民共和国农业行业标准

NY/T 658—2015
代替 NY/T 658—2002

绿色食品　包装通用准则

Green food—Guideline on packaging

2015-05-21 发布　　2015-08-01 实施

中华人民共和国农村部 发布

前　言

本标准按照 GB/T 1.1—2009 给出的规则起草。

本标准代替 NY/T 658—2002《绿色食品　包装通用准则》。本标准与 NY/T 658—2002 相比，除编辑性修改外，主要技术内容变化如下：

——修改了标准范围的表述；

——增加了术语和定义的引导语，删除了原 4 个术语，增加了“绿色食品包装”的术语和定义；

——修改了原第 4 章要求的内容，修改为“4　基本要求”、“5　安全卫生要求”、“6　生产要求”和“7　环保要求”；

——删除了原第 5 章包装尺寸；

——删除了原第 6 章抽样；

——删除了原第 7 章试验方法；

——修改了原第 8 章标志与标签中的部分内容；

——修改了原第 9 章贮存与运输中的部分内容；

——删除了原附录 A。

本标准由农业部农产品质量安全监管局提出。

本标准由中国绿色食品发展中心归口。

本标准起草单位：国家包装产品质量监督检验中心（天津）、江苏彩华包装集团公司、国家粳稻工程技术研究中心、天津傲绿农副产品集团股份有限公司、天津天隆种业科技有限公司、中国绿色食品发展中心、国家果类及农副加工产品质量监督检验中心

本标准主要起草人：冯勇、牛淑梅、高学文、张卫红、陈倩、华泽田、唐伟、景君、郭丽敏。

本标准的历次版本发布情况为：

——NY/T 658—2002。

绿色食品　包装通用准则

1　范围

本标准规定了绿色食品包装的术语和定义、基本要求、安全卫生要求、生产要求、环保要求、标志与标签要求和标识、包装、贮存与运输要求。

本标准适用于绿色食品包装的生产与使用。

2　规范性引用文件

下列文件对于本文件的应用是必不可少的。凡是注日期的引用文件，仅注日期的版本适用于本文件。凡是不注日期的引用文件，其最新版本（包括所有的修改单）适用于本文件。

GB 11680　食品包装用原纸卫生标准

GB 14147　陶瓷包装容器铅、镉溶出允许极限

GB/T 16716.1　包装与包装废弃物　第1部分：处理和利用通则

GB/T 18455　包装回收标志

GB 19778　包装玻璃容器　铅、镉、砷、锑溶出允许限量

GB/T 23156　包装　包装与环境术语

GB 23350　限制商品过度包装要求　食品和化妆品

GB/T 23887　食品包装容器及材料生产企业通用良好操作规范

中国绿色食品商标标志设计使用规范手册

3　术语和定义

GB/T 23156界定的以及下列术语和定义适用于本文件。

3.1　绿色食品包装　package for green food

是指包裹、盛装绿色食品的各种包装材料、容器及其辅助物的总称。

4　基本要求

4.1　应根据不同绿色食品的类型、性质、形态和质量特性等，选用符合本标准规定的的包装材料并使用合理的包装形式来保证绿色食品的品质，同时利于绿色食品的运输、贮存，并保障物流过程中绿色食品的质量安全。

4.2　需要进行密闭包装的应包装严密，无渗漏；要求商业无菌的罐头食品，空罐应达到减压或加压试漏检验要求，实罐卷边封口质量和焊缝质量完好，无泄漏。

4.3 包装的使用应实行减量化，包装的体积和重量应限制在最低水平，包装的设计、材料的选用及用量应符合 GB 23350 的规定。

4.4 宜使用可重复使用、可回收利用或生物降解的环保包装材料、容器及其辅助物，包装废弃物的处理应符合 GB/T 16716.1 的规定。

5 安全卫生要求

5.1 绿色食品的包装应符合相应的食品安全国家标准和包装材料卫生标准的规定。

5.2 不应使用含有邻苯二甲酸酯、丙烯腈和双酚 A 类物质的包装材料。

5.3 绿色食品的包装上印刷的油墨或贴标签的黏合剂不应对人体和环境造成危害，且不应直接接触绿色食品。

5.4 纸类包装应符合以下要求：

——直接接触绿色食品的纸包装材料或容器不应添加增白剂，其他指标应符合 GB 11680 的规定；

——直接接触绿色食品的纸包装材料不应使用废旧回收纸材；

——直接接触绿色食品的纸包装容器内表面不应有印刷，不应涂非食品级蜡、胶、油、漆等。

5.5 塑料类包装应符合以下要求：

——直接接触绿色食品的塑料包装材料和制品不应使用回收再用料；

——直接接触绿色食品的塑料包装材料和制品应使用无色的材料；

——酒精度含量超过 20% 的酒类不应使用塑料类包装容器；

——不应使用聚氯乙烯塑料。

5.6 金属类包装不应使用对人体和环境造成危害的密封材料和内涂料。

5.7 玻璃类包装的卫生性能应符合 GB 19778 的规定。

5.8 陶瓷包装应符合以下要求：

——卫生性能应符合 GB 14147 的规定；

——醋类、果汁类的酸性食品不宜使用陶瓷类包装。

6 生产要求

包装材料、容器及其辅助物的生产过程控制应符合 GB/T 23887 的规定。

7 环保要求

7.1 绿色食品包装中 4 种重金属（铅、镉、汞、六价铬）和其他危险性物质含量应符合 GB/T 16716.1 的规定。相应产品标准有规定的，应符合其规定。

7.2 在保护内装物完好无损的前提下，宜采用单一材质的材料、易分开的复合材料、方便回收或可生物降解材料。

7.3 不应使用含氟氯烃（CFS）的发泡聚苯乙烯（EPS）、聚氨酯（PUR）等产品作为包装物。

8 标志与标签要求

8.1 绿色食品包装上应印有绿色食品商标标志，其印刷图案与文字内容应符合《中国绿色食品商标标志设计使用规范手册》的规定。

8.2 绿色食品标签应符合国家法律法规及相关标准等对标签的规定。

8.3 绿色食品包装上应有包装回收标志，包装回收标志应符合 GB/T 18455 的规定。

9 标识、包装、贮存与运输要求

9.1 标识

包装制品出厂时应提供充分的产品信息，包括标签、说明书等标识内容和产品合格证明等。外包装应有明显的标识，直接接触绿色食品的包装还应注明“食品接触用”、“食品包装用”或类似用语。

9.2 包装

绿色食品包装在使用前应有良好的包装保护，以确保包装材料或容器在使用前的运输、贮存等过程中不被污染。

9.3 贮存与运输

9.3.1 绿色食品包装的贮存环境应洁净卫生，应根据包装材料的特点，选用合适的贮存技术和方法。

9.3.2 绿色食品包装不应与有毒有害、易污染环境等物质一起运输。

附录 2-11

中华人民共和国农业行业标准

NY/T 1056—2021

代替 NY/T 1056—2006

绿色食品 储藏运输准则

Green food——Guideline for storage and transport

2021-05-07 发布 2021-11-01 实施

中华人民共和国农业农村部 发布

前 言

本文件按照 GB/T 1.1—2020《标准化工作导则　第 1 部分：标准化文件的结构和起草规则》的规定起草。

本文件代替 NY/T 1056—2006《绿色食品　储藏运输准则》，与 NY/T 1056—2006 相比，除结构调整和编辑性改动外，主要技术变化如下：

a）增加了绿色食品预冷、保鲜、冷藏和冷冻的要求（见 3.1.5）；

b）增加了冷链物流运输（见 3.2.2）；

c）删除了“运输管理”中控温的保鲜用冰，改为冷藏、冷冻的温度波动范围（见 3.2.2.3 和 3.2.2.4，2006 版的 3.2.2.1）；

d）更改了“运输管理”中的“控温”要求（见 3.2.2.3 和 3.2.2.4，2006 版的 3.2.2.1）；

e）删除了运输档案记录及其单据，改为可追溯电子记录（见 3.2.3.5，2006 版的 3.2.2.2e）；

f）更改了“运输管理”中运输档案及记录的保留形式（见 3.2.3.5，2006 版的 3.2.2.2e）。

本文件由农业农村部农产品质量安全监管司提出。

本文件由中国绿色食品发展中心归口。

本文件起草单位：中国农业科学院农业质量标准与检测技术研究所、中国绿色食品发展中心、浙江省农业科学院、广州夏晖物流有限公司、夏晖物流（上海）有限公司。

本文件主要起草人：徐贞贞、张宪、张星联、郭林宇、胡桂仙、唐涵、雷娜。

本文件及其所代替文件的历次版本发布情况为：

——2006 年首次发布为 NY/T 1056—2006；

——本次为第一次修订。

绿色食品　储藏运输准则

1　范围

本文件规定了绿色食品储藏与运输的要求。

本文件适用于绿色食品的储藏与运输。

2　规范性引用文件

下列文件中的内容通过文中的规范性引用而构成本文件必不可少的条款。其中，注日期的引用文件，仅该日期对应的版本适用于本文件；不注日期的引用文件，其最新版本（包括所有的修改单）适用于本文件。

GB 14881　食品安全国家标准　食品生产通用卫生规范

NY/T 393　绿色食品　农药使用准则

NY/T 472　绿色食品　兽药使用准则

NY/T 658　绿色食品　包装通用准则

NY/T 755　绿色食品　渔药使用准则

3　要求

3.1　储藏

3.1.1　储藏设施

3.1.1.1　储藏设施的设计、建造、建筑材料等应符合 GB 14881 的规定。

3.1.1.2　应建立储藏设施管理制度。

3.1.1.3　设施及其四周要定期打扫和消毒，优先使用物理方法对储藏设备及使用工具进行消毒，如使用消毒剂，应符合 NY/T 393、NY/T 472 和 NY/T 755 的规定。

3.1.2　出入库

3.1.2.1　经检验合格绿色食品，在食品、标签与单据三者相符的情况下，方可出入库。

3.1.2.2　出库遵循先进先出的原则。

3.1.3　码放

3.1.3.1　按绿色食品的种类要求选择相应的储藏设施存放，存放产品应整齐，储存应离地离墙。

3.1.3.2　码放方式应保证绿色食品的质量和外形不受影响。

3.1.3.3　不应与非绿色食品混放。

3.1.3.4　不应和有毒、有害、有异味、易污染物品同库存放。

3.1.3.5 产品批次应清楚，不应超期积压，并及时剔除过期变质的产品。

3.1.4 储藏条件

3.1.4.1 应根据相应绿色食品的属性确定环境温度、湿度、光照和通风等储藏要求。

3.1.4.2 需预冷的食品应及时预冷，并应在推荐的温度下预冷。

3.1.4.3 需冷藏或冷冻的食品应保证其中心温度尽快降至所需温度。活水产品应按照要求的降温速率实施梯度降温。

3.1.4.4 应优先使用物理的保质保鲜技术。在物理方法和措施不能满足需要时，可使用药剂，其剂量和使用方法应符合 NY/T 392、NY/T 393 和 NY/T 755 的规定。

3.1.5 储藏管理

3.1.5.1 应设专人管理，定期检查储藏情况，定期清理、消毒和通风换气，保持洁净卫生。

3.1.5.2 工作人员要进行定期培训和考核，绿色食品的相关工作人员应持有效健康证上岗。

3.1.5.3 应建立储藏设施管理记录程序，保留所有搬运设备、储藏设施和容器的使用登记表或核查表。

3.1.5.4 应保留储藏电子档案记录，记载出入库产品的地区、日期、种类、等级、批次、数量、质量、包装情况及运输方式等，确保可追溯、可查询。

3.1.5.5 相关档案应保留 3 年以上。

3.2 运输

3.2.1 运输工具

3.2.1.1 运输工具应专用。

3.2.1.2 运输工具在装入绿色食品之前应清理干净，必要时进行灭菌消毒。

3.2.1.3 运输工具的铺垫物、遮盖物等应清洁、无毒、无害。

3.2.1.4 冷链物流运输工具应具备自动温度记录和监控设备。

3.2.2 运输条件

3.2.2.1 应根据绿色食品的类型、特性、运输季节、运输距离及产品保质储藏的要求选择不同的运输工具。

3.2.2.2 运输过程中需采取控温的，应采取控温措施并实时监控，相邻温度监控记录时间间隔不宜超过 10 min。

3.2.2.3 冷藏食品在装卸货及运输过程中的温度波动范围应不超过 ±2℃。

3.2.2.4 冷冻食品在装卸货及运输过程中温度上升不应超过 2℃。

3.2.3 运输管理

3.2.3.1 绿色食品与非绿色食品运输时应严格分开，性质相反或风味交叉影响的绿色食品不应混装在同一运输工具中。

3.2.3.2 装运前应进行绿色食品出库检查，在食品、标签与单据三者相符的情况下方可装运。

3.2.3.3 运输包装应符合 NY/T 658 的规定。

3.2.3.4 运输过程中应轻装、轻卸，防止挤压、剧烈震动和日晒雨淋。

3.2.3.5 应保留运输电子档案记录，记载运输产品的地区、日期、种类、等级、批次、数量、质量、包装情况及运输方式等，确保可追溯、可查询。

3.2.3.6 相关档案应保留 3 年以上。

附录 2-12

中华人民共和国农业行业标准

NY/T 1891—2010

绿色食品　海洋捕捞水产品生产管理规范

Green food—Manufacturing practice standard of ocean fishery products

2010-05-20 发布　　2010-09-01 实施

中华人民共和国农业部 发布

前　言

本标准由中国绿色食品发展中心提出并归口。

本标准起草单位：广东海洋大学、国家海产品质量监督检验中心（湛江）。

本标准主要起草人：黄和、刘亚、陈倩、吴红棉、罗林、李秀娟、陈宏、曹湛慧。

绿色食品　海洋捕捞水产品生产管理规范

1　范围

本标准规定了海洋捕捞水产品渔业捕捞许可要求、人员要求、渔船卫生要求、捕捞作业要求、渔获物冷却处理、渔获物冻结操作、渔获物装卸操作、渔获物运输和贮存等。

本标准适用于绿色食品海洋捕捞水产品的生产管理。

2　规范性引用文件

下列文件对于本文件的应用是必不可少的。凡是注日期的引用文件，仅注日期的版本适用于本文件。凡是不注日期的引用文件，其最新版本（包括所有的修改单）适用于本文件。

GB 5749　生活饮用水卫生标准

GB/T 23871　水产品加工企业卫生管理规范

NY/T 392　绿色食品　食品添加剂使用准则

SC 5010　塑料鱼箱

SC/T 9003　水产品冻结盘

3　渔业捕捞许可要求

3.1　渔船应向相关部门申请登记，取得船舶技术证书，方可从事渔业捕捞。

3.2　捕捞应经主管机关批准并领取渔业捕捞许可证，在许可的捕捞区域进行作业。

4　人员要求

4.1　从事海洋捕捞的人员应培训合格，持证上岗。

4.2　从事海洋捕捞及相关岗位的人员应每年体检一次，必要时应进行临时性的健康检查，具备卫生部门的健康证书，建立健康档案。凡患有活动性肺结核、传染性肝炎、肠道传染病以及其他有碍食品卫生的疾病之一者，应调离工作岗位。

4.3　应注意个人卫生，工作服、雨靴、手套应及时更换，清洗消毒。

5　渔船卫生要求

5.1　生产用水和冰的要求

5.1.1　渔船生产用水及制冰用水应符合 GB 5749 的规定。

5.1.2 使用的海水应为清洁海水，经充分消毒后使用，并定期检测。

5.1.3 冰的制造、破碎、运输、贮存应在卫生条件下进行。

5.2 化学品的使用要求

清洗剂、消毒剂和杀虫剂等化学品应有标注成分、保存和使用方法等内容的标签，单独存放保管，并做好库存和使用记录。

5.3 基本设施要求

5.3.1 存放及加工捕捞水产品的区域应与机房和人员住处有效隔离并确保不受污染。

5.3.2 加工设施应不生锈、不发霉，其设计应确保融冰水不污染捕捞水产品。

5.3.3 存放水产品的容器应由无毒害、防腐蚀的材料制作，并易于清洗和消毒，使用前后应彻底清洗和消毒。

5.3.4 与渔获物接触的任何表面应无毒、易清洁，并与渔获物、消毒剂、清洁剂不应起化学反应。

5.3.5 饮用水与非饮用水管线应有明显的识别标志，避免交叉污染。

5.3.6 配备温度记录装置，并应安装在温度最高的地方。

5.3.7 塑料鱼箱的要求应符合 SC 5010 的规定。

5.3.8 生活设施和卫生设施应保持清洁卫生，卫生间应配备洗手消毒设施。

6 捕捞作业要求

6.1 捕捞机械及设备应保持完好、清洁。

6.2 捕捞作业的区域和器具应防止化学品、燃料或污水等的污染。

6.3 捕捞操作中，应注意人员安全，防止渔获物被污染、损伤。

6.4 渔获物应及时清洗、进行冷却处理，并应防止损伤鱼体。无冷却措施的渔获物在船上存放不应超过 8 h。

6.5 作业区域、设施以及船舱、贮槽和容器每次使用前后应清洗和消毒。

6.6 保存必要的作业和温度记录。

7 渔获物冷却处理

7.1 冰鲜操作要求

7.1.1 鱼舱底层应用碎冰铺底，厚度一般为 200 mm～400 mm。

7.1.2 鱼箱摆放整齐，鱼箱之间、鱼箱与鱼舱之间的空隙用冰填充，鱼箱叠放不应压损渔获物。

7.1.3 冰鲜过程中要经常检查、松冰或添冰，防止冰结壳或缺冰（或脱水）。

7.1.4 污染、异味或体形较大的渔获物应和其他渔获物分舱进行冰鲜处理。

7.1.5 渔获物入舱后应及时关鱼舱舱门，需要开启鱼舱时，应尽量缩短开舱时间。

7.1.6 及时抽舱底水，勿使水漫出舱底板。

7.1.7 食品添加剂的使用应符合 NY/T 392 的规定。

7.2 冷却海水操作要求

7.2.1 船舱海水应注入和排出充分。

7.2.2 鱼舱四周上下均需设置隔热设施，并配备自动温度记录装置。

7.2.3 冷却海水应满舱，舱盖需水密，以避免船体摇晃时引起渔获物擦伤。

7.2.4 舱内海水温度应保持在 -1℃～1℃，以确保渔获物和海水的混合物在 6 h 内降至 3℃，16 h 内降至 0℃。

8 渔获物冻结操作

8.1 冻结基本要求

8.1.1 冻结用水应经预冷，水温不应高于 4℃。

8.1.2 冻结设施可使产品中心温度达到 -18℃以下。

8.1.3 冻藏库温度应保持在 -18℃以下。

8.2 冻结温度

8.2.1 冻结之前渔获物的中心温度应低于 20℃。

8.2.2 冻结前，其房间或设备应进行必要的预冷却。

8.2.3 吹风式冻结，其室内空气温度不应高于 -23℃；接触式（平板式、搁架式）冻结，其设备表面温度不应高于 -28℃。

8.2.4 冻结终止，冻品的中心温度不应高于 -18℃。

8.2.5 冻结间应配备温度测定装置，并在计量检定有效期内使用。保持温度记录。

8.3 冻结时间

冻结过程不应超过 20 h，单个冻结及接触式平板冻结的冻结时间不应超过 8 h。

8.4 镀冰衣

8.4.1 渔获物冻结脱盘后即进行镀冰衣。

8.4.2 用于镀冰衣的水需经预冷或加冰冷却，水温不应高于 4℃。

8.4.3 镀冰衣应适量、均匀透明。

9 其他加工

应符合 GB/T 23871 的规定。

10 渔获物装卸操作

10.1 要求

10.1.1 装卸渔获物的设备（起舱机，胶带输送机、车辆或吸鱼泵等）应保持完好、清洁。

10.1.2 设备运行作业时，对鱼体不应有机械损伤，不应有外溢的润滑油污染鱼体。

10.1.3 运输工具应保持清洁、干燥，每次生产任务完成后，应清洗并消毒备用。

10.1.4 装卸场地应清洁，并有专用保温库堆放箱装渔获物。

10.1.5 地面平整，不透水积水，内墙、室内柱子下部应有 1.5 m 高的墙裙，其材料应无毒、易清洗。

10.1.6 应有畅通的排水系统，且便于清除污物。

10.1.7 应设有存放有毒鱼的专用容器，并标有特殊标识，且结构严密，便于清洗。

10.2 操作

10.2.1 散装渔获物装箱时，应避免高温及机械损伤。不应装得过满，以免外溢。

10.2.2 卸下的渔获物应及时进入冷藏库或冷藏车内暂存，并按品种、等级、质量分别堆放。

10.2.3 对有毒水产品应进行严格分检和收集管理。

11 渔获物运输和贮存

11.1 运输

11.1.1 运输工具应保持清洁，定期清洗消毒。运输时，不应与其他可能污染水产品的物品混装。

11.1.2 运输过程中，冷藏水产品温度宜保持在 0℃～4℃；冻藏水产品温度应控制在 -18℃以下。

11.2 贮存

11.2.1 库内物品与墙壁距离不宜少于 30 cm，与地面距离不宜少于 10 cm，与天花板保持一定的距离，并分垛存放，标识清楚。

11.2.2 冷藏库、速冻库、冻藏库应配备温度记录装置，并定期校准。冷藏库的温度宜控制在 0℃～4℃；冻藏库温度应控制在 -18℃以下；速冻库温度应控制在 -28℃以下。

11.2.3 贮存库内应清洁、整齐，不应存放可能造成相互污染或者串味的食品。应设有防霉、防虫、防鼠设施，定期消毒。

附录 2-13

中华人民共和国农业行业标准

NY/T 896—2015

代替 NY/T 896—2004

绿色食品　产品抽样准则

Green food—Guideline on product sampling

2015-05-21 发布　　　　2015-08-01 实施

中华人民共和国农业部　发布

前　言

本标准按照 GB/T 1.1—2009 给出的规则起草。

本标准代替 NY/T 896—2004《绿色食品　产品抽样准则》。与 NY/T 896—2004 相比，除编辑性修改外，主要技术变化如下：

——增加了“批”、“组批”和“层次抽样”的术语和定义；

——修改了一般要求；

——增加了抽样程序；

——修改了抽样方法；

——修改了附录 A 绿色食品抽样单；

——增加了附录 B 绿色食品抽样用样品标签样张和附录 C 绿色食品抽样用封条样张。

本标准由农业部农产品质量安全监管局提出。

本标准由中国绿色食品发展中心归口。

本标准起草单位：四川省农业科学院质量标准与检测技术研究所、农业部食品质量监督检验测试中心（成都）、中国绿色食品发展中心。

本标准主要起草人：杨晓凤、张志华、雷绍荣、陈倩、郭灵安、胡莉、罗苹、欧阳华学。

本标准的历次版本发布情况为：

——NY/T 896—2004。

绿色食品　产品抽样准则

1　范围

本标准规定了绿色食品样品抽取的术语和定义、一般要求、抽样程序和抽样方法。

本标准适用于绿色食品产品的样品抽取。

2　规范性引用文件

下列文件对于本文件的应用是必不可少的。凡是注日期的引用文件，仅注日期的版本适用于本文件。凡是不注日期的引用文件，其最新版本（包括所有的修改单）适用于本文件。

GB/T 10111　随机数的产生及其在产品质量抽样检验中的应用程序

GB/T 30891　水产品抽样规范

NY/T 2103　蔬菜抽样技术规范

3　术语和定义

下列术语和定义适用于本文件。

3.1　批　lot，batch

相同生产条件下生产的同一品种或种类的产品。

3.2　组批　consignment

交付抽样检验的一个批或其一部分，或数个批组成的产品。

3.3　层次抽样　stratified sampling，zone sampling

从组批中的各批按比例抽样。

3.4　同类多品种产品　multiple products of same type

同一生产单位、主原料相同，具有不同规格、形态或风味的系列产品。主要分为以下 4 类：

a）主辅原料相同，加工工艺相同，净含量、型号规格或包装不同的系列产品。包括商品名称相同，商标名称不同；商品名称相同，净含量不同；商品名称相同，规格不同（如不同酒精度的白酒、葡萄酒或啤酒，不同原果汁含量的果汁饮料等）；商品名称相同，包装不同（如饮料的软包装、罐装、瓶装等）；商品名称不同（如名称不同的大米、名称不同的红茶、名称不同的绿茶、不同部位的分割畜禽产品等）的同类产品。

b）主原料相同，产品形态、加工工艺不同的系列产品。包括不同加工精度（如不同等级的小麦特一粉、特二粉、标准粉、饺子粉等）、不同规格（如玉米粉、玉米粒、玉米渣等）、不同形态（如白糖类的白砂糖、方糖、单晶糖、多晶糖等）的同类产品。

c）主原料相同，加工工艺相同，营养或功能强化辅料不同（如加入不同营养强化剂的巴氏杀菌乳、灭菌乳或乳粉等）的同类产品。

d）主原料和加工工艺相同，调味辅料不同，但调味辅料总量不超过产品成分的5%（如不同滋味的泡菜、酱腌菜、豆腐干、肉干、锅巴、冰淇淋等）的同类产品。

4 一般要求

4.1 抽样单位

抽样应由绿色食品检测机构组织实施。当检测机构无法完成抽样任务时，可委托当地绿色食品工作机构进行。

4.2 抽样人员

抽样人员不应少于 2 人，应经过相关机构的培训，取得相应的资质。

4.3 抽样器具

抽样人员应携带抽样单（参见附录 A）、标签（参见附录 B）以及封条（参见附录 C）等，并根据不同的产品准备相应的采样工具和包装容器。采样工具和包装容器不应对样品造成污染或改变样品的原始性状。

4.4 抽样前确认

在抽取样品之前应对被抽的产品进行确认，所抽产品应是交收（出厂 / 场）检验合格或可以出厂（场）销售的产品，预包装产品应在其保质期内。

5 抽样程序

5.1 抽样告知

抽样人员应主动向被抽单位出示绿色食品抽样的相关文件或《绿色食品现场检查意见通知书》、抽样人员本人的证件，说明抽样的依据方法等有关内容。

5.2 抽样

5.2.1 抽样人员应在被抽单位代表的陪同下抽样，并共同确认样品的真实性、代表性和有效性。

5.2.2 抽样方法应按本标准中第 6 章的要求执行。

5.2.3 样品抽取过程中不应受雨水、灰尘等环境污染。

5.3 抽样记录

5.3.1 抽样人员应现场填写抽样单，准确记录抽样的相关信息。流通领域抽取无包装标识的产品时，应溯源到生产单位。

5.3.2 抽样单宜采用黑色钢笔或签字笔填写，填写时字迹应清晰、工整。

5.3.3 抽样单填写完毕后，双方签字确认。

5.4 样品的分取、包装和加封

5.4.1 产品抽取后，应混合均匀，按检验项目所需试样量的 3 倍进行分取（其中 1 份做检验样，1 份做复验样，1 份做备用样）。

5.4.2 根据样品性状不同，将样品进行外包装。

5.4.3 每个样品应在外包装容器的表面粘贴标签、封条，应防止标签及封条的脱落、模糊或者破损。

5.4.4 对于昂贵的产品，如果被抽单位能够满足其储存条件，可将分取的备用样包装、加封后保存在被抽单位，待被抽单位收到检验报告后，根据其检验情况安排复检或销售（在不影响销售情况下）。

5.5 样品的运输

5.5.1 加封后的样品应在规定的时间内送（运）达检测机构。

5.5.2 运输工具应清洁卫生，运输过程应符合相关产品的贮存要求。

5.5.3 样品不应与有毒、有害和污染物品混装，防止运输和装卸过程中对样品可能造成的污染或破损。

5.6 样品的交接

样品送（运）达检测机构后，应按相关程序办理登记手续。

6 抽样方法

6.1 抽样方法总则

6.1.1 组批

6.1.1.1 含一个批或其部分的组批：采取随机抽样方法，按照 GB/T 10111 的规定执行。

6.1.1.2 含多个批的组批：采取层次抽样，每个批采取随机抽样方法，按照 GB/T 10111 的规定执行，混合成样品。

6.1.2 抽样量

散装产品宜不少于 3 kg，且不少于 3 个个体；预包装产品，若含有微生物检验项目，宜不少于 15 个单包装，若无微生物检验项目，宜不少于 6 个单包装。

6.2 抽样方法细则

6.2.1 种植产品

种植产品抽样方法按以下要求执行：

a）蔬菜类产品抽样按 NY/T 2103 的规定执行。

b）水果类产品抽样按抽样地点分为以下两种情况：

1）生产基地：随机抽取同一基地、同一品种或种类、同一组批的产品。根据生产基地的地形、地势及作物的分布情况合理布局抽样点，每批内抽样点不应少于 5 点。视实际情况按对角线法、梅花点法、棋盘式法、蛇形法等方法抽取样品，每个抽样点面积不小于 1 m^2。

2）仓储和流通领域：随机抽取同一组批产品的贮藏库、货架或堆。散装样品视情况以分层、分方向结合或只分层（上、中、下三层）或只分方向方式抽取；预包装产品在堆放空间的四角和中间布设采样点。

c）其他类种植产品根据产品的特点，参照上述蔬菜类或水果类产品的抽样方法进行。

6.2.2 畜禽产品

畜禽产品抽样方法根据不同抽样地点分别按以下规定执行：

a）生产基地：

1）蛋用禽类饲养场：随机抽取同一养殖场、相同养殖条件、同一组批的产品。

2）屠宰场：随机抽取同一养殖场、同一品种、同一组批的产品。一般牲畜应抽取同一胴体的内脏、肉（在背部、腿部、臀尖三部位组织上分别取重量相近的肌肉，再混成一份样品）或分割肉，并作为不同的样品分开；一般禽类应取去除内脏后的整只胴体产品或同一组批不同胴体混合均匀的产品。

3）其他（如乳、蜂蜜等）：随机抽取同一养殖场、同一品种、同一组批的产品。若用大桶或大罐散装者，应充分混匀后再采样；若为包装产品，随机抽取。

b）仓储和流通领域：

1）蛋类：随机抽取同一养殖场、相同养殖条件、同一组批的产品。

2）肉类：按分析项目要求，分别采取整只胴体产品、不同部位的样品或采样后混合成一份样品。

3）其他（如乳、蜂蜜等）：同本标准 6.2.2 a）3）的要求。

6.2.3 水产品

按照 GB/T 30891 的规定执行。

6.2.4 加工食品

加工食品抽样方法根据产品包装形式分为以下两种情况：

a）散装产品：随机抽取同一生产单位、同一组批的产品。视情况以分层、分方向结合或只分层（上、中、下三层）或只分方向方式抽取。

b）预包装产品：

1）单品种产品：随机抽取同一生产单位、同一组批的产品。

2）同类多品种产品：同类多品种产品抽样只适用于产品申报检验抽样。同类多品种产品的品种数量至多为 5 个，若超过 5 个，则每 1 个～5 个为一组同类多品种产品。同类多品种产品在抽样和检验时应明确该产品属同类多品种产品。抽样时，选取同类多品种产品中净含量最小、最低型号规格、最低包装成本、最基本的加工工艺或最基本配方的产品为全量样品，按标准进行全项目检验，其余的产品每个各抽全量样品的 1/4～1/3，做非共同项目检验。

附录 A

（资料性附录）

绿色食品 抽样单样张

绿色食品抽样单见表 A.1。

No:　　　　　表 A.1 绿色食品 抽样单　　　　　第 联

<table>
<tr><td rowspan="7">产品情况</td><td>产品名称</td><td colspan="2"></td><td>样品编号</td><td colspan="2"></td></tr>
<tr><td>商　标</td><td colspan="2"></td><td>产品执行标准</td><td colspan="2"></td></tr>
<tr><td>证书编号</td><td colspan="2"></td><td>可追溯标识</td><td colspan="2"></td></tr>
<tr><td>同类多品种产品</td><td colspan="2">□是　□否</td><td>型号规格</td><td colspan="2"></td></tr>
<tr><td>生产日期或批号</td><td colspan="2"></td><td>保质期</td><td colspan="2"></td></tr>
<tr><td>包装</td><td colspan="2">□有　□无</td><td>包装方式</td><td colspan="2"></td></tr>
<tr><td>保存要求</td><td colspan="5">□常温　□冷冻　□冷藏</td></tr>
<tr><td rowspan="3">抽样情况</td><td>抽样方法</td><td colspan="2"></td><td>采样部位</td><td colspan="2"></td></tr>
<tr><td>抽样场所</td><td colspan="5">□生产基地　□加工厂（场）　□屠宰场　□企业 / 成品库
□批发市场　□农贸市场　□超市　□其他</td></tr>
<tr><td>抽样数量</td><td colspan="2"></td><td>抽样基数</td><td colspan="2"></td></tr>
<tr><td rowspan="4">被抽单位情况</td><td>名称</td><td colspan="3"></td><td>法定代表人</td><td></td></tr>
<tr><td>通讯地址</td><td colspan="3"></td><td>邮编</td><td></td></tr>
<tr><td rowspan="2">联系人</td><td></td><td>电话</td><td></td><td>传真</td><td></td></tr>
<tr><td>E-mail</td><td colspan="4"></td></tr>
<tr><td rowspan="4">生产单位情况</td><td>□生产　□进货
单位名称</td><td colspan="3"></td><td>法定代表人</td><td></td></tr>
<tr><td>通讯地址</td><td colspan="3"></td><td>邮编</td><td></td></tr>
<tr><td rowspan="2">联系人</td><td></td><td>电话</td><td></td><td>传真</td><td></td></tr>
<tr><td>E-mail</td><td colspan="4"></td></tr>
<tr><td rowspan="3">抽样单位情况</td><td>名称</td><td colspan="5"></td></tr>
<tr><td>通讯地址</td><td colspan="3"></td><td>邮编</td><td></td></tr>
<tr><td>联系人</td><td></td><td>电话</td><td></td><td>传真</td><td></td></tr>
<tr><td>被抽单位签署</td><td colspan="2">本次抽样始终在本人陪同下完成，上述记录经核实无误

被抽单位代表（签字）:__________
被抽单位（公章）:
________年____月____日</td><td>抽样单位签署</td><td colspan="3">本次抽样已按要求执行完毕，样品经双方人员共同封样，并做记录如上

抽样人 1:__________

抽样人 2:__________
抽样单位（公章）:
________年____月____日</td></tr>
<tr><td>备注</td><td colspan="6">样品封存时间:________年____月____日____时
样品送（运）达实验室的期限:________年____月____日____时</td></tr>
<tr><td colspan="7">注 1：本单一式四联，第一联留抽样单位，第二联留被抽单位，第三联随同样品运转至检测机构，第四联交任务下达部门。
注 2：需要做选择的项目，在选中项目的“□”中打“√”。</td></tr>
</table>

附 录 B
（资料性附录）
绿色食品 抽样用样品标签样张

绿色食品抽样用样品标签样张见表 B.1。

表 B.1 绿色食品 抽样用样品标签样张

样品编号:____ 样品名称:____ 同类多品种产品：□是 □否 同类多品种产品的共用样品名称:__________________________ □检验样 □复验样 □备用样 抽样单号:____ 抽样日期:________年____月____日

附 录 C
（资料性附录）
绿色食品　抽样用封条样张

绿色食品抽样用封条样张见表C.1。

表C.1　绿色食品　抽样用封条样张

抽样人1：________________________	
	被抽单位代表（签字）：__________
抽样人2：________________________	
抽样单位（公章）：	被抽单位（公章）：
______年___月___日	______年___月___日

附录 2-14

中华人民共和国农业行业标准

NY/T 1055—2015
代替 NY/T 1055—2006

绿色食品　产品检验规则

Green food—Rules for product inspection

2015-05-21 发布　　2015-08-01 实施

中华人民共和国农业部　发布

前 言

本标准按照 GB/T 1.1—2009 给出的规则起草。

本标准代替 NY/T 1055—2006《绿色食品　产品检验规则》。与 NY/T 1055—2006 相比，除编辑性修改外，主要技术变化如下：

——增加了交收检验的检验形式；

——增加了进行型式检验的情形；

——修改了认证检验，将认证检验修改为申报检验，并增加了申报检验的定义；

——修改了检验依据，删除了未制定绿色食品标准但仍在绿色食品认证规定范围内的产品的检验依据；

——修改了抽样，删除了组批及抽样方法，直接引用 NY/T 896；

——修改了判定规则，增加了复检的规定。

本标准由农业部农产品质量安全监管局提出。

本标准由中国绿色食品发展中心归口。

本标准起草单位：广东省农业科学院农产品公共监测中心、中国绿色食品发展中心、农业部蔬菜水果质量监督检验测试中心（广州）。

本标准主要起草人：张志华、王富华、陈倩、陈岩、万凯、陆莹、杨炜君、张楚薇、唐伟。

本标准的历次版本发布情况为：

——NY/T 1055—2006。

绿色食品　产品检验规则

1　范围

本标准规定了绿色食品产品的检验分类、抽样、检验依据和判定规则。

本标准适用于绿色食品的产品检验。

2　规范性引用文件

下列文件对于本文件的应用是必不可少的。凡是注日期的引用文件，仅注日期的版本适用于本文件。凡是不注日期的引用文件，其最新版本（包括所有的修改单）适用于本文件。

NY/T 896　绿色食品　产品抽样准则

3　检验分类

3.1　交收（出厂）检验

每批产品交收前，都应进行交收检验。交收检验内容包括包装、标志、标签、净含量和感官等，对加工产品还应包括相应产品标准规定的部分理化项目和微生物学项目，检验合格并附合格证方可交收。如生产或加工企业对交收检验项目无法自行检验的，应委托给具备相应资质的检验机构进行检验。

3.2　型式检验

型式检验是对产品质量进行全面考核，即对产品标准规定的全部项目进行检验，以评定产品质量是否全面符合标准。同一类型加工产品每年应至少进行一次型式检验；种植（养殖）产品每个种植（养殖）生产年度应进行一次型式检验。有下列情形之一时，也应进行型式检验：

a）新产品或者产品转厂生产的试制定型鉴定时；

b）加工产品的原料、工艺、配方有较大变化，可能影响产品质量时；

c）加工产品停产 3 个月以上以及种植（养殖）产品因人为或自然因素使生产环境发生较大变化时；

d）前后两次抽样检验结果差异较大时；

e）国家质量监督机构或主管部门提出进行型式检验要求时；

f）客户提出进行型式检验的要求时。

3.3　申报检验

申报检验是绿色食品管理部门在受理企业绿色食品申请时，申报企业委托具有资质的检验机构对企业申报的产品进行的质量安全检验。申报的产品应按绿色食品产品标准规定的要求对全部项目进行检验。

3.4 监督检验

监督检验是对获得绿色食品标志使用权的产品质量安全进行的跟踪检验。组织监督检验的机构应根据抽检产品生产基地环境情况、生产过程中的农业投入品及加工品中食品添加剂的使用情况、所检产品中可能存在的质量安全风险等情况确定检测项目，并应在监督抽检实施细则中予以规定。

4 抽样

按照 NY/T 896 的规定执行。

5 检验依据

5.1 交收（出厂）检验应按照本标准 3.1 的规定执行，型式检验和申报检验应按现行有效的绿色食品标准进行检验。

5.2 对已获证的绿色食品进行监督检验时，应按当年绿色食品产品质量抽检计划项目和判定依据的规定执行。

5.3 如绿色食品产品标准中引用的标准已废止，且无替代标准时，相关项目可不做检测，但需在检验报告备注栏中予以注明。

6 判定规则

6.1 结果判定

6.1.1 检测结果全部合格时则判该批产品合格。包装、标志、标签、净含量等项目有 2 项（含 2 项）以上不合格时则判该批产品不合格，如有 1 项不符合要求，可重新抽样对以上项目复检，以复检结果为准。其他任何一项指标不合格则判该批产品不合格。

6.1.2 当更新的国家产品标准和限量标准严于现行绿色食品标准时，按更新的国家标准执行；现行绿色食品标准严于或等同于更新的国家标准，则仍按现行绿色食品标准执行。

6.1.3 检验机构在检验报告中对每个项目均要做出“合格”或“不合格”的单项判定；对被检产品应依据本标准 6.1.1 的规定做出“合格”或“不合格”的综合判定。

6.2 复检

当受检方对产品检验结果发生异议时，可以自收到检验结果之日起 5 日内向绿色食品管理部门申请复检。凡属微生物学项目不合格的产品不接受复检。如不合格检测项目性质不稳定，也不接受复检。

附录 2-15

绿色食品产品适用标准目录（2023 版）

一、种植业产品标准			
序号	标准名称	适用产品名称	适用产品别名及说明
1	绿色食品豆类 NY/T 285—2021	大豆	黄豆、黄大豆、黑豆、黑大豆、乌豆、青豆等
		蚕豆	胡豆、佛豆、罗汉豆
		绿豆	菉豆、植豆、青小豆
		小豆	赤豆、红小豆、米赤豆、朱豆
		芸豆	普通菜豆、干菜豆、腰豆
		豇豆	长豆、角豆
		豌豆	雪豆、毕豆、寒豆、荷兰豆
		饭豆	米豆、精米豆、爬山豆
		小扁豆	兵豆、滨豆、洋扁豆、鸡眼豆
		鹰嘴豆	鹰咀豆、鸡豆、桃豆、回鹘豆、回回豆、脑核豆
		木豆	树豆、扭豆、豆蓉
		羽扇豆	鲁冰花
		利马豆	棉豆、懒人豆、荷包豆、白豆
2	绿色食品茶叶 NY/T 288—2018	绿茶	包括各种绿茶及以绿茶为原料的窨制花茶
		红茶	
		青茶（乌龙茶）	
		黄茶	
		白茶	
		黑茶	普洱茶、紧压茶
			以茶树（*Camellia sinensis*（L.）O. Kunts）的芽、叶、嫩茎为原料，以特定工艺加工的、不含任何添加剂的、供人们饮用或食用的产品
3	绿色食品代用茶 NY/T 2140—2015	代用茶	选用除茶（*Camellia sinensis*（L.）O. Kunts）以外，由国家行政主管部门公布的可用于食品的植物花及花蕾、芽叶、果（实）、根茎等为原料，经加工制作，采用冲泡（浸泡或煮）的方式，供人们饮用的产品。涉及保健食品的应符合国家相关规定
4	绿色食品咖啡 NY/T 289—2012	生咖啡	咖啡鲜果经干燥脱壳处理所得产品
		焙炒咖啡豆	生咖啡经焙炒所得产品
		咖啡粉	焙炒咖啡豆磨碎后的产品
			注：不适用于脱咖啡因咖啡和速溶型咖啡

（续）

序号	标准名称	适用产品名称	适用产品别名及说明
5	绿色食品 玉米及其制品 NY/T 418—2023	玉米	普通玉米、高淀粉玉米、高蛋白玉米、高油玉米
		鲜食玉米	包括甜玉米、糯玉米、甜加糯玉米。同时适用于生、熟产品
		速冻玉米	速冻糯玉米、速冻甜玉米、速冻甜加糯玉米的熟制预包装产品
		玉米粉	脱胚玉米粉、全玉米粉
		玉米糁	玉米粒经除杂、脱胚、研磨和筛分等系列工序加工而成的颗粒状产品
6	绿色食品 稻米 NY/T 419—2021	稻谷	
		大米	含糯米
		糙米	稻谷脱壳后保留着皮层和胚芽的米
		胚芽米	胚芽保留率达 75% 以上的精米
		蒸谷米	稻谷经清理、浸泡、蒸煮、干燥等处理后，再按常规稻谷碾米加工方法生产的稻米
		紫（黑）米	
		红米	糙米天然色泽为棕红色的稻米
7	绿色食品 花生及制品 NY/T 420—2017	食用花生（果、仁）	
		油用花生（果、仁）	
		水煮花生（果、仁）	
		烤花生	包括原味烤花生、调味花生
		烤花生仁	包括红衣型、脱红衣型
		烤花生碎	
		乳白花生	
		乳白花生碎	
		炒花生仁	包括红衣型、脱红衣型
		炒花生果	
		油炸花生仁	
		裹衣花生	包括淀粉型、糖衣型、混合型
		花生蛋白粉	
		花生组织蛋白	
		花生酱	包括纯花生酱、稳定型花生酱、复合型花生酱
			注：不包括花生类糖制品，花生类糖制品已归到《绿色食品　糖果》（NY/T 2986—2016）中

（续）

序号	标准名称	适用产品名称	适用产品别名及说明
8	绿色食品 小麦及小麦粉 NY/T 421—2021	小麦	禾本科小麦属普通小麦种（*Triticum aestivum* L.）的果实，呈卵形或长椭圆形，腹面有深纵沟。按照小麦播种季节不同分为春小麦和冬小麦。按照小麦的用途和面筋含量高低分为强筋小麦、中筋小麦和弱筋小麦
		小麦粉	以小麦为原料，经清理、水分调节、研磨、筛理等工艺加工而成的粉状产品
		全麦粉	以整粒小麦为原料，经制粉工艺制成的，且小麦胚乳、胚芽与麸皮的相对比例与天然完整颖果基本一致的小麦全粉
9	绿色食品 柑橘类水果 NY/T 426—2021	宽皮柑橘类鲜果	
		甜橙类鲜果	
		柚类鲜果	
		柠檬类鲜果	
		金柑类鲜果	
		杂交柑橘类鲜果	
10	绿色食品 西甜瓜 NY/T 427—2016	薄皮甜瓜	果肉厚度一般不大于 2.5 cm 的甜瓜
		厚皮甜瓜	果肉厚度一般大于 2.5 cm 的甜瓜
		西瓜	包括普通西瓜、籽用西瓜（打瓜）、无籽西瓜及用于腌制或育种的小西瓜等
11	绿色食品 白菜类蔬菜 NY/T 654—2020	大白菜	结球白菜、黄芽菜、包心白菜等
		普通白菜	白菜、小白菜、青菜、油菜
		乌塌菜	塌菜、黑菜、塌棵菜、塌地崧等
		紫菜薹	红菜薹
		菜薹	菜心、薹心菜、绿菜薹、菜尖
		薹菜	
12	绿色食品 茄果类蔬菜 NY/T 655—2020	番茄	蕃柿、西红柿、洋柿子、小西红柿、樱桃西红柿、樱桃番茄、小柿子
		茄子	矮瓜、吊菜子、落苏、茄瓜
		辣椒	牛角椒、长辣椒、菜椒
		甜椒	灯笼椒、柿子椒
		酸浆	姑娘、挂金灯、金灯、锦灯笼、泡泡草
		香瓜茄	人参果
13	绿色食品 绿叶类蔬菜 NY/T 743—2020	菠菜	菠薐、波斯草、赤根草、角菜、波斯菜、红根菜
		芹菜	芹、旱芹、药芹、野圆荽、塘蒿、苦堇
		落葵	木耳菜、软浆叶、胭脂菜、藤菜
		莴苣	生菜、千斤菜。 包括茎用莴苣（莴笋）、皱叶莴苣、直立莴苣（也叫长叶莴苣、散叶莴苣，如油麦菜）、结球莴苣等

（续）

序号	标准名称	适用产品名称	适用产品别名及说明
13	绿色食品 绿叶类蔬菜 NY/T 743—2020	蕹菜	竹叶菜、空心菜、藤菜、藤藤菜、通菜
		茴香	包括意大利茴香、小茴香和球茎茴香
		苋菜	苋、米苋、赤苋、刺苋
		青葙	土鸡冠、青箱子、野鸡冠
		芫荽	香菜、胡荽、香荽
		叶菾菜	莙荙菜、厚皮菜、牛皮菜、火焰菜
		茼蒿	包括大叶茼蒿（板叶茼蒿、菊花菜、大花茼蒿、大叶蓬蒿）、小叶茼蒿（花叶茼蒿或细叶茼蒿）和蒿子秆
		荠菜	护生草、菱角草、地米菜、扇子草
		冬寒菜	冬葵、葵菜、滑肠菜、葵、滑菜、冬苋菜、露葵
		番杏	新西兰菠菜、洋菠菜、夏菠菜、毛菠菜
		菜苜蓿	黄花苜蓿、南苜蓿、刺苜蓿、草头、菜苜蓿
		紫背天葵	血皮菜、观音苋、红凤菜
		榆钱菠菜	食用滨藜、洋菠菜、山菠菜、法国菠菜、山菠薐草
		菊苣	欧洲菊苣、吉康菜、法国苣荬菜
		鸭儿芹	鸭脚板、三叶芹、山芹菜、野蜀葵、三蜀芹、水芹菜
		苦苣	花叶生菜、花苣、菊苣菜
		苦荬菜	取麻菜、苦苣菜
		菊花脑	路边黄、菊花叶、黄菊仔、菊花菜
		酸模	山菠菜、野菠菜、酸溜溜
		珍珠菜	野七里香、角菜、白苞菜、珍珠花、野脚艾
		芝麻菜	火箭生菜、臭菜
		白花菜	羊角菜、凤蝶菜
		香芹菜	洋芫荽、旱芹菜、荷兰芹、欧洲没药、欧芹、法国香菜、旱芹菜
		罗勒	毛罗勒、九层塔、光明子、寒陵香、零陵香
		薄荷	田野薄荷、蕃荷菜、苏薄荷、仁丹草
		紫苏	荏、赤苏、白苏、回回苏
		莳萝	土茴香、洋茴香、茴香草
		马齿苋	马齿菜、长命菜、五星草、瓜子菜、马蛇子菜
		蕺菜	鱼腥草、蕺儿根、侧耳根、狗贴耳、鱼鳞草
		蒲公英	黄花苗、黄花地丁、婆婆丁、蒲公草
		马兰	马兰头、红梗菜、紫菊、田边菊、鸡儿肠、竹节草
		蒌蒿	芦蒿、水蒿
		番薯叶	

（续）

序号	标准名称	适用产品名称	适用产品别名及说明
14	绿色食品 葱蒜类蔬菜 NY/T 744—2020	韭菜	韭、草钟乳、起阳草、懒人菜、披菜
		韭黄	
		韭薹	
		韭花	
		大葱	水葱、青葱、木葱、汉葱、小葱
		洋葱	葱头、圆葱、株葱、冬葱、橹葱
		大蒜	蒜、胡蒜、蒜子、蒜瓣、蒜头
		蒜薹	蒜毫
		蒜苗	蒜黄、青蒜
		薤	藠头、藠子、荞头、菜芝
		韭葱	扁葱、扁叶葱、洋蒜苗、洋大蒜
		细香葱	四季葱、香葱、细葱、虾夷葱
		分葱	四季葱、菜葱、冬葱、红葱头
		胡葱	火葱、蒜头葱、瓣子葱、肉葱
		楼葱	龙爪葱、龙角葱
15	绿色食品 根菜类蔬菜 NY/T 745—2020	萝卜	莱菔、芦菔、葖、地苏
		胡萝卜	红萝卜、黄萝卜、番萝卜、丁香萝卜、赤珊瑚、黄根
		芜菁	蔓菁、圆根、盘菜、九英菘
		芜菁甘蓝	洋蔓菁、洋大头菜、洋疙瘩、根用甘蓝、瑞典芜菁
		美洲防风	芹菜萝卜、蒲芹萝卜、欧防风
		根恭菜	红菜头、紫菜头、火焰菜
		婆罗门参	西洋牛蒡、西洋白牛蒡
		黑婆罗门参	鸦葱、菊牛蒡、黑皮牡蛎菜
		牛蒡	大力子、蝙蝠刺、东洋萝卜
		山葵	瓦萨比、山姜、泽葵、山嵛菜
		根芹菜	根用芹菜、根芹、根用塘蒿、旱芹菜根
16	绿色食品 甘蓝类蔬菜 NY/T 746—2020	结球甘蓝	洋甘蓝、卷心菜、包心菜、包菜、圆甘蓝、椰菜、茴子白、莲花白、高丽菜
		赤球甘蓝	红玉菜、紫甘蓝、红色高丽菜
		抱子甘蓝	芽甘蓝、子持甘蓝
		皱叶甘蓝	缩叶甘蓝
		羽衣甘蓝	绿叶甘蓝、叶牡丹、花苞菜
		花椰菜	花菜、菜花，包括松花菜
		青花菜	绿菜花、意大利芥蓝、木立花椰菜、西兰花、嫩茎花椰菜
		球茎甘蓝	苤蓝、擘蓝、菘、玉蔓箐、芥蓝头
		芥蓝	白花芥蓝

（续）

序号	标准名称	适用产品名称	适用产品别名及说明
17	绿色食品 瓜类蔬菜 NY/T 747— 2020	黄瓜	胡瓜、刺瓜、青瓜、吊瓜
		冬瓜	白冬瓜、白瓜、东瓜、濮瓜、水芝、地芝、枕瓜
		节瓜	小冬瓜、节冬瓜、毛瓜
		南瓜	番瓜、饭瓜、番南瓜、麦瓜、倭瓜、金瓜、中国南瓜
		笋瓜	印度南瓜、北瓜、搅瓜、玉瓜
		西葫芦	美洲南瓜、角瓜、白瓜、小瓜、金丝搅瓜、飞碟瓜
		越瓜	菜瓜、稍瓜、生瓜、白瓜
		菜瓜	蛇甜瓜、生瓜、羊角瓜
		丝瓜	天丝瓜、天罗、蛮瓜、布瓜
		苦瓜	凉瓜、锦荔枝、君子菜、癞葡萄、癞瓜
		瓠瓜	扁蒲、葫芦、蒲瓜、棒瓜、瓠子、夜开花
		蛇瓜	蛇丝瓜、蛇王瓜、蛇豆
		佛手瓜	合手瓜、合掌瓜、洋丝瓜、隼人瓜、菜肴梨、洋茄子、安南瓜、寿瓜
18	绿色食品 豆类蔬菜 NY/T 748— 2020	菜豆	四季豆、芸豆、玉豆、豆角、芸扁豆、京豆、敏豆
		多花菜豆	龙爪豆、大白芸豆、荷包豆、红花菜豆
		长豇豆	豆角、长豆角、带豆、筷豆、长荚豇豆
		扁豆	峨眉豆、眉豆、沿篱豆、鹊豆、龙爪豆
		莱豆	利马豆、雪豆、金甲豆、棉豆、荷包豆、白豆、观音豆
		蚕豆	胡豆、罗汉豆、佛豆、寒豆
		刀豆	大刀豆、关刀豆、菜刀豆
		豌豆	雪豆、回豆、麦豆、青斑豆、麻豆、青小豆
		食荚豌豆	荷兰豆
		四棱豆	翼豆、四稔豆、杨桃豆、四角豆、热带大豆
		菜用大豆	毛豆、枝豆
		藜豆	狸豆、虎豆、狗爪豆、八升豆、毛毛豆、毛胡豆
19	绿色食品 食用菌 NY/T 749— 2023	香菇	香菇、花菇、香蕈
		金针菇	冬菇、朴菇、朴菰
		双孢蘑菇	双孢菇、白蘑菇、洋蘑菇
		柱状田头菇	杨树菇、茶树菇、柳松菇、杨树菇、柳环菌
		草菇	麻菇、兰花菇、稻草菇、中华蘑菇、美味苞脚菇
		长根小奥德蘑	黑皮鸡枞、长根小奥德蘑、长根金钱菌、长根干蘑
		皱环球盖菇	大球盖菇、赤松茸、酒红球盖菇

（续）

序号	标准名称	适用产品名称	适用产品别名及说明
19	绿色食品 食用菌 NY/T 749—2023	巴西蘑菇	姬松茸、巴氏蘑菇
		亚侧耳	元蘑、冻蘑、冬蘑、美味扇菇
		斑玉蕈	真姬菇、海鲜菇、蟹味菇、来福蘑
		糙皮侧耳	平菇、侧耳、北风菌
		佛州侧耳	佛罗里达侧耳、白平菇、平菇
		白黄侧耳	姬菇、小平菇、紫孢侧耳、黄白侧耳
		肺形侧耳	小平菇、凤尾菇、秀珍菇、印度鲍鱼菇
		刺芹侧耳	杏鲍菇、刺芹菇
		白灵侧耳	白灵菇、刺芹侧耳托里变种
		金顶侧耳	榆黄蘑、榆黄菇、金顶蘑、玉皇菇
		桃红侧耳	淡红平菇、桃红平菇、红平菇、淡红侧耳
		盖囊侧耳	泡囊侧耳、鲍鱼菇、鲍鱼侧耳
		菌核侧耳	虎奶菇、核侧耳、茯苓侧耳
		阿魏侧耳	阿魏蘑
		花脸香蘑	花脸蘑、紫晶蘑、紫花脸蘑、紫花脸、紫晶口蘑
		大白口蘑	金福菇、洛巴口蘑、巨大口蘑
		蒙古口蘑	白蘑、口蘑、珍珠蘑
		长裙竹荪	竹荪
		短裙竹荪	竹荪、面纱菌、仙人伞、竹笙
		红托竹荪	小仙菌、竹参、清香竹荪
		冬荪	白鬼笔、竹下菌、无群荪、竹菌
		光滑环绣伞	滑菇、珍珠菇、滑子蘑、小孢鳞伞
		毛头鬼伞	鸡腿菇、鬼盖
		榆干离褶伞	榆干侧耳、大榆蘑、对子蘑
		荷叶离褶	鹿茸菇、一窝羊、荷叶菇、冷香菇、北风菌
		裂褶菌	白参、白蕈、树花
		蜜环菌	榛蘑、蜜环蕈、栎蘑
		暗褐脉柄牛肝菌	暗褐网柄牛肝菌、盖氏牛肝菌
		黑木耳	木耳、云耳、光木耳、耳子
		毛木耳	黄背木耳、白背木耳、牛背木耳、紫木耳
		银耳	白木耳、雪耳
		金耳	金木耳、黄耳、黄木耳、黄白银耳
		蛹虫草	北冬虫夏草、北虫草、虫草花

（续）

序号	标准名称	适用产品名称	适用产品别名及说明
19	绿色食品 食用菌 NY/T 749—2023	蝉花	蝉茸、冠蝉、胡蝉、螗蜩、唐蜩、蝉茸金蝉花
		广东虫草	
		羊肚菌	羊肚蘑、羊肚菜、蜂窝菌
		猴头菌	猴头、猴头蘑、猴菇、猴头菇、刺猬菇
		绣球菌	绣球花、绣球蕈
		灰树花孔菌	灰树花、舞菇
			注：仅适用于人工培养的绿色食品食用菌鲜品和干品（包括压缩品）
20	绿色食品 薯芋类蔬菜 NY/T 1049—2023	马铃薯	土豆、山药蛋、洋芋、地蛋、荷兰薯、瓜哇薯、洋山芋
		姜	生姜、黄姜、姜根、鲜姜、百辣云、勾装指、因地辛、炎凉小子
		山药	大薯、薯蓣、佛掌薯、白苕、脚板苕、野山药、怀山、淮山、怀山药、山蓣
		豆薯	沙葛、凉薯、新罗葛、地瓜、土瓜
		菊芋	洋姜、鬼子姜
		甘露子	草食蚕、螺丝菜、宝塔菜、甘露儿、地蚕、罗汉
		蕉芋	蕉藕、姜芋、食用美人蕉、芭蕉芋
		菜用土圞儿	土圞儿、香芋、地栗子、菜用土圞儿，香参、黄栗芋
		葛	粉葛、葛根、甘葛藤
		甘薯	山芋、地瓜、番芋、红苕、番薯、红薯、白薯、香薯、蜜薯、番薯、甜薯、普薯
		木薯	木番薯、树薯
		菊薯	雪莲果、雪莲薯、地参果
		芋	芋艿、芋头、水芋、芋岌、毛艿、毛芋、青皮叶、接骨草、独皮叶
21	绿色食品 芥菜类蔬菜 NY/T 1324—2023	茎瘤芥	青菜头、羊角菜、榨菜、菱角菜
		抱子芥	儿菜、娃娃菜
		笋子芥	棒菜
		大叶芥	大叶青菜
		小叶芥	小叶青菜
		宽柄芥	
		叶瘤芥	
		长柄芥	
		花叶芥	

（续）

序号	标准名称	适用产品名称	适用产品别名及说明
21	绿色食品 芥菜类蔬菜 NY/T 1324—2023	凤尾芥	
		白花芥	
		卷心芥	
		结球芥	
		分蘖芥	
		大头芥	辣疙瘩、冲菜、芥头、大头菜
		薹芥	
22	绿色食品 芽苗类蔬菜 NY/T 1325—2023	绿豆芽	
		黄豆芽	
		黑豆芽	
		青豆芽	
		红豆芽	
		蚕豆芽	
		红小豆芽	
		豌豆苗	
		花生芽	
		苜蓿芽	
		小扁豆芽	
		萝卜芽	
		菘蓝芽	
		沙芥芽	
		芥菜芽	
		芥蓝芽	
		白菜芽	
		独行菜芽	
		种芽香椿	
		向日葵芽	
		荞麦芽	
		胡椒芽	
		紫苏芽	
		水芹芽	
		小麦苗	

（续）

序号	标准名称	适用产品名称	适用产品别名及说明
22	绿色食品 芽苗类蔬菜 NY/T 1325—2023	胡麻芽	
		蕹菜芽	
		芝麻芽	
		黄秋葵芽	
			注：该标准仅适用于绿色食品种芽类芽苗菜
23	绿色食品 多年生蔬菜 NY/T 1326—2023	芦笋	石刁柏、龙须菜等
		百合	夜合、中篷花等
		黄秋葵	秋葵、羊角豆等
		菜用枸杞	枸杞头、枸杞菜等
		襄荷	阳霍、野姜、襄草、茗荷等
		菜蓟	朝鲜蓟、洋蓟、荷兰百合、法国百合等
		辣根	西洋山萮菜、山葵萝卜等
		食用大黄	圆叶大黄等
		桔梗	地参、四叶菜、绿花根、铃铛花、沙油菜、梗草、道拉基（朝鲜语）等
24	绿色食品 水生蔬菜 NY/T 1405—2023	芡实	鸡头米、鸡头、鸡头莲、鸡头苞、鸡头荷、刺莲藕、芡、水底黄蜂、卵菱
		荸荠	田荠、田藕、马蹄、水栗、乌芋、菩荠、凫茈
		慈姑	茨菰、慈菰、华夏慈姑、燕尾草、剪刀草、白地栗、驴耳朵草
		茭白	高瓜、菰笋、菰首、茭笋、高笋、茭瓜
		豆瓣菜	西洋菜、水田芥、凉菜、耐生菜、水芥、水蔊菜、水生菜
		莼菜	水案板、蓴菜、马蹄菜、马蹄草、水荷叶、水葵、露葵、湖菜、名茆、凫葵
		水芹	水芹菜、野芹、菜刀芹、蕲、楚葵、蜀芹、紫堇
		蒲菜	香蒲、深蒲、蒲蒻久、蒲笋、蒲芽、蒲白、蒲儿根、蒲儿菜、草芽
		菱	芰、芰实、菱实、薢茩、水菱、蕨攈、风菱、乌菱、菱角、水栗
		莲子（鲜）	白莲、莲实、莲米、莲肉
			不适用于莲藕、水芋、水蕹菜、蒌蒿
25	绿色食品 食用花卉 NY/T 1506—2015	茉莉花	
		玫瑰花	仅限重瓣红玫瑰
		菊花	
		金雀花	

（续）

序号	标准名称	适用产品名称	适用产品别名及说明
25	绿色食品 食用花卉 NY/T 1506—2015	代代花	
		槐花	
		金银花	
		其他国家批准的可食用花卉	注：本标准仅适用于食用花卉的鲜品
26	绿色食品 热带、亚热带水果 NY/T 750—2020	荔枝	丹荔、丽枝、离枝、火山荔、勒荔、荔支、荔果
		龙眼	桂圆、三尺农味、益智、羊眼、牛眼、荔枝奴、亚荔枝、燕卵、比目、木弹、骊珠
		香蕉	金蕉、弓蕉、蕉果、蕉子、香芽蕉、甘蕉
		菠萝	凤梨、黄梨
		芒果	马蒙、抹猛果、莽果、望果、蜜望、蜜望子、檬果、庵罗果
		枇杷	天夏扇、芦橘、金丸、芦枝、金丸、炎果、焦子、腊兄、粗客
		黄皮	黄弹、黄弹子、黄段、黄皮子、黄檀子、金弹子、黄罐子
		番木瓜	木瓜、番瓜、万寿果、乳瓜、石瓜
		番石榴	芭乐，鸡屎果，拔子，喇叭番石榴、番桃果、鸡失果、番鬼子
		杨梅	圣生梅、白蒂梅、树梅、水杨梅、龙睛
		杨桃	洋桃、羊桃、五棱子、五敛子、阳桃、三廉子
		橄榄	黄榄、青果、山榄、白榄、红榄、青子、谏果、忠果、橄榄子、橄淡、青橄榄、黄榄、甘榄、广青果
		红毛丹	韶子、毛龙眼、毛荔枝、红毛果、红毛胆
		毛叶枣	印度枣、台湾青枣、缅枣、西西果
		莲雾	天桃、水蒲桃、洋蒲桃、紫蒲桃、水石榴、辇雾、琏雾、天桃、爪哇浦桃、铃铛果
		人心果	吴凤柿、赤铁果、奇果、查某籽仔、人参果
		西番莲	鸡蛋果、受难果、巴西果、百香果、藤桃、西番莲果、热情果、西番果
		山竹	山竺、山竹子、倒捻子、莽吉柿、凤果
		火龙果	红龙果、青龙果、仙蜜果、玉龙果
		菠萝蜜	波罗蜜、苞萝、木菠萝、树菠萝、大树菠萝、蜜冬瓜、牛肚子果、齿留香
		番荔枝	洋波罗、佛头果、赖球果、释迦果、亚大果子、唛螺陀、洋波罗、假波罗、番鬼荔枝
		青梅	青皮、海梅、苦香、油楠、青相、梅实，梅子、酸梅、乌梅、梅、梅果

（续）

序号	标准名称	适用产品名称	适用产品别名及说明
27	绿色食品 温带水果 NY/T 844—2017	苹果	
		梨	
		桃	
		草莓	
		山楂	
		柰子	俗称沙果，别名文林果、花红果、林擒、五色来、联珠果
		蓝莓	别名笃斯、都柿、甸果等
		无花果	映日果、奶浆果、蜜果等
		树莓	覆盆子、悬钩子、野莓、乌藨（biao）子
		桑葚	桑果、桑枣
		猕猴桃	
		葡萄	
		樱桃	
		枣	
		杏	
		李	
		柿	
		石榴	
		梅	别名青梅、梅子、酸梅
		醋栗	穗醋栗、灯笼果
		刺梨	
28	绿色食品 大麦及大麦粉 NY/T 891—2014	啤酒大麦	
		食用大麦	用于食用的皮大麦（带壳大麦）和裸大麦
		大麦粉	大麦加工成的用于食用的粉状产品
29	绿色食品 燕麦及燕麦粉 NY/T 892—2014	燕麦	裸燕麦、莜麦
		燕麦粉	以裸燕麦为原料，经初级加工制成的粉状产品
		燕麦米	以裸燕麦为原料，经去杂、打毛、湿热处理和烘干等加工工序制得的粒状产品
30	绿色食品 粟、黍、稷及其制品 NY/T 893—2021	粟	分为粳型、糯型
		粟米	小米
		黍	黍子、软糜子
		黍米	大黄米、软黄米
		稷	稷子、穄、硬糜子
		稷米	稷子米、糜子米
		粟、黍、稷加工成的粉状产品	

（续）

序号	标准名称	适用产品名称	适用产品别名及说明
31	绿色食品 荞麦及荞麦粉 NY/T 894—2014	荞麦	乌麦、花荞、甜荞、荞子、胡荞麦
		荞麦米	荞麦果实脱去外壳后得到的含种皮或不含种皮的籽粒
		荞麦粉	荞麦经清理除杂去壳后直接碾磨成的粉状产品
			注：本标准适用于甜荞麦和苦荞麦
32	绿色食品 高粱及高粱米 NY/T 895—2023	高粱	蜀黍、秫秫、芦粟、茇子
		高粱米	
33	绿色食品 杂粮米 NY/T 2974—2016	杂粮米	通过碾磨、脱壳将各种谷类、麦类、豆类、薯类等杂粮直接掺混的产品
		杂粮米制品	碾磨、脱壳、磨粉后将各种谷类、麦类、豆类、薯类等杂粮按照一定的营养配比，混合加工制得的产品
34	绿色食品 薏仁及薏仁粉 NY/T 2977—2016	薏仁	包括薏仁和带皮薏仁
		薏仁粉	经薏仁或带皮薏仁研磨而成的粉状物
			注：不适用于即食薏仁粉
35	绿色食品 香辛料及其制品 NY/T 901—2021	菖蒲	使用部分：根茎
		蒜	使用部分：鳞茎
		高良姜	使用部分：根、茎
		豆蔻	使用部分：果实、种子
		香豆蔻	使用部分：果实、种子
		香草	使用部分：果实
		砂仁	使用部分：果实
		莳萝、土茴香	使用部分：果实、种子
		圆叶当归	使用部分：果、嫩枝、根
		辣根	使用部分：根
		黑芥籽	使用部分：果实
		龙蒿	使用部分：叶、花序
		刺山柑	使用部分：花蕾
		葛缕子	使用部分：果实
		桂皮、肉桂	使用部分：树皮
		阴香	使用部分：树皮
		大清桂	使用部分：树皮
		芫荽	使用部分：种子、叶
		枯茗	俗称：孜然，使用部分：果实
		姜黄	使用部分：根、茎

（续）

序号	标准名称	适用产品名称	适用产品别名及说明
35	绿色食品 香辛料及其 制品 NY/T 901— 2021	香茅	使用部分：叶
		枫茅	使用部分：叶
		小豆蔻	使用部分：果实
		阿魏	使用部分：根、茎
		小茴香	使用部分：果实、梗、叶
		甘草	使用部分：根
		八角	大料、大茴香、五香八角，使用部分：果实
		刺柏	使用部分：果实
		山奈	使用部分：根、茎
		木姜子	使用部分：果实
		月桂	使用部分：叶
		薄荷	使用部分：叶、嫩芽
		椒样薄荷	使用部分：叶、嫩芽
		留兰香	使用部分：叶、嫩芽
		调料九里香	使用部分：叶
		肉豆蔻	使用部分：假种皮、种仁
		甜罗勒	使用部分：叶、嫩芽
		甘牛至	使用部分：叶、花序
		牛至	使用部分：叶、花
		欧芹	使用部分：叶、种子
		多香果	使用部分：果实、叶
		筚拨	使用部分：果实
		黑胡椒、白胡椒	使用部分：果实
		迷迭香	使用部分：叶、嫩芽
		白欧芥	使用部分：种子
		丁香	使用部分：花蕾
		罗晃子	使用部分：果实
		蒙百里香	使用部分：嫩芽、叶
		百里香	使用部分：嫩芽、叶
		香旱芹	使用部分：果实
		葫芦巴	使用部分：果实
		香荚兰	使用部分：果荚
		花椒	使用部分：果实，适用于保鲜花椒产品，水分指标不作为判定依据
		姜	使用部分：根、茎

（续）

序号	标准名称	适用产品名称	适用产品别名及说明
35	绿色食品 香辛料及其制品 NY/T 901—2021	藏红花	使用部分：柱头
		草果	使用部分：果实
		干制香辛料	各种新鲜香辛料经干制之后的产品
		粉状香辛料	干制香辛料经物理破碎研磨，细度达到 0.2 mm 筛上残留物≤2.5 g/100 g 的粉末状产品
		颗粒状香辛料	干制香辛料经物理破碎研磨，但细度未达到粉状香辛料要求的产品
		即食香辛料调味粉	干制香辛料经研磨和灭菌等工艺过程加工而成的，可供即食的粉末状产品
			注：1. 本标准适用于干制香辛料、粉状香辛料、颗粒状香辛料和即食香辛料调味粉，不适用于辣椒及其制品 2. 涉及保健食品的应符合国家相关规定
36	绿色食品 瓜籽 NY/T 902—2015	葵花籽	包括油葵籽
		南瓜籽	
		西瓜籽	
		瓜蒌籽	
			注：适用于葵花籽、南瓜籽、西瓜籽和瓜蒌籽的生瓜籽及籽仁，不适用于烘炒类等进行熟制工艺加工的瓜籽及籽仁
37	绿色食品 坚果 NY/T 1042—2017	核桃	胡桃
		山核桃	
		榛子	
		香榧	
		腰果	鸡腰果、介寿果、槚如树
		松子	
		杏仁	
		开心果	阿月浑子、无名子
		扁桃	巴旦木
		澳洲坚果	夏威夷果
		鲍鱼果	
		板栗	栗子、毛栗
		橡子	
		银杏	白果
		芡实（米）	鸡头米、鸡头苞、鸡头莲、刺莲藕
		莲子	莲肉、莲米
		菱角	芰、水栗子
			注：本标准适用于上述鲜或干的坚果及其果仁，也适用于以坚果为主要原料，不添加辅料，经水煮、蒸煮等工艺制成的原味坚果制品。不适用于坚果类烘炒制品

（续）

序号	标准名称	适用产品名称	适用产品别名及说明
38	绿色食品 人参和西洋参 NY/T 1043— 2016	保鲜参	以鲜人参为原料，洗刷后经过保鲜处理，能够较长时间储藏的人参产品
		活性参 （冻干参）	以鲜边条人参为原料，刮去表皮，采用真空低温冷冻（-25℃）干燥技术加工而成的产品
		生晒参	以鲜人参为原料，刷洗除须后，晒干或烘干而成的人参产品
		红参	以鲜人参为原料，经过刷洗，蒸制、干燥的人参产品
		人参蜜片	鲜人参洗刷后，将主根切成薄片，采用热水轻烫或短时间蒸制，浸蜜，干燥加工制成的人参产品
		西洋参	鲜西洋参（*Panax quinquefolium* L.）的根及根茎经洗净烘干、冷冻干燥或其他方法干燥制成的产品
			注：申报西洋参相关产品的企业应取得保健食品生产许可证
39	绿色食品 枸杞及枸杞 制品 NY/T 1051— 2014	枸杞鲜果	野生或人工栽培，经过挑选、预冷、冷藏和包装的新鲜枸杞产品
		枸杞干果	以枸杞鲜果为原料，经预处理后，自然晾晒、热风干燥、冷冻干燥等工艺加工而成的枸杞产品
		枸杞原汁	以枸杞鲜果为原料，经过表面清洗、破碎、均质、杀菌、灌装等工艺加工而成的枸杞产品
		枸杞原粉	以枸杞干果为原料，经研磨、粉碎等工艺加工而成的粉状枸杞产品
40	绿色食品 山野菜 NY/T 1507— 2016	薇菜	大巢菜、野豌豆、牛毛广、紫萁
		蜂斗菜	掌叶菜、蛇头草
		马齿苋	长命菜、五行草、瓜子菜、马齿菜
		蔊菜	辣米菜、野油菜、塘葛菜
		蒌蒿	芦蒿、水蒿、水艾、蒌茼蒿
		沙芥	山萝卜、沙萝卜、沙芥菜
		马兰	马兰头、鸡儿肠
		蕺菜	鱼腥草、鱼鳞草、蕺儿菜
		多齿蹄盖蕨	猴腿蹄盖蕨
		守宫木	树仔菜、五指山野菜、越南菜
		蒲公英	孛孛丁、蒲公草
		东风菜	山白菜、草三七、大耳毛
		野茼蒿	革命菜、野塘蒿、安南菜
		山莴苣	山苦菜、北山莴苣
		菊花脑	
		歪头菜	野豌豆、歪头草、歪脖菜
		锦鸡儿	黄雀花、阳雀花、酱瓣子
		山韭菜	野韭菜
		薤白	小根蒜、山蒜、小根菜、野蒜、野葱

（续）

序号	标准名称	适用产品名称	适用产品别名及说明
40	绿色食品 山野菜 NY/T 1507—2016	野葱	沙葱、麦葱、山葱
		雉隐天冬	龙须菜
		茖葱	寒葱、山葱、格葱
		黄精	鸡格、兔竹、鹿竹
		紫萼	河白菜、东北玉簪、剑叶玉簪
		野蔷薇	刺花、多花蔷薇
		小叶芹	东北羊角芹
		野芝麻	白花菜、野藿香、地蚤
		香茶菜	野苏子、龟叶草、铁菱角
		败酱	黄花龙牙、黄花苦菜、山芝麻
		海州常山	斑鸠菜
		苦刺花	白刺花、狼牙刺
41	绿色食品 油菜籽 NY/T 2982—2016	油菜籽	适用于加工食用油的油菜籽
二、畜禽产品标准			
42	绿色食品 乳与乳制品 NY/T 657—2021	生乳	
		巴氏杀菌乳	
		灭菌乳	
		调制乳	
		发酵乳	包括发酵乳和风味发酵乳
		炼乳	包括淡炼乳、加糖炼乳和调制炼乳（调制加糖炼乳和调制淡炼乳）
		乳粉	包括乳粉和调制乳粉
		干酪	包括高脂干酪、全脂干酪、中脂干酪、部分脱脂干酪、脱脂干酪
		再制干酪	
		奶油	包括稀奶油、奶油和无水奶油
			注：不适用于乳清制品、婴幼儿配方奶粉和人造奶油；该标准仅限于牛羊乳及其制品
43	绿色食品 蜂产品 NY/T 752—2020	蜂蜜	
		蜂王浆	包括蜂王浆冻干粉
		蜂花粉	
			注：本标准不适用于巢蜜、蜂胶、蜂蜡及其制品

（续）

序号	标准名称	适用产品名称	适用产品别名及说明
44	绿色食品 禽肉 NY/T 753—2021	鲜禽肉	
		冷却禽肉	
		冷冻禽肉	
			不适用于禽头、禽内脏、禽脚（爪）等禽副产品
			本标准适用的禽类包括人工饲养的传统禽类（鸡、鸭、鹅、鸽、鹌鹑）和人工饲养的特种禽类（火鸡、珍珠鸡、雉鸡、鹧鸪、番鸭、绿头鸭、鸵鸟、鸸鹋）
45	绿色食品 蛋及蛋制品 NY/T 754—2021	鲜蛋	鸡蛋、鸭蛋、鹅蛋、鸽子蛋、鹧鸪蛋、鹌鹑蛋等
		皮蛋	
		卤蛋	
		咸蛋	包括生、熟咸蛋制品
		咸蛋黄	
		糟蛋	
		液态蛋	巴氏杀菌冰全蛋、冰蛋黄、冰蛋白、巴氏杀菌全蛋液、鲜全蛋液、巴氏杀菌蛋白液、鲜蛋白液、巴氏杀菌蛋黄液、鲜蛋黄液
		蛋粉和蛋片	巴氏杀菌全蛋粉、蛋黄粉、蛋白片
46	绿色食品 畜肉 NY/T 2799—2023	猪肉	
		牛肉	
		羊肉	
		马肉	
		驴肉	
		兔肉	
			注：本标准适用于上述畜肉的鲜肉、冷却肉及冷冻肉；不适用于畜内脏、混合畜肉和辐照畜肉
47	绿色食品 畜禽肉制品 NY/T 843—2015	调制肉制品	包括冷藏调制肉类（如鱼香肉丝等菜肴式肉制品）和冷冻调制肉制品（如肉丸、肉卷、肉糕、肉排、肉串等）
		腌腊肉制品	包括咸肉类（如腌咸肉、板鸭、酱封肉等）；腊肉类（如腊猪肉、腊牛肉、腊羊肉、腊鸡、腊鸭、腊兔、腊乳猪等）；腊肠类（如腊肠、风干肠、枣肠、南肠、香肚、发酵香肠等）；风干肉类（如风干牛肉、风干羊肉、风干鸡等）
		酱卤肉制品	包括卤肉类（如盐水鸭、嫩卤鸡、白煮羊头、肴肉等）；酱肉类（如酱肘子、酱牛肉、酱鸭、扒鸡等）
		熏烧焙烤肉制品	包括熏烤肉类（如熏肉、熏鸡、熏鸭）；烧烤肉类（如盐焗鸡、烤乳猪、叉烧肉等）；熟培根类（如五花培根、通脊培根等）
		肉干制品	包括肉干、肉松、肉脯
		肉类罐头	不包括内脏类的所有肉罐头

（续）

序号	标准名称	适用产品名称	适用产品别名及说明
48	绿色食品 畜禽可食用副产品 NY/T 1513—2017	畜禽可食用的生鲜副产品	畜（猪、牛、羊、兔）禽（鸡、鸭、鹅、鸽）的头（舌、耳）、尾、翅膀、蹄爪、内脏（肝、肾、肠、心、肺、胃）、皮等可食用的生鲜副产品
		畜禽可食用的熟制副产品	以生鲜畜禽可食用副产品为原料，添加或不添加辅料，经腌、腊、卤、酱、蒸、煮、熏、烧、烤等一种或多种加工方式制成的可直接食用的制品
			注：不适用于骨及血类等畜禽可食用副产品
三、渔业产品标准			
49	绿色食品　虾 NY/T 840—2020	对虾科	
		长额虾科	
		褐虾科	
		长臂虾科	
		螯虾科	如小龙虾
			注：1. 适用于活虾、鲜虾、速冻生虾、速冻熟虾，不适用于虾干制品 2. 冻虾的形式可以是冻全虾、去头虾、带尾虾和虾仁
50	绿色食品　蟹 NY/T 841—2021	淡水蟹活品	
		海水蟹活品	
		海水蟹冻品	包括冻梭子蟹、冻切蟹、冻蟹肉
51	绿色食品　鱼 NY/T 842—2021	活鱼	包括淡水、海水产品
		鲜鱼	包括淡水、海水产品
		去内脏或分割加工后冷冻的初加工鱼产品	包括淡水、海水产品
			不适用于水发水产品
52	绿色食品 龟鳖类 NY/T 1050—2018	中华鳖	甲鱼、团鱼、王八、元鱼
		黄喉拟水龟	
		三线闭壳龟	金钱龟、金头龟、红肚龟
		红耳龟	巴西龟、巴西彩龟、秀丽锦龟、彩龟
		鳄龟	肉龟、小鳄龟、小鳄鱼龟
		其他淡水养殖的食用龟鳖	
			注：不适用于非人工养殖的野生龟鳖

（续）

序号	标准名称	适用产品名称	适用产品别名及说明
53	绿色食品 海水贝 NY/T 1329—2017	海水贝类的鲜、活品	包括鲍鱼、泥蚶、毛蚶（赤贝）、魁蚶、贻贝、红螺、香螺、玉螺、泥螺、栉孔扇贝、海湾扇贝、牡蛎、文蛤、杂色蛤、青柳蛤、大竹蛏和缢蛏的鲜、活品
		海水贝类肉的冻品	包括鲍鱼、蚶肉、贻贝肉、螺肉、扇贝肉、扇贝柱、牡蛎肉、蛤肉和蛏肉的冻品
			注：冻品包括生制和熟制冻品
54	绿色食品 海参及制品 NY/T 1514—2020	活海参	
		盐渍海参	
		干海参	
		冻干海参	
		即食海参	
55	绿色食品 海蜇制品 NY/T 1515—2020	盐渍海蜇皮	
		盐渍海蜇头	
		即食海蜇	
56	绿色食品 蛙类及制品 NY/T 1516—2020	活蛙	包括牛蛙、虎纹蛙、棘胸蛙、林蛙、美蛙等可供人们安全食用的养殖蛙类
		鲜蛙体	
		蛙类干制品	
		蛙类冷冻制品	
57	绿色食品 藻类及其制品 NY/T 1709—2021	干海带	以鲜海带为原料，直接晒干或烘干的干海带产品
		盐渍海带	以鲜海带为原料，经漂烫、冷却、盐渍、脱水、切割或不切割等工序制成的产品
		即食海带	以鲜海带、干海带或盐渍海带为原料，经预处理、切割、熟化、调味、包装、杀菌等工艺制成的即食产品
		干紫菜	以紫菜原藻为原料，通过清洗、去杂、切碎、成型等预处理，采用自然风干、晒干、热风干燥、红外线干燥、微波干燥、低温冷冻干燥等工艺除去所含大部分水分制成的紫菜产品
		即食紫菜	以鲜紫菜、干紫菜或盐渍紫菜为原料，经预处理、切割、熟化、调味、包装、杀菌等工艺制成的即食产品
		干裙带菜	以盐渍裙带菜为原料，经脱盐、清洗、脱水、切割、烘干等工序加工而成的产品
		盐渍裙带菜	以新鲜裙带菜为原料，经漂烫、冷却、盐渍等工序加工而成的藻类产品
		即食裙带菜	以鲜裙带菜、干裙带菜或盐渍裙带菜为原料，经预处理、切割、熟化、调味、包装、杀菌等工艺制成的即食产品
		螺旋藻粉	以螺旋藻为原料，经瞬时高温喷雾干燥制成的螺旋藻干粉
		螺旋藻片	
		雨生红球藻粉	以采收的雨生红球藻藻体及孢子为原料，经破壁、干燥等工艺制成的雨生红球藻粉
		螺旋藻胶囊	

（续）

序号	标准名称	适用产品名称	适用产品别名及说明
58	绿色食品 头足类水产品 NY/T 2975—2016	头足类水产品	海洋捕捞的乌贼目（sepiidae）所属的各种乌贼（又称墨鱼，如乌贼、金乌贼、微鳍乌贼、曼氏无针乌贼等）；枪乌贼目（teuthida）所属的各种鱿鱼（又称枪乌贼、柔鱼、笔管等）；八腕目（octopoda）所属的各种章鱼及蛸（如船蛸、长蛸、短蛸、真蛸等）的鲜活品、冻品和解冻品
四、加工产品标准			
59	绿色食品 啤酒 NY/T 273—2021	淡色啤酒	色度 2 EBC～14 EBC 的啤酒
		浓色啤酒	色度 15 EBC～40 EBC 的啤酒
		黑色啤酒	色度大于等于 41 EBC 的啤酒
		特种啤酒	包括干啤酒、低醇啤酒、小麦啤酒、浑浊啤酒、冰啤酒。特种啤酒的理化指标除特征指标外，其他理化指标应符合相应啤酒（淡色、浓色、黑色啤酒）要求
60	绿色食品 葡萄酒 NY/T 274—2023	按色泽分类	白葡萄酒、桃红葡萄酒、红葡萄酒
		按二氧化碳含量分类	平静葡萄酒、含气葡萄酒（起泡葡萄酒、低起泡葡萄酒、葡萄酒汽酒）
		按酒中含糖量分类	干葡萄酒、半干葡萄酒、半甜葡萄酒、甜葡萄酒、自然起泡葡萄酒、超天然起泡葡萄酒、天然起泡葡萄酒、绝干起泡葡萄酒、干起泡葡萄酒、半干起泡葡萄酒、甜起泡葡萄酒
		按酒精度分类	葡萄酒、低度葡萄酒
		按产品特性分类	冰葡萄酒、低度葡萄酒、贵腐葡萄酒、产膜葡萄酒、利口葡萄酒、加香葡萄酒、脱醇葡萄酒、原生葡萄酒
61	绿色食品 食用糖 NY/T 422—2021	原糖	以甘蔗汁经清净处理、煮炼结晶、离心分蜜制成的带有糖蜜、不供作直接食用的蔗糖结晶
		白砂糖	以甘蔗或甜菜为原料，经提取糖汁、清净处理、煮炼结晶和分蜜等工艺加工制成的蔗糖结晶
		绵白糖	以甘蔗或甜菜为原料，经提取糖汁、清净处理、煮炼结晶、分蜜并加入适量转化糖浆等工艺制成的晶粒细小、颜色洁白、质地绵软的糖
		冰糖	砂糖经再溶、清净处理，重结晶而制得的大颗粒结晶糖。有单晶体和多晶体两种，呈透明或半透明状
		单晶体冰糖	单一晶体的大颗粒（每粒重 1.5 g～2 g）冰糖
		多晶体冰糖	由多颗晶体并聚而成的大块冰糖。按色泽可分为白冰糖和黄冰糖 2 种
		方糖	由颗粒适中的白砂糖，加入少量水或糖浆，经压铸等工艺制成小方块的糖
		精幼砂糖	用原糖或其他蔗糖溶液，经精炼处理后制成的颗粒较小的糖
		赤砂糖	以甘蔗为原料，经提取糖汁、清净处理等工艺加工制成的带蜜的棕红色或黄褐色砂糖

（续）

序号	标准名称	适用产品名称	适用产品别名及说明
61	绿色食品 食用糖 NY/T 422—2021	红糖	以甘蔗为原料，经提取糖汁、清净处理后，直接煮制不经分蜜的棕红色或黄褐色的糖
		冰片糖	用冰糖蜜或砂糖加原糖蜜为原料，经加酸部分转化，煮成的金黄色片糖
		黄砂糖	以甘蔗、甘蔗糖、甜菜、甜菜糖、糖蜜为原料加工生产制得的带蜜黄色蔗糖结晶
		液体糖	以白砂糖、绵白糖、精制的糖蜜或中间制品为原料，经加工或转化工艺制炼而成的食用液体糖。液体糖分为全蔗糖糖浆和转化糖浆两类，全蔗糖糖浆以蔗糖为主，转化糖浆是以蔗糖经部份转化为还原糖（葡萄糖 + 果糖）后的产品
		糖霜	以白砂糖为原料，添加适量的食用淀粉或抗结剂，经磨制或粉碎等加工而成的粉末状产品
62	绿色食品 果（蔬）酱 NY/T 431—2017	水果酱	
		番茄酱	
		其他蔬菜酱	
			注：本标准适用于以水果、蔬菜为主要原料，经破碎、打浆、灭菌、浓缩等工艺生产的绿色食品块状酱或泥状酱；不适用于以果蔬为主要原料，配以辣椒、盐、香辛料等调味料生产的调味酱产品
63	绿色食品 白酒 NY/T 432—2021	白酒	
64	绿色食品 植物蛋白饮料 NY/T 433—2021	植物蛋白饮料	以一种或多种含有一定蛋白质的绿色食品植物果实、种子或种仁等为原料，添加或不添加其他食品原辅料和（或）食品添加剂，经加工或发酵制成的饮料
		豆奶（乳）	以大豆为主要原料，添加或不添加食品辅料和食品添加剂，经加工制成的产品。如纯豆奶（乳）、调制豆奶（乳）、浓浆豆奶（乳）等。经发酵工艺制成的产品称为发酵豆奶（乳），也可称为酸豆奶（乳）
		豆奶（乳）饮料	以大豆、大豆粉、大豆蛋白为主要原料，可添加食糖、营养强化剂、食品添加剂、其他食品辅料。经加工制成的、大豆固形物含量较低的产品。经发酵工艺制成的产品称为发酵豆奶（乳）饮料
		椰子乳（汁）	以新鲜的椰子、椰子果肉制品（如椰子果浆、椰子果粉等）为原料，经加工制得的产品。以椰子果肉制品（椰子果浆、椰子果粉）为原料生产的产品称为复原椰子汁（乳）
		杏仁乳（露）	以杏仁为原料，可添加食品辅料、食品添加剂。经加工、调配后制得的产品。产品中去皮杏仁的质量比例应大于 2.5%。不应使用除杏仁外的其他杏仁制品及其他含有蛋白质和脂肪的植物果实、种子、果仁及其制品

（续）

序号	标准名称	适用产品名称	适用产品别名及说明
64	绿色食品　植物蛋白饮料 NY/T 433—2021	核桃乳（露）	以核桃仁为原料，可添加食品辅料、食品添加剂。经加工、调配后制得的产品。产品中去皮核桃仁的质量比例应大于3%。不应使用除核桃仁外的其他核桃制品及其他含有蛋白质和脂肪的植物果实、种子、果仁及其制品
		花生乳（露）	以花生仁为主要原料，经磨碎、提浆等工艺制得的浆液中加入水、糖液等调制而成的乳状饮料
		复合植物蛋白饮料	以两种或两种以上含有一定蛋白质的植物果实、种子、种仁为原料，添加或不添加其他食品原辅料和（或）食品添加剂，经加工或发酵制成的饮料，如花生核桃、核桃杏仁、花生杏仁复合植物蛋白饮料
		其他植物蛋白饮料	以腰果、榛子、南瓜籽、葵花籽等为原料，经磨碎等工艺制得的浆液加入水、糖液等调制而成的饮料
65	绿色食品　果蔬汁饮料 NY/T 434—2016	果蔬汁（浆）	以水果或蔬菜为原料，采用物理方法制成的未发酵的汁液、浆液制品；或在浓缩果蔬汁中加入其加工过程中除去的等量水分复原制成的汁液、浆液制品。包括原榨果汁、果汁、蔬菜汁、果浆、蔬菜浆、复合果蔬汁（浆）
		果蔬汁饮料	以果蔬汁（浆）、浓缩果蔬汁（浆）、水为原料，添加或不添加其他辅料或食品添加剂，加工制成的制品。包括果蔬汁饮料、果肉（浆）饮料、复合果蔬汁饮料、果蔬汁饮料浓浆、水果饮料
		浓缩果蔬汁（浆）	以水果或蔬菜为原料，从采用物理方法制取的果汁（浆）或蔬菜汁（浆）中除去一定量水分制成的、加入其加工过程中除去的等量水分复原后具有果汁（浆）或蔬菜汁（浆）应有特征的制品
66	绿色食品　水果、蔬菜脆片 NY/T 435—2021	水果、蔬菜（含食用菌）脆片	以水果、蔬菜（含食用菌）为主要原料，经或不经切片（条、块），采用减压油炸脱水或非油炸脱水工艺，添加或不添加其他辅料制成的口感酥脆的即食型水果、蔬菜干制品
		油炸型	采用减压油炸脱水工艺制成的水果、蔬菜脆片
		非油炸型	采用真空冷冻干燥、微波真空干燥、压差闪蒸、气流膨化等非油炸脱水工艺制成的水果、蔬菜脆片
67	绿色食品　蜜饯 NY/T 436—2018	糖渍类	原料经糖熬煮或浸渍、干燥（或不干燥）等工艺制成的带有湿润糖液或浸渍在浓糖液中的制品
		糖霜类	原料经加糖熬煮、干燥等工艺制成的表面附有白色糖霜的制品
		果脯类	原料经糖渍、干燥等工艺制成的略有透明感，表面无糖析出的制品
		凉果类	原料经盐渍、糖渍、干燥等工艺制成的半干态制品
		话化类	原料经盐渍、糖渍（或不糖渍）、干燥等工艺制成的制品
		果糕类	原料加工成酱状，经成型、干燥（或不干燥）等工艺制成的制品，分为糕类、条类和片类

（续）

序号	标准名称	适用产品名称	适用产品别名及说明
68	绿色食品 酱腌菜 NY/T 437—2023	酱腌菜	以新鲜蔬菜为主要原料，经腌渍或酱渍加工而成的各种蔬菜制品的总称
		酱渍菜	蔬菜咸坯经脱盐脱水后，再经甜酱、黄酱酱渍而成的制品。如扬州酱菜、镇江酱菜等
		糖醋渍菜	蔬菜咸坯经脱盐脱水后，再用糖渍、醋渍或糖醋渍制作而成的制品。如糖蒜、蜂蜜蒜米、甜酸藠头、糖醋萝卜等
		酱油渍菜	蔬菜咸坯经脱盐脱水后，用酱油与调味料、香辛料混合浸渍而成的制品。如五香大头菜、榨菜萝卜、辣油萝卜丝、酱海带丝等
		虾油渍菜	新鲜蔬菜先经盐渍或不经盐渍，再用新鲜虾油浸渍而成的制品。如锦州虾油小菜、虾油小黄瓜等
		盐水渍菜	以新鲜蔬菜为原料，用盐水及香辛料混合腌制，经发酵或非发酵而成的制品。如泡菜、酸黄瓜、盐水笋等
		盐渍菜	以新鲜蔬菜为原料，用食盐盐渍而成的湿态、半干态、干态制品。如咸大头菜、榨菜、萝卜干等
		糟渍菜	蔬菜咸坯用酒糟或醪糟糟渍而成的制品。如糟瓜等
		其他类	除了以上分类以外，其他以蔬菜为原料制作而成的制品。如糖冰姜、藕脯、酸甘蓝、米糠萝卜等
			注：不适用于散装的酱腌菜产品；不适用于叶菜类蔬菜原料生产的酱腌菜
69	绿色食品 食用植物油 NY/T 751—2021	菜籽油	包括低芥酸菜籽油
		大豆油	
		花生油	
		芝麻油	
		亚麻籽油	胡麻油
		葵花籽（仁）油	
		玉米油	
		茶叶籽油	
		油茶籽油	
		米糠油	
		核桃油	
		红花籽油	
		葡萄籽油	
		橄榄油	
		牡丹籽油	
		棕榈（仁）油	
		沙棘籽油	

（续）

序号	标准名称	适用产品名称	适用产品别名及说明
69	绿色食品 食用植物油 NY/T 751—2021	紫苏籽油	
		精炼椰子油	
		南瓜籽油	
		秋葵籽油	
		食用调和油	
70	绿色食品 黄酒 NY/T 897—2017	传统型干黄酒	
		传统型半干黄酒	
		传统型半甜黄酒	
		传统型甜黄酒	
		清爽型干黄酒	
		清爽型半干黄酒	
		清爽型半甜黄酒	
		清爽型甜黄酒	
		特型黄酒	
71	绿色食品 含乳饮料 NY/T 898—2016	配制型含乳饮料	以乳或乳制品为原料，加入水，以及食糖和（或）甜味剂、酸味剂、果汁、茶、咖啡、植物提取液等的一种或几种调制而成的饮料
		发酵型含乳饮料	以乳或乳制品为原料，经乳酸菌等有益菌培养发酵制得的乳液中加入水，以及食糖和（或）甜味剂、酸味剂、果汁、茶、咖啡、植物提取液等的一种或几种调制而成的饮料。也可称为酸乳（奶）饮料，按杀菌方式分为杀菌型和非杀菌型
		乳酸菌饮料	以乳或乳制品为原料，经乳酸菌发酵制得的乳液中加入水、食用糖和（或）甜味剂、酸味剂、果汁、茶、咖啡、植物提取液等的一种或几种调制而成的饮料
72	绿色食品 冷冻饮品 NY/T 899—2016	冰激凌	以饮用水、乳和（或）乳制品、蛋制品、水果制品、豆制品、食糖、食用植物油等的一种或多种为原辅料，添加或不添加食品添加剂和（或）食品营养强化剂，经混合、灭菌、均质、冷却、老化、冻结、硬化等工艺制成的体积膨胀的冷冻饮品
		雪泥	以饮用水、食糖、果汁等为主要原料，配以相关辅料，含或不含食品添加剂和食品营养强化剂，经混合、灭菌、凝冻或低温炒制等工艺制成的松软的冰雪状冷冻饮品

（续）

序号	标准名称	适用产品名称	适用产品别名及说明
72	绿色食品 冷冻饮品 NY/T 899—2016	雪糕	以饮用水、乳和（或）乳制品、蛋制品、果蔬制品、粮谷制品、豆制品、食糖、食用植物油等的一种或多种为原辅料，添加或不添加食品添加剂和（或）食品营养强化剂，经混合、灭菌、均质、冷却、成型、冻结等工艺制成的冷冻饮品
		冰棍	以饮用水、食糖和（或）甜味剂等为主要原料，配以豆类或果品等相关辅料（含或不含食品添加剂和食品营养强化剂），经混合、灭菌、冷却、注模、插或不插杆、冻结、脱模等工艺制成的带或不带棒的冷冻饮品
		甜味冰	以饮用水、食糖等为主要原料，添加或不添加食品添加剂，经混合、灭菌、罐装、硬化等工艺制成的冷冻饮品
		食用冰	以饮用水为原料，经灭菌、注模、冻结、脱模或不脱模等工艺制成的冷冻饮品
73	绿色食品 发酵调味品 NY/T 900—2016	酱油	包括高盐稀态发酵酱油和低盐固态发酵酱油
		食醋	包括固态发酵食醋和液态发酵食醋
		酿造酱	包括豆酱（油制型、非油制型）和面酱
		腐乳	包括红腐乳、白腐乳、青腐乳和酱腐乳
		豆豉	包括干豆豉、豆豉和水豆豉
		纳豆	
		纳豆粉	
74	绿色食品 淀粉及淀粉制品 NY/T 1039—2014	米淀粉	包括糯米淀粉、粳米淀粉和籼米淀粉
		玉米淀粉	包括白玉米淀粉、黄玉米淀粉
		高粱淀粉	
		麦淀粉	包括小麦淀粉、大麦淀粉和黑麦淀粉
		绿豆淀粉	
		蚕豆淀粉	
		豌豆淀粉	
		豇豆淀粉	
		混合豆淀粉	
		菱角淀粉	
		荸荠淀粉	
		橡子淀粉	
		百合淀粉	
		慈姑淀粉	

（续）

序号	标准名称	适用产品名称	适用产品别名及说明
74	绿色食品　淀粉及淀粉制品 NY/T 1039—2014	西米淀粉	
		木薯淀粉	
		甘薯淀粉	
		马铃薯淀粉	
		豆薯淀粉	
		竹芋淀粉	
		山药淀粉	
		蕉芋淀粉	
		葛淀粉	
		淀粉制品	如淀粉制成的粉丝、粉条、粉皮等产品
75	绿色食品　食用盐 NY/T 1040—2021	精制盐	
		粉碎洗涤盐	
		日晒盐	
		低钠盐	
76	绿色食品　干果 NY/T 1041—2018	荔枝干	
		桂圆干（桂圆肉）	
		葡萄干	
		柿饼	
		干枣	
		杏干	包括包仁杏干
		香蕉片	
		无花果干	
		酸梅（乌梅）干	
		山楂干	
		苹果干	
		菠萝干	
		芒果干	
		梅干	
		桃干	

（续）

序号	标准名称	适用产品名称	适用产品别名及说明
76	绿色食品 干果 NY/T 1041—2018	猕猴桃干	
		草莓干	
		酸角干	
77	绿色食品 藕及其制品 NY/T 1044—2020	藕	
		藕粉	包括纯藕粉和调制藕粉
			不适用于泡藕带、卤藕和藕罐头
78	绿色食品 脱水蔬菜 NY/T 1045—2014	脱水蔬菜	经洗刷、清洗、切型、漂烫或不漂烫等预处理，采用热风干燥或低温冷冻干燥等工艺制成的蔬菜制品
			注：本标准也适用干制蔬菜，不适用于干制食用菌、竹笋干和蔬菜粉
79	绿色食品 焙烤食品 NY/T 1046—2016	面包	以小麦粉、酵母和水为主要原料，添加或不添加辅料，经搅拌面团、发酵、整形、醒发、熟制等工艺制成的食品，以及在熟制前或熟制后在产品表面或内部添加奶油、蛋白、可可、果酱等的食品。包括软式面包、硬式面包、起酥面包、调理面包等
		饼干	以小麦粉（可添加糯米粉、淀粉等）为主要原料，加入（或不加入）糖、油脂及其他原料，经调粉（或调浆）、成型、烘烤（或煎烤）等工艺制成的口感酥松或松脆的食品。包括酥性饼干、韧性饼干、发酵饼干、压缩饼干、曲奇饼干、夹心饼干、威化饼干、蛋圆饼干、蛋卷、煎饼、装饰饼干、水泡饼干等
		烘烤类月饼	
		烘烤类糕点	
80	绿色食品 水果、蔬菜罐头 NY/T 1047—2021	清渍类蔬菜罐头	
		醋渍类蔬菜罐头	
		调味类蔬菜罐头	
		糖水类水果罐头	
		糖浆类水果罐头	
			注：本标准不适用于果酱类、果汁类、蔬菜汁（酱）类罐头和盐渍（酱渍）蔬菜罐头

（续）

序号	标准名称	适用产品名称	适用产品别名及说明
81	绿色食品 笋及笋制品 NY/T 1048—2021	鲜竹笋	
		竹笋罐头	以新鲜竹笋为原料，经去壳、漂洗、煮制等加工处理后，按罐头工艺生产，经包装、密封、灭菌制成的竹笋制品
		即食竹笋	用竹笋为主要原料经漂洗、切制、配料、腌制或不腌制、发酵或不发酵、调味、包装等加工工艺，可直接食用的除竹笋罐头以外的竹笋制品
		竹笋干	以新鲜竹笋为原料，经预处理、盐腌发酵后干燥或非发酵直接干燥而成的竹笋干制品
82	绿色食品 豆制品 NY/T 1052—2014	熟制豆类	包括煮大豆、烘焙大豆
		豆腐	包括豆腐脑、内酯豆腐、南豆腐、北豆腐、冻豆腐、脱水豆腐、油炸豆腐和其他豆腐
		豆腐干	包括白豆腐干、豆腐皮、豆腐丝、蒸煮豆腐干、油炸豆腐干、炸卤豆腐干、卤制豆腐干、熏制豆腐干和其他豆腐干
		腐竹	从熟豆浆静止表面揭起的凝结厚膜折叠成条状，经干燥而成的产品
		腐皮	从熟豆浆静止表面揭起的凝结薄膜，经干燥而成的产品
		干燥豆制品	包括食用豆粕、大豆膳食纤维粉和其他干燥豆制品
		豆粉	包括速溶豆粉和其他豆粉
		大豆蛋白	包括大豆蛋白粉、大豆浓缩蛋白、大豆分离蛋白和大豆肽粉
83	绿色食品 味精 NY/T 1053—2018	谷氨酸钠（味精）	以碳水化合物（如淀粉、玉米、糖蜜等糖质）为原料，经微生物（谷氨酸棒杆菌等）发酵、提取、中和、结晶、分离、干燥而制成的具有特殊鲜味的白色结晶或粉末状调味品
		加盐味精	在谷氨酸钠（味精）中，定量添加了精制盐的混合物
		增鲜味精	在谷氨酸钠（味精）中，定量添加了核苷酸二钠［5′-鸟苷酸二钠（GMP）、5′-肌苷酸二钠（IMP）或呈味核苷酸二钠（GMP+IMP）］等增味剂的混合物
84	绿色食品 固体饮料 NY/T 1323—2017	蛋白固体饮料	包括含乳蛋白固体饮料、植物蛋白固体饮料、复合蛋白固体饮料、其他蛋白固体饮料
		调味茶固体饮料	包括果汁茶固体饮料、奶茶固体饮料、其他调味茶固体饮料
		咖啡固体饮料	包括速溶咖啡、速溶/即溶咖啡饮料、其他咖啡固体饮料
		植物固体饮料	包括谷物固体饮料、草本固体饮料、可可固体饮料、其他植物固体饮料
		特殊用途固体饮料	通过调整饮料中营养成分的种类及其含量，或加入具有特定功能成分适应人体需要的固体饮料，如运动固体饮料、营养素固体饮料、能量固体饮料、电解质固体饮料等
		其他固体饮料	上述固体饮料以外的固体饮料，如泡腾片、添加可用于食品的菌种的固体饮料等

（续）

序号	标准名称	适用产品名称	适用产品别名及说明
84	绿色食品 固体饮料 NY/T 1323—2017		注：不适用于玉米粉、花生蛋白粉、大麦粉、燕麦粉、藕粉、豆粉、大豆蛋白粉、即食谷粉和芝麻糊（粉）
85	绿色食品 鱼糜制品 NY/T 1327—2018	鱼丸	
		鱼糕	
		烤鱼卷	
		虾丸	
		虾饼	
		墨鱼丸	
		贝肉丸	
		模拟扇贝柱	
		模拟蟹肉	
		鱼肉香肠	
		其他鱼糜制品	
86	绿色食品 鱼罐头 NY/T 1328—2018	油浸鱼罐头	鱼经预煮后装罐，再加入精炼植物油等工序制成的罐头产品
		调味鱼罐头	将处理好的鱼经腌渍脱水（或油炸）后装罐，加入调味料等工序制成的罐头产品。包括红烧、茄汁、葱烧、鲜炸、五香、豆豉、酱油等
		清蒸鱼罐头	将处理好的鱼经预煮脱水（或在柠檬酸水中浸渍）后装罐，再加入精盐、味精而成的罐头产品
			不适用于烟熏类鱼罐头
87	绿色食品 方便主食品 NY/T 1330—2021	方便主食品	以小麦、大米、玉米、杂粮或薯类淀粉等为主要原料，经加工处理制成的，配以或不配调味料包，食用时稍作烹调或直接用沸水冲泡即可食用的方便食品
		非油炸方便面	
		方便米线（粉）	
		方便米饭	
		方便粥	
		方便粉丝	
			不适用于自热类方便食品

（续）

序号	标准名称	适用产品名称	适用产品别名及说明
88	绿色食品 速冻蔬菜 NY/T 1406—2018	速冻蔬菜	以新鲜、清洁的蔬菜为原料，经清洗、分割或不分割、漂烫或不漂烫、冷却、沥干或不沥干、速冻等工序生产，在冷链条件下进入销售市场的产品
89	绿色食品 速冻水果 NY/T 2983—2016	速冻水果	
90	绿色食品 速冻预包装面米食品 NY/T 1407—2018	速冻饺子	
		速冻馄饨	
		速冻包子	
		速冻烧麦	
		速冻汤圆	
		速冻元宵	
		速冻馒头	
		速冻花卷	
		速冻粽子	
		速冻春卷	
		速冻南瓜饼	
		速冻芝麻球	
		其他速冻预包装面米食品	
91	绿色食品 果酒 NY/T 1508—2017	干型果酒	以除葡萄以外的新鲜水果或果汁为原料，经全部或部分发酵酿制而成的果酒，不适用于浸泡、蒸馏和勾兑果酒
		半干型果酒	
		半甜型果酒	
		甜型果酒	
92	绿色食品 芝麻及其制品 NY/T 1509—2017	白芝麻	包括生、熟白芝麻
		黑芝麻	包括生、熟黑芝麻
		其他纯色芝麻	包括生、熟其他纯色芝麻
		其他杂色芝麻	包括生、熟其他杂色芝麻
		脱皮芝麻	包括生、熟脱皮芝麻
		芝麻酱	
		芝麻糊（粉）	
			注：不适用于芝麻油和芝麻糖

（续）

序号	标准名称	适用产品名称	适用产品别名及说明
93	绿色食品 麦类制品 NY/T 1510—2016	即食麦类制品	以麦类为主要原料，经加工制成的冲泡后即可食用的食品，包括麦片和麦糊等
		发芽麦类制品	经发芽处理的大麦（含米大麦（青稞））、燕麦（含莜麦）、小麦、荞麦（含苦荞麦）或以其为主要原料生产的制品，包括大麦麦芽、小麦麦芽、发芽麦粒等
		啤酒麦芽	以小麦及二棱、多棱大麦为原料，经浸麦、发芽、烘干、焙焦所制成的啤酒酿造用麦芽
			注：本标准不适用于麦茶和焙烤类麦类制品
94	绿色食品 膨化食品 NY/T 1511—2015	膨化食品	以谷类、薯类等为主要原料，也可配以各种辅料，采用直接挤压、焙烤、微波等方式膨化而制成的组织疏松或松脆的食品
			注：不适用于油炸型膨化食品、膨化豆制品
95	绿色食品 生面食、米粉制品 NY/T 1512—2021	生面食制品	以麦类、杂粮等为主要原料，通过和面、制条、制片等多道工序，经（或不经）干燥处理制成的制品，包括生干面制品（挂面、面叶、通心粉等）和生湿面制品（面条、切面、饺子皮、馄饨皮、烧卖皮等）
		米粉制品	以大米为主要原料，加水浸泡、制浆、压条或挤压等加工工序制成的条状、丝状、块状、片状等不同形状的制品，以及大米仅经粉碎的加工工序制成的粉状制品。包括米粉干制品和湿制品
			不适用于方便面米制品及婴幼儿辅助食品
96	绿色食品 水产调味品 NY/T 1710—2020	蚝油	利用牡蛎蒸、煮后的汁液进行浓缩或直接用牡蛎肉酶解，再加入食糖、食盐、淀粉或者改性淀粉等原料，辅以其他配料和食品添加剂制成的调味品
		鱼露	以鱼为原料，在较高的盐分下经酶解制成的鲜味液体调味品
		虾酱	小型虾类经腌制、发酵制成的糊状食品
		虾油	小型虾类发酵液体的浓缩液或虾酱上层的澄清液
		海鲜粉调味料	以海产鱼、海水虾、海水贝、海水蟹类酶解物或其他浓缩抽提物为主原料，以味精、食用盐、香辛料等为辅料，经加工而成具有海鲜味的复合调味料
97	绿色食品 辣椒制品 NY/T 1711—2020	干辣椒制品	以鲜辣椒为主要原料，经干燥、烘焙或炒制等工艺加工制成的制品，如辣椒干、辣椒段（块）、辣椒粉（面）等
		油辣椒制品	可供以鲜辣椒或干辣椒及食用油为主要原料，经加工制成的油和辣椒混合体的制品，如油辣椒、鸡辣椒、肉丝辣椒、豆豉辣椒等
		发酵辣椒制品	以鲜辣椒或干辣椒为主要原料，经破碎、发酵或发酵腌制等工艺加工制成的制品，如剁辣椒、泡椒、辣豆瓣酱、辣椒酱等
		其他辣椒制品	以鲜辣椒或干辣椒为主要原料，经破碎或不破碎、非发酵等工艺加工制成的制品，如香酥辣椒、糍粑辣椒等
			注：不适用于辣椒油

（续）

序号	标准名称	适用产品名称	适用产品别名及说明
98	绿色食品 干制水产品 NY/T 1712—2018	鱼类干制品	包括生干品（如鱼肚、鳗鲞、银鱼干等）、煮干品、盐干品（如大黄鱼鲞、鳕鱼干等）、调味干鱼制品
		虾类干制品	包括生干品（如虾干）、煮干品（如虾米、虾皮等）、盐干虾制品和调味干虾制品等
		贝类干制品	包括生干品、煮干品、盐干品和调味干制品，如干贝、鲍鱼干、贻贝干、海螺干、牡蛎干等
		其他类 干制水产品	包括鱼翅、鱼肚、鱼唇、墨鱼干、鱿鱼干、章鱼干等
			注：不适用于海参和藻类干制品、即食干制水产品
99	绿色食品 茶饮料 NY/T 1713—2018	红茶饮料	
		绿茶饮料	
		花茶饮料	
		乌龙茶饮料	
		其他茶饮料	
		奶茶饮料	
		奶味茶饮料	
		果汁茶饮料	
		果味茶饮料	
		碳酸茶饮料	
		复（混）合 茶饮料	以茶叶和植（谷）物的水提取液或其干燥粉为原料，加工制成的，具有茶与植（谷）物混合风味的液体饮料
100	绿色食品 即食谷粉 NY/T 1714—2015	即食谷粉	以一种或几种谷类（包括大米、小米、玉米、大麦、小麦、燕麦、黑麦、荞麦、高粱和薏仁等）为主要原料（谷物占干物质组成的25%以上），添加（或不添加）其他辅料和（或不添加）适量的营养强化剂，经加工制成的冲调后即可食用的粉状食品
101	绿色食品 果蔬粉 NY/T 1884—2021	水果粉	以一种或一种以上水果为原料，经筛选（去皮、去核）、清洗、打浆、均质、杀菌、干燥、包装等工序，经过加工制成的粉状蔬菜产品
		蔬菜粉	以一种或一种以上蔬菜为原料，经筛选、清洗、打浆、均质、杀菌、干燥、包装等工序，经过加工制成的粉状蔬菜产品
		复合果蔬粉	以一种或一种以上蔬菜粉或水果粉为主要配料，添加或不添加食糖等辅料加工而成的可供直接食用的粉状冲调果蔬食品
			不适用于固体饮料类水果粉、淀粉类、调味料类蔬菜粉、脱水蔬菜、脱水水果

（续）

序号	标准名称	适用产品名称	适用产品别名及说明
102	绿色食品 米酒 NY/T 1885—2017	糟米型米酒	所含的酒糟为米粒状糟米的米酒（包括花色型米酒）。包括普通米酒和无醇米酒
		均质型米酒	经胶磨和均质处理后，呈糊状均质的米酒。包括普通米酒和无醇米酒
		清汁型米酒	经过滤去除酒糟后的米酒。包括普通米酒和无醇米酒
103	绿色食品 复合调味料 NY/T 1886—2021	固态复合调味料	以两种或两种以上调味品为主要原料，添加或不添加辅料，加工而成的呈固态的复合调味料。包括鸡粉调味料、牛肉粉调味料、排骨粉调味料及其他固态调味料
		半固态复合调味料	以两种或两种以上的调味料为主要原料，添加或不添加其他辅料，加工而成的呈酱状的复合调味料。包括风味酱、沙拉酱及蛋黄酱等
		液态复合调味料	以两种或两种以上调味料为主要原料，添加或不添加辅料，加工而成的呈液态的复合调味料。包括鸡汁调味料等
			不含鸡精调味料、调味料酒、配制食醋、配制酱油；不适用于水产调味品
104	绿色食品 乳清制品 NY/T 1887—2010	乳清粉	包括脱盐乳清粉、非脱盐乳清粉
		乳清蛋白粉	包括乳清浓缩蛋白粉、乳清分离蛋白粉
105	绿色食品 软体动物休闲食品 NY/T 1888—2021	头足类休闲食品	以鲜或冻鱿鱼、墨鱼和章鱼等头足类水产品为原料，经清洗、预处理、水煮、调味、熟制或杀菌等工序制成的即食食品
		贝类休闲食品	以鲜或冻扇贝、牡蛎、贻贝、蛤、蛏、蚶等贝类水产品为原料，经清洗、水煮、调味、熟制或杀菌等工序制成的即食食品
			不适用于熏制软体动物休闲食品
106	绿色食品 烘炒食品 NY/T1889—2021	烘炒食品	以果蔬籽、果仁、坚果、豆类等为主要原料，添加或不添加辅料，经烘烤或炒制而成的食品。不包括以花生和芝麻为原料的烘炒食品
107	绿色食品 蒸制类糕点 NY/T 1890—2021	糕点	以谷类、豆类、薯类、油脂、糖、蛋等的一种或几种为主要原料，添加（或不添加）适量辅料，经调制、成型、熟制等工序制成的食品
		蒸制糕点	水蒸熟制的一类糕点
		蒸蛋糕类	以鸡蛋为主要原料，经打蛋、调糊、注模、蒸制而成的组织松软的制品

（续）

序号	标准名称	适用产品名称	适用产品别名及说明
107	绿色食品 蒸制类糕点 NY/T 1890—2021	印模糕类	以熟或生的原辅料，经拌合、印模成型、熟制或不熟制而成的口感松软的糕类制品
		韧糕类	以糯米粉、糖为主要原料，经蒸制、成型而成的韧性糕类制品
		发糕类	以小麦粉或米粉为主要原料调制成面团，经发酵、蒸制、成型而成的带有蜂窝状组织的松软糕类制品
		松糕类	以粳米粉、糯米粉为主要原料调制成面团，经成型、蒸制而成的口感松软的糕类制品
		其他蒸制类糕点	包括馒头、花卷产品
108	绿色食品 配制酒 NY/T 2104—2018	植物类配制酒	利用植物的花、叶、根、茎、果为香源及营养源，经再加工制成的、具有明显植物香及有效成分的配制酒
		动物类配制酒	利用食用或药食两用动物及其制品为香源及营养源，经再加工制成的、具有明显动物脂香及有效成分的配制酒
		动植物类配制酒	同时利用动物、植物有效成分制成的配制酒
		其他类配制酒	
109	绿色食品 汤类罐头 NY/T 2105—2021	汤类罐头	以畜禽产品、水产品、食用菌和蔬菜类为主要原料，经加水烹调等加工后装罐，或生料加水装罐再加热煮熟而制成的罐头产品
			不适用于特殊膳食用灌装汤类食品
110	绿色食品 谷物类罐头 NY/T 2106—2021	面食罐头	以谷物面粉为原料，经蒸煮或油炸、调配，配或不配蔬菜、肉类等配菜罐装制成的罐头产品，分为面罐头（含调味面罐头和加菜肴包面罐头）、面筋制品罐头。如茄汁肉沫面罐头、鸡丝炒面罐头、乌冬面罐头、面筋制品罐头等
		饭类罐头	以大米、糯米、小米等谷物为原料，经蒸煮成熟，配或不配蔬菜、肉类等配菜调配罐装制成的罐头产品；以及经过处理后的谷物、干果及其他原料（桂圆、枸杞等）罐装制成的罐头产品，分为米饭罐头（含调味米饭罐头和加菜肴包的米饭罐头）、八宝饭罐头。如米饭罐头、炒米罐头、八宝饭罐头等
		粥类罐头	以谷物为原料，配或不配豆类、干果、蔬菜、水果中的一种或几种原料，经处理后罐装制成的内容物为粥状的罐头产品，分为原味粥罐头、咸味粥罐头、甜味粥罐头。如八宝粥罐头、水果粥罐头、蔬菜粥罐头等
			不适用于玉米罐头
111	绿色食品 食品馅料 NY/T 2107—2021	食品馅料	以植物的果实或块茎、肉与肉制品、蛋及蛋制品、水产制品、食用植物油等为原料，加糖或不加糖，添加或不添加其他辅料，经工业化生产用于食品行业的产品
		蓉沙类馅料	主要以莲籽、板栗、各种豆类为主要原料加工而成的馅料

（续）

序号	标准名称	适用产品名称	适用产品别名及说明
111	绿色食品 食品馅料 NY/T 2107—2021	果仁类馅料	主要以核桃仁、杏仁、橄榄仁、瓜子仁、芝麻等果仁为主要原料加工而成的馅料
		果蔬类馅料	主要以蔬菜及其制品、水果及其制品为主要原料加工而成的馅料
		肉制品类馅料	主要以蓉沙类、果仁类等馅料为基料添加火腿、叉烧、牛肉、禽类等肉制品加工而成的馅料
		水产制品类馅料	主要以蓉沙类、果仁类等馅料为基料添加虾米、鱼翅（水发）、鲍鱼等水产制品加工而成的馅料
		其他类馅料	以其他原料加工而成的馅料
112	绿色食品 熟粉及熟米制糕点 NY/T 2108—2021	熟粉糕点	将谷物粉或豆粉预先熟制，然后与其他原辅料混合而成的一类糕点
		熟米制糕点	将米预先熟制，添加（或不添加）适量辅料，加工（黏合）成型的一类糕点
113	绿色食品 鱼类休闲食品 NY/T 2109—2023	鱼类休闲食品	以鲜、冻鱼和鱼肉为主要原料，添加或不添加辅料，经烹调或干制等工艺熟制而成的可直接食用的鱼类制品。如调味鱼干、鱼脯、鱼松、鱼粒、鱼块、鱼片等
			注：不适用于即食生制鱼类制品、鱼类罐头食品、鱼糜制品、鱼骨制品、熏烤鱼类制品、明火烤制鱼类制品、油炸鱼类制品等
114	绿色食品 冷藏、速冻调制水产品 NY/T 2976—2016	裹面调制水产品	以水产品为主料，配以辅料调味加工，成型后覆以裹面材料（面粉、淀粉、脱脂奶粉或蛋等加水混合调制的裹面浆或面包屑），经油炸或不经油炸，冷藏或速冻储存、运输和销售的预包装食品，如裹面鱼、裹面虾
		腌制调制水产品	以水产品为主料，配以辅料调味，经过盐、酒等腌制，冷藏或冷冻储存、运输和销售的预包装食品，如腌制翘嘴红鲌鱼等
		菜肴调制水产品	以水产品为主料，配以辅料调味加工，经烹调、冷藏或速冻储存、运输和销售的预包装食品，如香辣凤尾鱼等
		烧烤（烟熏）调制水产品	以水产品为主料，配以辅料调味，经修割整形、腌渍、定型、油炸或不经油炸等加工处理，进行烧烤或蒸煮（烟熏），冷藏或速冻储存、运输和销售的预包装食品，如烤鳗等
115	绿色食品 淀粉糖和糖浆 NY/T 2110—2011	食用葡萄糖	包括结晶葡萄糖
		低聚异麦芽糖	包括粉状和糖浆状
		麦芽糖	包括粉状和糖浆状
		果葡糖浆	
		麦芽糊精	适用于以玉米为原料生产的麦芽糊精产品
		葡萄糖浆	

（续）

序号	标准名称	适用产品名称	适用产品别名及说明
116	绿色食品 调味油 NY/T 2111—2021	调味油	以食用植物油为原料，萃取或添加植物或植物籽粒中呈香、呈味成分加工而成的食用调味品，如花椒油、藤椒油、辣椒油、蒜油、姜油、葱油、芥末油等
117	绿色食品 啤酒花及其制品 NY/T 2973—2016	压缩啤酒花	将采摘的新鲜酒花球果经烘烤、回潮，垫以包装材料，打包成型制得的产品
		颗粒啤酒花	压缩啤酒花经粉碎、筛分、混合、压粒、包装后制得的颗粒产品
		二氧化碳啤酒花浸膏	压缩啤酒花或颗粒啤酒花经二氧化碳萃取酒花中有效成分后制得的浸膏产品
118	绿色食品 魔芋及其制品 NY/T 2981—2016	魔芋粉	包括普通魔芋粉和纯化魔芋粉
		魔芋膳食纤维	包括原味魔芋膳食纤维和复合魔芋膳食纤维
		魔芋凝胶食品	以水、魔芋或魔芋粉为主要原料，经磨浆去杂或加水润胀、加热糊化，添加凝固剂或其他食品添加剂，凝胶后模仿各种植物制成品或动物及其组织的特征特性加工制成的凝胶制品
119	绿色食品 淀粉类蔬菜粉 NY/T 2984—2023	马铃薯全粉	
		甘薯全粉	
		木薯全粉	
		葛根全粉	
		山药全粉	
		芋头全粉	
			注：淀粉类蔬菜粉指以含淀粉较高的蔬菜为原料，经挑拣、清洗、去皮、切片、漂洗、熟化或不熟化、粉碎或研磨、干燥等工艺，使用或不使用食品添加剂，加工而制成的雪花片状、颗粒状或粉状制品
120	绿色食品 低聚糖 NY/T 2985—2016	低聚葡萄糖	
		低聚果糖	
		低聚麦芽糖	
		大豆低聚糖	
		棉子低聚糖	
			注：包括上述产品的糖浆型和粉末型产品。本标准不适用于低聚异麦芽糖、麦芽糊精

（续）

序号	标准名称	适用产品名称	适用产品别名及说明
121	绿色食品 糖果 NY/T 2986—2016	硬质糖果	以食糖或糖浆或甜味剂为主要原料，经相关工艺加工制成的硬、脆固体糖果
		酥质糖果	以食糖或糖浆或甜味剂、果仁碎粒（或酱）等为主要原料制成的疏松酥脆的糖果
		焦香糖果	以食糖或糖浆或甜味剂、油脂和乳制品为主要原料，经相关工艺制成具有焦香味的糖果
		凝胶糖果	以食糖或糖浆或甜味剂、食用胶（或淀粉）等为主要原料，经相关工艺制成具有弹性和咀嚼性的糖果
		奶糖糖果	以食糖或糖浆或甜味剂、乳制品为主要原料制成具有乳香味的糖果
		充气糖果	以食糖或糖浆或甜味剂等为主要原料，经相关工艺制成内有分散细密气泡的糖果
		压片糖果	以食糖或糖浆（粉剂）或甜味剂等为主要原料，经混合、造粒、压制成型等相关工艺制成的固体糖果
122	绿色食品 果醋饮料 NY/T 2987—2016	果醋饮料	以水果、水果汁（浆）或浓缩水果汁（浆）为原料，经酒精发酵、醋酸发酵后制成果醋，再添加或不添加其他食品原辅料和（或）食品添加剂，经加工制成的液体饮料
123	绿色食品 湘式挤压糕点 NY/T 2988—2016	湘式挤压糕点	以粮食为主要原料，辅以食用植物油、食用盐、白砂糖、辣椒干等辅料，经挤压熟化、拌料、包装等工艺加工而成的糕点
124	绿色食品 豆类罐头 NY/T 3900—2021	豆类罐头	以一种或一种以上完整豆类籽粒为主要原料，经预处理、装罐、密封、杀菌、冷却制成的罐藏食品。包括盐水豆类罐头、糖水豆类罐头和茄汁豆类罐头
			不适用于发酵豆类罐头
125	绿色食品 谷物饮料 NY/T 3901—2021	谷物浓浆	总固形物和来源于谷物的总膳食纤维含量较多（原料中谷物的添加量不少于 4%）的谷物饮料
		谷物淡饮	总固形物和来源于谷物的总膳食纤维含量较少（原料中谷物的添加量少于 4% 不少于 1%）的谷物饮料
		复合谷物饮料	含有果蔬汁和（或）乳和（或）植物提取物成分辅料的谷物饮料
			不适用于以高蛋白含量谷物（如大豆）为主要原料制成的植物蛋白饮料

（续）

序号	标准名称	适用产品名称	适用产品别名及说明
126	绿色食品　可食用鱼副产品及其制品 NY/T 3899—2021	鱼子酱	以鱼卵为原料，经搓制、水洗、拌盐等工序加工的鱼籽产品
		粗鱼油	从鱼粉生产的榨汁或水产品加工副产物中分离获得的油脂
		精制鱼油	粗鱼油经过脱胶、脱酸、脱色、脱臭等处理后获得的鱼油
		鱼油粉	以精制鱼油为原料，加入辅料制成的粉状产品
			适用除鱼肉以外的可食用鱼副产品及其加工品
127	绿色食品　冲调类方便食品 NY/T4268—2023	冲调类果羹方便食品	以大枣、桂圆、莲子、枸杞等果实为主要原料，添加辅料、调味料，添加或不添加食品添加剂，经部分或完全熟制、杀菌，干燥、包装而成的冲调即可食用的汤羹
		冲调类菜羹方便食品	以蔬菜及其制品中的一种或多种为主要原料，添加调味料等辅料，添加或不添加水产品及其制品、畜禽产品及其制品，添加或不添加食品添加剂，经部分或完全熟制、杀菌，干燥、包装而成的，冲调即可食用的汤羹
		冲调类荤羹方便食品	以水产品及其制品、畜禽产品及其制品中的一种或多种为主要原料，添加蔬菜及其制品和调味料等辅料，添加或不添加食品添加剂，经部分或完全熟制、杀菌，干燥、包装而成的，冲调即可食用的羹
五、其他产品			
128	绿色食品　天然矿泉水 NY/T 2979—2016	天然矿泉水	不适用于 NY/T 2980—2016 所述的包装饮用水
129	绿色食品　包装饮用水 NY/T 2980—2016	包装饮用水	注：不适用于饮用天然矿泉水、饮用纯净水和添加食品添加剂的包装饮用水

附图

图 1-1　绿色食品标志图形

图 4-1　在国家知识产权局商标局注册的 10 种形式的绿色食品商标